全国技工院校公共课教材

计算机基础与应用

（Windows 7 及 Office 2010 版）

人力资源社会保障部教材办公室　组织编写

JISUANJI JICHU YU YINGYONG

中国劳动社会保障出版社

图书在版编目(CIP)数据

计算机基础与应用：Windows 7 及 Office 2010 版/人力资源社会保障部教材办公室组织编写. -- 北京：中国劳动社会保障出版社，2020

全国技工院校公共课教材

ISBN 978-7-5167-4522-9

Ⅰ. ①计… Ⅱ. ①人… Ⅲ. ①Windows 操作系统-技工学校-教材②办公自动化-应用软件-技工学校-教材 Ⅳ. ①TP316. 7②TP317. 1

中国版本图书馆 CIP 数据核字(2020)第 089992 号

中国劳动社会保障出版社出版发行

(北京市惠新东街 1 号 邮政编码：100029)

*

北京市鑫霸印务有限公司印刷装订 新华书店经销

787 毫米×1092 毫米 16 开本 20. 75 印张 402 千字

2020 年 6 月第 1 版 2026 年 3 月第 24 次印刷

定价：40. 00 元

营销中心电话：400-606-6496

出版社网址：http://www. class. com. cn

http://jg. class. com. cn

前　言

随着计算机硬件和软件技术的飞速发展，计算机基础与应用的教学内容也发生了很大变化，为了更好地满足全国技工院校对计算机教学的要求，我们根据人力资源社会保障部《技工院校计算机基础与应用课程标准》组织编写本教材。

本教材秉承因材施教的原则，充分考虑技工院校学生起点、生源地区、专业性质和教学层次的差异，鼓励分层教学与特色发展（*内容为中级班选学）。本教材以项目为引领，将学习生活工作中需要用到的计算机知识融入丰富的任务。教材配备课堂案例，课后的思考与实训中配备与课堂案例同等难度的中、高级班通用的“基础实训”，为学有余力的学生继续钻研配备“进阶实训”。

本教材匹配 Windows 7 版本操作系统及 Office 2010 办公软件，还介绍了互联网应用、移动终端应用、音频视频处理技术等内容。

项目一介绍计算机的主要配件和连接计算机的方法，以此作为学习计算机知识的基础。

项目二介绍 Windows 7 中文版操作系统，主要包括 Windows 7 操作系统的基本功能，以及其对文件夹和文件、硬件设备和软件的操作与管理，其中也穿插键盘与鼠标操作。熟练掌握计算机系统的操作，有助于进一步学习在 Windows 环境下各种软件的应用。

项目三介绍计算机网络和互联网的基础知识，不仅有接入互联网的硬件配置方法，更着眼于互联网应用，紧跟信息化发展大潮，讲述移动终端应用、开展在线学习和信息安全知识的普及。

项目四介绍 Word 2010。Word 软件是 Office 办公软件的主要成员，它功能强大，界面友好，键盘和鼠标配合就可以完成选择、排版等操作，还可以进行文档操作、表格制作、图文混排、邮件合并、宏的使用等。

项目五介绍 Excel 2010。Excel 集成了表格数据计算、数据图表、数据分析与统计、打印输出、宏的使用等，是功能强大、技术先进、使用方便的电子表格软件。

项目六介绍 PowerPoint 2010。PowerPoint 和 Word、Excel 等应用软件一样，都是 Microsoft 公司推出的 Office 系列产品之一。主要用于演示文稿的创建、幻灯片的制作，可有效帮助用户演讲、教学、进行产品演示等。

项目七介绍多媒体处理。主要包括：用光影魔术手和 Photoshop 软件进行抠图处理与图片美化处理，用 Photoshop 软件进行简单图片设计，用 GoldWave 软件进行音频处理，用爱剪辑软件进行视频剪辑与编辑处理，用格式工厂软件进行格式转换，用 WinRAR 软件进行压缩文件操作，用 Apowersoft 软件进行录制屏幕的操作。

为了方便教师教学，与教材内容相关的数字下载资源可在网站 http://jg.class.com.cn 下载。此外，本教材还配有《计算机基础与应用实习指导（Windows 7 及 Office 2010 版）》作为实训教材。

本教材由侯敏主编，宋德军、杨柳、陈怡、陈东、王春梅参与编写，陈敏、庞书华审稿。

人力资源社会保障部教材办公室

2020 年 6 月

目 录

项目一
计算机硬件配置与应用

任务 1　认识计算机的主要配件

一、任务要点

1. 认识计算机的主要配件。
2. 计算机主要配件的参数指标。
3. 计算机硬件系统构成。

二、任务描述

李强需要购置两台计算机。一台供父母浏览网页、休闲娱乐使用，另一台需要放到宿舍供自己学习专业设计知识使用。他怎样才能买到称心如意的计算机呢？

三、操作思路

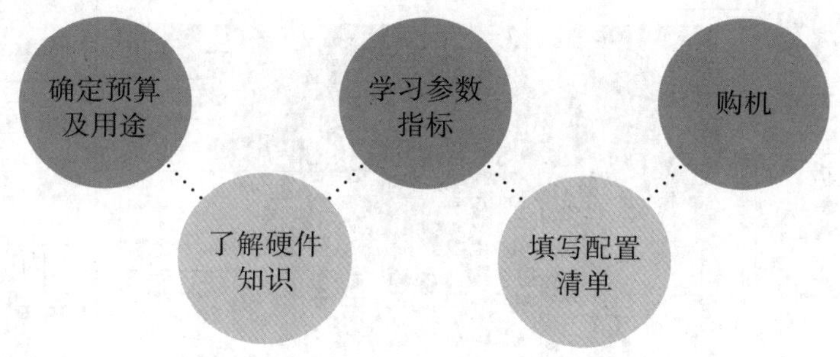

四、操作步骤

1. 确定预算及用途

确定预算及用途见表 1–1–1。

表 1–1–1　购机预算及用途

用户	编号	预算	用途
父母	一号机	3 000 元	网页浏览、休闲游戏、理财投资
李强	二号机	5 000 元	专业设计、日常学习

2. 了解硬件知识

李强利用书籍和网络学习计算机硬件知识，对计算机硬件系统组成有了初步的了解，如图 1–1–1 所示。

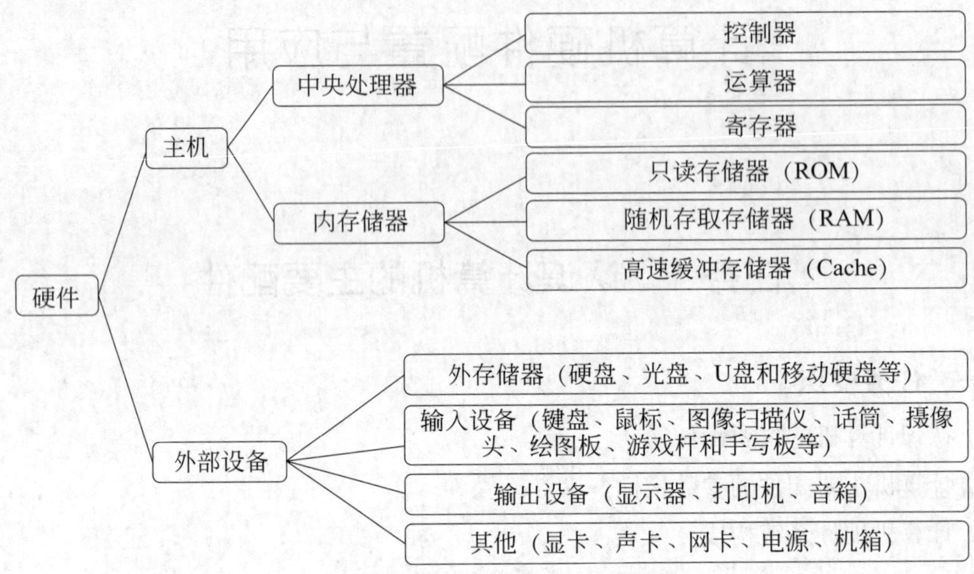

图 1–1–1　计算机硬件系统组成

为了加深印象，李强还下载了部分配件的实物图，并标出了所在位置，如图 1–1–2 所示。

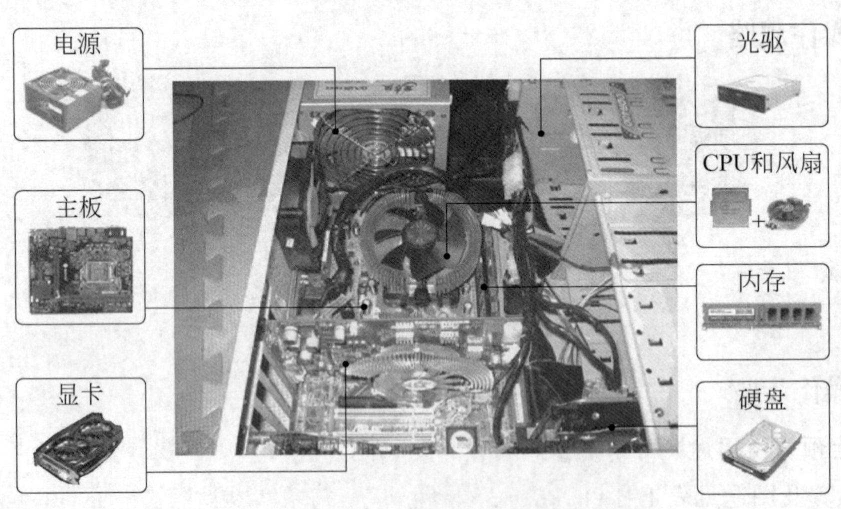

图 1–1–2　机箱内部结构

计算机有这么多配件，它们分别有什么用途呢？李强将常见配件的信息总结如下（见表 1–1–2）：

表 1-1-2　　　　　　　　　　　**计算机配件及用途**

配件名称		简介	功能	备注
主机	中央处理器（CPU）	运算器、控制器、寄存器所在的一个半导体芯片，是计算机的大脑	负责处理指令、接受/存储命令、处理数据	CPU 全称为 Central Processing Unit
	内存储器（内存）	安装于主板的存储设备，可以直接被 CPU 访问	只读存储器存放计算机厂商写入的信息，断电后信息不会消失 随机存取存储器临时存放计算机当前执行的数据和程序。断电后存储信息消失	内存中的数据可被 CPU 直接访问，外存储器中的数据要先读入内存才能被 CPU 访问
	主板	安装于机箱内的电路板（是管理硬件的核心载体），上面有很多扩展插槽，以便接插其他配件	既是连接各个部件的物理通路，也是各部件之间数据传输的逻辑通路	
外部设备	硬盘	是一种重要的外存储器，安装在机箱内	可用来存储平时安装的软件，下载的电影、游戏、音乐等数据	外存储器是内存的扩充，外存的存储容量大、存储速度较慢，一般用来存放大量暂时不用的程序、数据和中间结果。外存只能与内存交换信息，不能被计算机系统其他部件直接访问
	光盘驱动器（光驱）	是一种输入设备，安装在机箱内	读取光盘信息	输入设备是外界向计算机输入数据的设备
	键盘	是一种指令和数据的输入设备	输入字母、数字、符号、命令等	
	鼠标	是一种输入设备	通过左右键和滚轮对计算机发布命令	
	显示器	是一种类似电视屏幕的输出显示设备	计算机系统通过显卡，将显示信号传输到显示器，显示器将显示信号以画面的形式展现给用户	输出设备是将计算机中的数据或信息输出给用户的设备
	显示适配器（显卡）	专门用于处理计算机图形信号的硬件设备，安装于主板上	负责处理 CPU 传递来的显示数据，并将显示信号输出到显示器上	

续表

配件名称		简介	功能	备注
外部设备	声卡	声卡是多媒体技术中最基本的组成部分，是实现声波/数字信号相互转换的一种硬件	声卡的基本功能是把原始声音信号加以转换，输出到耳机、扬声器等声响设备	多集成在主板上，通常不用单独购买
	网卡	网卡是一种网络设备	网卡是网络中连接计算机和传输介质的接口	多集成在主板上，通常不用单独购买
	机箱	机箱是放置和固定各配件并起承托和保护作用的金属箱	用于安装和保护计算机的硬件设备，还可屏蔽电磁辐射	
	电源	电源是计算机各部件供电的枢纽	把 220 V 交流电转换成直流电 一般工作电压在±12 V 以内	

3. 学习参数指标

经过摸索，李强决定尝试按自己的想法，为父母和自己选择配件组装计算机。于是，他开始学习配件的参数指标。

（1）中央处理器

①主频。主频是 CPU 的时钟频率，简单地说就是 CPU 的工作频率。例如，Intel 酷睿 i3-9100 的主频为 3.6 GHz，这个 3.6 GHz 就是 CPU 的主频。一般说来，一个时钟周期完成的指令数是固定的，所以，主频越高，CPU 的速度也就越快。

②架构与制造工艺。架构是 CPU 厂商给属于同一系列的 CPU 产品制定的一个规范（即系列型号），是区分 CPU 性能的重要标志。

制造工艺指制造 CPU 的制程，或指晶体管门电路的尺寸，单位为 nm。目前主流的 CPU 制程已经达到了 7~14 nm。

更先进的制造工艺可以使 CPU 内部集成更多的晶体管，使处理器具有更多的功能以及更高的性能，减少处理器的散热功耗，解决处理器频率提升的障碍，使处理器的核心面积进一步减小，也就是说，在相同面积的晶圆上可以制造出更多的 CPU 产品，直接降低 CPU 的产品成本，从而最终降低 CPU 的销售价格，使广大消费者得利。

③核心数。核心数指的是基于单个半导体的一个处理器上拥有多个功能相同的处理器核心。核心数越多，发热量和耗电量也就越大。

④缓存。缓存是 CPU 中可进行高速数据交换的存储器。缓存的工作原理是当 CPU 要读取一个数据时，首先从缓存中查找，如果找到，就立即读取并送给 CPU 处理；如果没有找到，就从速度相对较慢的内存中读取并送给 CPU 处理，同时把这个数据所在的数据

块调入缓存，使得以后对整块数据的读取都从缓存中进行，不必再调用内存。缓存在内存和 CPU 之间起缓冲作用，缓解内存和 CPU 速度不匹配的问题，提高 CPU 执行效率。其容量大小对 CPU 的性能影响很大，也是区分 CPU 性能高低的标准之一。三级缓存是为读取二级缓存后未命中的数据设计的一种缓存，在拥有三级缓存的 CPU 中，只有约 5%的数据需要从内存中调用，这进一步提高了 CPU 的效率。

⑤品牌的选择。目前市场上的 CPU 主要由英特尔和 AMD 两家公司生产，一号机和二号机的选择如图 1-1-3 所示。

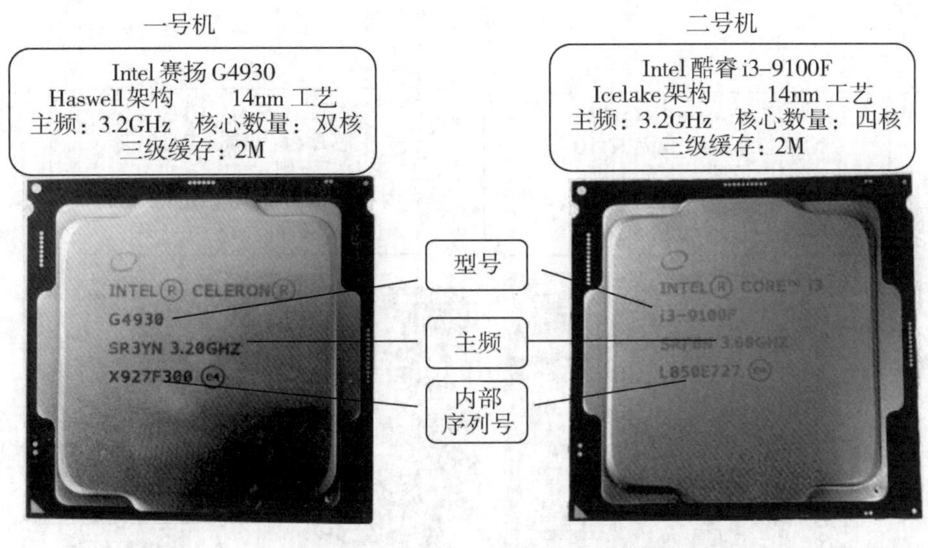

图 1-1-3　CPU

（2）主板

①对 CPU 的支持。CPU 与主板的关系就像脚要找到适合的鞋子那样，CPU 只有在相应主板的支持下才能达到其额定频率。因此，在选购主板时，一定要使其能足够支持所选的 CPU。

②对内存的支持。主板上的内存插槽类型决定了所能支持的内存类型，插槽的线数与内存条的引脚数一一对应（见图 1-1-4）。此外，由图 1-1-5 可知，虽然两台计算机同样选择了 DDR4 内存，但一号机仅支持 16 GB，而二号机可支持 64 GB。这种细小却重要的区别，在购机时应留意。

③扩展性能的支持。购买主板时可考虑是否有富余的外部设备接口。例如，是否有传输速度更快的 USB3.0 接口、PCI-E 接口、高清视频 DVI 或 HDMI 接口等，为后期升级留有余地。

④品牌的选择。目前市场上较好的品牌有华硕、微星、技嘉等。一号机和二号机的选择如图 1-1-5 所示。

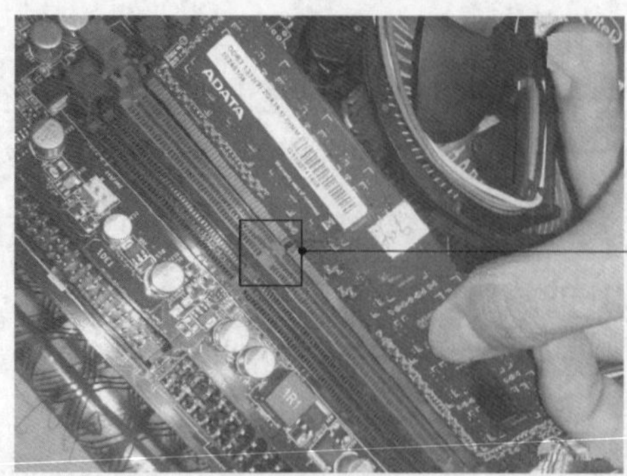

图 1-1-4　内存插槽

一号机	二号机
梅捷 SY-H110N全固版 主芯片组：Intel H110 主板板型：Micro ATX 内存插槽：DDR4 DIMM × 2 最大内存容量：16GB	华硕 B150M-A/M.2 主芯片组：Intel B150 主板板型：Micro ATX 内存插槽：DDR4 DIMM × 4 最大内存容量：64GB

图 1-1-5　主板

（3）内存

①容量。内存容量不能超过主板的最大支持容量，根据李强和父母的购机需求，两台计算机均采用 16 GB 内存。

②主频。内存主频用来表示内存的速度，它代表着该内存所能达到的最高工作频率。内存主频是以 MHz（兆赫）为单位来计量的。内存主频越高，在一定程度上代表着内存所能达到的读写速度越快。

③代数。内存条有 1 代、2 代、3 代、4 代，频率依次升高，4 代的最大频率是 3 200 MHz，是频率最高的，不同的主板要配不同频率、不同代的内存条，这样才能发挥计算机的性能。目前内存多为 DDR3 和 DDR4。在不超预算的前提下，一号机和二号机均选用了高配置的 DDR4 内存。

④品牌。目前市场上较好的品牌有金士顿、威刚、宇瞻等。一号机和二号机的选择如图 1-1-6 所示。

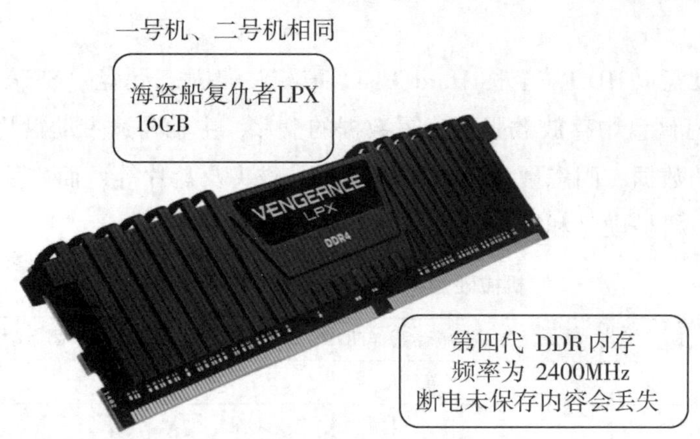

图 1-1-6　内存条

（4）显卡

①架构。一般来说，架构越新越好。

②显存位宽。显存位宽是显存在一个时钟周期内所能传送数据的位数，位数越大则瞬间所能传输的数据量越大，这是显存的重要参数之一。

显存带宽=显存频率×显存位宽/8，那么，在显存频率相同的情况下，显存位宽将决定显存带宽的大小。例如，显存频率均为500 MHz的128位和256位显存，它们的显存带宽分别为8 GB/s和16 GB/s，后者是前者的2倍。

③ 显存容量。显存容量类似于计算机的内存容量，可以实时储备和提供高质量的显示内容。显存的大小与速度直接影响视频系统的图形分辨率、色彩精度和显示速度。

④ 品牌。目前市场上较好的品牌有七彩虹、影驰、微星、铭瑄等。一号机和二号机的选择如图1-1-7所示。

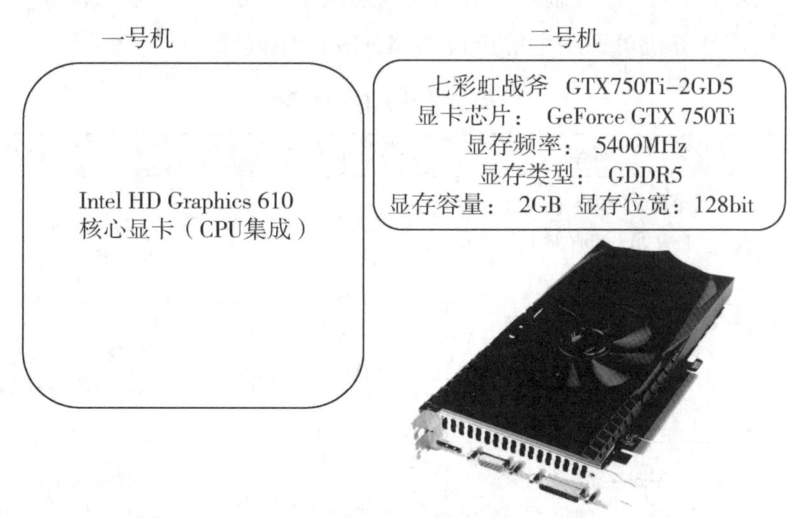

图 1-1-7　显卡

（5）硬盘

硬盘有机械硬盘（HDD，全称 Hard Disk Drive）和固态硬盘（SSD，全称 Solid State Drive）之分。机械硬盘中存放数张可读写数据的盘片，主轴马达带动盘片转动，磁头读取盘体上不同部分的数据。固态硬盘没有主轴马达、磁头及盘片等，而主要以半导体固体作为数据储存介质。机械硬盘和固态硬盘的性能对比见表 1-1-3。

表 1-1-3　机械硬盘和固态硬盘的性能对比

项目	机械硬盘（HDD）	固态硬盘（SSD）
体积	大	小
质量	重	轻
容量	大 一般在 500 GB~4 TB	小 一般在 64~512 GB
价格	便宜	贵
存取速度	一般	极快
写入次数	无限制	SLC：10 万次 MLC：1 万次
工作噪声	有	无
防震能力	较差	很好
数据恢复	容易	难

下面以李强选择的固态硬盘为例进行介绍：

①硬盘容量。固态硬盘容量一般为 128 GB~2 TB，超过 2 TB 的比较少。

②读写速度。读取与写入速度会标注在产品说明书中，数值越大，固态硬盘性能相对就越好。固态硬盘连续读取和写入速度一般都在 500 MB/s 以上。

③固态硬盘颗粒。固态硬盘颗粒指的是固态硬盘采用的存储单元，分为三种类型（见表 1-1-4）。家用计算机可选用中等价位的 MLC 颗粒固态硬盘。

表 1-1-4　固态硬盘颗粒的类型

名称	特点	优点	缺点
SLC （Single-Level Cell）	单层式存储，仅允许在一个内存元素中存储 1 个比特位的信息	存取速率快，可擦写次数多（使用寿命长）	生产成本价格昂贵（至少为 MLC 的 3 倍）
MLC （Multi-Level Cell）	多层式存储，允许在一个内存元素中存储 2 个比特位的信息	存取速率较快，价格中等	可擦写次数相对于 SLC 少（使用寿命约为 SLC 的 1/10）
TLC （Trinary-Level Cell）	三层式存储，允许在一个内存元素中存储 3 个比特位的信息	价格便宜	存取速率较慢，可擦写次数进一步减少（使用寿命约为 SLC 的 1/20）

④接口。从性价比以及技术成熟度来考虑，SATA3. 0 接口使用较为广泛。

⑤品牌的选择。目前市场上较好的品牌有三星、浦科特、英特尔、镁光等。一号机和二号机的选择如图 1-1-8 所示。

一号机

东芝 TR200（480GB）
存储容量： 480GB 硬盘
尺寸：2.5 英寸
接口类型： SATA3（6Gbps）
读取速度： 550M/s
写入速度： 525M/s

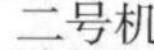
二号机

三星 960 EVO NVMe M.2 （500GB）
存储容量： 500GB 硬盘
尺寸：2.5 英寸
接口类型： M.2 PCIe 接口（NGFF）
读取速度： 3200M/s
写入速度： 1800M/s

图 1-1-8　固态硬盘

（6）机箱

① 防辐射性能。机箱的防辐射性能是否优秀，取决于它的板材和机箱整体设计。常见的板材为镀锌钢板。机箱密合度高，防辐射效果好，如机箱面板、前后侧挡板、前置 USB 接口位、光驱位等，都要有较高的密合度。

②扩展性。机箱容量大，便于计算机升级扩容。

③品牌选择。目前市场上较好的品牌有金河田、鑫谷、爱国者、航嘉等。一号机和二号机的选择如图 1-1-9 所示。

一号机、二号机相同

金河田 N25B
机箱类型：台式机箱（中塔）
适用主板： ATX，MATX，ITX
电源：自配

图 1-1-9　机箱

（7）电源

计算机电源把 220 V 交流电转换成直流电，并专门为计算机配件如主板、驱动器、显卡等供电，是计算机各部件供电的枢纽，如图 1-1-10 所示。

①接口。计算机电源的接口如图 1-1-11 所示。

各接口的作用如下：

第一个：为主板供电。

第二个：为 SATA 设备供电，如 SATA 接口的红色金士顿 HyperX Savage SSD。

第三个：为 6 pin 显卡辅助供电。

第四个：为 4 pin 软驱供电。

第五个：为 CPU 供电。

第六个：大 4 pin 电源，过去为 IDE 硬盘供电，现在多为扩展设备和机箱风扇供电。

图 1-1-10　计算机电源

②认证规格。我国销售的计算机电源必须通过中国国家强制性产品认证（China Compulsory Certification，缩写为 CCC）。

③品牌。常见的电源品牌有航嘉、长城、金河田等。一号机和二号机的选择如图 1-1-12 所示。

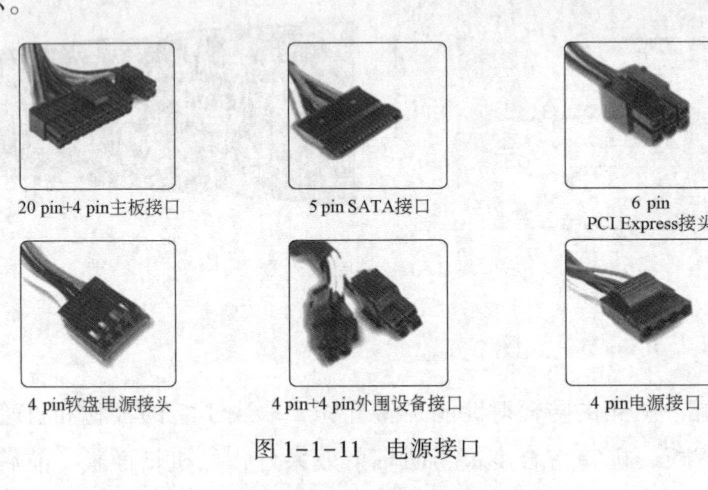

图 1-1-11　电源接口

一号机、二号机相同

金河田战龙	RX590
额定功率：	450W
最大功率：	550W

图 1-1-12　电源

（8）显示器

①液晶面板。液晶面板是显示器的核心，常见的有 TN、IPS、PLS、PVA 等（见表 1-1-5）。

表 1-1-5　　液晶面板特性对比

种类	响应时间	对比度	亮度	可视角度	价格
TN	短	普通	普通或高	小	便宜
IPS	普通	普通	高	大	昂贵
经济型 IPS	普通	普通	普通	较大	一般
PLS	普通	普通	高	较大	一般
S-PVA	较长	高	高	较大	昂贵
C-PVA	较长	高	普通	较大	一般

②刷新率。刷新率是指电子束对屏幕上的图像重复扫描的次数。刷新率越高，所显示的图像（画面）稳定性就越好。对于普通液晶显示器来说，刷新率在 60～70 Hz 就够了，3D 显示器必须保持在 120 Hz 以上，否则无法实现 3D 效果。

③响应时间。响应时间通常以毫秒（ms）为单位，指的是液晶显示器对输入信号的反应速度。市场上的液晶显示器响应时间一般在 8 ms 以下，数字越小代表速度越快。对于一般人来说，只要购买 8ms 以内的产品，就可以满足日常应用中的要求。

④屏幕尺寸。屏幕尺寸是指面板的对角线尺寸，以英寸为单位（1 英寸＝2. 54 cm）。

⑤分辨率。分辨率是指屏幕上像素点的总和，一般表示为“横向像素点数×纵向像素点数”，如显示器分辨率为 1 920×1 080，表示在水平方向上有 1 920 个像素点，在垂直方向上有 1 080 个像素点。

⑥品牌。国产品牌有 AOC、宏碁等，性价比高；外资品牌有三星、LG、飞利浦、戴尔等。一号机和二号机的选择如图 1-1-13 所示。

一号机

三星 C27F396FH
屏幕尺寸：27 英寸
面板类型：VA
最佳分辨率：1920 × 1080
响应时间：4ms
可视角度：178/178°

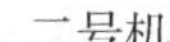

二号机

三星 C27F391FH
屏幕尺寸：27 英寸
面板类型：VA
最佳分辨率：1920 × 1080
响应时间：4ms
可视角度：178/178°

图 1-1-13　显示器

（9）键鼠装

键盘和鼠标是计算机必备的输入设备，较好的品牌有罗技等。此外，使用时的手感很重要，购买时最好试试。一号机和二号机的选择如图 1-1-14 所示。

一号机、二号机相同

双飞燕 9500F 无线键鼠套装
键盘按键数：104 键
鼠标分辨率：1000dpi
连接方式：无线

图 1-1-14　键盘鼠标

实用技巧

网卡和声卡

网卡也叫网络适配器，是网络通信的主要设备，目前常见的网卡类型分为独立网卡和集成网卡。独立网卡插在主板的扩展插槽里，可以随意拆卸，具有灵活性，需要单独配置；集成网卡是直接焊接在计算机主板上的。在选购主板的时候要考虑哪款主板集成的网卡更适合自己。

声卡也同样分为独立声卡和集成声卡，独立声卡插在计算机机箱的 PIC 插槽上，集成声卡和计算机主板集成在一起。

由于李强购置的两台计算机，对性能要求不高，使用集成网卡和集成声卡基本可以满足学习、娱乐之用，计算机配置清单中不需要单独列出。

4. 填写配置清单

李强在店员的帮助下给出了一号机和二号机的配置单（见表 1-1-6 和表 1-1-7），他离完成组装计算机的任务更近了。

表 1-1-6　　一号机装机配置单

配件名称	品牌型号	价格
CPU	Intel 赛扬 G4930	339
主板	梅捷 SY-H110N 全固版	299

续表

配件名称	品牌型号	价格
内存	海盗船复仇者 LPX16 GB　DDR42 400 MHz	499
固态硬盘	东芝 TR200（480 GB）	239
机箱	金河田 N25B	199
电源	金河田战龙 RX590	139
显示器	三星 C27F396FH	949
键鼠装	双飞燕 9500F 无线键鼠套装	179
音箱	漫步者 R10U	79
参考合计	2 921 元	

表 1-1-7　　二号机装机配置单

配件名称	品牌型号	参考价格（元）
CPU	Intel 酷睿 i3-9100F	649
主板	华硕 B150M-A/M. 2	559
内存	海盗船复仇者 LPX16 GB　DDR42 400 MHz	499
显卡	七彩虹战斧 GTX750Ti-2GD5	769
固态硬盘	三星 960 EVO NVMe M. 2（500 GB）	499
机箱	金河田 N25B	199
电源	金河田战龙 RX590	139
显示器	三星 C27F391FHC	999
键鼠装	双飞燕 9500F 无线键鼠套装	179
音箱	漫步者 R1000TC（北美版）	289
参考合计	4 780 元	

5. 购机

在确定配置清单后，李强购买了性能各异的两台计算机。

实用技巧

购机指南

1. 请卖家给出详细的配置单。比如，同为 2 GB 的显卡，既有入门型号，也有高端型号，其性能差距大。所以，需要卖家不仅写明品牌，还要给出具体型号。

2. 找配机行家一起去。他可以帮助你检查配置单是否合适，配件是否有问题。

3. 检查保修条款，确定保修范围。不同配件的保修期限与保修范围各不相同。配机时需要考虑保修期限、售后网点等信息。

4. 仔细检查防伪标识。配件包装盒上的防伪标志如有损坏或被揭开的痕迹，应立即要求更换配件。

配机最主要的是了解产品、细心检查。这样可以确保买到适合自己的、有质量保障的计算机。

五、相关知识

1. 计算机硬件系统

计算机硬件系统由主机和外部设备组成，是计算机电子元件、机电装置等各种可见实体的总称。它提供处理数据的物质基础。计算机硬件系统和软件系统统称为计算机系统。

2. 计算机的种类

（1）台式机

台式机的主机、显示器、键盘等设备相对独立，由连线连接（见图 1-1-15）。相对于笔记本电脑、平板电脑等，其价格实惠、散热性好、主机配置可选择，缺点是体型较大、耗电量大。

图 1-1-15　台式机

（2）笔记本电脑

笔记本电脑又被称为便携式电脑，它将主机、显示器、键盘等设备合为一体（见图 1-1-16）。其优点是体积小、质量轻、便于携带，缺点是电池续航能力有限、扩展性能有限、散热没有台式机好。

（3）一体机

一体机将主机和显示器集成于一体（见图 1-1-17）。其优点是美观、所占空间较小，缺点是扩展性能有限、散热没有台式机好。

图 1-1-16　笔记本电脑

图 1-1-17　一体机

（4）平板电脑

平板电脑是以触摸屏为基本特征的输入设备。它拥有的触摸屏允许用户通过手指触碰或使用触控笔进行操作（见图 1-1-18）。其优点是轻薄、小巧、便于携带，价格相对较低；缺点是移动办公功能较笔记本电脑要差，硬件无法升级。

（5）智能手机

智能手机是指像个人计算机一样，具有独立操作系统、独立运行空间，由用户自行安装第三方服务商提供的程序，并可以通过移动通信网络来实现无线网络接入的手机类型的总称（见图 1-1-19）。

图 1-1-18　平板电脑

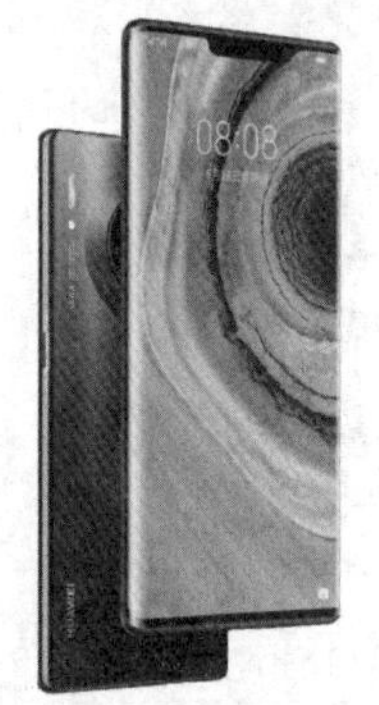

图 1-1-19　智能手机

3. 世界上第一台通用计算机

ENIAC（全称为 Electronic Numerical Integrator and Computer）是世界上第一台通用计

算机，它诞生于 20 世纪 40 年代（见图 1-1-20）。ENIAC 长 30.48 m，宽 6 m，高 2.4 m，占地面积近 200 m^2，它有 30 个操作台，重约 30 t，耗电量约 150 kW，造价 48 万美元。它包含了 17 468 根真空管、7 200 根晶体二极管、1 500 个中转、70 000 个电阻器、10 000 个电容器、1 500 个继电器、6 000 多个开关，每秒执行 5 000 次加法运算或 400 次乘法运算。

图 1-1-20　ENIAC

思考与实训

一、基础实训

1. 组装一台计算机必不可少的配件有哪些？
2. 除了配置单上的配件，我们通常还需要哪些外部设备？

二、进阶实训

我们装好一台计算机后，怎样在计算机中来查看它的配置？

方法一：右击桌面上的“计算机”图标，单击“属性”，了解基本信息；单击“设备管理器”，了解计算机的配置情况（见图 1-1-21）。

方法二：下载硬件检测软件，单击“硬件检测”。型号、操作系统、CPU、主板、内存、硬盘、显卡、显示器、声卡、网卡等配置一目了然（见图 1-1-22）。

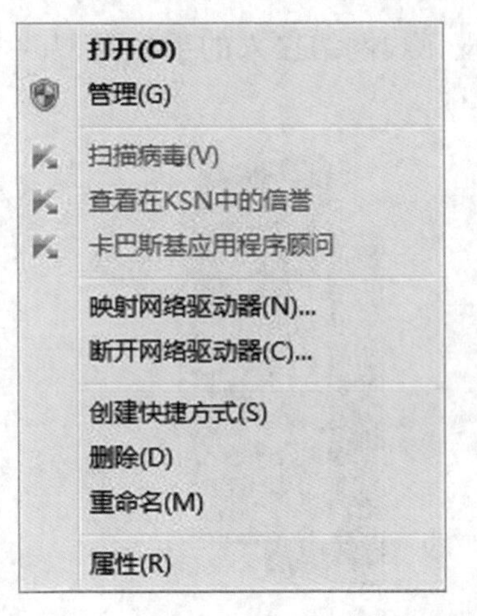

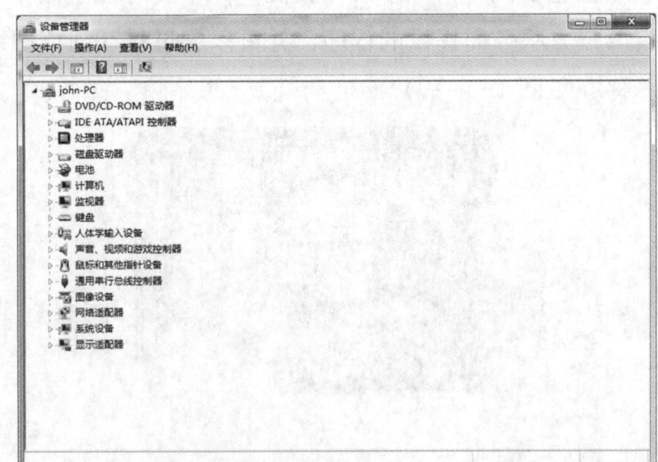

图 1-1-21　查看“属性”了解配置情况

图 1-1-22　利用硬件检测软件查看配置

任务 2　连接计算机

一、任务要点

1. 计算机主机与外围设备的连接。
2. 计算机的工作过程。

二、任务描述

吴明修收到了选购的计算机主机及配件，怎样将它们组装成一台完整的计算机呢？

三、操作思路

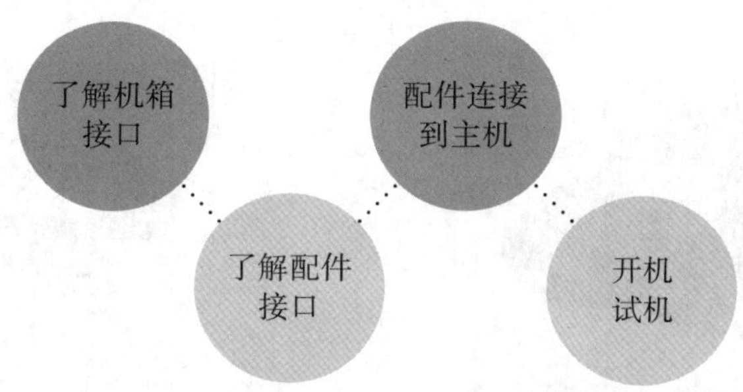

四、操作步骤

1. 了解机箱接口

机箱接口如图 1-2-1 所示。

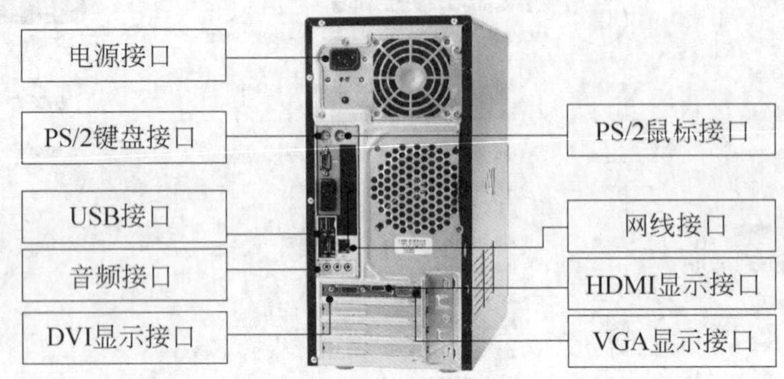

图 1-2-1　机箱接口

2. 了解配件接口

（1）电源接口

电源接口通过电源线与 220 V 交流电源连接（见图 1-2-2）。

（2）PS/2 接口

PS/2 接口是 6 针圆形接口，用来连接键盘及鼠标。图 1-2-3 中左侧绿色接口为鼠标插头，右侧紫色接口为键盘插头。

PS/2 接口已经逐渐被 USB 接口取代，少部分台式机仍然提供 PS/2 接口。

图 1-2-2　电源线

（3）USB 接口

通用串行总线（Universal Serial Bus，简称为 USB）是一个外部总线标准，用于规范计算机与外部设备的连接和通信。USB 接口支持设备的即插即用和热插拔功能。USB 接口可用于连接鼠标、键盘、打印机、扫描仪等（见图 1-2-4）。

图 1-2-3　PS/2 插头

图 1-2-4　USB 接口

USB 的几种版本如下：

第一代：USB 1.0/1.1 的最大传输速率为 12 Mbps。

第二代：USB 2.0 的最大传输速率高达 480 Mbps。USB 1.0/1.1 与 USB 2.0 的接口是相互兼容的。

第三代：USB 3.0 最大传输速率为 5 Gbps，向下兼容 USB 1.0/1.1/2.0。

目前广泛采用 USB3.0 版本。

（4）VGA 显示接口

视频图形阵列（Video Graphics Array，简称为 VGA）是一种视频传输标准。图 1-2-5 为显示器上的 VGA 接口。

（5）DVI 显示接口

数字视频接口（Digital Visual Interface，简称为 DVI）是一种视频接口标准，设计的目标是通过数字化的传送来强化个人计算机显示器的画面品质，广泛应用于 LCD、数字投影机等显示设备。图 1-2-6 为 DVI 显示接口。

（6）HDMI 显示接口

高清晰度多媒体接口（High Definition Multimedia Interface，简称为 HDMI）是一种数字化视频/音频接口，是适合影像传输的专用型数字化接口，其可同时传送音频和影像信号。图 1-2-7 为 HDMI 显示接口。

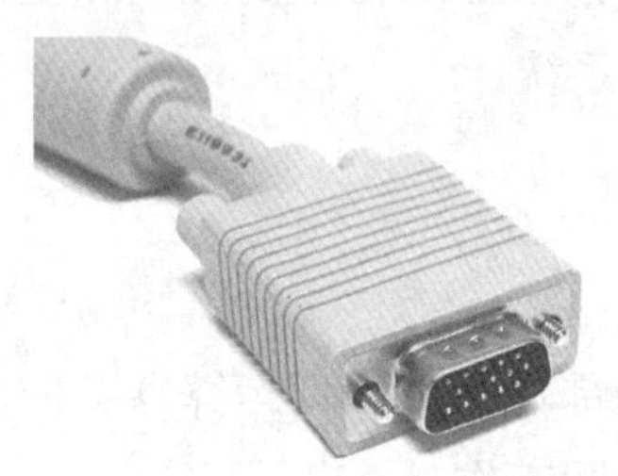

图 1-2-5　VGA 接口

图 1-2-6　DVI 接口

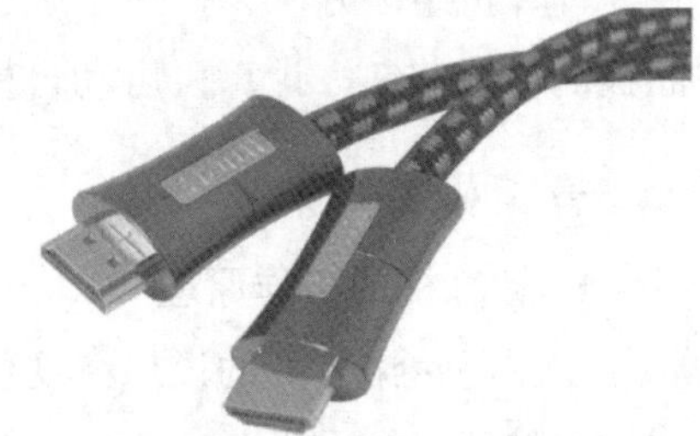

图 1-2-7　HDMI 接口

（7）音频接口

主机后音频插孔有三个（见图 1-2-8），分别是：①麦克风（话筒）插孔，粉色。②音箱或是耳机插孔，绿色。③音源输入插孔，蓝色。主要用于将外置设备的声音输入计算机进行软件编辑等。

（8）网线接口

网线接口用于网络数据传输（见图 1-2-9）。

3. 配件连接到主机

键盘、鼠标、音箱、麦克风、显示器、电源、网线等外部设备的信号线需要分别插入机箱后侧面板相应的接口中。外部设备的信号线由不同的颜色进行区分，计算机主机的接口也有相应的颜色来对应，在连接各种设备时，只要将颜色相同的接口线和接口相连就可以了。

图 1-2-8　音频接口

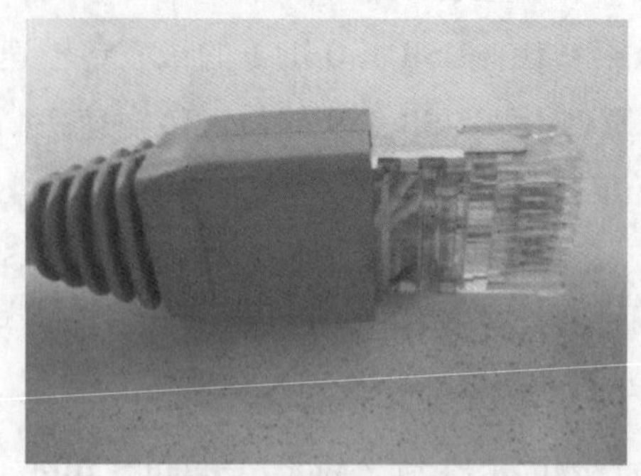

图 1-2-9　网线接口

实用技巧

连接注意事项

1. 显示器数据线与机箱上的接口连接后需用螺丝刀旋紧。
2. 所有连线连接好后，再连接电源线。

4. 开机试机

计算机组装好了，操作系统也已经由装机商提前安装好，按下显示器上的开关和主机面板的电源按钮，计算机启动自检，然后进入 Windows 7 操作系统。

五、相关知识

1. 计算机的工作原理

根据冯 · 诺依曼的设想，现代计算机在逻辑上由五大功能部件组成，即运算器、控制器、存储器、输入设备和输出设备。这五大部分相互配合，协同工作。

计算机工作原理如图 1-2-10 所示。首先由输入设备接受外界信息（程序和数据），控制器发出指令将数据送入内存储器，然后向内存储器发出取指命令。在取指命令下，程序指令逐条送入控制器。控制器对指令进行译码，并根据指令的操作要求，向存储器和运算器发出存数、取数命令和运算命令，经过运算器计算并把计算结果储存在存储器内。最后在控制器发出的取数和输出命令的作用下，通过输出设备输出计算结果。

2. 计算机的发展史

计算机的发展阶段通常以构成计算机的电子器件来划分，至今已经历了四代，目前正在向第五代过渡。每一个发展阶段在技术上都是一次新的突破，在性能上都是一次质的飞跃。

（1）第一代：电子管计算机（20 世纪四五十年代）

这一阶段计算机的主要特征是把电子管元件作为基本器件，光屏管或汞延时电路作为存储器，输入与输出主要采用穿孔卡片或纸带，体积大、耗电量大、速度慢、存储容量小、

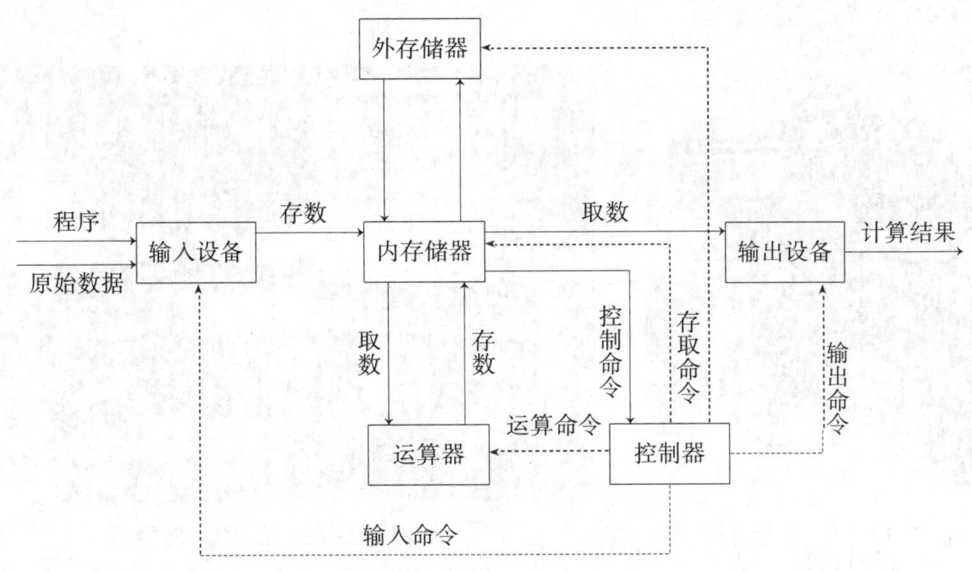

图 1-2-10　计算机工作原理

可靠性差、维护困难且价格昂贵（见图 1-2-11）。通常使用机器语言或汇编语言来编写应用程序。这一时代的计算机主要用于科学计算。

第一代电子计算机是计算工具革命性发展的开始，它所采用的二进位制与程序存储等基本技术思想，奠定了现代电子计算机技术的基础。

图 1-2-11　第一代计算机

（2）第二代：晶体管计算机（20 世纪五六十年代）

20 世纪 50 年代中期，晶体管的出现使计算机生产技术得到了根本性发展，用晶体管代替电子管作为计算机的基础器件，用磁芯或磁鼓作存储器。在整体性能上，第二代晶体管计算机比第一代计算机有了很大的提高。同时程序语言也相应出现，如 Fortran，Cobol，Algo160 等计算机高级语言。晶体管计算机被用于科学计算的同时，也开始在数据处理、过程控制方面得到应用（见图 1-2-12）。

（3）第三代：中小规模集成电路计算机（20 世纪六七十年代）

20 世纪 60 年代中期，随着半导体工艺的发展，集成电路应运而生。中小规模集成电路成为计算机的主要部件，主存储器也渐渐过渡到半导体存储器，使计算机的体积更小，大大降低了计算机计算时的功耗，由于减少了焊点和接插件，计算机的可靠性进一步提高。在软件方面，第三代计算机有了标准化的程序设计语言和人机会话式的 Basic 语言，其应用领域也进一步扩大（见图 1-2-13）。

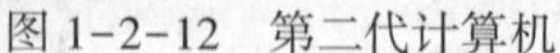

图 1-2-12 第二代计算机

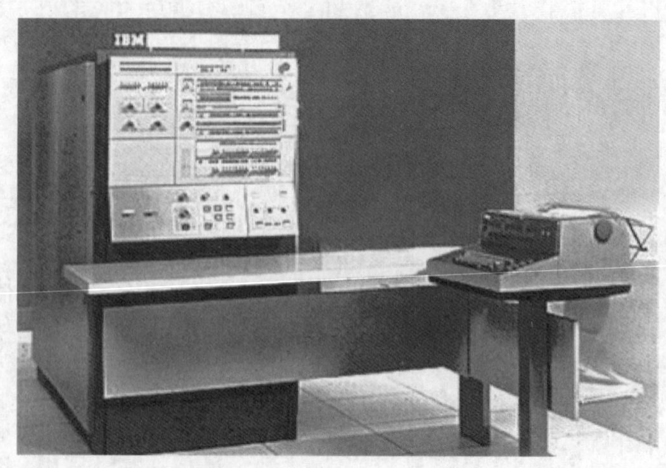

图 1-2-13 第三代计算机

（4）第四代：大规模和超大规模集成电路计算机（20 世纪 70 年代至今）

随着大规模集成电路应用于计算机硬件生产，计算机的体积进一步缩小，性能进一步提高。集成更高的大容量半导体存储器作为内存储器，发展了并行技术和多机系统，出现了精简指令集计算机（RISC），软件系统工程化、理论化，程序设计自动化。第四代计算机在社会上的应用范围进一步扩大，几乎所有领域都能看到计算机的身影（见图 1-2-14）。

（5）第五代：未来计算机

第五代计算机指具有人工智能的新一代计算机，它将具有推理、联想、判断、决策、学习等功能。计算机的发展将在什么时候正式进入第五代？第五代计算机能做些什么？对于这样的问题，并没有明确统一的答案。

图 1-2-14 第四代计算机

当历史的车轮驶入 21 世纪时，对未来计算机的展望如下：

①能识别自然语言的计算机。未来的计算机将在模式识别、语言处理、句式分析和语义分析等综合处理能力上获得重大突破。它可以识别孤立单词、连续单词、连续语言和特定或非特定对象的自然语言（包括口语）。今后，人类可能越来越多地同机器对话，向计算机“口授”信件，同洗衣机“讨论”保护衣物的方法等。

②高速超导计算机。超导计算机运算速度将比电子计算机快百倍，而电能消耗仅是电子计算机的千分之一。如果目前一台大中型计算机，每小时耗电 10 kW，那么，同样体量的超导计算机只需几节干电池就可以工作了。

③激光计算机。激光计算机是利用激光作为载体进行信息处理的计算机，其运算速度将是电子计算机的上千倍。它依靠激光束进入由反射镜和透镜组成的阵列中来对信息进行处理。

与电子计算机相似，激光计算机也靠一系列逻辑操作来解决问题。光束在一般条件下的互不干扰的特性，使得激光计算机能够在极小的空间内开辟很多平行的信息通道，密度大得惊人。

④量子计算机。量子力学证明，个体光子通常不相互作用，但是当它们与光学谐振腔内的原子聚在一起时，它们相互之间会产生强烈影响。光子的这种特性可用来发展量子力学效应的信息处理器件——光学量子逻辑门，进而制造量子计算机。量子计算机利用原子的多重自旋进行。量子计算机可以在量子位上计算，可以在 0 和 1 之间计算。在理论方面，量子计算机的性能能够超过任何可以想象的标准计算机。2017 年 5 月，世界首台光量子计算机在中国诞生。

⑤DNA 计算机。科学家研究发现，脱氧核糖核酸（DNA）有一种特性，能够携带生物体的大量基因物质。数学家、生物学家、化学家以及计算机专家从中得到启迪，正在合作研究制造未来的液体 DNA 计算机。这种 DNA 计算机的工作原理是以瞬间发生的化学反应为基础，通过和酶的相互作用，将发生过程进行分子编码，把二进制数翻译成遗传密码的片段，每一个片段就是著名的双螺旋的一个链，然后对问题以新的 DNA 编码形式加以解答。

与普通计算机相比，DNA 计算机的优点是体积小，存储信息量超过现在世界上所有的计算机。

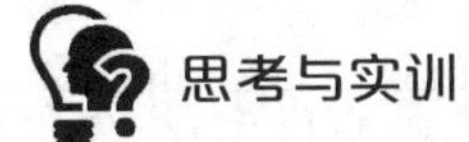

一、基础实训

以学校机房的计算机或家中笔记本电脑为练习对象，尝试指出接口类型。

二、进阶实训

请同学们搜索资料补全以下信息并填写表 1-2-1。

虚拟现实技术的英文简称是________。它是____________、__________两个英文单词首字母的缩写。这两个英文单词的中文含义是________、________。

虚拟现实技术是指____

____

____。该技术集成了计算机图形技术、计算机仿真技术、人工智能、传感技术、显示技术、网络并行处理等技术的最新发展成果，是一种由计算机技术辅助生成的高技术模拟系统（见图 1-2-15）。

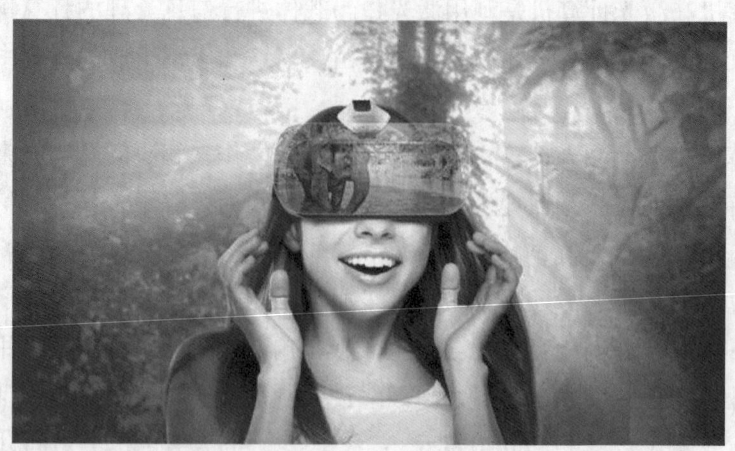

图 1-2-15　虚拟现实

虚拟现实系统具有下面三个基本特征：即三个“I”，________、________、________（沉浸—交互—构想），它强调了在虚拟系统中的人的主导作用。

它是一项发展中的、具有深远的潜在应用方向的新技术。利用它，我们可以建立真正的远程教室，在这间教室中我们可以和来自五湖四海的朋友们一同学习、讨论、游戏，就像在现实生活中一样。使用网络计算机及相关的三维设备，我们的工作、生活、娱乐将更加有趣。

表 1-2-1　　VR 发展现状

行　业	现状举例
教　育	
娱　乐	
艺　术	
交　通	
医　疗	
危险性行业（消防、电力、石油开采）	
考　古	

项目二
计算机操作系统配置与应用

任务 1　认识操作系统

一、任务要点

1. 启动和关闭 Windows 7 操作系统。
2. 更改桌面图标位置和开始菜单显示方式。
3. 创建快捷方式图标和文件夹图标。
4. 调整任务栏和窗口。

二、任务描述

彭俊杰将自己的计算机升级为 Windows 7 操作系统，他迫不及待地开机操作起来。

三、操作思路

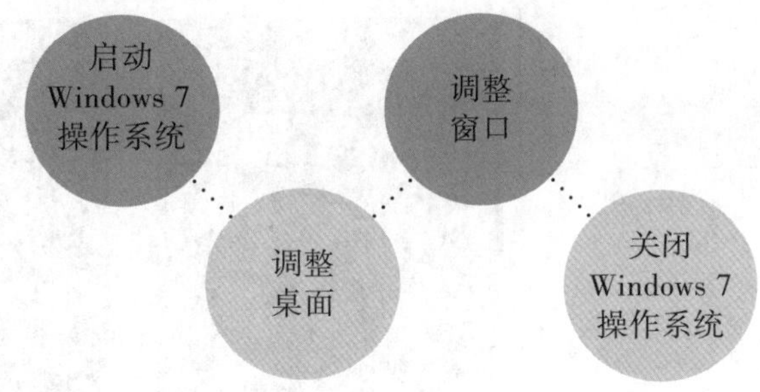

四、操作步骤

1. 启动 Windows 7 操作系统

（1）开机

打开显示器，按下主机面板上的电源开关，计算机开始自检，然后启动 Windows 7 操作系统。

（2）显示桌面

启动完成后，在显示器上出现的屏幕区域称为桌面。它是用户工作的界面。桌面内容如图 2-1-1 所示。

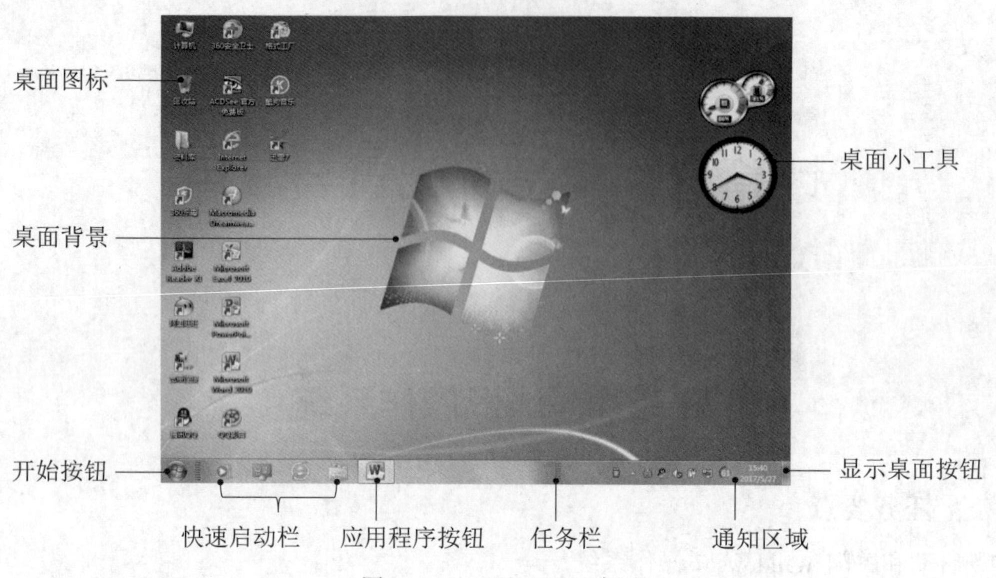

图 2-1-1　Windows 7 桌面

2. 调整桌面

（1）更改桌面图标排序方式

如果需要以某种排序方式对桌面上的图标做统一调整，可按如下步骤操作：

①在桌面空白处单击鼠标右键，在弹出的快捷菜单中选择“排序方式”。②选择“名称”命令。操作步骤如图 2-1-2 所示。

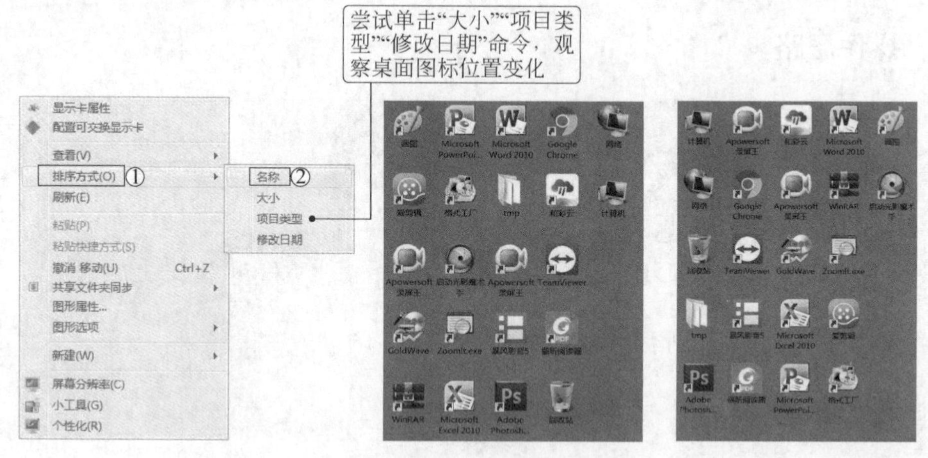

图 2-1-2　图标排序

如果需要调整某个图标的位置，可将鼠标指针移动到相应图标上单击左键拖动到想要摆放的位置。

（2）创建快捷方式图标

彭俊杰经常用到画图软件，他想将该软件的图标也放到桌面上。

①选择【开始菜单】/【所有程序】/【附件】/【画图】。②右击选择【发送到】/【桌面快捷方式】，如图 2-1-3 所示。

图 2-1-3　创建快捷方式图标

（3）新建文件夹

彭俊杰在学校参加了 3 个社团，活动比较多，他需要在桌面上创建一个名为“提醒”的文件夹，将重要的资料都放进去。

①在桌面空白处单击鼠标右键，在弹出的快捷菜单中选择“新建”项。②选择“文件夹”命令。③输入文件夹名称“提醒”后按 Enter 键。操作步骤如图 2-1-4 所示。

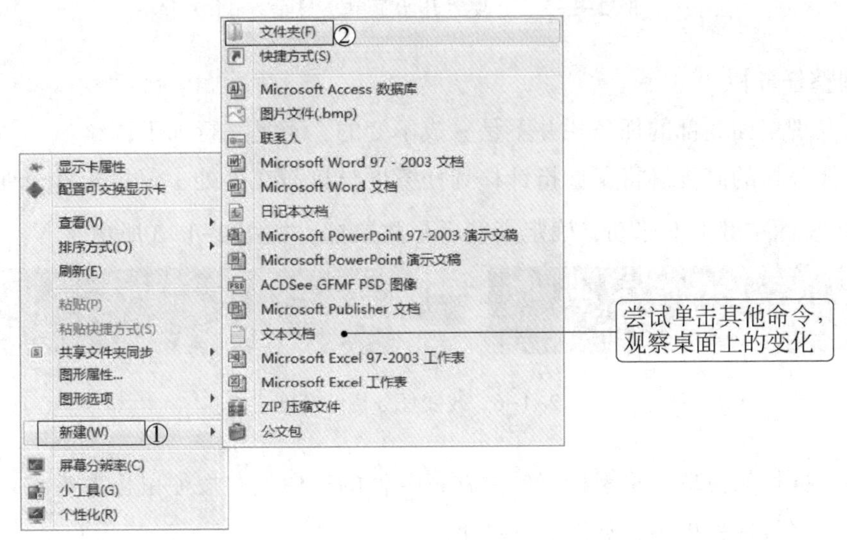

图 2-1-4　新建文件夹

（4）更改“开始菜单”显示方式

彭俊杰需要经常使用控制面板中的内容，他将“开始”菜单中的“控制面板”调整为显示下一级的菜单。

①右击“开始”按钮，在快捷菜单栏中选择“属性”，选择“开始菜单”选项卡。②单击“自定义”按钮。③在下拉菜单的“控制面板”中，将其设置为“显示为菜单”。

④单击“确定”按钮。操作步骤如图 2-1-5 所示。

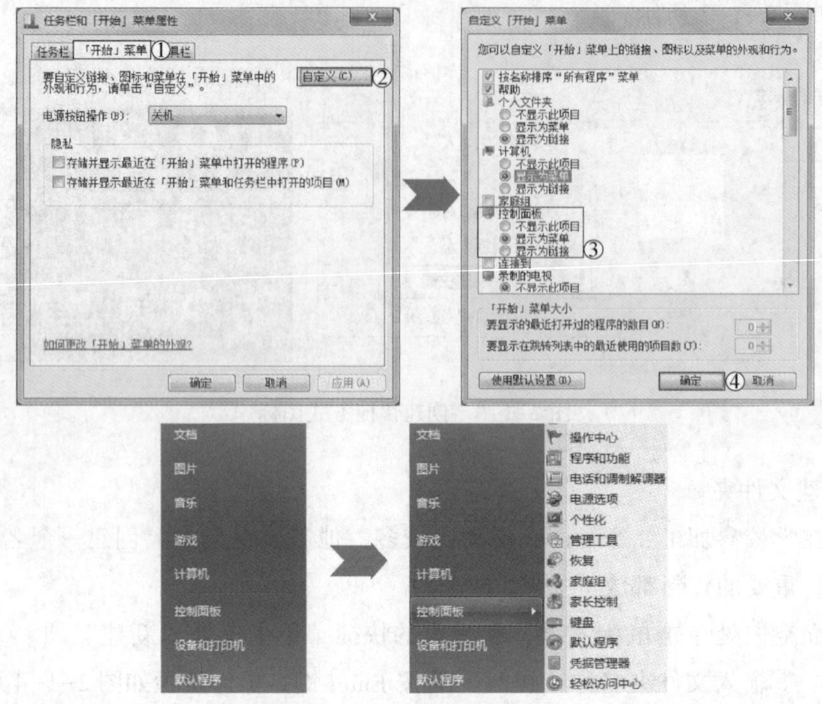

图 2-1-5　更改“开始菜单”显示方式

（5）调整任务栏

彭俊杰发现桌面底部的任务栏并不是一成不变的，于是进行如下调整：

①改变任务栏的高度。将鼠标指针移到任务栏与桌面交界处，鼠标指针会变为双箭头形状↕，按住鼠标左键上下移动，确定高度后释放鼠标，如图 2-1-6 所示。

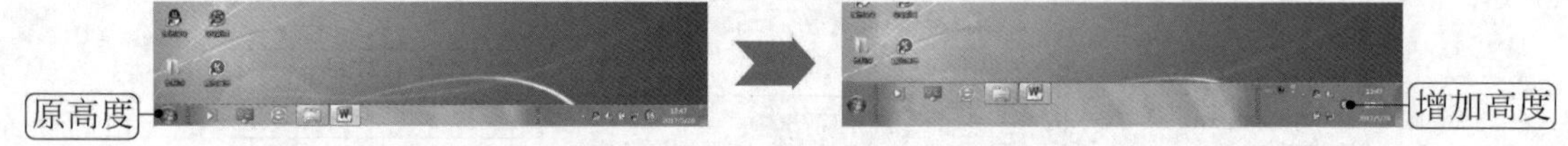

图 2-1-6　改变任务栏的高度

②改变任务栏的位置。将鼠标指针放在任务栏的空白处，按住鼠标左键将任务栏拖动至目标位置，释放鼠标即可，如图 2-1-7 所示。

③隐藏和锁定任务栏。右击任务栏，弹出快捷菜单，选择【属性】/【任务栏】/【任务栏外观】，选择“锁定任务栏”和“自动隐藏任务栏”复选框，如图 2-1-8 所示。

3. 调整窗口

窗口是用户与应用程序之间交流的可视化界面。当用户运行一个应用程序时，应用程序就创建并显示一个窗口；当用户操作窗口中的对象时，程序会作出相应反应；用户通过关闭一个窗口来终止一个程序的运行。窗口可按需调整。

图 2-1-7　改变任务栏的位置

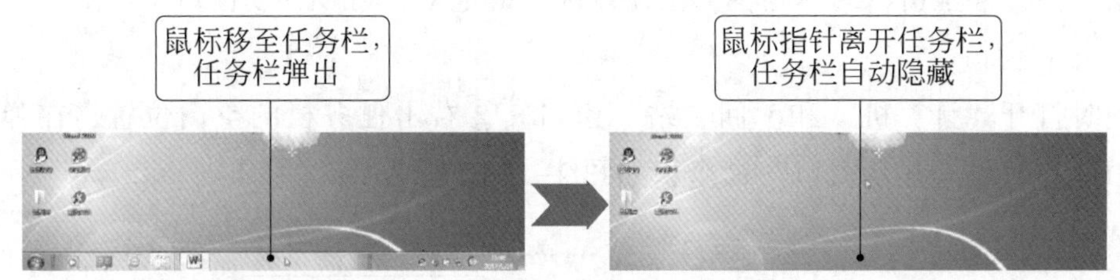

图 2-1-8　自动隐藏任务栏

（1）打开窗口

双击桌面上图标，打开“计算机”窗口，如图 2-1-9 所示。

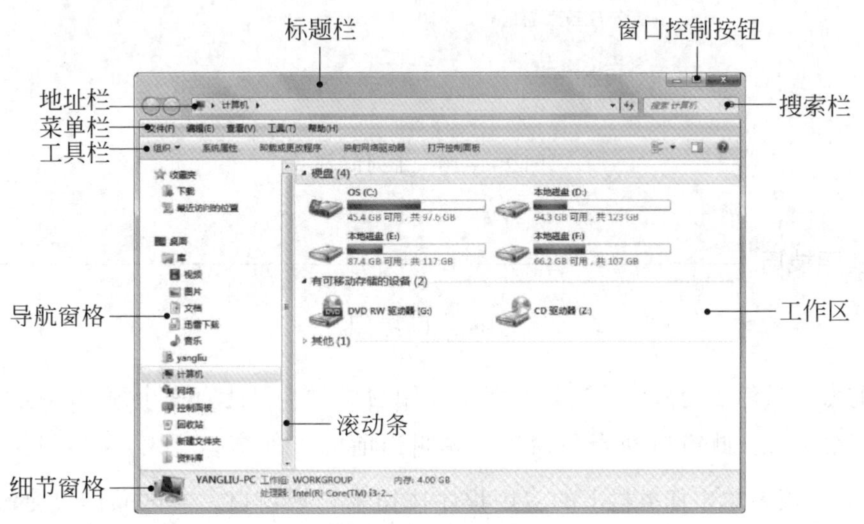

图 2-1-9　“计算机”窗口

（2）改变窗口大小

①将鼠标指针移至窗口的左侧或右侧边缘，当鼠标指针变为⇔形状，按住鼠标左键左右拖动，确定宽度后释放鼠标。②将鼠标指针移至窗口的上边缘或下边缘，当鼠标指针变为⇕形状，按住鼠标左键上下拖动，确定高度后释放鼠标。

实用技巧

窗口调整

将鼠标指针移至窗口的任意一角，当鼠标指针变为↖↘或↙↗形状，按住鼠标左键拖动，可同时改变窗口的宽度和高度。

（3）移动窗口

将鼠标指针移至窗口的标题栏，按住鼠标左键拖动，可以移动窗口位置。

（4）排列窗口

①同时打开“计算机”和“回收站”窗口。②右击任务栏的空白位置，在弹出的快捷菜单中选择“堆叠显示窗口”命令，如图 2-1-10 所示。

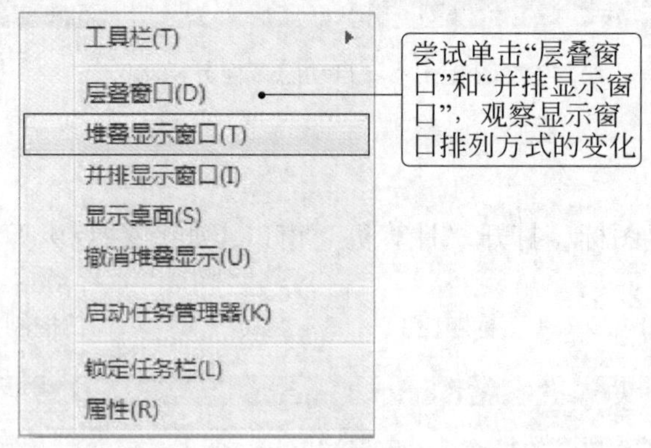

图 2-1-10　排列窗口

实用技巧

切换当前窗口

当前窗口又称活动窗口，当打开多个应用窗口时，只能有一个窗口不被其余窗口遮挡处于最上方，此窗口即当前窗口，也叫当前的工作窗口。用户可以通过“Alt+Tab”组合键或者单击任务栏上的应用程序按钮来切换窗口。尝试操作快捷键“⊞+Tab”，观察变化效果。

（5）关闭窗口

单击窗口控制按钮中“关闭”按钮 ✕ 。

4. 关闭 Windows 7 操作系统

选择【开始菜单】/【关机】命令，如图 2-1-11 所示。

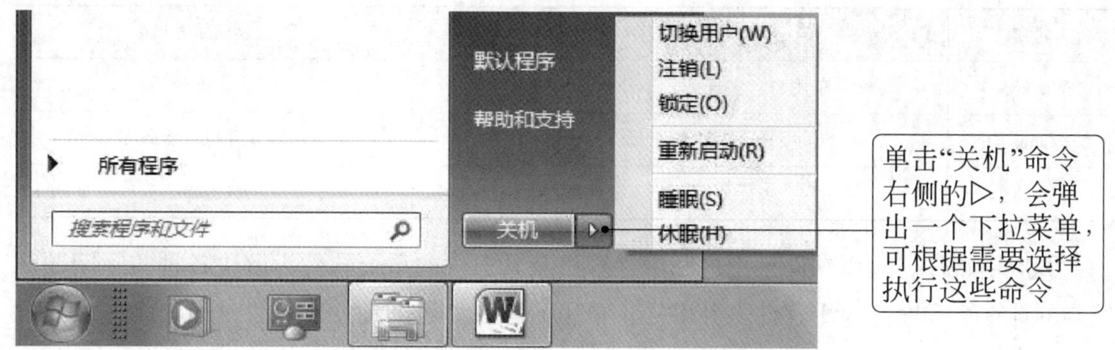

图 2-1-11　关闭 Windows 7 操作系统

五、相关知识

操作系统是管理和控制计算机硬件与软件资源的计算机程序，是直接运行在“裸机”上的最基本的系统软件，任何其他软件都必须在操作系统的支持下才能运行。下面分别介绍计算机软件系统组成、Windows 7 操作系统、菜单、对话框等知识内容。

1. 计算机软件系统组成

（1）概念

计算机软件是指计算机执行各种操作的指令序列，是用户与计算机硬件之间的接口界面，用户需要通过软件与计算机进行交流。

（2）分类

①系统软件。系统软件是指管理、控制和维护计算机硬件和软件资源，并使其充分发挥作用，以提高效率、方便用户的各种程序集合。系统软件分为操作系统、语言处理程序、数据库管理系统和服务性程序。

操作系统是最基本、最重要的系统软件。它负责管理计算机系统的全部软件资源和硬件资源，合理地组合计算机各部分协调工作，为用户提供操作和编程界面。

操作系统是系统软件的核心，是用户和计算机系统进行交互的界面，每个用户都通过操作系统来使用计算机。每个程序都要通过操作系统获得必要的资源后才能执行。例如，程序执行前必须获得内存资源才能装入，程序执行要依靠处理器，程序在执行时需要调用子程序或者使用系统中的文件，执行过程中可能还要使用外部设备输入输出数据。

操作系统的主要部分在主存储器中，通常把这部分称为系统的内核或者核心。从资源管理的角度来看，操作系统的功能分为处理机管理、存储管理、设备管理、文件管理和作业管理五部分。常见操作系统见表 2-1-1。

表 2-1-1　　常见操作系统

名称	特点	主要应用领域
Windows	单用户、多任务，不开放源代码	个人办公
Linux	多用户、多任务，开放源代码	超级计算机、服务器
UNIX	多用户、多任务，支持多种处理器架构	服务器

②应用软件。应用软件是用户利用计算机及其提供的系统软件为解决各种实际问题而编制的计算机程序。应用软件多种多样，常用的有计算机辅助绘图软件 AutoCAD、办公软件 Microsoft Office、图形图像处理软件 Photoshop、网络下载软件 Net Ants 等。

2. Windows 7 操作系统

微软公司于 2009 年正式发布 Windows 7 操作系统。Windows 7 操作系统有多个版本：初级版、家庭普通版、家庭高级版、专业版、企业版和旗舰版。Windows 7 操作系统简单易用、快速安全等诸多优点受到广大用户的喜爱。

3. 菜单

菜单是 Windows 应用程序重要的组成部分，执行任务通常选择菜单中的对应选项。Windows 中常用的菜单有开始菜单、下拉菜单和快捷菜单。

（1）开始菜单

单击桌面左下角的“开始”按钮，弹出“开始”菜单，利用该菜单执行 Windows 7 的命令或启动应用程序。

（2）下拉菜单

单击不同的选项，可弹出其对应的下拉菜单。例如，在“计算机”窗口中，单击“查看”菜单，弹出下拉菜单，如图 2-1-12 所示。

Windows 7 下拉菜单中常见标志的含义见表 2-1-2。

表 2-1-2　　Windows 7 下拉菜单中常见标志的含义

标志	含义
灰色的菜单命令	表示该命令当前不能执行
命令名后带有“……”	表示执行该命令后将出现对话框
命令前有标记符号	表示该命令正在起作用，再次单击该命令可以取消标记符号，同时取消命令的作用
命令后带有括号的字母	表示该命令的键盘快捷方式
命令右侧的三角符号▶	表示该命令有下级子命令

（3）快捷菜单

Windows 操作系统根据用户当前的工作状态来决定快捷菜单选项，因此在不同对象上单击鼠标右键弹出的快捷菜单也不同。快捷菜单中包含了该对象常用的命令，桌面快捷菜单如图 2-1-13 所示。

图 2-1-12　“查看”下拉菜单

图 2-1-13　桌面快捷菜单

4. 对话框

对话框在 Windows 中占有重要的地位，是用户与计算机系统之间进行信息交流的窗口，是一种特殊形式的窗口。在对话框中用户通过对选项的选择，对系统进行对象属性的修改或设置。

对话框与窗口很相似，如都有标题栏，但对话框要比窗口更简洁直观，更侧重于与用户的交流，它一般包含标题栏、选项卡与标签、文本框、列表框、命令按钮、单选按钮和复选框等几部分。对话框没有“最大化”和“最小化”按钮，用户不能改变其形状和大小。常用对话框如图 2-1-14 所示。

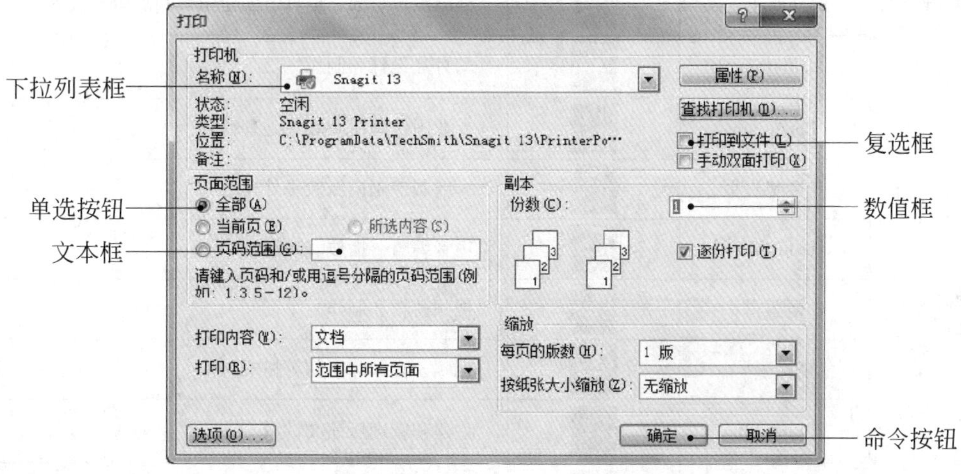

图 2-1-14　“打印”选项对话框

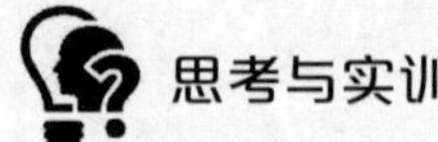

思考与实训

一、基础实训

1. 桌面操作

（1）将桌面图标按“大小”进行排列。

（2）在桌面上创建“记事本”程序的快捷方式。

（3）在桌面上新建一个名为“Windows 7”的文本文档。

2. 设置任务栏

（1）将任务栏设置为自动隐藏。

（2）用鼠标调整任务栏的高度。

（3）将任务栏移至屏幕的右侧。

3. 窗口操作

（1）打开“计算机”窗口，练习移动、最小化、最大化、关闭窗口，尝试改变窗口宽度和高度。

（2）同时打开“计算机”和“回收站”窗口，分析哪一个是当前窗口，练习切换当前窗口、并排显示窗口。

二、进阶实训

请同学们提前熟悉一下将要学到的软件（见表 2-1-3）。

表 2-1-3　　软件名称及功能

软件类型	软件名称	图标	功　能
文字处理	Word		文字录入、编辑、排版和打印等
数据处理	Excel		数据编辑、数据运算、创建图表和组织列表等
演示文稿处理	PowerPoint		幻灯片设计和制作
多媒体处理	Photoshop		专业图像画质及效果处理
	光影魔术手		一般图像画质及效果处理
	GoldWave		声音编辑、播放、录制
	爱剪辑		视频剪辑和制作
	格式工厂		视频、音频和图像等格式转换
	WinRAR		创建和管理压缩文件
	Apowersoft		录制、编辑和分享录屏

任务 2　键盘与鼠标操作

一、任务要点

1. 认识键盘布局及常用键的功能。
2. 标准指法。
3. 操作鼠标。
4. 录入中文和特殊符号。

二、任务描述

李芳是文秘专业新生，她听说文字录入速度是文秘专业的基本功，为了提高技能，她特意在家练习了一段时间，不过打字速度始终停留在 40~50 字/分。在老师讲解了键盘与鼠标的操作知识后，她掌握了提高录入速度的方法。

三、操作思路

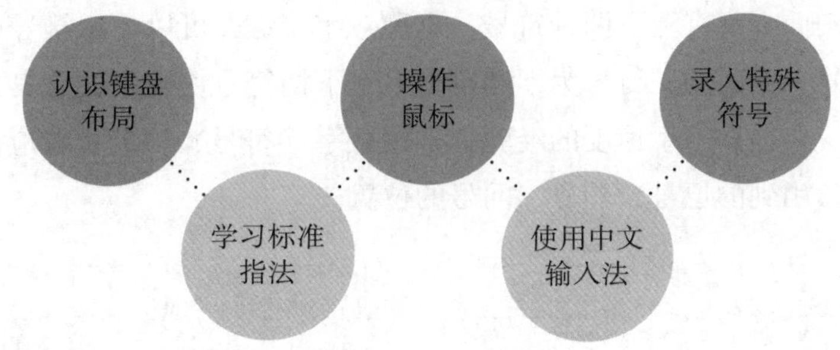

四、操作步骤

1. 认识键盘布局

在老师的讲解下，李芳知道了键盘主要分为主键盘区、功能键区、编辑控制键区、数字键区和状态指示区（见图 2-2-1）。看来在家时只练习主键盘区的字母键是不够的。

图 2-2-1　键盘分区图

（1）主键盘区

主键盘区（见图 2-2-2）分为字母键、数字（符号）键和控制键。该区是我们操作键盘时使用频率最高的区域。

图 2-2-2　主键盘区

①字母键。A~Z 共 26 个字母键。在字母键的键面上标有大写英文字母，每个键可输入大小写两种字母。大小写切换方法见表 2-2-1。

②数字（符号）键。共 21 个键（见图 2-2-3）。包括数字、运算符号、标点符号和其他符号。每个键面上都有上下两种符号，也称双字符键，可以显示符号或数字。上面的一行称为上档符号，下面的一行称为下档符号。上下档符号切换方法见表 2-2-1。李芳学到这里总结出了一条提高打字速度的经验：常用数字（符号）键的位置应记牢。例如，记牢录入文件时经常用到的逗号、句号、问号的位置。

图 2-2-3　数字（符号）键

③控制键。共有 14 个（见图 2-2-4）。在这 14 个键中，Alt、Shift、Ctrl、Windows 键

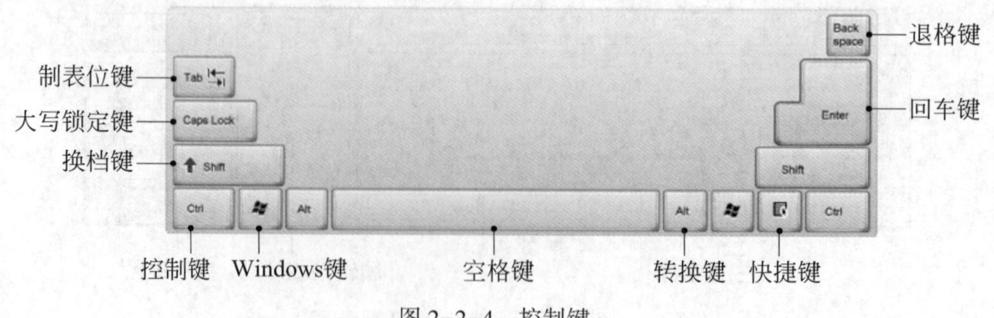

图 2-2-4　控制键

各有两个，对称分布在左右两边，功能相同，这样设计是为了操作方便。主要控制键说明见表 2-2-1。

表 2-2-1　　控制键说明

键名	中文名	功　能
Tab	制表位键	每按一次该键，光标向右移动一个制表位置（默认为 8 个字符）。通常用于手工制作表格或执行对齐操作
Caps Lock	大写锁定键	每按一次该键，大小写状态转换一次。状态指示区 "Caps" 绿灯亮为大写字母输入模式，反之为小写字母输入模式
Shift	换档键	按住该键同时按下双字符键，可以输入上档符号。在键盘处于小写字母和中文输入模式时，按住该键的同时按住字母键，可以输入大写字母
Ctrl	控制键	该键不能单独使用，需要和其他键组合使用，完成一些特定的控制功能。在不同的系统和软件中完成的功能各不相同
Alt	转换键	该键不能单独使用，需要和其他键组合使用，可以完成一些特殊功能。在不同的工作环境下，转换的状态不同
Space	空格键	每按一次该键，将在光标当前位置产生一个空格，同时光标向右移动一个字符位置
	Windows 键	按下该键将弹出 "开始" 菜单，相当于单击 "开始" 按钮
	快捷键	按下该键时将弹出快捷菜单
Enter	回车键	回车键有两个作用：一是在输入命令或文字时，按此键可结束当前的命令行或输入行，使光标转至下一行行首，即通常说的 "换行"；二是确认并执行输入的命令
Backspace	退格键	每按一次该键，可使光标向左移动一个字符的位置。如果光标位置前有字符，将删除该位置上的字符，常用于文本的改错操作

（2）功能键区

功能键区主要分布在键盘的最上面一排（见图 2-2-5）。功能键 F1 ~ F12 在不同的应用软件中能够定义不同的功能。Esc 键用来取消和放弃当前操作。

图 2-2-5　功能键区

李芳学到这里总结出另一条提高打字速度的经验：灵活使用控制键、功能键、快捷键。例如：使用 "Shift 键" 改变英文大小写，使用 "Ctrl+空格键" 切换中英文输入方式等。常用快捷键见表 2-2-2。

表 2-2-2　　常用快捷键一览表

快捷键	功能	快捷键	功能
F1	显示当前程序或者 Windows 的帮助内容	Ctrl+Shift	输入法切换
F5	刷新	Ctrl+空格	中英文切换
Delete	删除文件	Ctrl+F	查找
Shift+Delete	彻底删除文件	Ctrl+A	全选
Alt+F4	关闭当前应用程序	Ctrl+C	复制
Alt+Tab	切换当前程序窗口	Ctrl+X	剪切
+Tab	切换三维程序窗口	Ctrl+V	粘贴
Print Screen	将当前整个屏幕复制到剪贴板	Ctrl+Z	撤销
Alt+Print Screen	将当前活动程序窗口复制到剪贴板	Shift+空格	半角和全角间切换
Alt+左/右箭头	切换到当前文件夹之前或之后浏览的文件夹	Ctrl+Alt+Delete	打开任务管理器

（3）编辑控制键区

编辑控制键区位于主键盘区的右边，由 13 个键组成（见图 2-2-6）。这些按键主要作用是实现屏幕截屏、屏幕卷动、光标移动、字符插入、删除、屏幕滚动等字符编辑工作。编辑控制键说明见表 2-2-3。

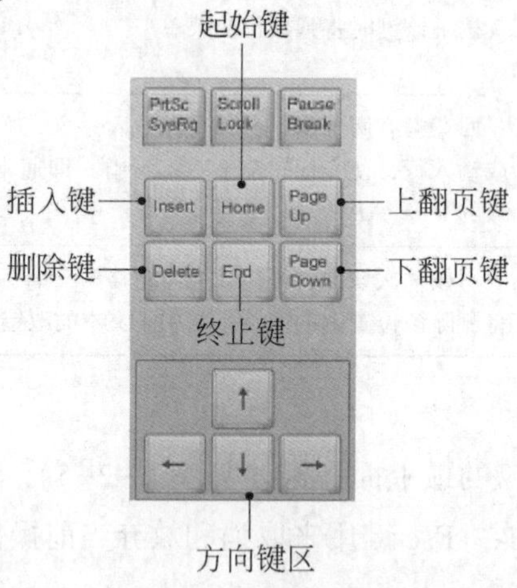

图 2-2-6　编辑控制键区

表 2-2-3　　编辑控制键说明

键名	中文名	功　能
Print Screen	屏幕拷贝键	将当前整个屏幕复制到剪贴板。在 Windows 操作系统中，按 Alt+Print Screen 组合键可以将当前的活动窗口复制到剪贴板上

续表

键名	中文名	功　能
Scroll Lock	卷动键	当屏幕上的信息需要卷动显示时可以使用此键
Pause（Break）	暂停键	当屏幕卷动显示某些信息时按下该键，可以暂停显示，直到按下任意键为止
Insert	插入键	按一次该键，当前状态为改写状态，所输入的字符将覆盖当前光标处的字符；再按一次该键，当前状态为插入状态，所输入的字符将被插入到当前光标处
Home	起始键	光标移动到行首
Page Up	上翻页键	显示屏幕前一页的信息
Delete	删除键	按一次该键，删除光标后面的一个字符，同时光标右边的所有字符向左移动一个字符位
End	终止键	光标移动到行尾
Page Down	下翻页键	显示屏幕后一页的信息
↑	上方向键	光标上移一行
←	左方向键	光标左移一个字符
↓	下方向键	光标下移一行
→	右方向键	光标右移一个字符

（4）数字键区

数字键区位于键盘的最右侧，又称小键盘区（见图2-2-7）。该键区兼有数字键和编辑键的功能。在录入数据较多的文稿时，使用数字键区输入比使用主键盘区上的数字输入要快。

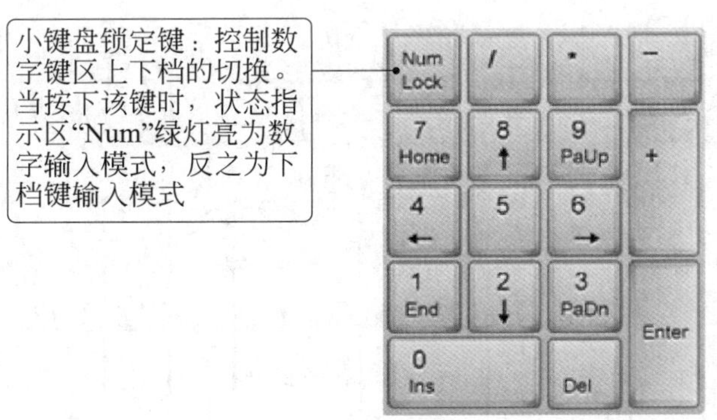

图2-2-7　数字键区

（5）状态指示区

状态指示区的指示灯是用于指示当前某些键盘区域的输入状态。各指示灯的含义如下：Num 指示灯亮，表示数字键区的数字键处于可用状态；Caps 指示灯亮，表示当前处于英文大写字母输入状态；Scroll 指示灯亮，表示屏幕滚动显示。部分无线键盘没有指示灯。

2. 学习标准指法

（1）基本键位

开始打字前，把双手虚放在基本键位“A”“S”“D”“F”“J”“K”“L”“;”上，即左手食指放在字母 F 上，右手食指放在字母 J 上，其余八指并列对齐分别虚放在相邻的键位上，两个拇指则虚放在空格键上（见图 2-2-8）。

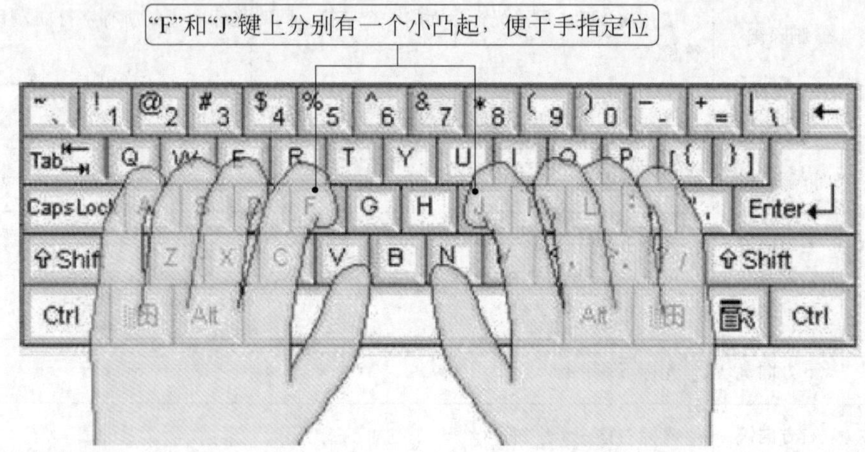

图 2-2-8　基本键位

（2）十指分工

打字时其他键的手指分工如图 2-2-9 所示，击打时手指从基本键位出发，击完后立即返回到基本键位。

图 2-2-9　十指分工

如果你和李芳一样希望提高打字速度，可注意以下几点：使用正确的指法，练习盲打，先使用英文素材练习敲击键盘，待对键盘操作熟练后练习中文输入。练习的过程中切记使用正确指法。希望同学们能够按照要求进行练习，循序渐进提高文字录入速度。

3. 操作鼠标

（1）鼠标结构

鼠标通常由左键、右键、滚轮和鼠标体组成（见图 2–2–10）。

（2）正确握法

鼠标的正确握法如图 2–2–11 所示。

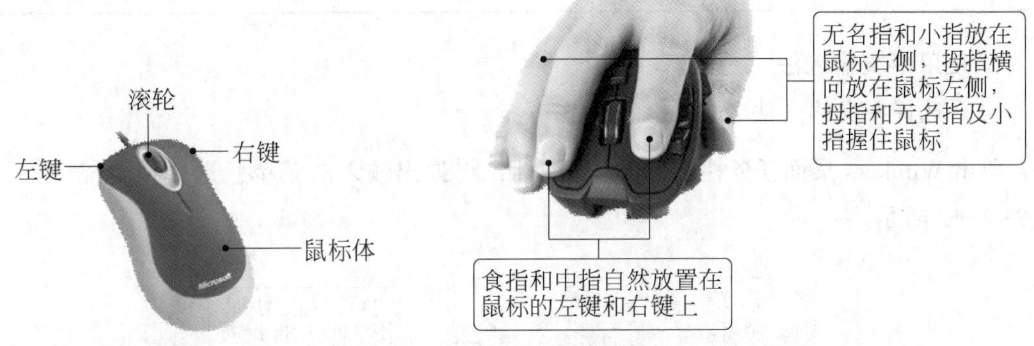

图 2–2–10 鼠标的组成　　图 2–2–11 鼠标的正确握法

（3）鼠标的基本操作方法

①指向。将鼠标指针移动到某个对象上。这个动作不会选定该对象。

②单击。将鼠标指针移动到某个对象上，按下鼠标左键并立即松开，称为“单击”。单击一般用于选定某个对象，如菜单、文件或执行某个操作。

③右击。按下鼠标右键并立即松开，称为“右击”。右击可以弹出相应的快捷菜单。

④双击。将鼠标指针移动到某个对象上，然后连续按下两次左键，称为“双击”。双击用于启动某个程序或打开窗口。

⑤拖动。将鼠标指针移动到某个对象上，按住鼠标左键不放，移动鼠标到目标位置后松开，称为“拖动”。一般用于将对象移动到新位置。

⑥滚轮。向上或向下滚动滚轮可以实现向上或向下翻页。一般用于网页、文档或文件较多的文件夹的翻页。

（4）鼠标的指针形状

在不同的操作状态下，鼠标指针的形状是不同的。表 2–2–4 中列出了鼠标指针的形状及含义。

表 2-2-4　　鼠标指针形状及含义

形状	含义	形状	含义	形状	含义
	正常选择		水平调整		选定文字
	帮助选择		垂直调整		精确定位
	后台运行		沿对角线调整 1		移动
	系统繁忙		沿对角线调整 2		链接选择

4. 使用中文输入法

（1）选择中文输入法

单击 Windows 桌面任务栏右侧的图标，将弹出输入法菜单，选择搜狗输入法，如图 2-2-12 所示。

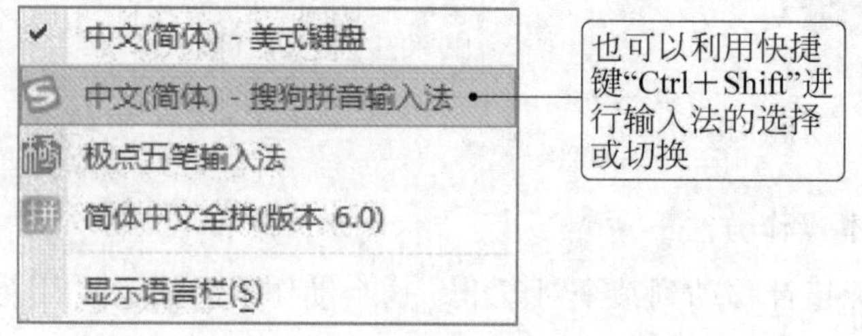

图 2-2-12　选择中文输入法

（2）设置中文输入法状态栏

中文输入法默认为中文、半角和中文标点状态，可以通过鼠标和键盘进行设置。

①用鼠标设置。单击输入法指示器对应的按钮进行命令切换，如图 2-2-13 所示。

图 2-2-13　中文输入法状态栏

②用键盘设置。用键盘设置的方法见表 2-2-5。

表 2-2-5　　用键盘设置中文输入法状态栏的方法

快捷键	功　能
Ctrl+空格	在中文输入法与英文输入法之间切换
Shift+空格	在全角与半角之间切换
Ctrl+·	在中文标点符号与英文标点符号间切换

5. 录入特殊符号

在中文输入法状态下，可以输入各种中文标点符号以及常用的汉字符号。符号与键盘键位的对应关系见表 2-2-6。

表 2-2-6　　中文标点符号表

名称	中文符号	对应键	名称	中文符号	对应键	名称	中文符号	对应键
顿号	、	\	双引号	“”	“”	右括号	）	）
分号	；	；	单引号	‘’	‘’	左书名号	《	<
冒号	：	：	感叹号	！	！	右书名号	》	>
逗号	，	，	破折号	——	–	人民币符号	¥	$
问号	？	？	省略号	……	^			
句号	。	.	左括号	（	（			

五、相关知识

人们在使用计算机的过程中，需要录入信息，这些信息是以何种形式存储在计算机中呢？下面将介绍常用输入法和计算机中信息的表示方法。

1. 常用输入法

（1）全拼输入法

全拼输入法在输入汉字时需要输入汉字的全部拼音（包含声母和韵母，通常不包括音调），由于击键次数比其他输入法多，因此输入效率较低，主要是初学者练习打字时使用。

（2）搜狗输入法

搜狗输入法用户可以通过网络备份自己的个性化词库和配置信息，此输入法具有联想功能，支持混拼和简拼输入，还支持五笔、五笔拼音混合输入等。联想功能的设置方法如下：

①右击搜狗拼音输入法图标，选择“设置属性”命令。②单击“高级”选项。③勾选“词语联想”复选框。④单击“确定”按钮。操作步骤如图 2-2-14 所示。

2. 计算机中信息的表示方法

目前计算机的基本元件是超大规模集成电路。不管集成电路如何发展，它无非是把成千上万的晶体管制作到一小片半导体芯片上。

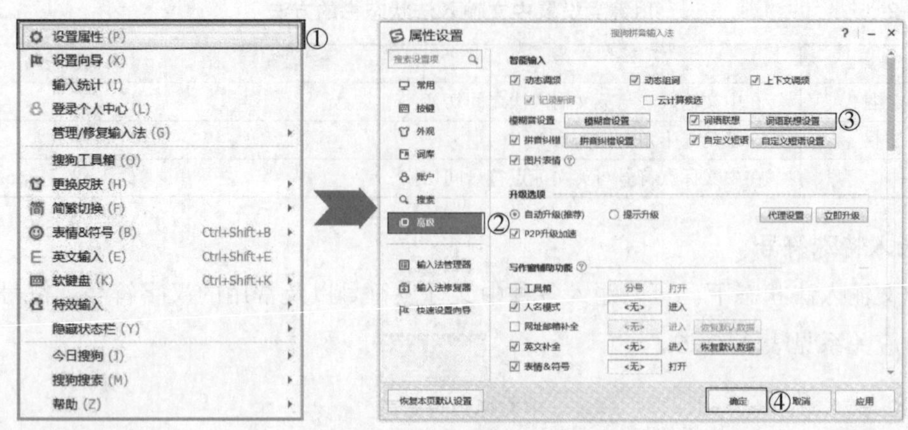

图 2-2-14　设置联想功能

对晶体管来说，有两种稳定的状态：导通和截止。计算机就是利用晶体管的这个特性来进行运算的。而这两种状态分别可以表示数据“0”和“1”，所以在计算机中采用二进制数来表示信息，最直接也最方便。

（1）计算机中信息的计量单位

存储器像一栋“教学大楼”，由许多单元组成。一个个单元就像一间间“教室”，每个单元由若干个位组成，位就像教室里的“座位”。每个位可存放一个二进制数 0 或 1，就像教室里的每一个座位可坐一名男生或一名女生。

①位。位（bit，比特）用于存放一个二进制数 0 或 1，它是存储信息的最小计量单位，通常用其小写首字母“b”表示。

②字节。字节是计算机数据处理的最基本单位，并主要以字节为单位解释信息。字节（Byte）简记为 B，规定一个字节为 8 位，即 1 B = 8 bit。每个字节由 8 个二进制位组成。此外，还有 KB（千字节）、MB（兆字节）、GB（吉字节）、TB（太字节）等，它们之间的换算关系如下：

1 KB = 1 024 B　　　　$(2^{10} = 1\ 024)$

1 MB = 1 024 KB

1 GB = 1 024 MB

1 TB = 1 024 GB

（2）数制

数制即表示数的方法，按进位的原则进行计数的数制称为进位数制，简称“进制”。对于任何进位数制，都有以下几个基本特点：

①每一进制都有固定数目的记数符号（数码）。在进制中允许选用基本数码的个数称为基数。例如：十进制的基数为 10，有 10 个数码 0~9；二进制的基数为 2，有 2 个数码 0 和 1；八进制的基数是 8，有 8 个数码 0~7；十六进制的基数为 16，有 16 个数码 0~9 及 A~F。

②逢 N 进一。例如，十进制中逢 10 进 1，二进制中逢 2 进 1，八进制中逢 8 进一，十六进制中逢 16 进 1。

③采用位权表示法。一个数码在不同位置上所代表的值不同，如数码 3，在个位数上表示 3，在十位数上表示 30，而在百位数上则表示 300。这里的个（10^0）、十（10^1）、百（10^2）……称为位权。位权的大小以基数为底，数码所在位置的序号为指数的整数次幂。一个进制数可按位权展开成一个多项式，例如：

$$2\ 345.78=2\times10^3+3\times10^2+4\times10^1+5\times10^0+7\times10^{-1}+8\times10^{-2}$$

为了区分这几种进制数，规定在数字的后面加字母 D 表示十进制数，加字母 B 表示二进制数，加字母 O 表示八进制数，加字母 H 表示十六进制数，十进制数可以省略不加。例如，11D 或 11 都表示是十进制数，11B 表示二进制数，11O 表示八进制数，11H 表示十六进制数。也可以用基数作下标表示，如：$(10)_{10}$或 10 表示十进制数，$(10)_2$表示二进制数，$(10)_8$表示八进制数，$(10)_{16}$表示十六进制数。表 2-2-7 给出了上述几种进制之间 0~17 数值的对应关系。

表 2-2-7　各进制数值的对应关系

十进制	二进制	八进制	十六进制	十进制	二进制	八进制	十六进制
0	0	0	0	10	1010	12	A
1	1	1	1	11	1011	13	B
2	10	2	2	12	1100	14	C
3	11	3	3	13	1101	15	D
4	100	4	4	14	1110	16	E
5	101	5	5	15	1111	17	F
6	110	6	6	16	10000	20	10
7	111	7	7	17	10001	21	11
8	1000	10	8	…	…	…	…
9	1001	11	9				

（3）十进制数与二进制数之间的转换

计算机内部采用二进制数工作，而人们日常生活中使用的是十进制数，因此，要使用计算机处理十进制数，必须先把它转换成二进制数才能为计算机所接受。计算结果也应从二进制数转换成十进制数，以便人们阅读。这就产生了不同数制之间的转换问题。

①十进制数转换成二进制数。分两种情况进行：整数部分和小数部分。具体规则如下：

整数部分：除以 2 取余，直到商为 0。先取的余数在低位，后取的余数在高位。

小数部分：乘以 2 取整，取其整数部分（0 或 1）作为二进制小数部分，取其小数部分再乘以 2，直到值为 0 或达到精度要求。先取的整数在高位，后取的整数在低位。

【例 2—2—1】 将十进制数 43. 625 转换成二进制数。

将 43. 625 的整数部分和小数部分分开处理：

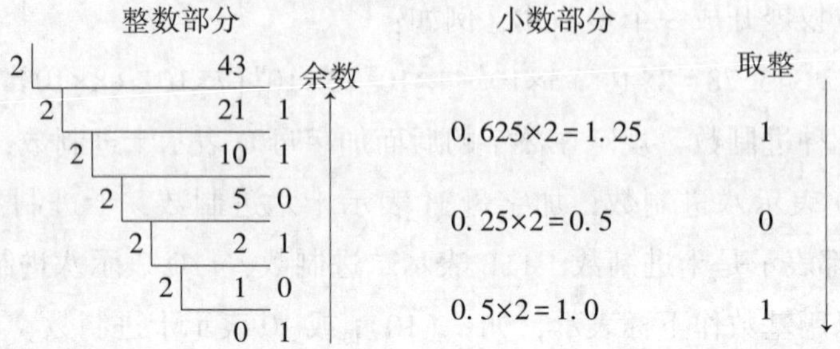

整数部分

除数	商	余数 ↑
2	43	
2	21	1
2	10	1
2	5	0
2	2	1
2	1	0
	0	1

小数部分

计算	取整 ↓
$0.625\times2=1.25$	1
$0.25\times2=0.5$	0
$0.5\times2=1.0$	1

因此，43. 625 = 101011. 101B 或表示为 $(101011.101)_2$。

②二进制数转换成十进制数。二进制数转换成十进制数，只需以 2 为基数，按权展开求和即可。用公式表示如下。

整数部分：

$$(D_nD_{n-1}\cdots D_3D_2D_1)_2=D_n\times2^{n-1}+D_{n-1}\times2^{n-2}+\cdots+D_3\times2^2+D_2\times2^1+D_1\times2^0$$

其中，$D_i=0$ 或 1，n 为 0 或 1 所在二进制数中的位数。

小数部分：

$$(D_1D_2\cdots D_{m-1}D_m)_2=D_1\times2^{-1}+D_2\times2^{-2}+\cdots+D_{m-1}\times2^{-(m-1)}+D_m\times2^{-m}$$

其中，$D_i=0$ 或 1，m 为 0 或 1 所在二进制数中的位数。

【例 2—2—2】 将 $(101101.101)_2$ 转换成十进制数。

$$\begin{aligned}(101101.101)_2&=1\times2^5+0\times2^4+1\times2^3+1\times2^2+0\times2^1+1\times2^0\\&\quad+1\times2^{-1}+0\times2^{-2}+1\times2^{-3}\\&=2^5+2^3+2^2+2^0+2^{-1}+2^{-3}\\&=45.625\end{aligned}$$

（4）数据与编码

计算机处理信息时，除了处理数值信息外，更多的是处理非数值信息。非数值信息是指字符、文字、图形等形式的数据，它不表示数量大小，只代表一种符号，所以又称符号数据。

从键盘向计算机中输入的各种操作命令及原始数据都是字符形式的。然而计算机只能存储二进制数，这就需要对符号数据进行编码，输入的各种字符由计算机自动转换成二进制编码存入计算机。

①ASCII 码。ASCII 码是美国标准信息交换码（American Standard Code for Information

Interchange)，它已被世界公认，并成为在世界范围内通用的字符编码标准。

ASCII 由 7 位二进制数组成，因此定义了 128（2^7）种符号，其中有 32 种是起控制作用的“功能码”，其余 96 种为数字、大小写英文字母和专用符号的编码。例如，字母 A 的 ASCII 码为 1000001（十进制 65），加号“+”的 ASCII 码为 0101011（十进制为 43）等。

表 2-2-8 列出了一般字符及其 ASCII 码的对照表。

表 2-2-8　　　　一般字符的 ASCⅡ编码（二进制表示）

低四位＼高三位	010	011	100	101	110	111
0000	〈空格〉	0	@	P	′	P
0001	!	1	A	Q	a	q
0010	“	2	B	R	b	r
0011	#	3	C	S	c	s
0100	$	4	D	T	d	t
0101	%	5	E	U	e	u
0110	&	6	F	V	f	v
0111	‘	7	G	W	g	w
1000	(	8	H	X	h	x
1001	)	9	I	Y	i	y
1010	*	:	J	Z	j	z
1011	+	;	K	[	k	{
1100	,	<	L	\	l	|
1101	–	=	M	]	m	}
1110	.	>	N	∧	n	~
1111	/	?	O	_	o	DEL

虽然 ASCII 码只用了 7 位二进制代码，但由于计算机的基本存储单位是一个包含 8 位二进制的字节，所以每个 ASCII 码也用一个字节表示，最高二进制位为 0。

②国家标准汉字编码。国家标准汉字编码简称国标码。该编码集的全称是“信息交换汉字编码字符集——基本集”，该编码的主要用途是作为汉字信息交换码使用。

国标码集中收录了 7 445 个汉字及符号。其中：一级常用汉字 3 755 个，汉字的排列顺序为拼音字母顺序；二级常用汉字 3 008 个，排列顺序为偏旁部首顺序；另外还收集了

682 个图形符号。一般情况下，该编码集中的两级汉字和符号已足够使用。

国标码规定：一个汉字用两个字节来表示，每个字节只用 7 位，最高位均未作定义，如图 2-2-15 所示。

为了方便书写，常用 4 位十六进制来表示一个汉字。

B_7	B_6	B_5	B_4	B_3	B_2	B_1	B_0
0	×	×	×	×	×	×	×

B_7	B_6	B_5	B_4	B_3	B_2	B_1	B_0
0	×	×	×	×	×	×	×

图 2-2-15　汉字国标码的编码格式

③内码与外码。国标码是一种机器内部编码，也称内码。内码的存在使得用户可以根据自己的习惯使用不同的输入法编码（外码）而不影响不同系统之间的汉字信息交换。

思考与实训

一、基础实训

在文本文件中进行文字录入练习，看看录完下面的素材需要多少时间。

The Capital of China—Beijing

Located in northern China，Beijing is the capital of China. Now，it has become one of the most popular tourist destinations in the world. Beijing is well-known for its Forbidden City，the Great Wall，Tiananmen Square and the Summer Palace. The Forbidden City is the largest and the best-preserved imperial palace complex in the world. The Great Wall is one of the “Eight Wonders of the World” . The Tiananmen Square is the largest central city square in the world. The Summer Palace is the largest royal park in China，and it also has been known as “The Museum of Royal Gardens” . In addition to the historical sites，Beijing also has modern scenic spots，such as the National Stadium and the National Aquatics Center for 2008 Olympics.

中国首都——北京

北京，位于华北地区，是中国的首都，现在已经成为世界上最受欢迎的旅游目的地之一。北京以紫禁城、长城、天安门广场和颐和园而闻名于世。紫禁城是世界上最大、保存最完整的皇宫。长城是“世界八大奇迹”之一。天安门广场是世界上最大的城中广场。颐和园是中国最大的皇家花园，它也被誉为“皇家花园博物馆”。除了历史遗迹外，北京还拥有现代的景点，如 2008 年奥运会使用过的国家体育场和国家游泳中心。

二、进阶实训

打开金山打字通官方网站，下载安装后，请同学们分别进行中、英文打字比赛，看看谁会成为冠军。

任务 3　文件和文件夹管理

一、任务要点

1. 新建、重命名、删除、移动、复制、搜索和压缩文件或文件夹。
2. 查看和设置文件或文件夹的属性。

二、任务描述

张静喜欢古诗文，经常在网上下载一些古诗文的资料。由于只顾下载，没有及时整理，查阅资料很费劲，于是她利用文件夹树形结构对资料进行了一次整理。

三、操作思路

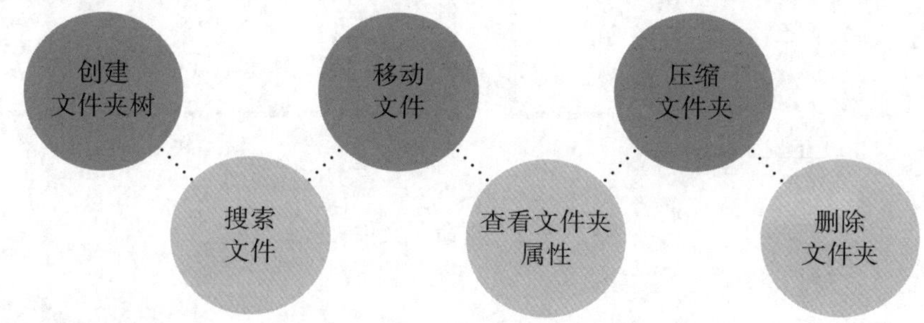

四、操作步骤

1. 创建文件夹树

（1）打开窗口

双击桌面上图标，打开“计算机”窗口。

（2）新建文件夹

①单击导航窗格中的“计算机”图标。②在展开的计算机中，选择本地磁盘（E:）。③在右边工作区右击空白区，在快捷菜单中选择【新建】/【文件夹】。操作步骤如图 2-3-1 所示。

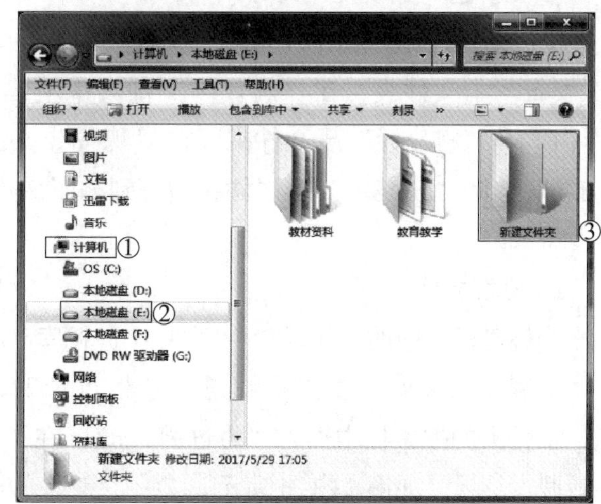

图 2-3-1　新建文件夹

（3）重命名文件夹

①右击新建文件夹。②在快捷菜单中选择“重命名”命令。③将文件夹名改为“古诗文”。操作步骤如

图 2-3-2 所示。

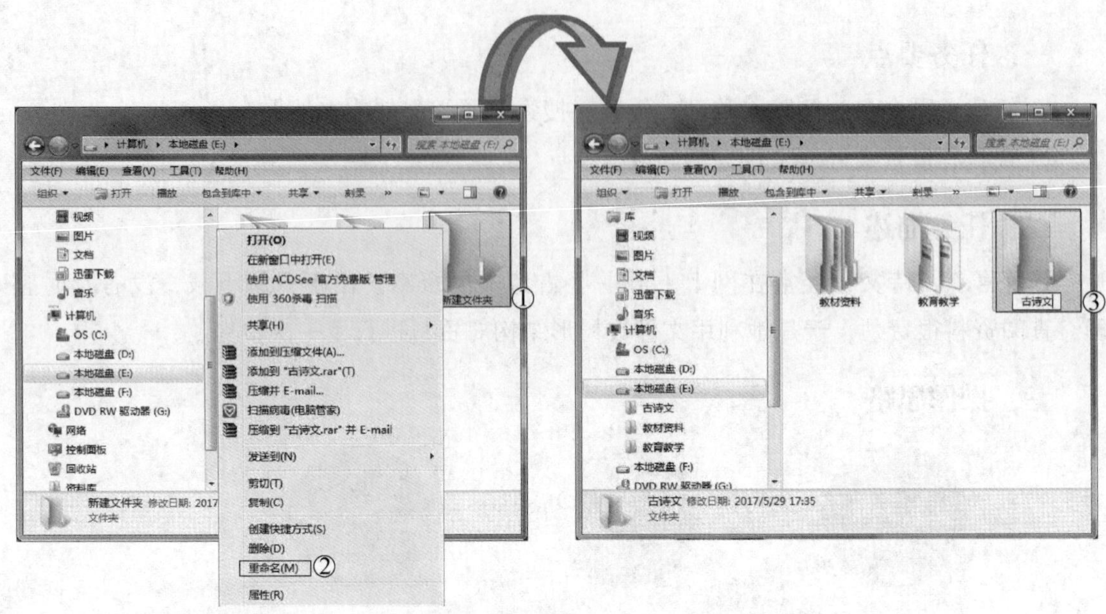

图 2-3-2　重命名文件夹

（4）新建子文件夹

使用“新建文件夹”的操作方法在本地磁盘（E:）中选择“古诗文”文件夹，在右边工作区中新建 3 个文件夹并改名为“宋代”“唐代”和“魏晋”。

（5）新建下一级文件夹

使用上述操作方法在“宋代”文件夹中新建“苏轼”和“王安石”子文件夹，在“唐代”文件夹中新建“白居易”“李白”和“柳宗元”子文件夹，在“魏晋”文件夹中新建“陶渊明”和“王羲之”子文件夹，得到如图 2-3-3 所示文件夹树。

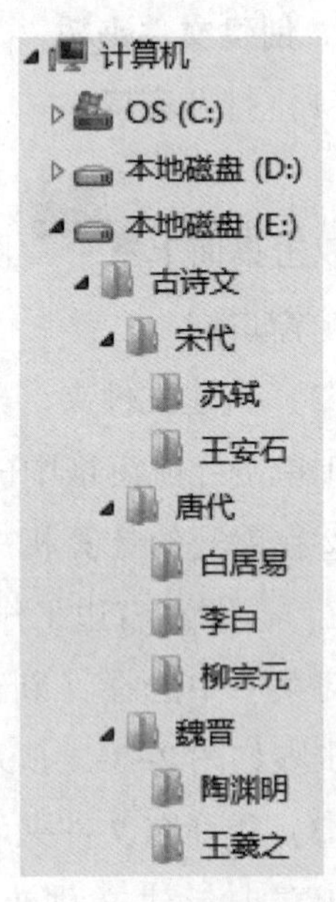

图 2-3-3　文件夹树

2. 搜索文件

①将资料库中的“下载”文件夹（资料库/项目二/任务3/“下载”文件夹）复制粘贴到 E 盘根目录下。②在“下载”文件夹的搜索栏中输入“将进酒 . txt”，在工作区中就会显示搜索结果，如图 2-3-4 所示。

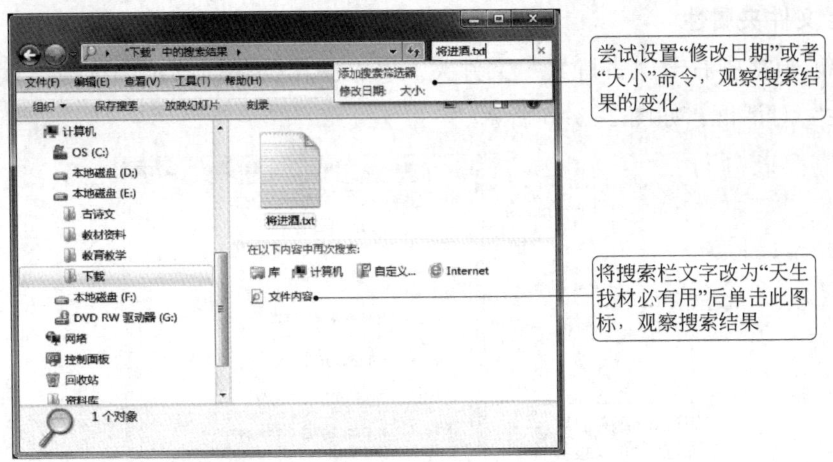

图 2-3-4　搜索文件

3. 移动文件

（1）移动文件"将进酒 . txt"

①单击"将进酒 . txt"文件。②选择【编辑】/【剪切】命令。③在导航窗格中选择"古诗文/唐代/李白"文件夹。④选择【编辑】/【粘贴】命令。操作步骤如图 2-3-5 所示。

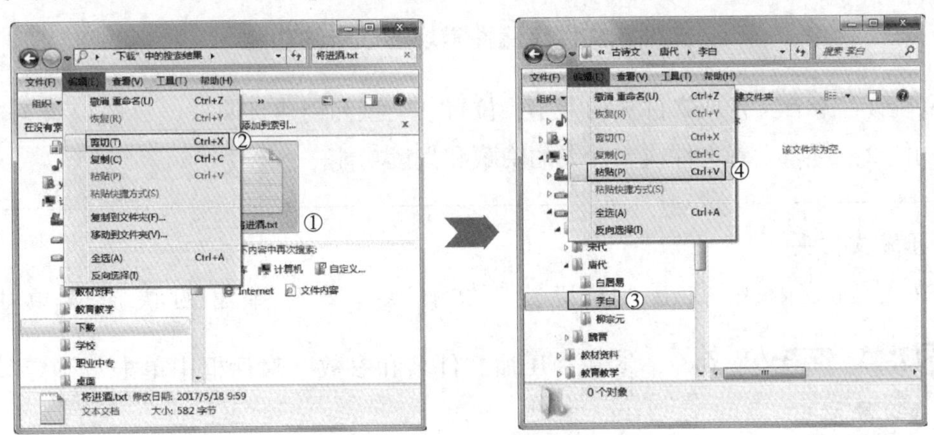

图 2-3-5　移动文件

（2）移动其他文件

使用上述操作方法在"下载"文件夹中搜索诗文并移动到对应的文件夹中。对应关系见表 2-3-1。

表 2-3-1　作者与诗文对应关系

作者	诗文	作者	诗文
李白	将进酒	王安石	伤仲永
王羲之	兰亭集序	苏轼	水调歌头・明月几时有
白居易	钱塘湖春行	陶渊明	桃花源记
柳宗元	小石潭记		

4. 查看文件夹属性

①在导航窗格中右击“古诗文”文件夹。②在弹出的快捷菜单中选择“属性”命令，弹出“属性”对话框，如图 2-3-6 所示。

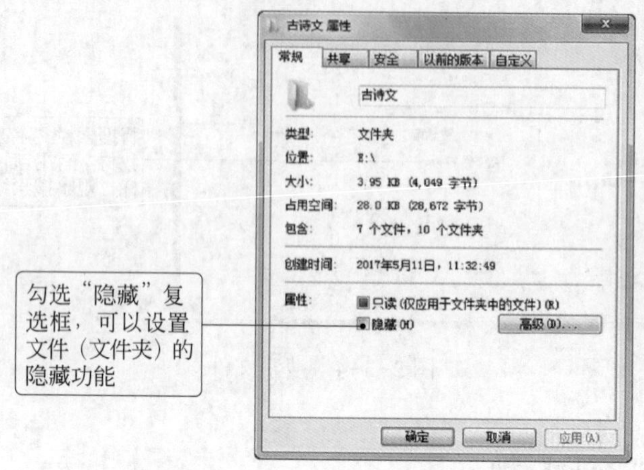

图 2-3-6 “属性”对话框

实用技巧

文件或文件夹属性常规选项卡的功能

功能 1：查看文件或文件夹的大小、位置、类型和创建日期等。

功能 2：可以设置文件或文件夹的隐藏和只读功能。

5. 压缩文件夹

①在导航窗格中右击“古诗文”文件夹。②在弹出的快捷菜单中选择  命令。③在“压缩文件名和参数”对话框中单击“确定”按钮，如图 2-3-7 所示。

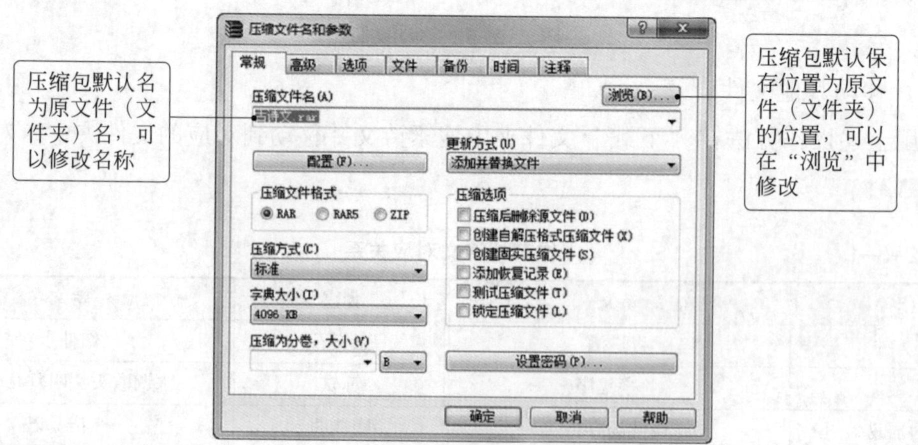

图 2-3-7 “压缩文件名和参数”对话框

压缩和解压文件

只有安装了 WinRAR 软件的计算机，才会在快捷菜单中有“添加到压缩文件”命令。压缩后的文件要解压，只需要双击压缩包，在对话框中设置解压后的名字和位置。

6. 删除文件夹

①右击“古诗文”文件夹，选择“删除”命令，如图 2-3-8 所示。②在弹出的对话框中单击 是(Y) 按钮。

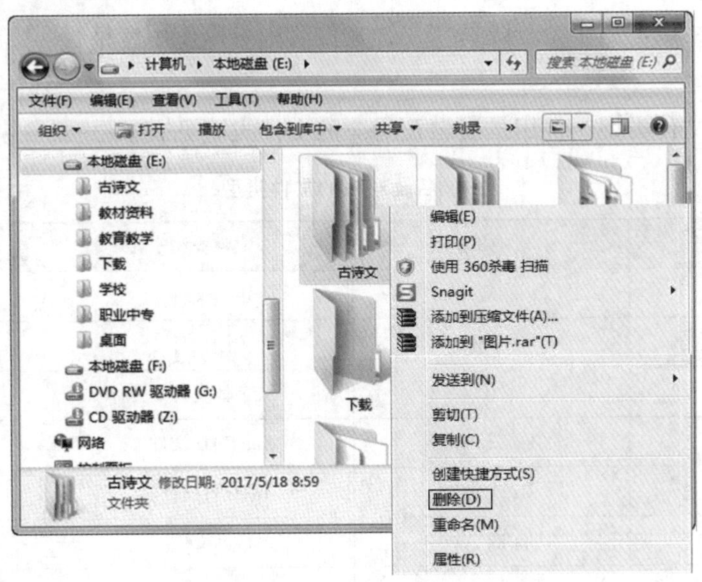

图 2-3-8　删除文件夹

还原和彻底删除

删除文件或文件夹后可以通过回收站进行还原。若要彻底删除文件或文件夹，可以使用“Shift+Delete”快捷键进行删除。注意这样删除的文件或文件夹不能够再还原。

五、相关知识

本部分介绍文件和文件夹、浏览文件和文件夹的方式、设置文件夹选项和剪贴板。

1. 文件和文件夹

文件是记录在存储介质（磁盘、光盘、U 盘）上的一组相关信息的集合，是 Windows

中最基本的存储单位。在计算机中，文件夹是用来协助人们管理一组相关文件的集合。

（1）文件与文件名

文件是一组有名称的相关信息的集合。在操作系统中，各种数据是以文件的形式存储的。每个文件有一个文件名，系统通过文件名对文件进行管理。

1）文件主名

文件主名是文件的主要标记。文件主名的命名规则如下：

①文件名的长度可以由1~255个字符组成。

②文件名可以由汉字、数字、英文字母、空格等符号组成。

③不能用在文件名中的字符有\ /〈〉:“”? * 、| 等。

④同一位置中不能有同名（文件主名和扩展名完全相同）的文件。

⑤文件名中可以使用多个分隔符“.”，文件名中可以使用空格符。

2）扩展名

扩展名表示文件类型。常用扩展名及对应的文件类型见表2-3-2。

表2-3-2 扩展名及对应的文件类型

文件类型	对应的扩展名	文件类型	对应的扩展名
应用程序文件	.exe 或 .com	声音文件	.wav 或 .ra
系统文件	.sys	位图文件	.bmp
文本文件	.txt	字体文件	.fon
Word 文件	.doc 或 .docx	AutoCAD 文件	.dwg
Excel 文件	.xls 或 .xlsx	Web 页文件	.htm 或 .html
PowerPoint 文件	.ppt 或 .pptx	帮助文件	.hlp
视频文件	.mlv	Flash 文件	.swf
图像文件	.jpg	压缩音乐文件	.mp3
影像文件	.mpeg 或 .mpg	Photoshop 文件	.psd
压缩文件 WinRAR	.rar	高质量图像文件	.tif

知识链接

通配符

在文件搜索过程中可以使用通配符“?”和“ * ”来代替文件名中的字符。

通配符“?”可以代替文件名或扩展名中任意1个字符。

通配符“ * ”可以代替文件名或扩展名中任意多个连续字符。

（2）文件夹

文件夹用于存储文件，除此之外，还可以存储文件夹，称为“子文件夹”。文件夹命名与文件命名要求相同。

（3）文件夹树形结构

Windows 中的文件、文件夹的组织结构是树形结构，即一个文件夹中包含多个文件和文件夹，但一个文件或文件夹只属于一个文件夹。文件夹树形结构也可称为文件夹树。

如图 2-3-9 所示为一个文件夹树。其中，“计算机”是文件夹树的根，下一级是“OS（C:）”“本地磁盘（D:）”和“本地磁盘（E:）”，“娱乐”和“Office”是“本地磁盘（E:）”的子文件夹，“Excel”“PowerPoint”和“Word”是“Office”的子文件夹，“电影”“音乐”和“游戏”是“娱乐”的子文件夹。

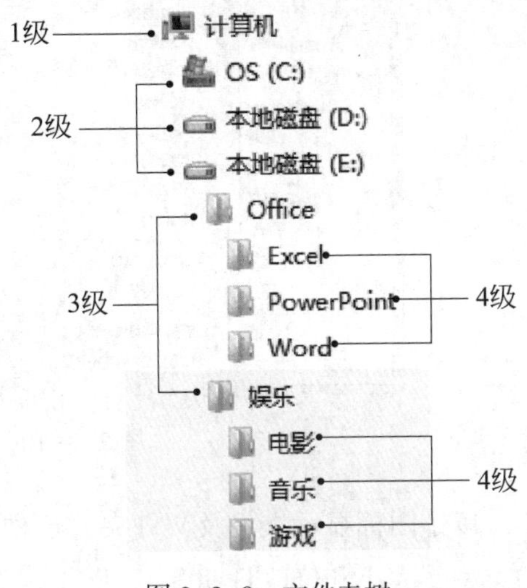

图 2-3-9　文件夹树

知识链接

软盘、硬盘和光盘的编号

A 和 B 是软盘驱动器的编号。

计算机最主要的外存储器是硬盘，计算机上至少有一个硬盘。一个硬盘通常分为几个区，Windows 给每个分区都编号，依次是（C:），（D:）等。如果有多个硬盘，其他硬盘分区的编号紧接着前一个硬盘最后一个分区的编号。

光盘的编号紧接着硬盘的最后一个分区的编号。

2. 浏览文件和文件夹的方式

Windows 7 浏览文件和文件夹方式有 8 种（见图 2-3-10）。通过“查看”菜单选择显示类型。

（1）超大图标、大图标、中等图标、小图标

以图标的形式显示文件和文件夹，适合查看图片文件。

（2）列表

以更小的图标显示文件与文件夹，以便能够在固定大小的窗口中尽可能多的显示文件和文件夹。

（3）详细信息

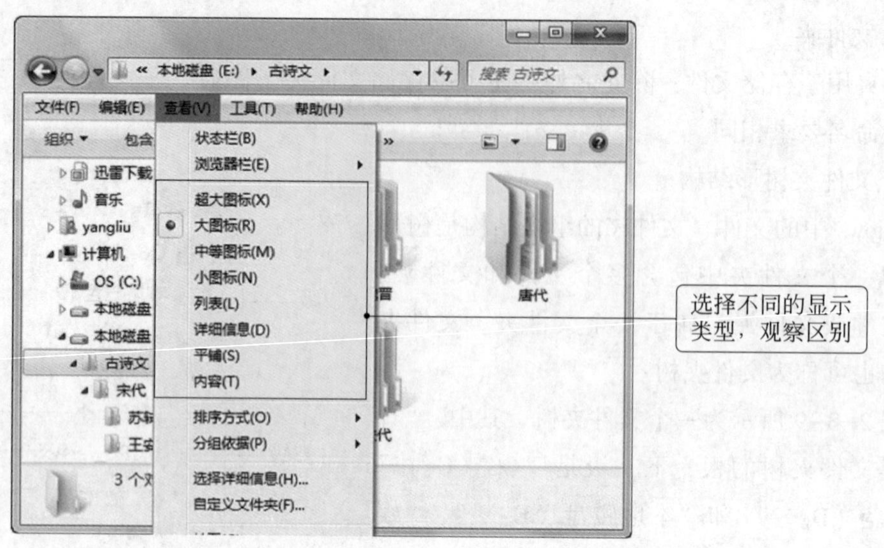

图 2-3-10 浏览文件和文件夹的方式

以小图标显示文件及文件夹，这种方式列出每个文件及文件夹的详细信息，包括文件的类型、大小和修改日期等。

（4）平铺

以大图标方式显示文件及文件夹，以便更好地查看文件或文件夹。

（5）内容

将文件图标、名称、类型、大小和日期等信息分为几列显示，便于用户识别。

3. 设置文件夹选项

选择【工具】/【文件夹选项】命令，打开“文件夹选项”对话框（见图 2-3-11）。在对话框中勾选“隐藏已知文件类型的扩展名”复选框，计算机窗口中将隐藏文件的扩展名。如果要在计算机窗口中查看文件的扩展名，可在文件夹选项对话框中去除该复选框的选择。对于已设有隐藏属性的文件或文件夹，如果想将文件隐藏起来，防止别人查看，可在文件夹选项对话框中选择“隐藏文件和文件夹”下的“不显示隐藏的文件、文件夹或驱动器”单选按钮。

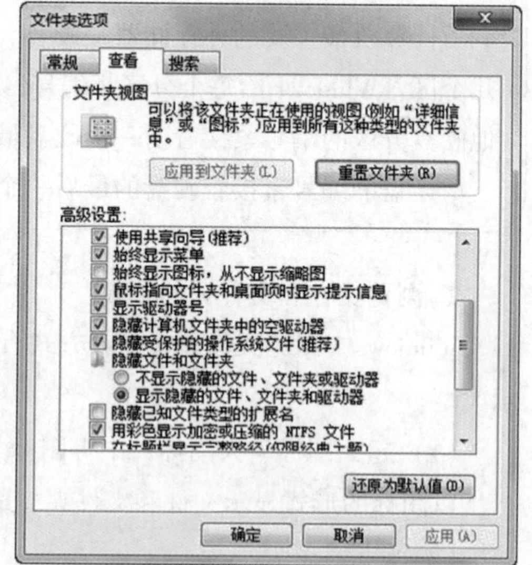

图 2-3-11 “文件夹选项”对话框

4. 剪贴板

（1）概念

剪贴板是内存中用来临时存放数据的一块区域，使得各种应用程序之间传递和共享信息成为可能。但是，剪贴板只能保留一份数据，每当新的数据传入，旧的便会被覆盖。

（2）应用

①移动或复制文件（文件夹）。见本任务操作步骤“3. 移动文件”内容。

②移动或复制数据。首先选择要移动或复制的数据，然后选择剪切或复制命令，数据即存储在剪贴板上，最后选择数据要存放的位置，选择粘贴命令完成数据的移动或复制。

③复制活动窗口或屏幕图像。按下“Alt+PrintScreen”键即可将一个活动的窗口图像复制到剪贴板上，按PrintScreen键则复制整个屏幕的图像。

一、基础实训

1. 打开“计算机”窗口。

2. 建立如图2-3-12所示的“学校”文件夹树。

3. 查找“C:\Windows\System32”文件夹中所有扩展名为.txt的文件。

4. 将搜索出的文件全部复制到“Txt”文件夹中。

5. 将“Txt”文件夹中所有文件设置为“隐藏”属性。

6. 将“Txt”文件夹中所有文件压缩成“Txt”压缩包。

图2-3-12 “学校”文件夹树

二、进阶实训

1. 取消“Txt”文件夹中所有文件的“隐藏”属性。

2. 将“Txt”文件夹中修改时间最近的6个文件移动到“Dat”文件夹中，并将它们的扩展名均改为.dat。

3. 删除“Txt”文件夹中除了压缩包外的所有文件。

4. 查找“C:\Windows\System32”文件夹中文件大小不超过10 KB且扩展名为.sys的文件，将其复制到“Sys”文件夹中。

任务4　系统环境设置

一、任务要点

1. 设置桌面环境、鼠标、键盘、字体、输入法、日期和时间。

2. 安装和卸载常用应用程序。

二、任务描述

陈阳是物流专业的一名学生，常常使用计算机完成老师布置的电子商务作业。最近，他对一成不变的桌面背景、窗口外观等效果产生了审美疲劳，他决定对这些进行重新设置。

三、操作思路

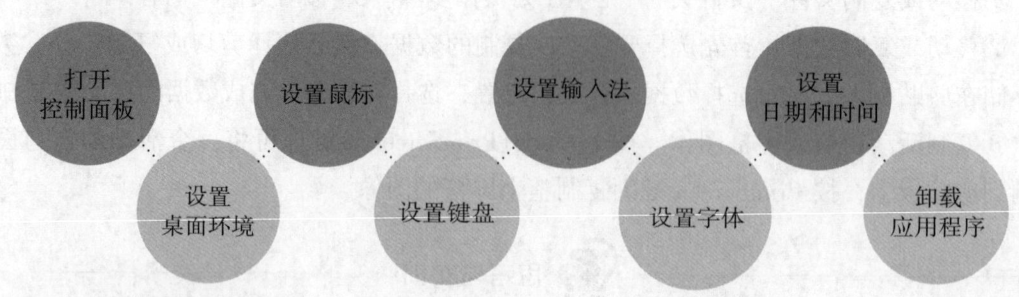

四、操作步骤

1. 打开控制面板

单击【开始】/【控制面板】命令，弹出控制面板窗口，如图 2-4-1 所示。

知识链接

控制面板的功能

Windows 7 系统设置主要通过控制面板来完成，控制面板包括系统硬件和软件设置工具，可以对键盘、鼠标、显示器、打印机、用户账号、输入法、日期和时间等项目进行设置和调整。

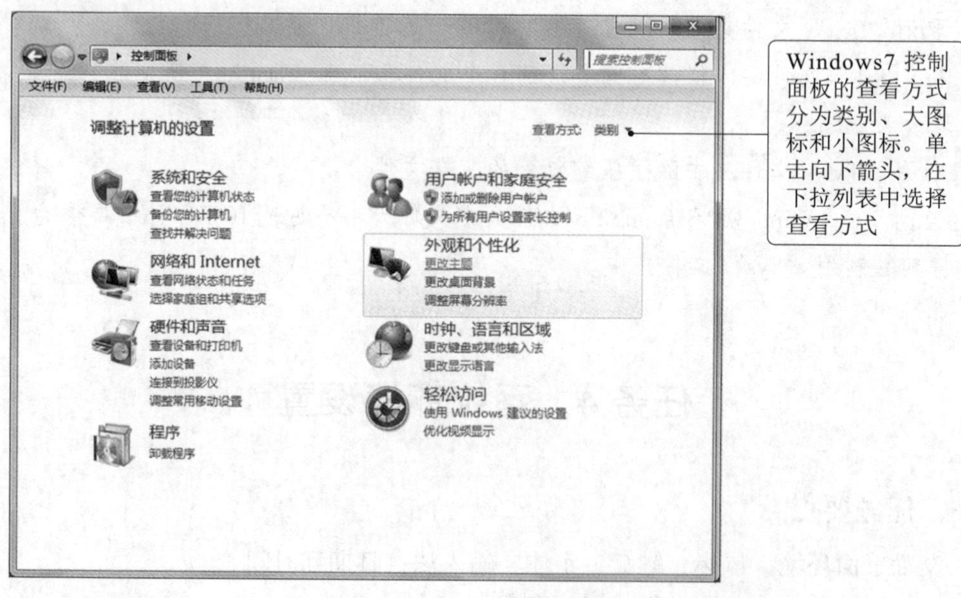

图 2-4-1 “控制面板”窗口

2. 设置桌面环境

（1）设置主题

①在控制面板窗口中单击“外观和个性化”类别中的“更改主题”命令。②在弹出的“个性化”窗口中选择“风景”类。操作步骤如图 2-4-2 所示。

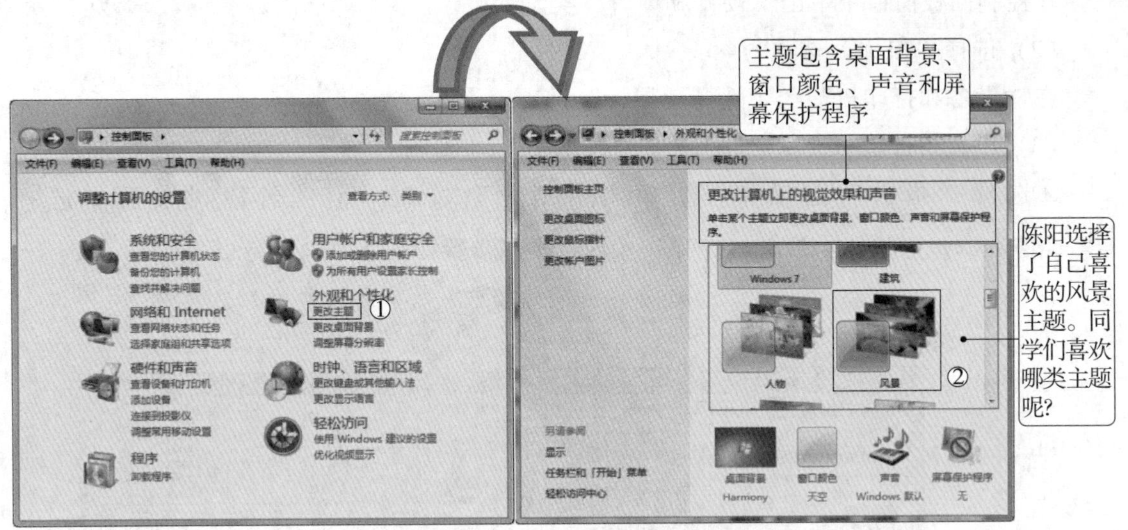

图 2-4-2　设置主题

（2）设置桌面背景

①单击“外观和个性化”类别中的“更改桌面背景”命令。②在选择桌面背景窗口中选择“图片位置（L）:”为“Windows 桌面背景”。③在风景类中选择第一张图片“img7. jpg”。④在选择桌面背景窗口下方的“图片位置（P）:”中选择背景图片的填充方式为“适应”。⑤单击“保存修改”按钮。操作步骤如图 2-4-3 所示。

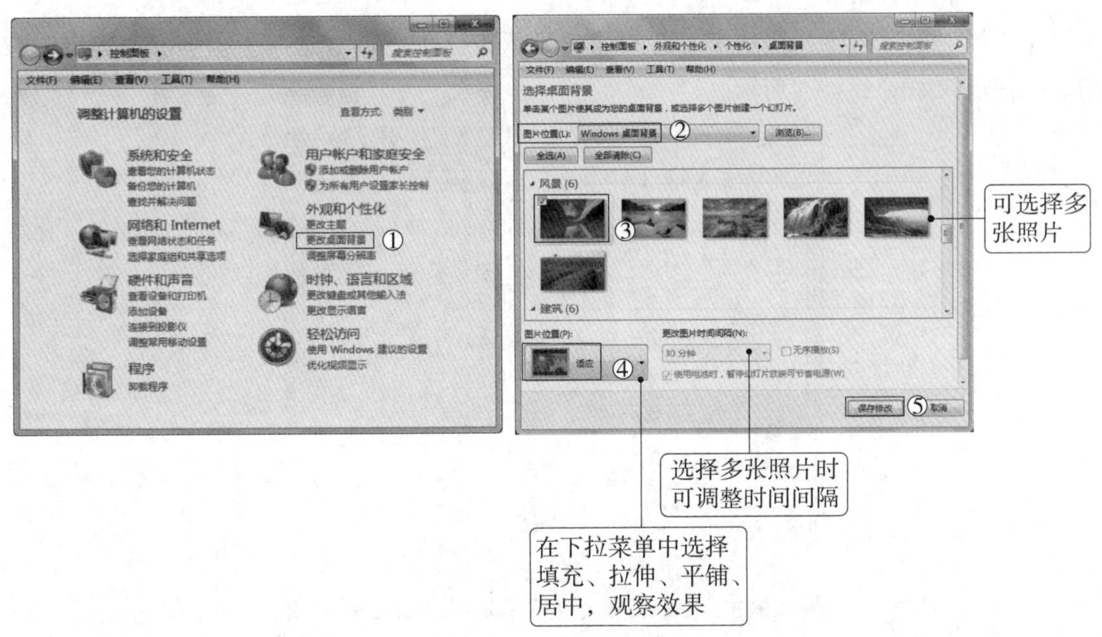

图 2-4-3　设置桌面背景

3. 设置鼠标

（1）选择“硬件和声音”类别

在控制面板窗口中单击“硬件和声音”类别。

（2）选择“鼠标”选项

在“设备和打印机”类中选择“鼠标”选项。

（3）设置指针形状

①选择“指针”选项卡。②单击“浏览”按钮。③在名称列表框中选择 aero_link_xl.cur 形状。④单击“打开”按钮。操作步骤如图 2-4-4 所示。

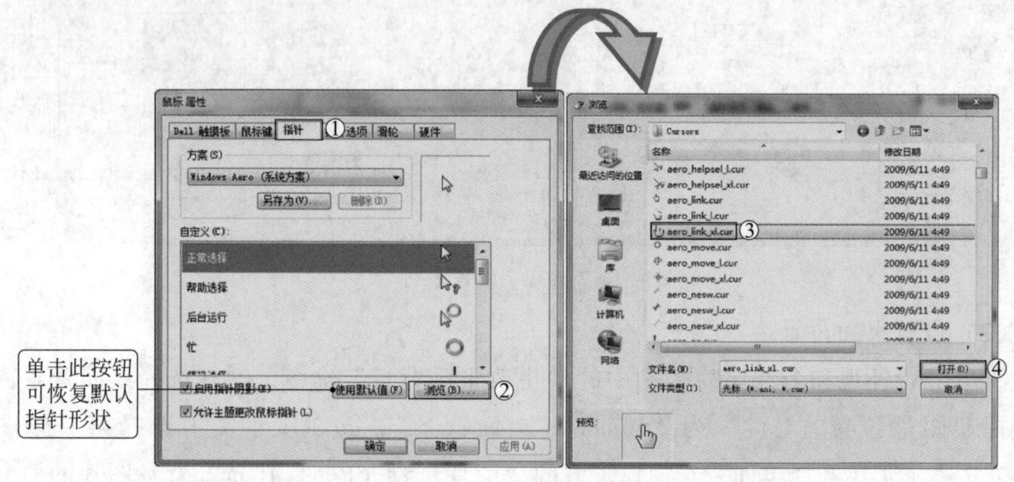

图 2-4-4　设置指针形状

（4）设置指针轨迹

①选择“指针选项”选项卡。②勾选“显示指针轨迹”复选框。③单击“确定”按钮。操作步骤如图 2-4-5 所示。

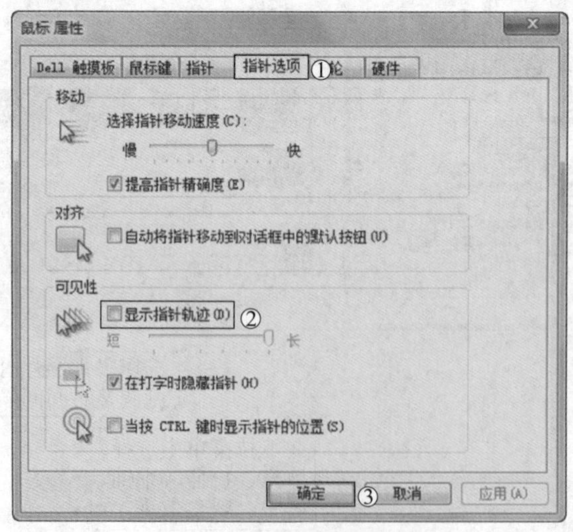

图 2-4-5　设置指针轨迹

4. 设置键盘

①更改控制面板为“小图标”方式查看。②单击“键盘”图标。③拖动“光标闪烁速度”滑块至中间位置，单击“确定”按钮，如图 2-4-6 所示。

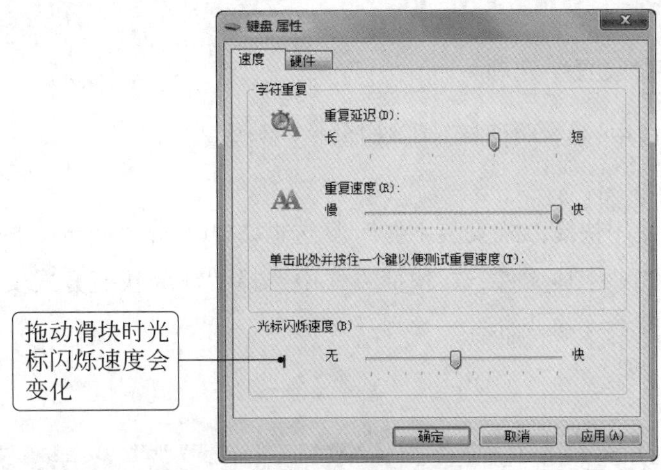

图 2-4-6　设置键盘

5. 设置输入法

（1）选择“更改键盘”对话框

①单击控制面板中 区域和语言 图标。②选择“键盘和语言”选项卡。③单击 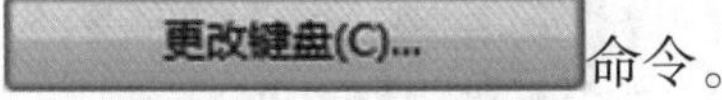

命令。

（2）添加输入法

①单击“添加”命令。②在“添加输入语言”对话框下拉列表中选择“搜狗”输入法。③单击“确定”按钮。操作步骤如图 2-4-7 所示。

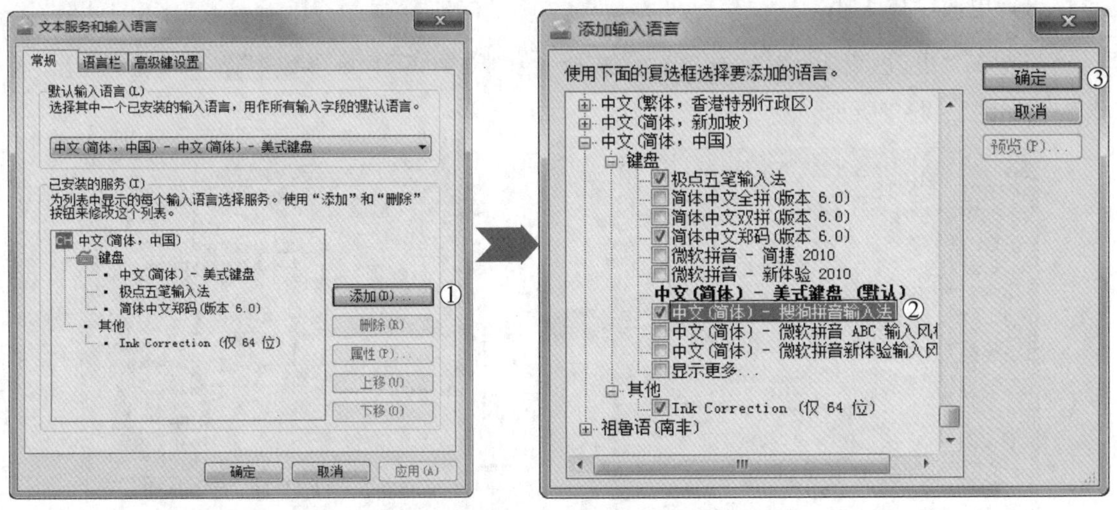

图 2-4-7　添加输入法

（3）删除输入法

①“文本服务和输入语言”对话框“常规”选项卡中选择“简体中文郑码”输入法。②单击“删除”命令。③单击“确定”按钮。

6. 设置字体

（1）选择“字体设置”选项

①单击控制面板中 字体 图标。②选择“字体设置”选项。

（2）安装字体

操作演示

①勾选“允许使用快捷方式安装字体”复选框。②单击“确定”按钮。③右击 MINGLIU0. TTC 字体文件，在快捷方式中选择“作为快捷方式安装”命令。操作步骤如图 2-4-8 所示。

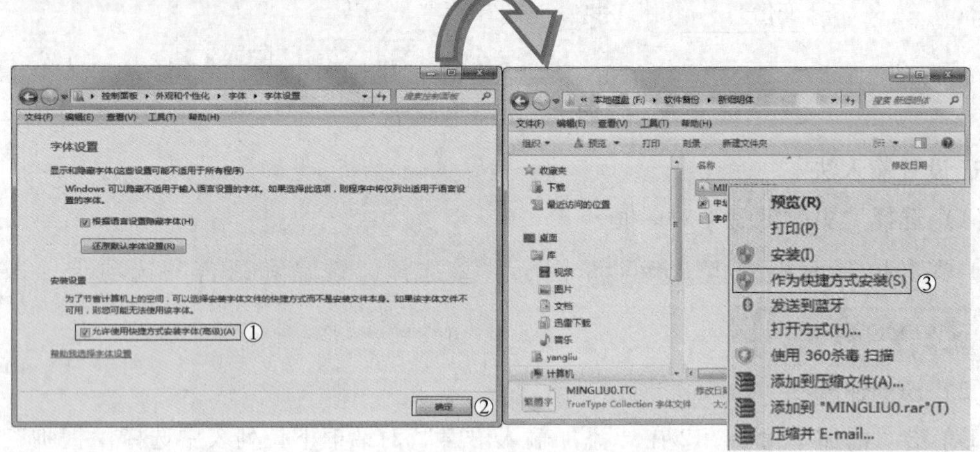

图 2-4-8 安装字体

（3）更改字体大小

①选择“更改字体大小”选项。②选择 中等(M) - 125%。③ 应用(A) 单击按钮。操作步骤如图 2-4-9 所示。

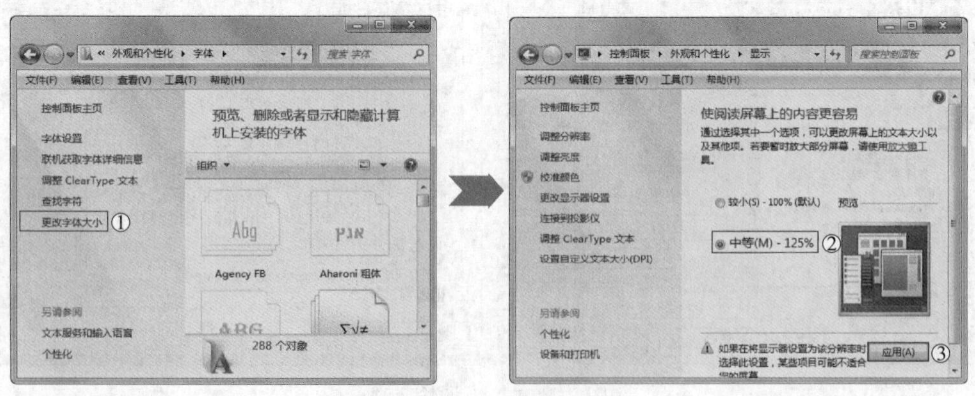

图 2-4-9 更改字体大小

安装字体常用方法

选择要安装的字体文件，右击鼠标，在快捷菜单中选择“复制”命令。打开C:\Windows\Fonts文件夹，在空白区域右击鼠标，在快捷菜单中选择“粘贴”命令，即可完成字体的安装。

7. 设置日期和时间

单击控制面板中“日期和时间”图标，设置与Internet同步。①选择“Internet时间”选项卡。②单击“更改设置”命令。③勾选“与Internet时间服务器同步”复选框。④单击“确定”按钮。操作步骤如图2-4-10所示。

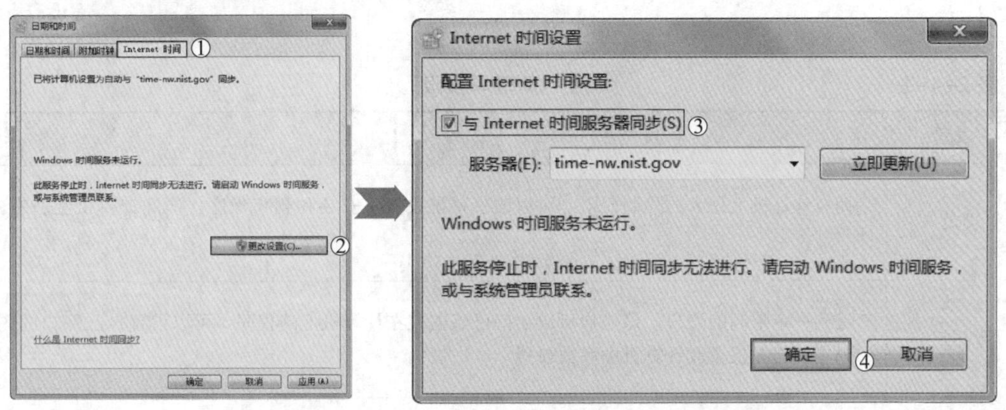

图2-4-10　设置与Internet同步

8. 卸载应用程序

单击控制面板中的“程序和功能”图标。①在程序列表中选择“腾讯QQ”。②单击“卸载”命令。操作步骤如图2-4-11所示。

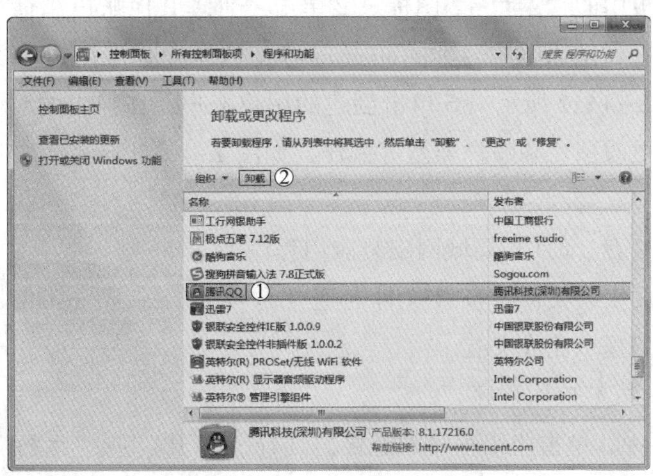

图2-4-11　卸载程序

五、相关知识

舒适便捷的系统环境给人们的工作和生活营造了温馨的氛围、贴心的服务。任务中通过控制面板对桌面环境、鼠标键盘等进行了设置，下面将介绍用户管理、安装程序、操作系统备份和还原等知识。

1. 用户管理

（1）功能

在 Windows 7 操作系统中可以设置用户账户和密码，控制登录到计算机上的用户，对计算机的安全起到保护作用。

（2）账户类型和权限

Windows 7 用户账户类型主要有“管理员”“标准用户”和“来宾账户”3 种（见表 2-4-1）。

表 2-4-1　账户类型与权限

账户类型	权　限
管理员	拥有计算机上最大的控制权限。可以改变系统设置、安装和删除程序、访问计算机上所有的文件
标准用户	受到一定限制的账户。该账户可以访问已经安装在计算机上的程序，可以设置自己账户的图片、密码等，但无权更改计算机中多数设置
来宾账户	对计算机上没有账户的人可以临时使用计算机。来宾账户仅有最低的权限，没有密码，无法对系统做任何修改，只能查看计算机中的资料

（3）添加用户账户

①单击控制面板中的 用户帐户 图标。②单击“管理其他账户”命令。③单击“创建一个新账户”命令。④输入账户名称“chenyang”，选择“标准用户”类型，单击“创建账户”按钮，如图 2-4-12 所示。⑤单击创建的用户账户，在弹出的对话框中可以对该用户进行设置密码、更改图片和账户类型等操作，如图 2-4-13 所示。

2. 安装程序

（1）从硬盘、U 盘、CD 和局域网安装应用程序

找到应用程序的安装文件（安装文件名通常是 setup. exe 或 install. exe），双击安装文件，按照安装向导的提示完成安装。

（2）从 Internet 安装应用程序

在 Web 浏览器中，单击应用程序的链接，选择“打开”或“运行”命令，按照安装向导的提示完成安装。也可以将应用程序下载到计算机中再安装。

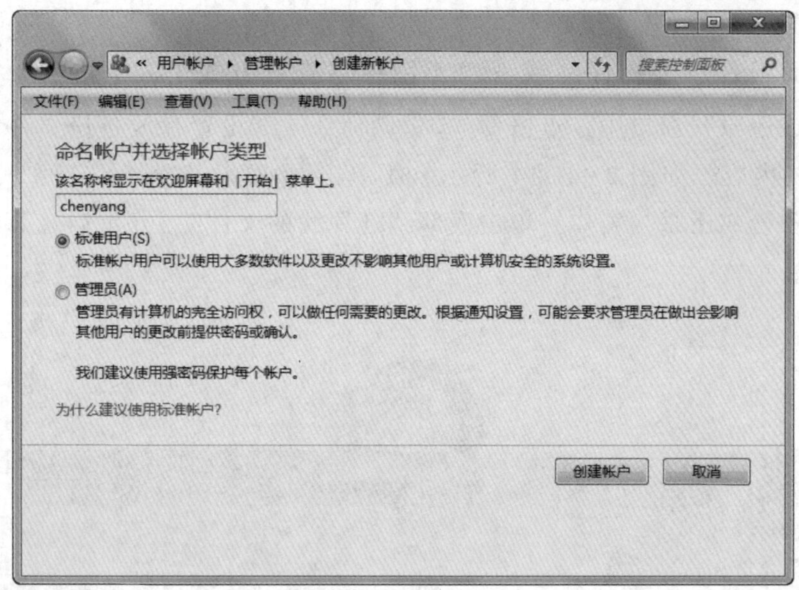

图 2-4-12　添加用户账户

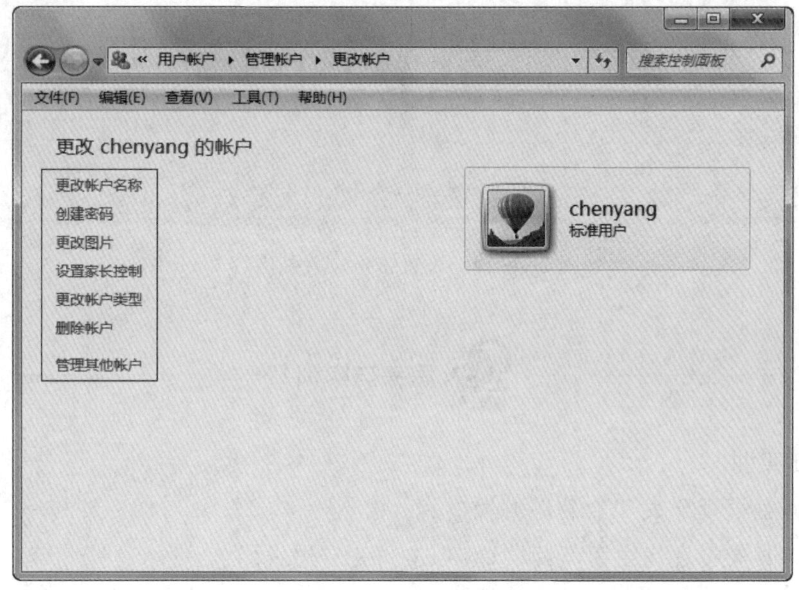

图 2-4-13　设置用户账户

3. 操作系统备份和还原

（1）作用

对于多数人来说，操作系统的备份和还原比较复杂，需要使用专业软件来完成。Windows 7 自带系统备份与还原功能，可以在计算机出现问题时把系统恢复到正常状态。

（2）操作方法

①控制面板在“大图标”或者“小图标”查看方式下，单击 备份和还原 图标。②在“备份或还原”窗口中，点击 设置备份(S) 命令。③设置存放备份文件的位置和选择希望备份的内容，如图 2-4-14 所示。④单击 保存设置并运行备份(S) 按钮。⑤备份系统后，打开“备份或还原”窗口，单击底部“还原我的文件”。⑥重启计算机，即可完成系统还原。

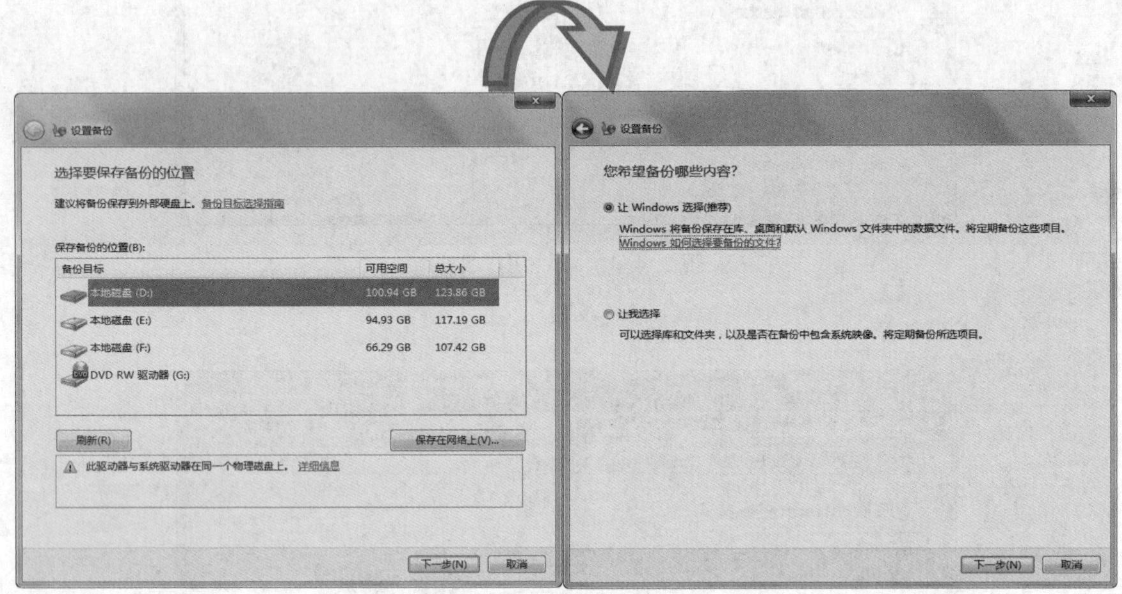

图 2-4-14 设置备份位置和内容

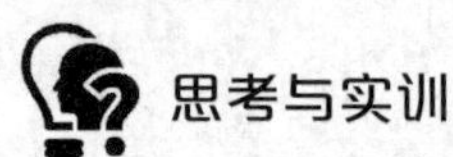

一、基础实训

1. 将桌面主题设置成“人物”风格。
2. 将桌面背景设置成中国类的“CN-wp2. jpg”墙纸。
3. 将当前鼠标指针样式设置成 aero_link_xl.cur 形状，并且显示“指针踪迹”。
4. 设置光标闪烁频率为“无”。
5. 安装“思源黑体”字体文件。
6. 添加“中文全拼”输入法。
7. 查看 2008 年 8 月 8 日是“星期几”。
8. 查看我的计算机中安装了哪些应用软件。

二、进阶实训

1. 在计算机中创建一个账户。

(1) 账户名：自己姓名拼音。

(2) 类型：标准用户。

(3) 密码和图片：自定义。

2. 尝试利用 Windows 7 自带的“备份或还原”功能备份计算机系统并恢复。

项目三
计算机网络配置与应用

任务1　接入互联网

一、任务要点

1. 由路由器接入宽带互联网。

2. 设置资源共享。

二、任务描述

王浩所在的寝室接入了学校的“爱寝室”网络，他们寝室有五台笔记本电脑都需要接入互联网，室友们购买路由器之后，一起学习怎样接入互联网，实现网络共享。

三、操作思路

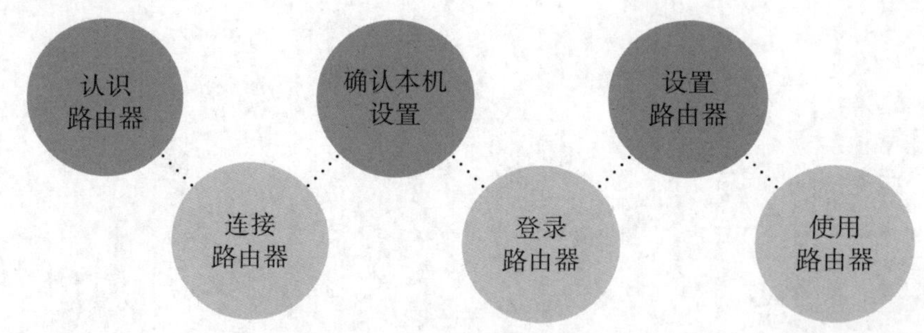

四、操作步骤

1. 认识路由器

（1）路由器的接口

①电源适配器接口：用于连接路由器电源。②LAN（Local Area Network，局域网）端口：连接四台计算机，实现四台计算机同时上网。③WAN（Wide Area Network，广域网）端口：连接外网或者说连接宽带运营商的设备。④RESET按钮：按下它会清除路由器所有的用户配置信息，恢复到路由器的出厂状态（见图3-1-1）。

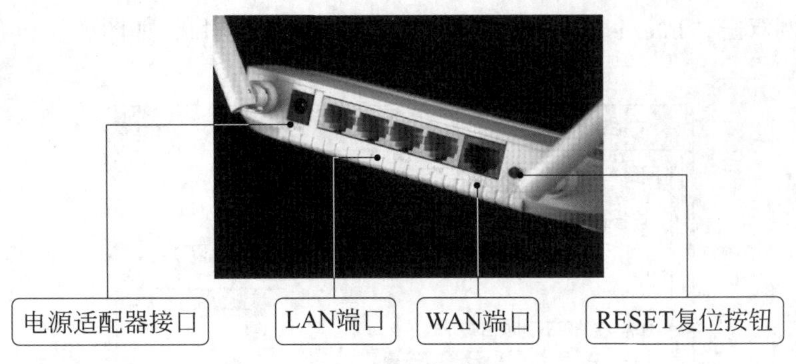

图 3-1-1　路由器接口

（2）路由器指示灯

①电源指示灯。②WAN 指示灯。③LAN 指示灯。④无线指示灯。

2. 连接路由器

王浩将自己的计算机通过网线插到了路由器上的一个 LAN 端口。

图 3-1-2　网络图标

3. 确认本机设置

（1）在通知区域的网络图标（见图 3-1-2）上单击右键，选择“打开网络和共享中心”选项（见图 3-1-3）。

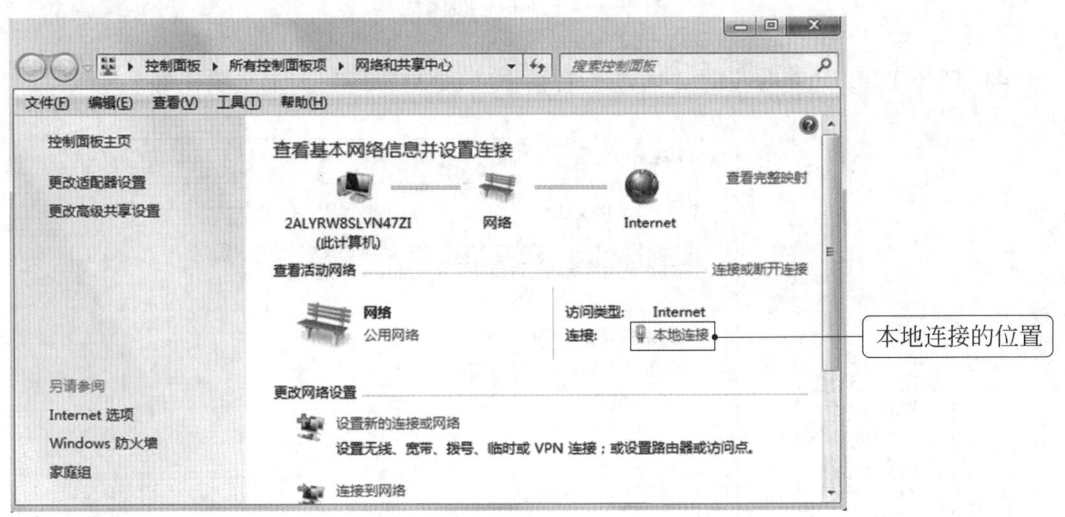

图 3-1-3　网络和共享中心

（2）打开网络和共享中心后，单击“更改适配器设置”，在“网络连接”窗口双击打开要设置的网络连接。本例设置本地连接（默认情况下，有线网卡的连接名称为本地连接，无线网卡的连接名称为“无线连接”），因此直接单击“本地连接”即可。

（3）在弹出的“本地连接状态”对话框中选择“属性”按钮。在弹出的“本地连接属性”对话框中，有 TCP/IPv4 和 TCP/IPv6 两种协议供大家设置，现阶段 TCP/IPv6 协议普及率较低，故本例双击“Internet 协议版本 4（TCP/IPv4）”项目，如图 3-1-4 所示。

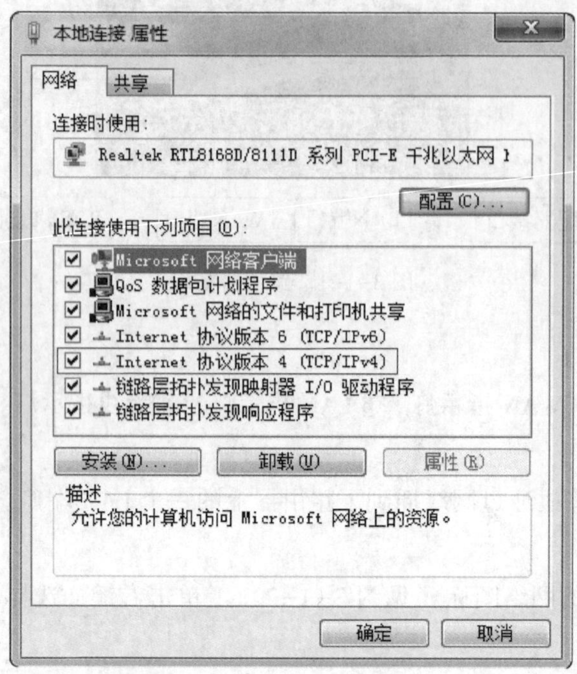

图 3-1-4　本地连接属性

（4）打开 TCP/IPv4 对应的“属性”对话框，确认图 3-1-5 中选项正确。

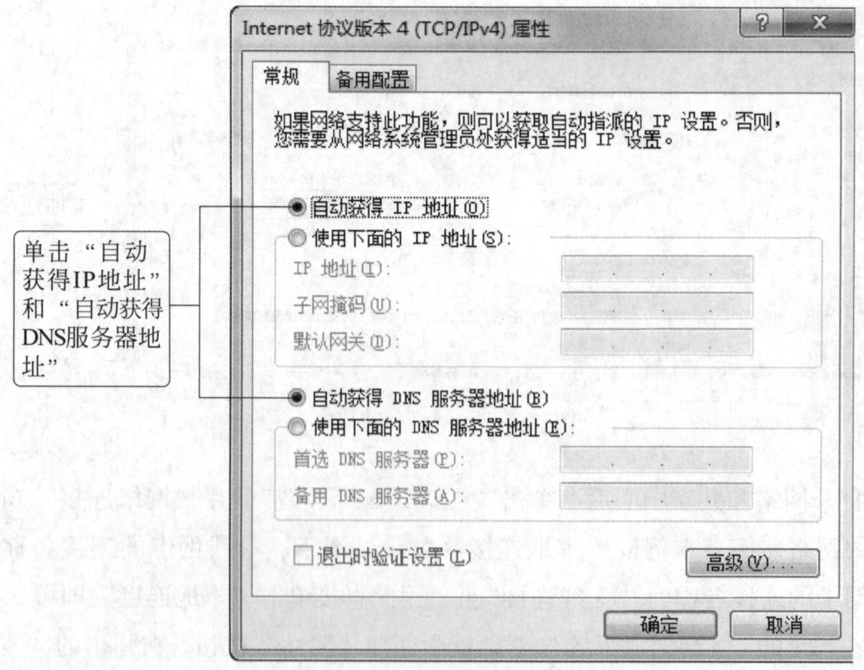

图 3-1-5　Internet 协议版本 4（TCP/IPv4）属性

4. 登录路由器

(1) 按照路由器说明书上提供的路由器地址在计算机浏览器的地址栏输入 192.168.0.1，如图 3-1-6 所示。

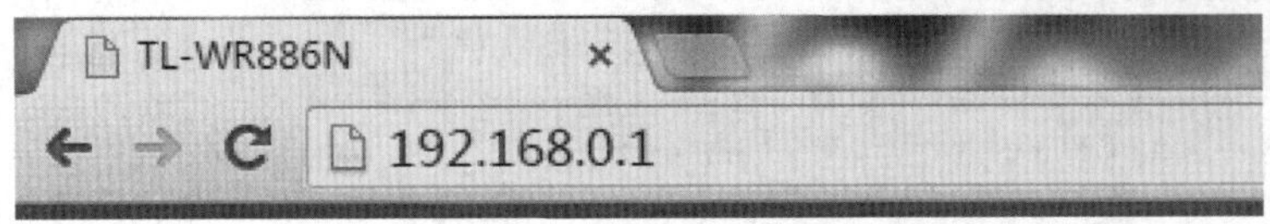

图 3-1-6　路由器登录地址

(2) 回车后出现登录界面，按路由器说明书信息输入用户名和密码后登录，如图 3-1-7 所示。

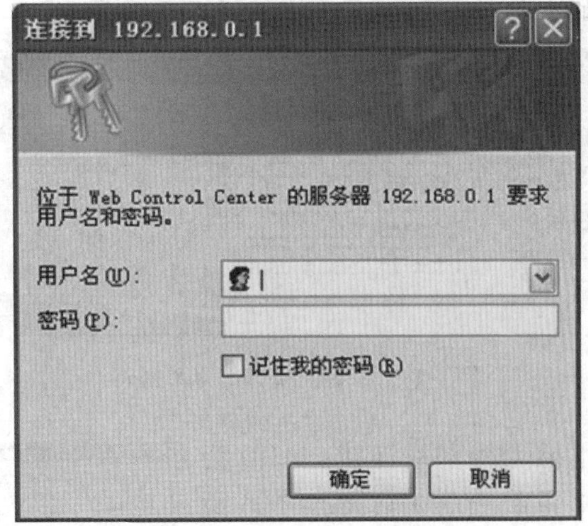

图 3-1-7　路由器登录窗口

5. 设置路由器

(1) 在页面左侧，单击【设置向导】/【下一步】，如图 3-1-8 所示。

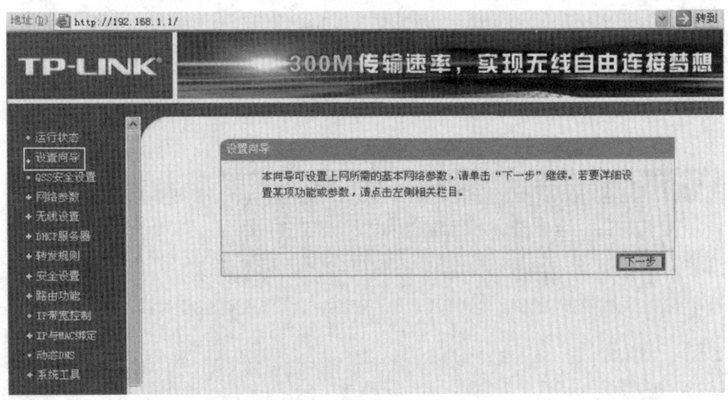

图 3-1-8　路由器设置向导

（2）设置路由器 WAN 端口功能。选择 PPPoE（Point to Point Protocol over Ethernet，意思是基于以太网的点对点协议）方式，单击“下一步”，如图 3-1-9 所示。

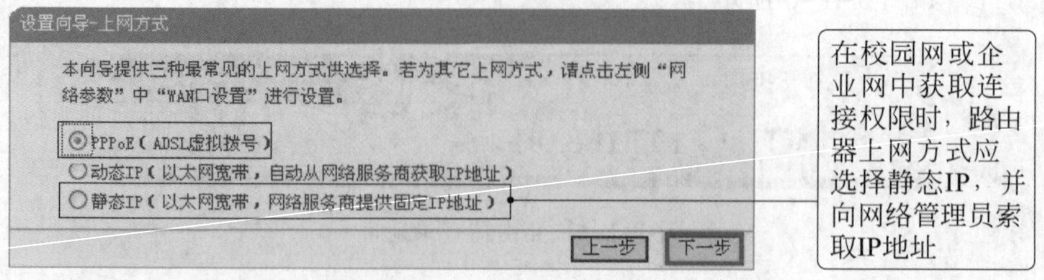

图 3-1-9 选择上网方式

输入宽带账号和密码，单击“下一步”，如图 3-1-10 所示。

图 3-1-10 输入宽带账号和密码

（3）设置路由器本地无线网络连接。SSID 为笔记本电脑、手机、平板电脑等无线终端上获取的无线信号的名称（可不修改，使用默认 SSID）。为了防止无关人员占用寝室网络资源，王浩设置无线信号的密码，如图 3-1-11 所示。

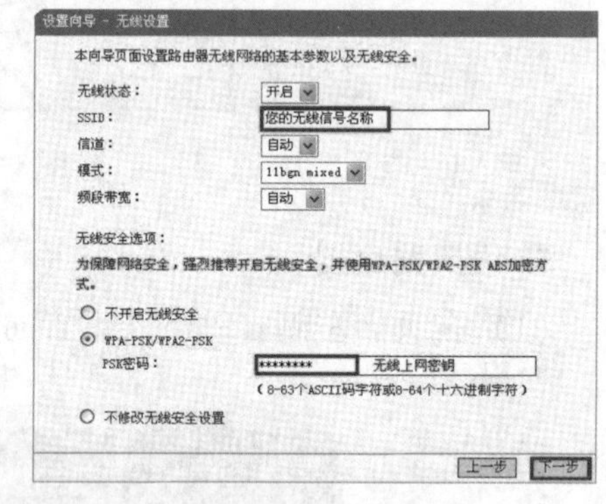

图 3-1-11 设置无线网络

（4）单击“重启”按钮，路由器设置完毕，可通过路由器的 LAN 口或无线信号上网，如图 3-1-12 所示。

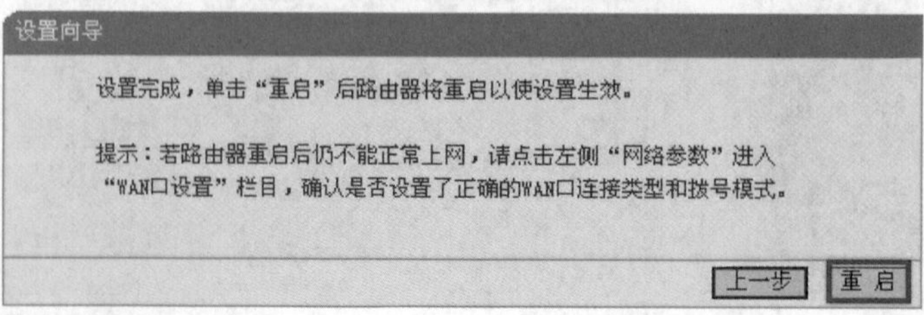

图 3-1-12 设置完成

6. 使用路由器

（1）通过有线方式连接路由器

计算机通过网线与路由器连接，确认计算机及路由器上的工作指示灯正常，硬件设备自动连接到网络。如果不能正常连接，查询计算机的 IP 属性是否为“自动获得 IP 地址”“自动获得 DNS 服务器地址”，参考图 3-1-5。

（2）通过无线方式连接路由器

在路由器无线网络信号覆盖范围内，使用手机、笔记本电脑、平板电脑等的无线功能搜索路由器已经设置好的 SSID 名称，输入相应密码即可连接到路由器。

五、相关知识

1. 网络的基本概念

网络是现代通信技术与计算机技术相结合的产物。所谓网络，就是把分布在不同地理区域的计算机及各种智能终端（如智能手机、平板电脑等）用通信线路互联成一个规模大、功能强的网络系统，从而使众多的智能设备可以方便地互相传递信息，共享硬件、软件、数据信息等资源。通俗来说，网络就是通过电缆、电话线或无线通信等互联的智能设备的集合。

按计算机联网的区域大小，可以把网络分为局域网（LAN，Local Area Network）和广域网（WAN，Wide Area Network）。局域网（LAN）是指在一个较小地理范围内的各种计算机网络设备互联在一起的通信网络，可以包含一个或多个子网，通常局限在几千米的范围之内，如在一个房间、一座大楼，或是在一个校园内的网络统称为局域网。广域网（WAN）连接的地理范围较大，常常是一个国家或是一个洲，其目的是让分布较远的各局域网互联。平常所说的 Internet 就是最大、最典型的广域网。

网络上的计算机之间通过网络协议交换信息，Internet 上的计算机使用的是 TCP/IP 协议。

2. 上网方式

目前主要上网方式有以下几种。

（1）DSL 上网

数字用户线 DSL（Digital Subscriber Line）是一种不断发展的高速上网宽带接入技术，该技术采用较先进的数字编码技术和调制解调技术在常规的电话线上传送宽带信号。目前已经比较成熟且投入使用的数字用户线方案有 ADSL、HDSL、SDSL 和 VDSL（ADSL 的快速版本）等，这些方案都是通过一对调制解调器来实现，其中一个调制解调器放置在宽带运营商，另一个调制解调器放置在用户端。在使用 DSL 浏览因特网时，不需要另外再缴纳电话费，因为通过 ADSL 上网并没有经过电话交换网接入因特网，只占用 PSTN 线路资源和宽带网络资源，所以只需要缴纳 ADSL 月租费。

ADSL（非对称数字环路）是宽带接入技术中的一种，它利用现有的电话用户线，通过采用先进的复用技术和调制技术，使得高速的数字信息和电话语音信息在一对电话线的不同频段上同时传输，为用户提供宽带接入的同时，维持用户原有的电话业务及质量不变。

（2）小区宽带上网

小区宽带上网常采用 FTTx 光纤+局域网（LAN）接入、ADSL 局域网接入两种方案。

FTTx 光纤+局域网（LAN）接入是一种利用光纤加五类网线方式实现的宽带接入方案。它以千兆光纤连接到小区中心交换机，中心交换机和楼道交换机以百兆光纤或五类网络线相连，然后再用网线连接到各用户的计算机上。FTTx 光纤+局域网接入用户上网速率最高可达 10 Mb/s，其网络可扩展性强，投资规模较小。另有光纤到办公室、光纤到户、光纤到桌面等多种接入方式可满足不同用户的需求。其主要运营商有长城宽带、中国电信等。

（3）无线上网

无线局域网（Wireless Local-area Network）是计算机 LAN 网络与无线通信技术相结合的产物。无线局域网在不采用传统缆线的同时，可提供以太网或者令牌网络的功能。与有线网络相比，无线局域网具有安装便捷、使用灵活、易于扩展的特点。无线局域网主要有两种拓展，一为 802. 11b/a/g（WLAN）系列无线局域网标准，二为蓝牙（BlueTooth）。

（4）手机上网

从手机移动通信系统数据传输速率的角度讲：第一代模拟式仅提供语音服务；第二代数位式移动通信系统传输速率只有 9. 6 Kbps，最高可达 32 Kbps，如 PHS；第三代移动通信系统数据传输速率可达到 2 Mbps；第四代移动通信系统传输速率可达到 20 Mbps，甚至 100 Mbps。

第四代移动通信技术（4G）包括 TD-LTE 和 FDD-LTE 两种制式，能够快速传输数据，高质量音频、视频和图像等。4G 的 100 Mbps 以上的下载速度能够满足几乎所有用户对无线服务的要求。第五代移动通信技术（5G）是最新一代蜂窝移动通信技术，其数据传输速率远高于上一代移动通信技术。

（5）有线电视网上网

电缆调制解调器（Cable Modem，简称 CM）主要用于有线电视网进行数据传输。它是 xDSL 技术最大的竞争对手，广电部门在有线电视（CATV）网上开发的宽带接入技术已经成熟并进入市场。电缆调制解调器与以往的调制解调器在原理上都是将数据进行调制后在电缆的一个频率范围内传输，接收时进行解调，传输机理与普通调制解调器相同，不同之处在于它是通过有线电视 CATV 的某个传输频带进行调制解调的。有线电视公司一般从 42~750 MHz 的电视频道中分离出一条 6 MHz 的信道用于下行传送数据。上行数据一般通过 5~

42 MHz 的一段频谱进行传送，为了有效抑制上行噪声积累，一般选用 QPSK 调制，QPSK 比 64 QAM 更适合噪声环境，但速率较低。

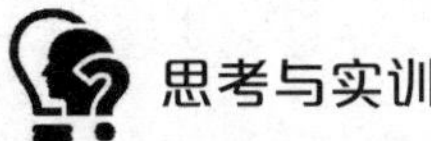

一、基础实训

进入寝室的无线路由器设置界面，查看各项设置。

二、进阶实训

将寝室的无线路由器复位，然后重新设置各项参数。

任务 2　互联网应用

一、任务要点

1. 应用搜索引擎检索信息。
2. 即时通信软件的使用。
3. 电子邮件的使用。
4. 网上购物、在线预订。
5. 网盘、网络相册的使用。

二、任务描述

肖阳设计了一个足不出户的生活计划：通过百度检索相关信息，制订计划；应用即时通信软件和电子邮件向好友发布计划信息和文件；在网上购买需要的各种物品；网上订餐；通过第三方支付平台缴费；将生活记录分享到网盘、网络相册。

三、操作思路

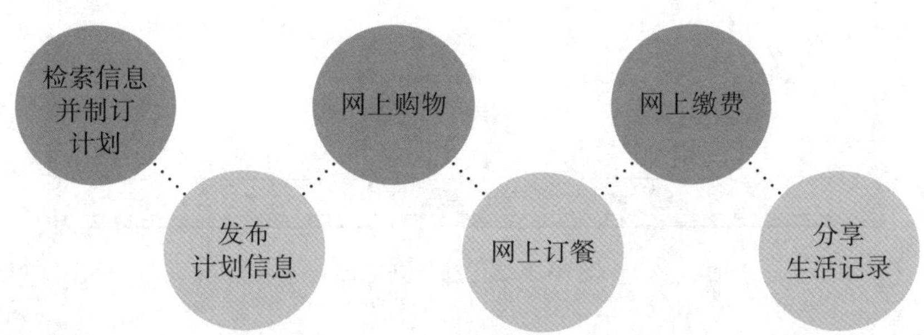

四、操作步骤

1. 检索信息并制订计划

（1）连接无线局域网

单击 Internet 访问按钮，选择家庭无线网络连接，如图 3-2-1 所示。

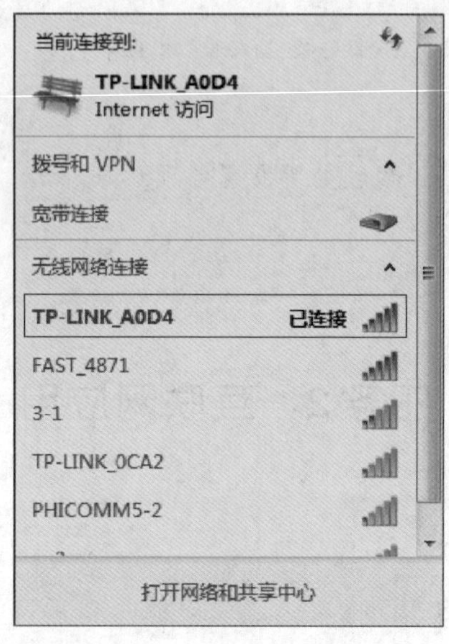

图 3-2-1　连接无线局域网

（2）启动百度搜索引擎

①在桌面上双击浏览器图标，弹出浏览器窗口，如图 3-2-2 所示。②在地址栏输入百度搜索引擎域名“www. baidu. com”，回车确认，如图 3-2-3 所示。

图 3-2-2　打开浏览器

图 3-2-3　输入搜索引擎地址

知识应用

为了下次能快速启动百度搜索，可将页面添加到收藏夹。

（3）信息检索

在检索栏输入“足不出户+生活计划”，单击按钮“百度一下”。肖阳通过浏览信息标题、信息概述，选择要浏览的网页，以获取有价值的参考资料。

（4）制订计划

肖阳通过信息检索和资料汇总分析，结合自身实际，制订出可行的足不出户生活计划。

2. 发布计划信息

为了告知好友自己制订的计划，肖阳将计划通过 QQ 电子邮件发送给了好友。

①双击桌面 QQ 快捷方式图标。②在登录界面输入账号和密码登录。操作步骤如图 3-2-4 所示。

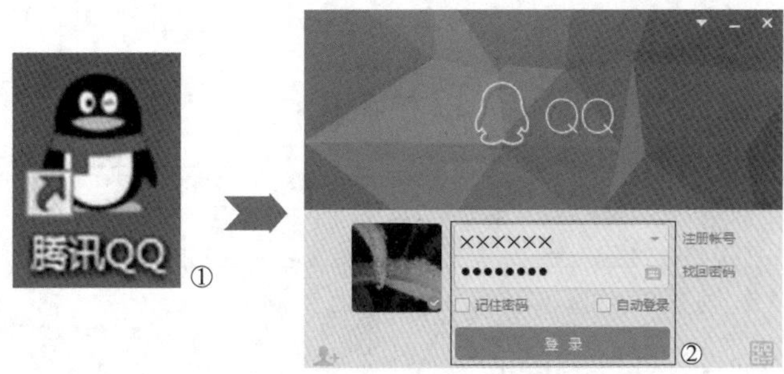

图 3-2-4　登录 QQ

③在 QQ 检索栏输入要查找的好友名称。④在好友名称上单击鼠标右键。⑤选择“发送电子邮件”。操作步骤如图 3-2-5 所示。

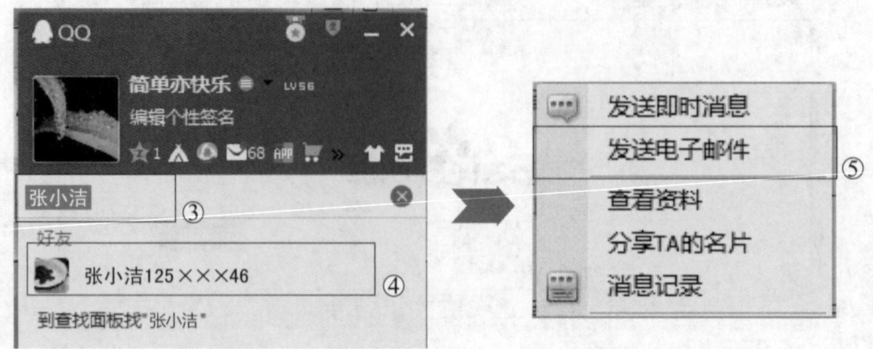

图 3-2-5　启动电子邮件发送

⑥填写主题并单击“文档”。⑦在“资源/项目三/任务 2/课堂案例”中选择“足不出户生活计划”文档，单击“打开”按钮。操作步骤如图 3-2-6 所示。

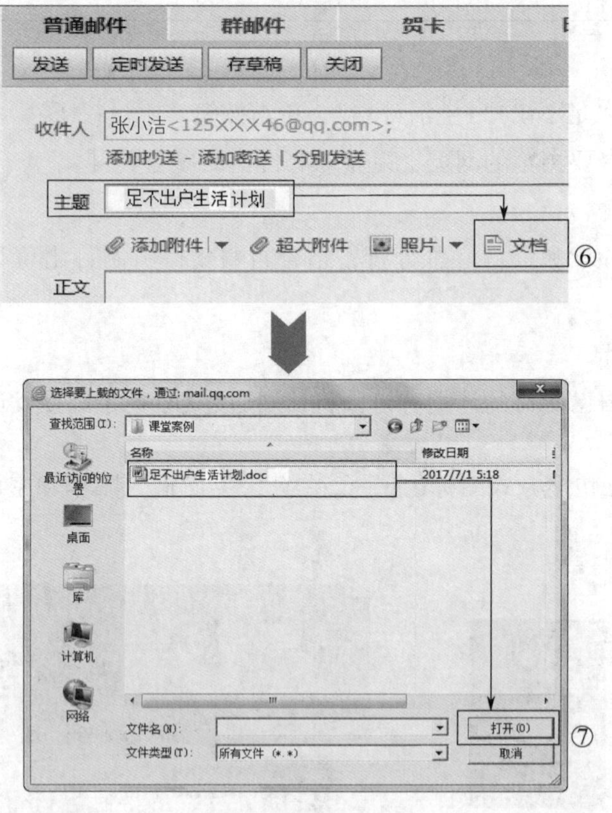

图 3-2-6　添加文档

⑧单击“发送”完成电子邮件发送。操作步骤如图 3-2-7 所示。

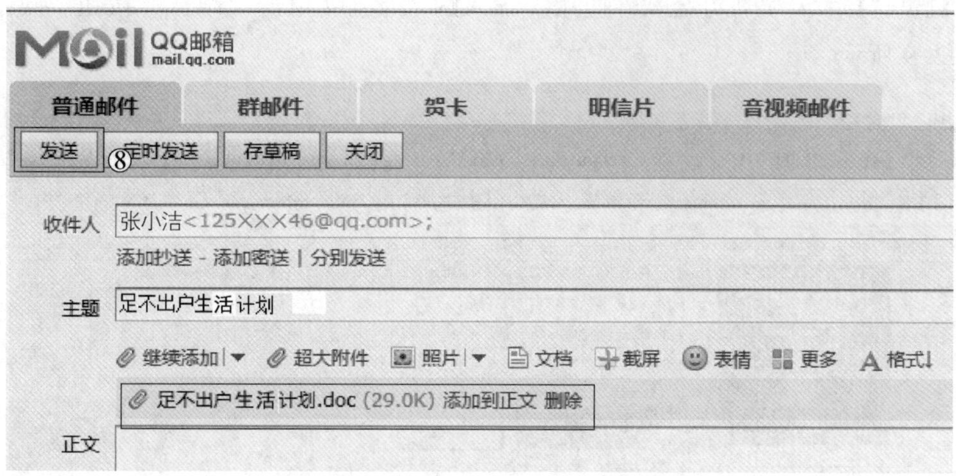

图 3-2-7　邮件发送

3. 网上购物

肖阳正式启动了计划，他首先选择从网上购买一些学习用的书籍。

①在“360 搜索”输入“当当购书网”，在新页面单击打开“当当购书网”。②在检索栏输入“中国劳动社会保障出版社”，在弹出的检索项中选择“计算机”类别。操作步骤如图 3-2-8 所示。

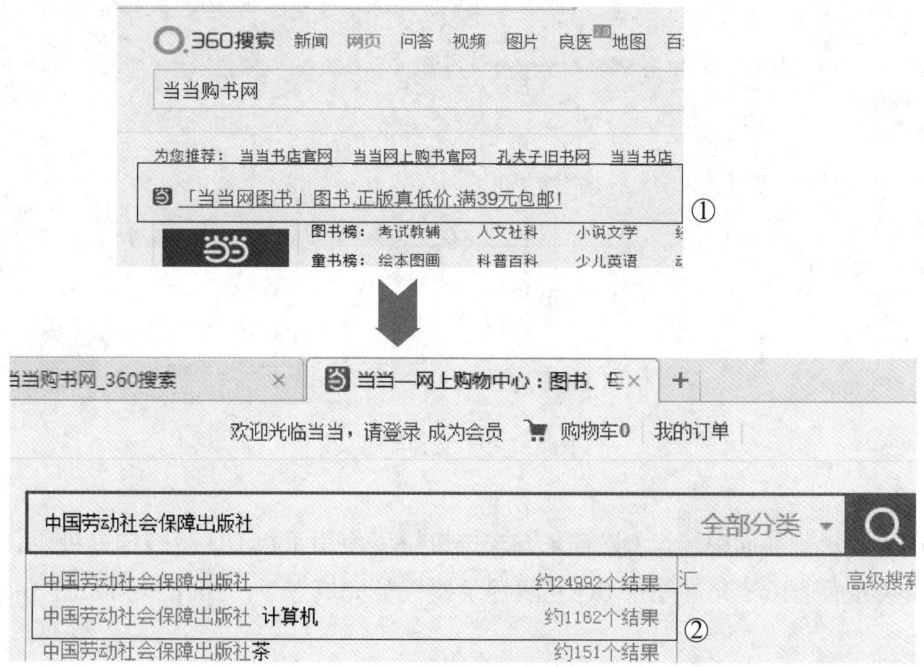

图 3-2-8　检索图书

③浏览选择“计算机办公软件应用”加入购入车。④单击“结算”按钮。操作步骤如图3-2-9 所示。

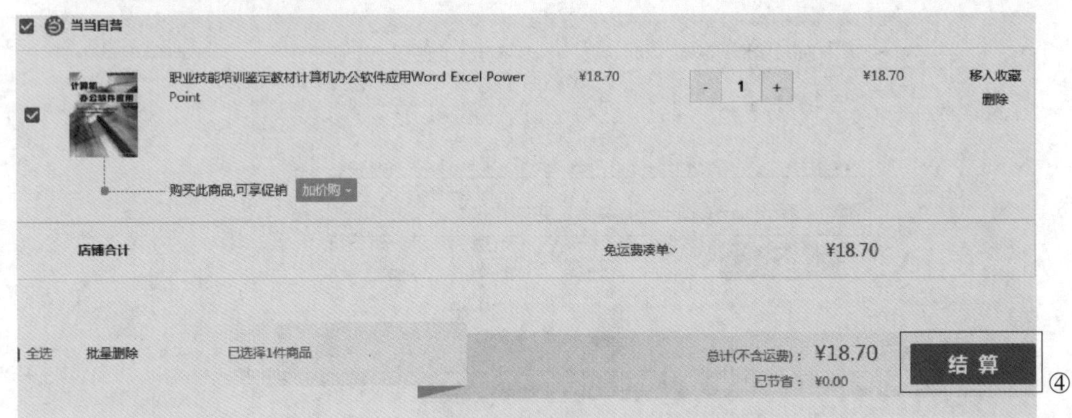

图 3-2-9　选择图书

⑤在“登录”界面中选择 QQ 登录方式按钮，使用手机 QQ 版扫描二维码，在弹出的扫描结果界面选择“允许登录 QQ 互联登录授权”完成登录。操作步骤如图 3-2-10 所示。

⑥在“我的购物车”单击“结算”，在“填写订单”中完善“新增收货地址”信息，如图3-2-11 所示，单击“确认新增收货地址”，将弹出图 3-2-12 所示页面。

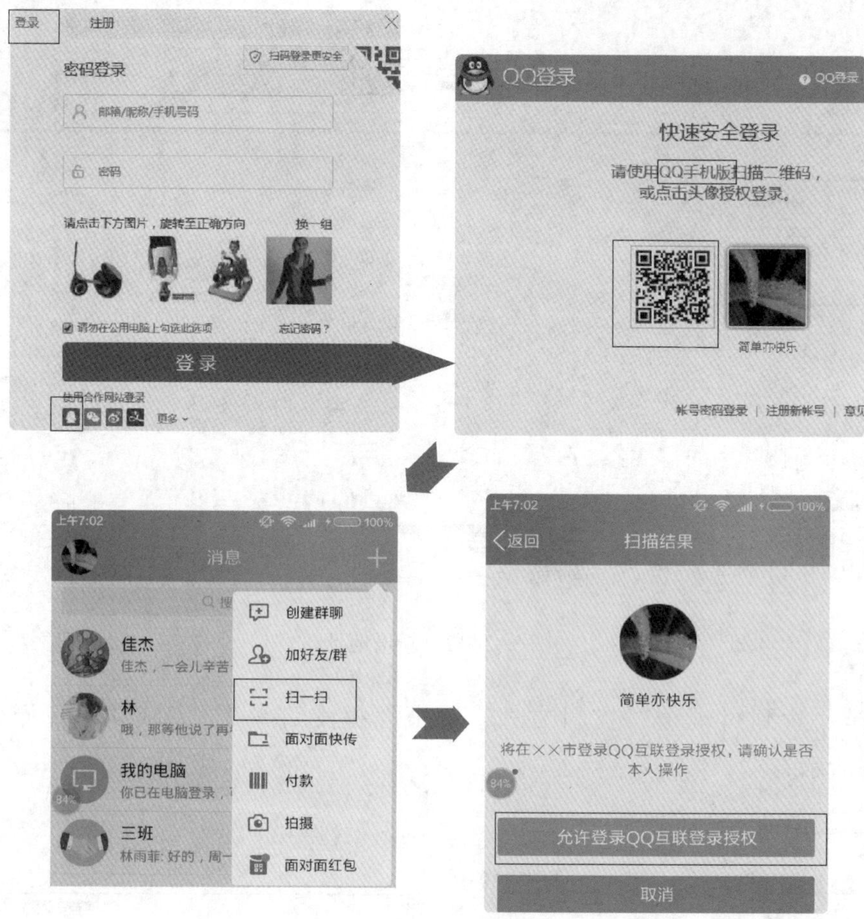

图 3-2-10　登录当当网

新增收货地址

收货人	肖阳				
手机号码	136××××5386	或固定电话			
所在地区	中国	重庆	沙坪坝区	大学城	
详细地址	××××××××				
邮编	××××××				

确认新增收货地址　　返回购物车查看商品

图 3-2-11　完善收货地址

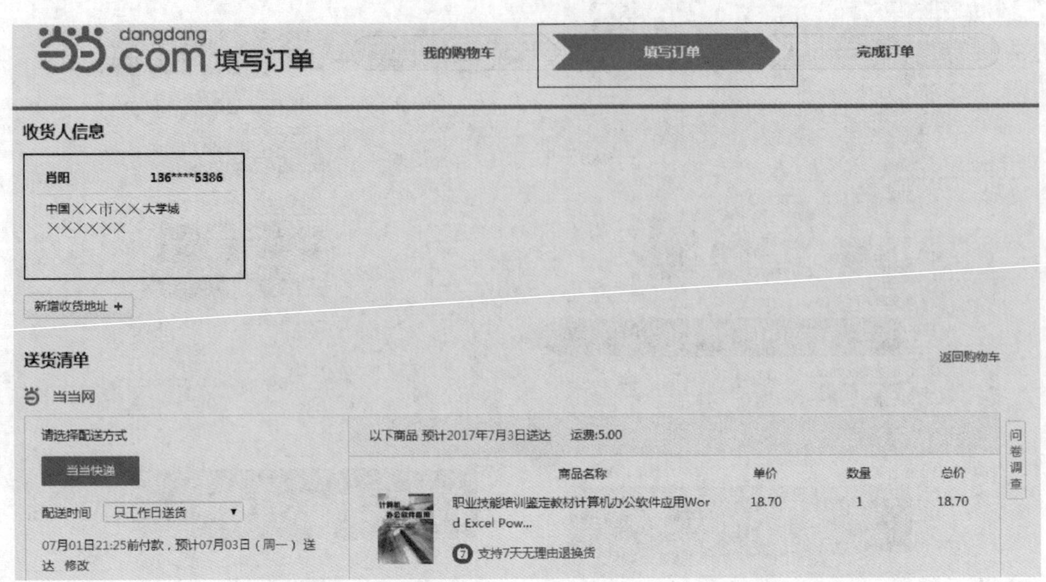

图 3-2-12 新增地址

⑦选择“货到付现金”支付方式，单击“提交订单”，完成购书。操作步骤如图 3-2-13 所示。

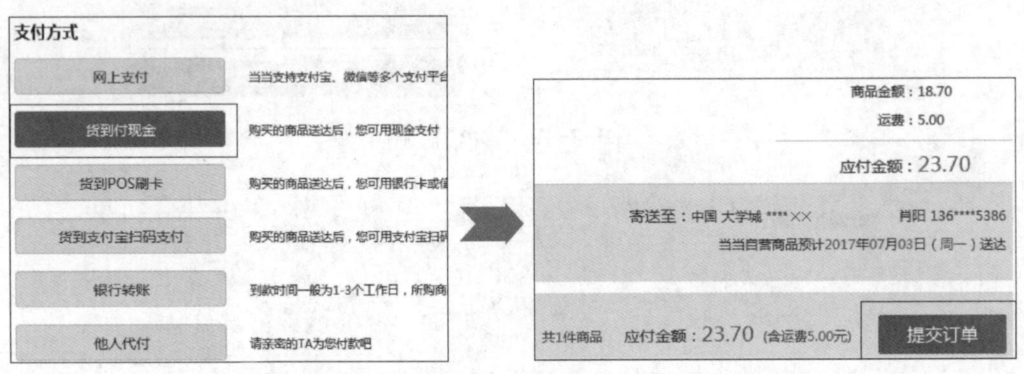

图 3-2-13 提交订单

4. 网上订餐

肖阳完成了网上书籍的购买，使用同样的方法，他在网上进行美食外卖预订。

①搜索“外卖网上订餐”，单击“饿了么-网上订餐”，如图 3-2-14 所示。

②在检索栏输入“师大园超市”，单击“搜索”。③在弹出的网页中浏览选择“老坛酸菜面”。④浏览选择“酸菜牛肉米线小份”，单击“加入购物车”。⑤以同样的方法将“加肉丝”加入购物车。⑥单击购物车窗口“去结算”按钮。操作步骤如图 3-2-15 所示。

⑦在弹出的登录界面输入手机号码，单击“获取验证码”，填写手机短信验证码后单

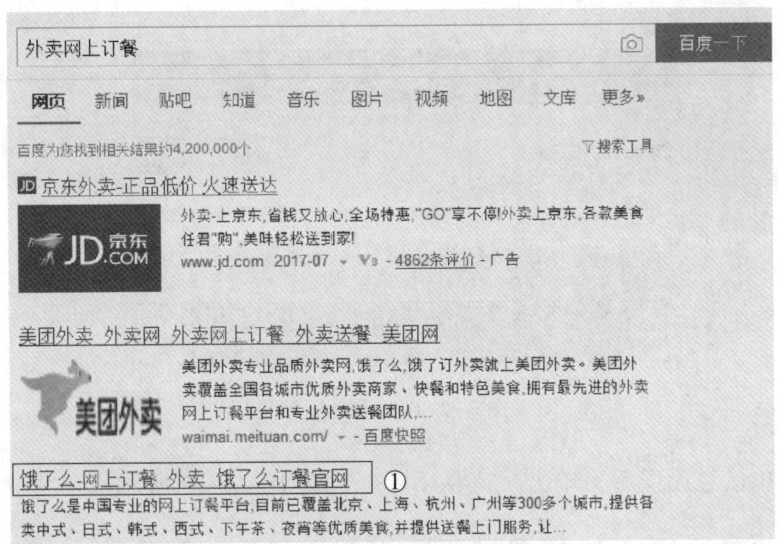

图 3-2-14　选择网上订餐方式

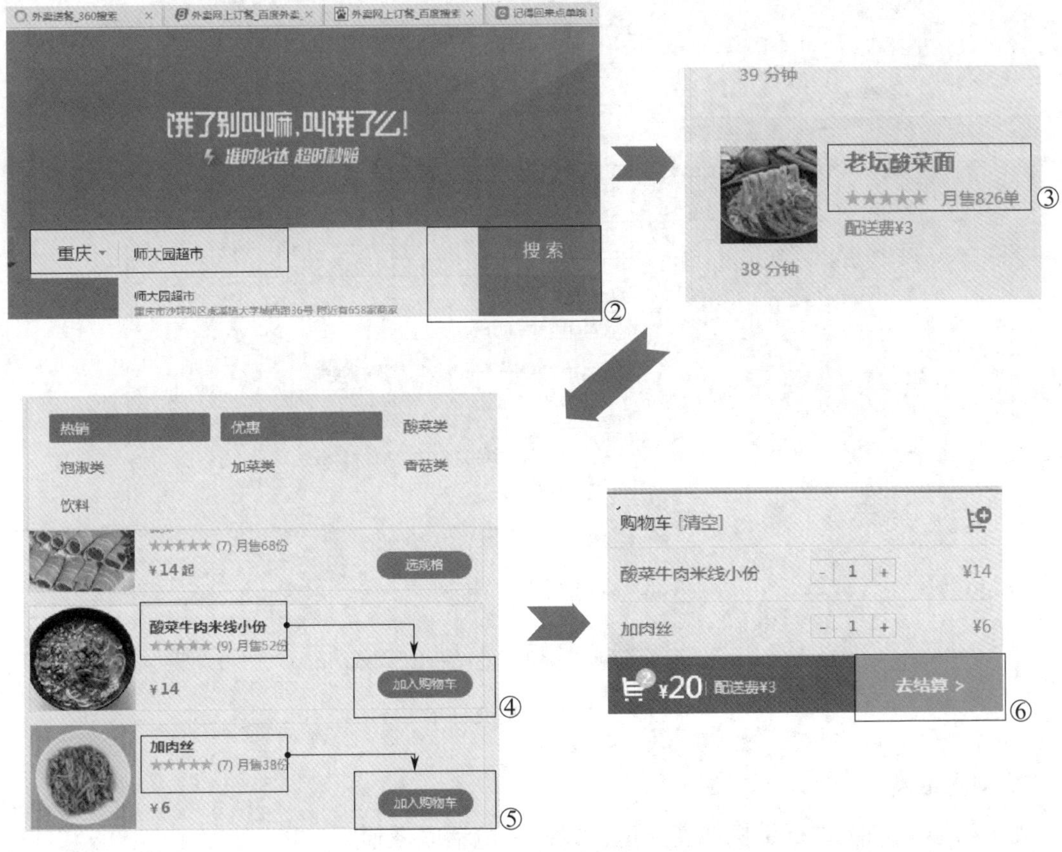

图 3-2-15　网上订餐

击“登录”，如图 3-2-16 所示。

图 3-2-16　登录网站

⑧确认订单信息无误后，单击“确认下单”，如图 3-2-17 所示。

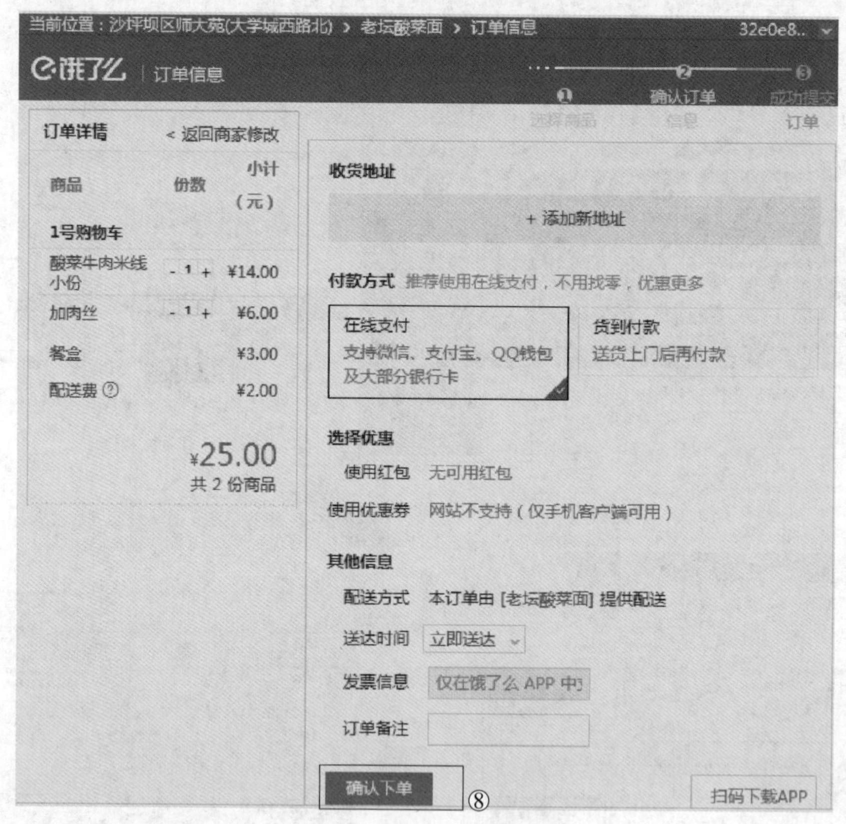

图 3-2-17　提交订单

5. 网上缴费

肖阳准备在网上进行手机话费充值，以确保电话联系通畅。

①打开中国移动官网，如图 3-2-18 所示。

图 3-2-18 移动官网首页

②在“充值交费”栏输入手机号码。③选择需要的充值额度，单击“立即充值”完成交费。操作步骤如图 3-2-19 所示。

图 3-2-19 充值交费

④单击“开始充值”。⑤选择“微信支付”。操作步骤如图 3-2-20 所示。

⑥启动微信“扫一扫”功能，扫描图 3-2-20 右方二维码。⑦输入支付密码，完成支付。操作步骤如图 3-2-21 所示。

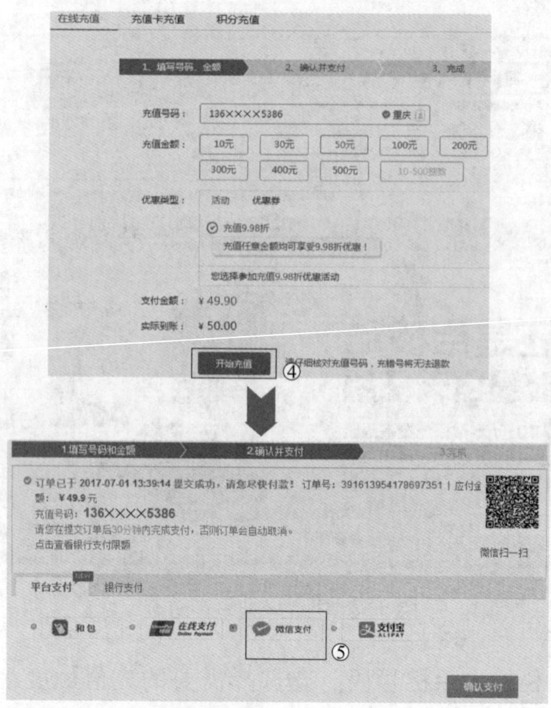

图 3-2-20　选择支付方式

图 3-2-21　充值成功

6. 分享生活记录

为了记录自己的足迹与感受，肖阳将每天的生活记录写成了个人日志分享到 QQ 空间。

①单击“QQ 空间”按钮，在弹出的页面中单击“日志”。②单击“写日志”。③在弹出的页面中输入文本，单击“发表”即可。操作步骤如图 3-2-22 所示。

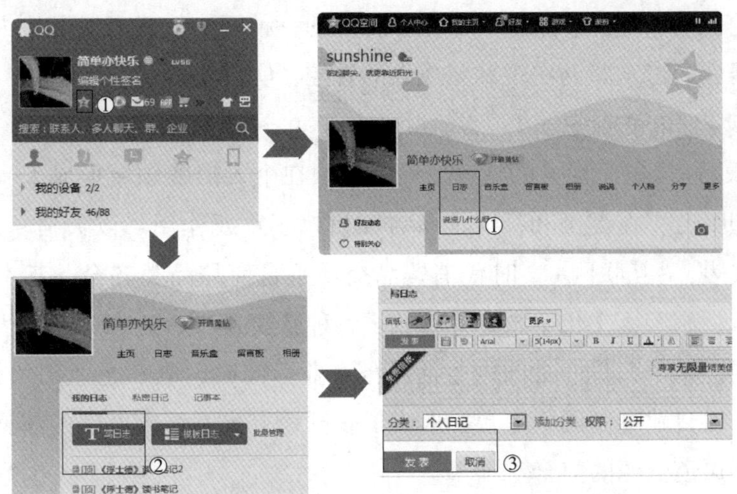

图 3-2-22　生活记录分享

知识应用

同样的方法，可以将生活记录照片上传到 QQ 空间，更多精彩内容还可以上传到网络云盘和网络相册。

五、相关知识

1. 互联网技术

互联网技术已经深刻影响社会的生产、生活诸多方面，乃至国家的发展战略层面。现代互联网技术——云计算、大数据、物联网的应用，提高了人们对互联网新技术的认识，改变了人们的生活方式。面对互联网上的海量信息，依靠搜索引擎可以查寻到需要的信息，也可以在网络上下载各式各样的应用软件，进行学习和娱乐等。

2. 云计算

云计算是基于互联网技术的一种服务模式，其主要特征是虚拟化、个性化、面向大众、随时随地提供信息服务。云计算正在带动大网络、大数据、大平台，使信息技术和信息服务实现社会化、集约化和专业化。

3. 大数据

大数据是现有信息技术难以应对的数量超大、结构复杂的数据集，具有数据巨大、数据结构复杂、处理分析难度大等特性。大数据技术是指收集和分析大量信息的能力，大数据技术可以从复杂的数据里获取有价值的信息。大数据分析可以广泛应用于人类生产、生活及管理各个方面，可以带来巨大的经济和社会价值。

4. 物联网

物联网是将现实世界的物体利用传感器通过互联网连接起来，进行信息交换和通信，以实现智能化的识别、定位、跟踪、监控和管理的一种网络。或者说是按人的主观意志在物上增加传感器，通过互联网实现和完成人的管控，实现物的位移和运动。

5. “互联网+”电子商务

随着“互联网+”电子商务的快速发展，我国在个人消费领域形成了一批消费品交易类和生活服务型平台，在促进和扩大消费方面发挥了重要作用。以天猫、京东等综合性、全品类平台为代表，“互联网+”时代消费品交易平台商品品类齐全，基本涵盖生活的各个方面。在餐饮、旅游、文化、教育等领域，各种新模式、新业态应运而生，涌现出携程网、大众点评网、饿了么等一批国内生活服务企业。同时，电商企业加快拓展线下功能，实体商贸企业纷纷自建电商网络平台，形成了一批线上线下融合发展的新型商业模式，加速了商业领域全渠道资源的整合。

从电子商务发展情况来看，当前三线以上城市的电商渗透率已经逐渐接近顶峰，农村电商成为下一轮“互联网+”电子商务发展的巨大市场空间。电商时代的到来，让农村购买力得到释放，逐渐实现了与城市无差别的消费，深刻影响农村生产生活的方方面面，显示出强大的生命力。随着阿里、京东等大电商主导的金融服务加快在农村普及，以及电商渠道下沉带来的农村物流体系完善，农村电商发展将迎来进一步爆发的空间。

随着智能终端和移动互联网的普及，移动端已经成为电子商务的新入口，以碎片化、场景化、社交化等为特征的移动网购新模式，正在挑战基于 PC 端的传统购物模式。同时，基于微博、微信等自媒体社交平台兴起的“微商”群体快速崛起，正在构筑以“社群”和“App”为核心的去中心化的电子商务新模式。

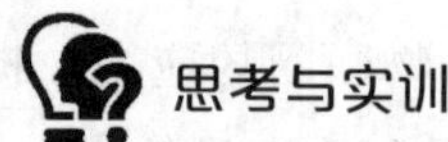

一、基础实训

请同学们分享互联网技术的应用实例。

二、进阶实训

请同学们设计一个足不出户的网络协同任务计划（见表 3-2-1）。在实施过程中请考虑任务进度的远程监管，保证任务的顺利完成。

表 3-2-1　　网络协同任务计划

项目描述	过程记录	备　注
Word 图文混排学习		
Excel 数据透视表应用		
演示文稿制作		
一天生活记录		

任务 3 移动终端应用

一、任务要点

1. 移动终端操作系统。

2. 移动终端的无线接入。

3. 移动终端上的常用 App：地图软件、支付软件等。

二、任务描述

刘运林家住石家庄，要放暑假了，他和三名室友相约到北京八达岭长城去游玩。刘运林利用手机软件查询了路线与景区信息，购买了车票和门票，并为小伙伴们订了餐。

三、操作思路

四、操作步骤

刘运林使用 Android 操作系统的手机，接下来让我们跟随他的操作去学习移动终端的应用。同学们在自己的手机上进行尝试。

1. 移动终端的无线接入

（1）连接无线局域网

①在有无线局域网络（简称 Wi-Fi）的地方，点击手机“设置”菜单，进入设置页面。②点击 WLAN 选项，进入 WLAN 设置窗口。③打开 WLAN 开关。④手机自动搜索附近的无线路由器所发出的无线局域网络信号并显示在屏幕上，选择已知网络进行连接。⑤无线局域网络如果设有密码，则需要输入密码才能进行连接。如果没有加密，只需要点击连接按钮即可。⑥连接成功后，屏幕右上角出现一个网络信号标志。操作步骤如图 3-3-1 至图3-3-6 所示。

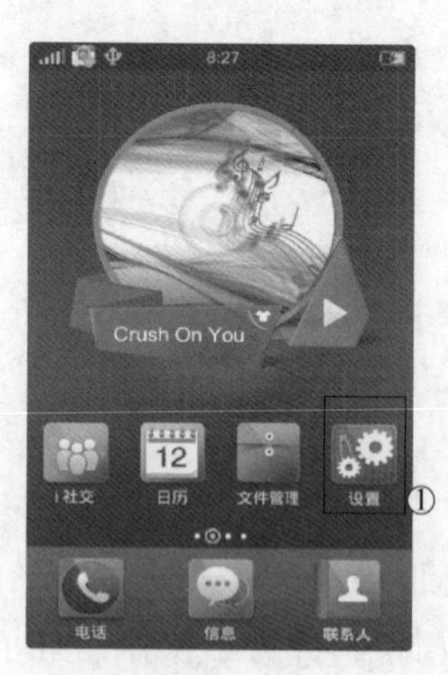

图 3-3-1　选择手机“设置”

图 3-3-2　进入 WLAN 设置窗口

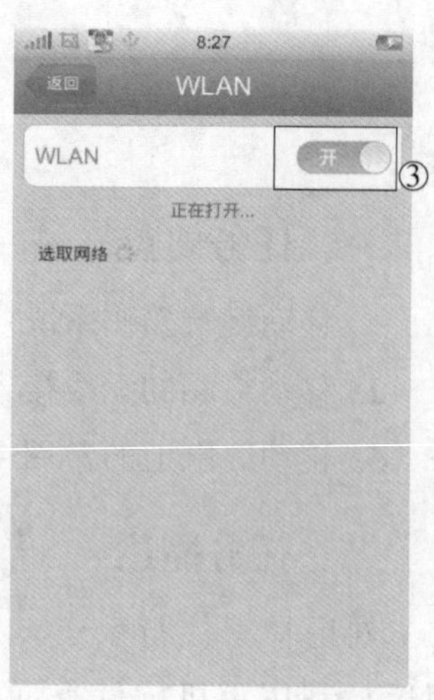

图 3-3-3　打开 WLAN

图 3-3-4　无线网络

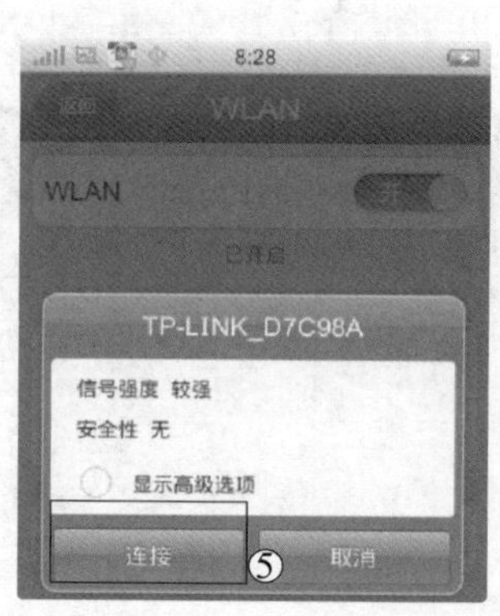

图 3-3-5　连接无线网络

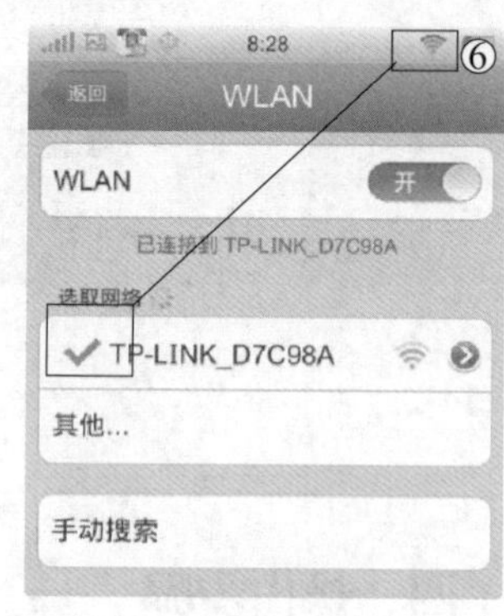

图 3-3-6　显示已连接

（2）连接移动网络

在没有 Wi-Fi 的地方，如果需要使用网络，就要用手机连接移动网络、开启移动数据，操作如下：

①进入手机“设置”，找到“移动网络”功能。②进入移动网络，点击“启用数据流量”后面的开关，使其变为绿色，开启移动网络。③或直接在通知栏中点击“数据网络”。操作步骤如图3-3-7 至图 3-3-9 所示。

2. 查询路线并购票

（1）下载安装软件

为了安排好行程，刘运林在手机上下载并安装了高德地图。

图 3-3-7　设置

图 3-3-8　打开数据流量

图 3-3-9　通知栏中打开数据流量

（2）查找路线

①点击“高德地图”。②点击“路线”。③输入起点和终点。④点击公交。⑤刘运林点击时间最短的路线查看详情。操作步骤如图 3-3-10 所示。

图 3-3-10　查询路线

（3）查询并购票

①点击“查询购票”。②在车票查询界面选择点击 G6704 车次列车。③点击二等座后面的“预订”按钮。④添加 4 位乘车人信息。⑤点击“去付款”，随即跳转到支付宝付款界面，点击“确认付款”完成购票。操作步骤如图 3-3-11 所示。

图 3-3-11　查询并购票

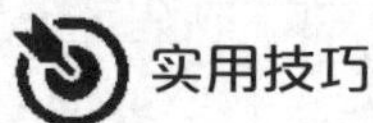

实用技巧

公交导航功能

公交导航功能可显示刘运林和他的室友所要乘坐的公交车还有几分钟到站。在乘坐公交的途中，地图还会实时显示经过的站点，并在距离目的地 2 站时提醒用户准备下车。不仅能够手机振动提醒，而且能弹出桌面消息以及全程语音播报导航。这样，在公交车上听歌、看视频，就连睡觉都不会下错站了！

3. 查询景点并预订

出行服务软件为用户提供了吃住行游购娱乐一站式解决方案。刘运林使用“去哪儿旅行”（见图 3-3-12）查询八达岭长城的景点介绍及开放时间（见图 3-3-13），并通过该 App 订购了门票（见图 3-3-14）及午餐（见图 3-3-15）。

图 3-3-12　去哪儿旅行首页

图 3-3-13　查询八达岭景点

图 3-3-14　购买门票

图 3-3-15　订餐

五、相关知识

1. 移动终端

移动终端或者叫移动通信终端是指可以在移动中使用的计算机设备，广义上讲包括手机、平板电脑、笔记本电脑、智能 POS 机甚至包括车载电脑。大部分情况下是指具有多种应用功能的智能手机。随着网络和技术朝着越来越宽带化的方向发展，移动通信产业将走向真正的移动信息时代。另外，随着集成电路技术的飞速发展，移动终端已经拥有了强大的处理能力，移动终端正在从简单的通话工具变为一个综合信息处理平台。这也给移动终端增加了更加宽广的发展空间。

2. 移动终端操作系统

移动终端操作系统有苹果的 iOS、谷歌的 Android、惠普的 WebOS、开源的 MeeGo 及微软的 Windows。其中，苹果的 iOS 和谷歌的 Android 使用人数较多。

（1）iOS 系统

iOS 是由苹果公司开发的移动操作系统。苹果公司最早于 2007 年 1 月 9 日的 Macworld 大会上公布这个系统，最初是设计给 iPhone 使用的，后来陆续套用到 iPod touch、iPad 以及 Apple TV 等产品上。iOS 与苹果的 Mac OS X 操作系统一样，属于类 Unix 的商业操作系统。原本这个系统名为 iPhone OS，因为 iPad，iPhone，iPod touch 都使用 iPhone OS，所以，2010 年 WWDC 大会上宣布改名为 iOS（iOS 为美国 Cisco 公司网络设备操作系统注册商标，苹果改名已获得 Cisco 公司授权）。

（2）Android 系统

Android 是一种基于 Linux 的自由及开放源代码的操作系统，主要使用于移动设备，如智能手机和平板电脑，由 Google 公司和开放手机联盟领导开发。Android 操作系统最初主要支持手机。2005 年 8 月，由 Google 收购注资。2007 年 11 月，Google 与 84 家硬件制造商、软件开发商及电信营运商组建开放手机联盟共同研发改良 Android 系统。随后 Google 以 Apache 开源许可证的授权方式，发布了 Android 的源代码。第一部 Android 智能手机发布于 2008 年 10 月。Android 逐渐扩展到平板电脑及其他领域上，如电视、数码相机、游戏机等。2011 年第一季度，Android 在全球的市场份额首次超过塞班（Symbian）系统，跃居全球第一。截至 2019 年 5 月，全世界运行 Android 系统的设备数量已经超过 25 亿台。

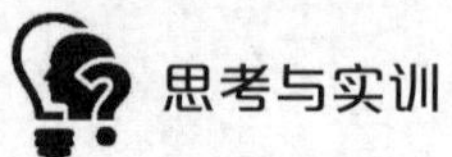

一、基础实训

请你向同学们推荐一款比较实用的手机软件。

二、进阶实训

请同学们使用手机软件为假期旅行制定“旅行策划书”。建议采用分组讨论方式，完成“旅行策划书”表格内容的填写（见表 3-3-1）。

表 3-3-1　　　　　　　　　　旅行策划书

<table>
<tr><td colspan="2">项目名称</td><td colspan="2"></td><td>游玩天数</td><td></td></tr>
<tr><td colspan="2">成员情况</td><td colspan="4"></td></tr>
<tr><td colspan="2">出发地</td><td colspan="2"></td><td>目的地</td><td></td></tr>
<tr><td rowspan="4">交通</td><td rowspan="2">去程</td><td>交通工具</td><td>耗　时</td><td colspan="2">费　用</td></tr>
<tr><td></td><td></td><td colspan="2"></td></tr>
<tr><td rowspan="2">回程</td><td>交通工具</td><td>耗　时</td><td colspan="2">费　用</td></tr>
<tr><td></td><td></td><td colspan="2"></td></tr>
<tr><td rowspan="3">住宿</td><td>酒　店</td><td>价　格</td><td>入住天数</td><td colspan="2">费　用</td></tr>
<tr><td></td><td></td><td></td><td colspan="2"></td></tr>
<tr><td></td><td></td><td></td><td colspan="2"></td></tr>
<tr><td rowspan="4">饮食</td><td>餐　厅</td><td>费　用</td><td rowspan="4">景点情况</td><td>景　点</td><td>费　用</td></tr>
<tr><td></td><td></td><td></td><td></td></tr>
<tr><td></td><td></td><td></td><td></td></tr>
<tr><td></td><td></td><td></td><td></td></tr>
<tr><td colspan="2">计划费用</td><td colspan="4"></td></tr>
</table>

任务 4　在线学习

一、任务要点

1. 在线学习的概念。
2. 常用在线学习网站。

二、任务描述

李毅是电脑艺术设计专业学生，在学习过程中，他感觉到 Photoshop 这门课程比较难学，想通过网络课程进行学习，以便尽快掌握 Photoshop 课程的技术要领。

三、操作思路

四、操作步骤

1. 下载安装在线学习平台

（1）下载

李毅选择在百度传课上学习相关课程。①利用计算机登录百度传课网站首页，选择“下载传课”按钮。②在弹出的菜单中单击“PC 客户端下载”，将安装程序下载到计算机桌面。操作步骤如图 3-4-1 所示。

图 3-4-1　下载百度传课 PC 客户端

（2）安装

①双击安装程序进入“百度传课 KK 安装程序”。②单击“下一步”。③在“许可证协议”页面单击“我接受”。④在“选择安装位置”页面中选择目标文件夹的位置并单击“安装”。操作过程如图 3-4-2 所示，安装过程如图 3-4-3 所示。

2. 登录百度传课

①在百度传课启动界面中单击登录按钮，切换到登录界面。②输入百度账号和密码，

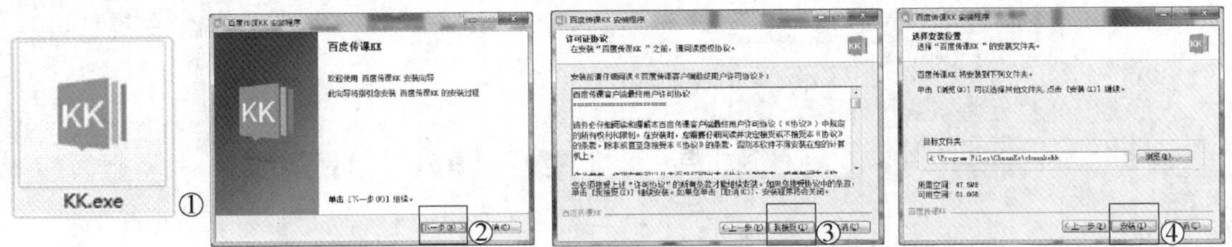

图 3-4-2　安装操作

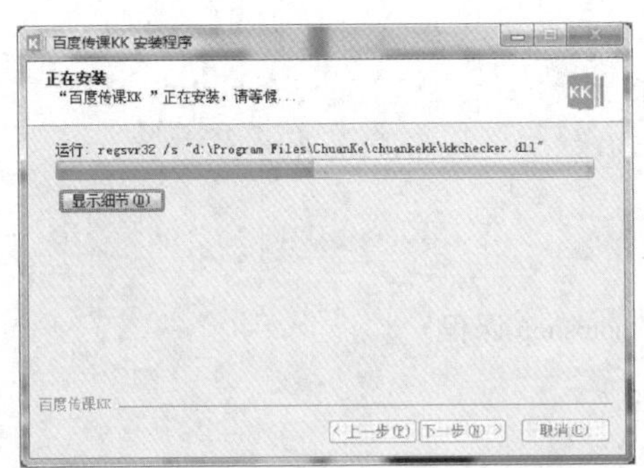

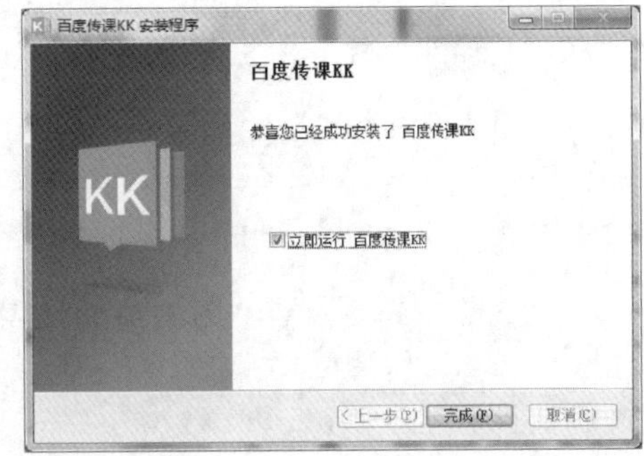

图 3-4-3　安装过程

单击“登录”。操作步骤如图 3-4-4 所示。如果没有百度账号，需单击“立即注册”按钮进行注册。

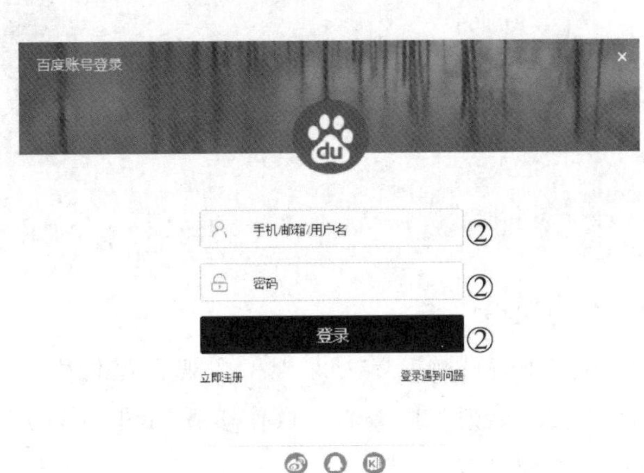

图 3-4-4　登录

3. 选择课程进行学习

（1）选择课程

①登录后，在首页上方输入“Photoshop”课程名称进行搜索。②选择课程开始学习。操作步骤如图 3-4-5 所示。

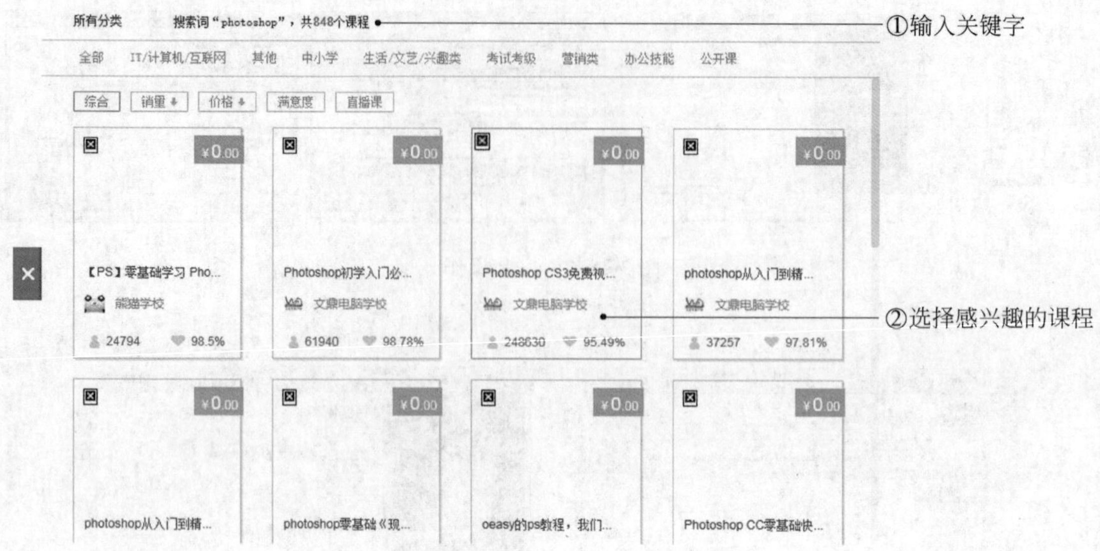

图 3-4-5　搜索 Photoshop 课程

（2）购买课程

①单击“购买课程”。②单击“开始学习”。操作步骤如图 3-4-6 所示。

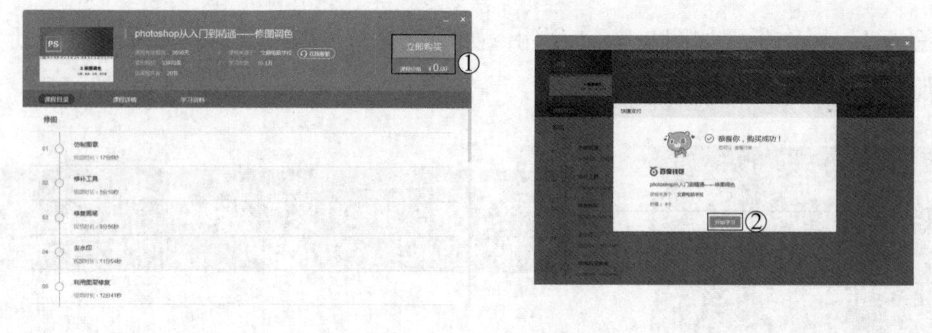

图 3-4-6　购买课程

（3）学习课程

①单击“观看视频”学习课程。②观看过程中，单击“速记”记录学习要点。要点可在右侧“我的笔记”中查看。操作步骤如图 3-4-7 所示。

（4）个性化设置

①修改个人资料。单击“个人资料”按钮可以对个人资料进行修改，如图 3-4-8 所示。

②反复学习课程。单击“课程”按钮可以进行观看、删除课程等操作，如图 3-4-9 所示。

③添加联系人或群组。单击“联系人”按钮可以添加联系人或群组，共同讨论学习内容，交流学习体会和心得，如图 3-4-10 所示。

图 3-4-7　学习课程

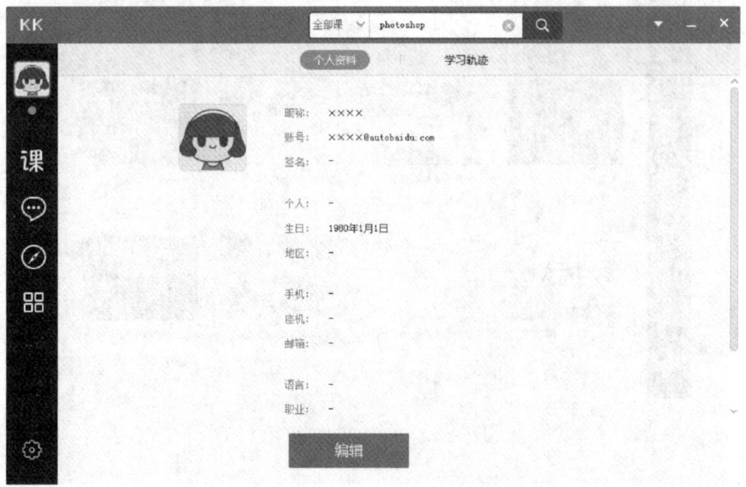

图 3-4-8　个人资料

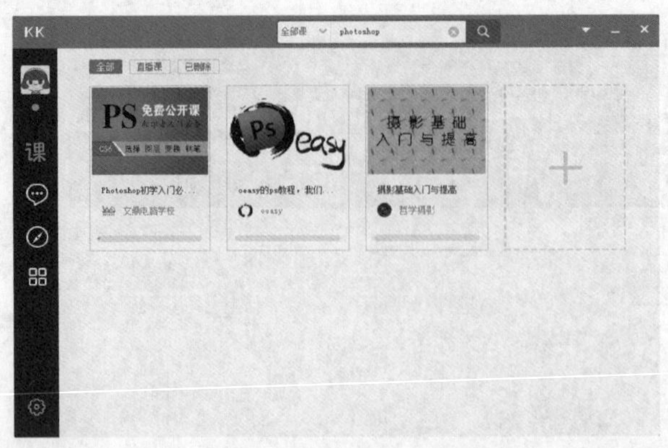

图 3-4-9　已选课程

图 3-4-10　联系人

④搜索更多课程。单击“发现更多”按钮可以看见系统推荐课程并进行课程搜索，如图 3-4-11 所示。

图 3-4-11　发现更多

⑤使用实用工具。单击“工具”按钮可以打开系统提供给用户的实用工具、快速链接、扫码下载等，如图 3-4-12 所示。

图 3-4-12　工具

⑥设置软件功能。单击最下方的“软件设置”按钮可对软件功能进行设置，如图 3-4-13 所示。

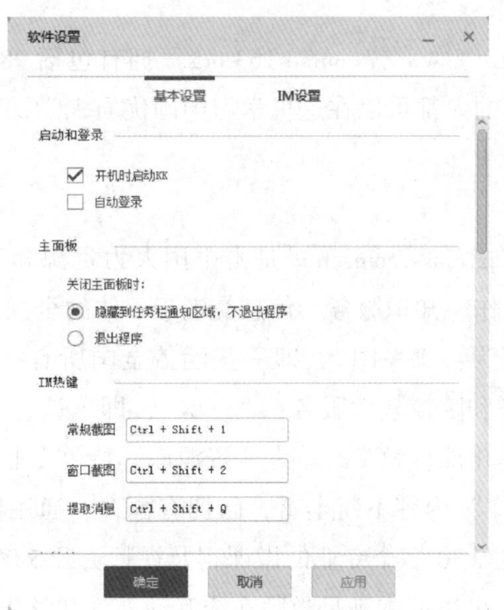

图 3-4-13　软件设置

许多课程学习完成后，还可以进行学习检测，检查学习效果。

通过网络学习，李毅方便轻松地学会了 Photoshop 课程的核心技术问题，并且有机会与全国的爱好者交流学习心得、分享学习成果，为今后从事电脑艺术设计工作打下了扎实的基础。

五、相关知识

1. 在线学习概念

在线学习（E-Learning）是通过计算机互联网或手机无线网络，在一个网络虚拟教室进行网络授课、学习的方式。学习者在网络教学实施平台上提交学习作业、讨论交流学习内容。在线学习的特点如下：

（1）以主动探究为主。

（2）以学习者为主体，以教育者为主导。

（3）以能力教育为教学目的。

（4）以在网络平台上讨论、交流为主要特征。

（5）以自主探究、晒作业、互动、互助、过程评价为主要表现形式。

2. 常用在线学习网站

（1）网易云课堂

网易云课堂（http: //study.163.com）是网易公司打造的在线实用技能学习平台。云课堂的宗旨是为每一位想真真正正学到实用知识、技能的学习者，提供贴心的一站式学习服务。

（2）中国大学 MOOC

中国大学 MOOC（http: //www.i course 163.org）拥有包括 985 高校在内提供的千余门课程，每一个有提升愿望的人都可以在这里学习中国优质大学课程，学完还能获得认证证书。

（3）技工教育网

技工教育网（http: //jg.class.com.cn）是由中国人力资源和社会保障出版集团倾力打造的集院校管理、校企合作、知识服务、信息交汇于一体的全国技工教育门户网站。目前网站的主要功能可以概括为："一图"，即一张涵盖全国所有技工院校相关信息的地图；"二服"，即院校管理服务和院校教学服务；"三课"，即慕课、直播课、在线微课三种课程形态；"四库"，即一体化课程教学改革专业资源库、特色专业建设库、学习任务案例库和考试题库。其中，"四库"内容不断丰富，已拥有德育、通用职业素质等公共课和机械类、电工电子类、交通类等 30 多个专业的微课程及视频资源 5 000 余个，以及其他类型数字教学资源 20 000 多个，可以基本满足教师在线互动教学和学生在线自主学习需要。

除了上述的在线学习网站之外，我要自学网、腾讯精品课等众多教学网站也为人们提供了丰富的免费课程，供人们业余时间学习知识和技能，拓宽课堂学习空间，解决学习过程中的困惑。

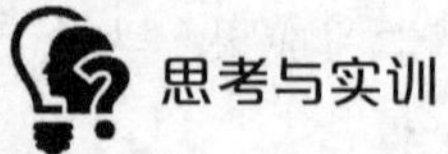

一、基础实训

下载、注册并登录一个你感兴趣的在线学习平台，选择一门喜欢的课程进行学习。

二、进阶实训

请同学们搜索资料补全以下信息并回答问题。

慕课的英文简称是________。它是____________________四个英文单词首字母的缩写，音译为“慕课”。这四个英文单词的中文含义是________、________、________、________。

慕课是以优质教育资源数字化为基础，将课堂教学搬到网上的“__________+教育”教学模式。它的课程面向所有人员开放，不设门槛，学习者不需要进入院校，借助网络平台即可随时随地完成学习。因此，慕课为职业教育、终身学习者提供了全新高效的教育教学手段。

请同学们分组讨论下面两个问题。

1. 传统课堂与慕课各自的优势是什么？

2. 在线学习与慕课的关系是什么？

任务5　信息安全

一、任务要点

1. 信息安全的基础知识。

2. 计算机病毒的基础知识和防治方法。

3. QQ 密码保护设置。

4. 安全上网及个人隐私保护。

二、任务描述

最近，高瑜萌的 QQ 号被盗了，并且计算机的反应速度也变慢了。她请来了计算机课代表刘仪帮忙检查。刘仪首先使用杀毒软件进行了病毒查杀，又帮她安装了 360 安全卫士，同时指导她定期对自己的计算机进行安全维护。

三、操作思路

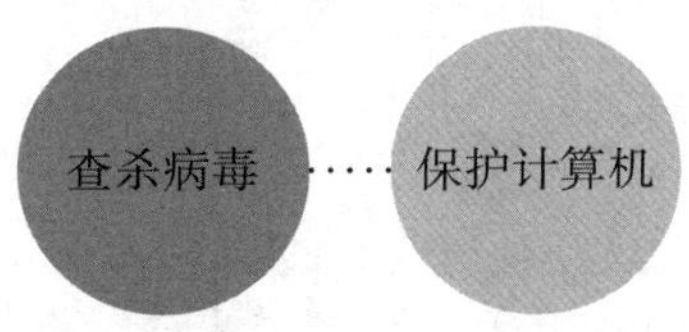

操作演示

四、操作步骤

1. 查杀病毒

（1）下载软件

打开 360 杀毒网站首页，下载 360 杀毒软件（见图 3-5-1）。

（2）安装软件

下载并安装后，打开软件（见图 3-5-2）。

图 3-5-1　下载 360 杀毒软件　　　　图 3-5-2　软件界面

（3）查杀病毒

①单击“快速扫描”，杀毒软件开始查找病毒。②查找完成后，单击“立即处理”，杀毒软件对感染了病毒的文件进行处理。操作步骤如图 3-5-3 所示。

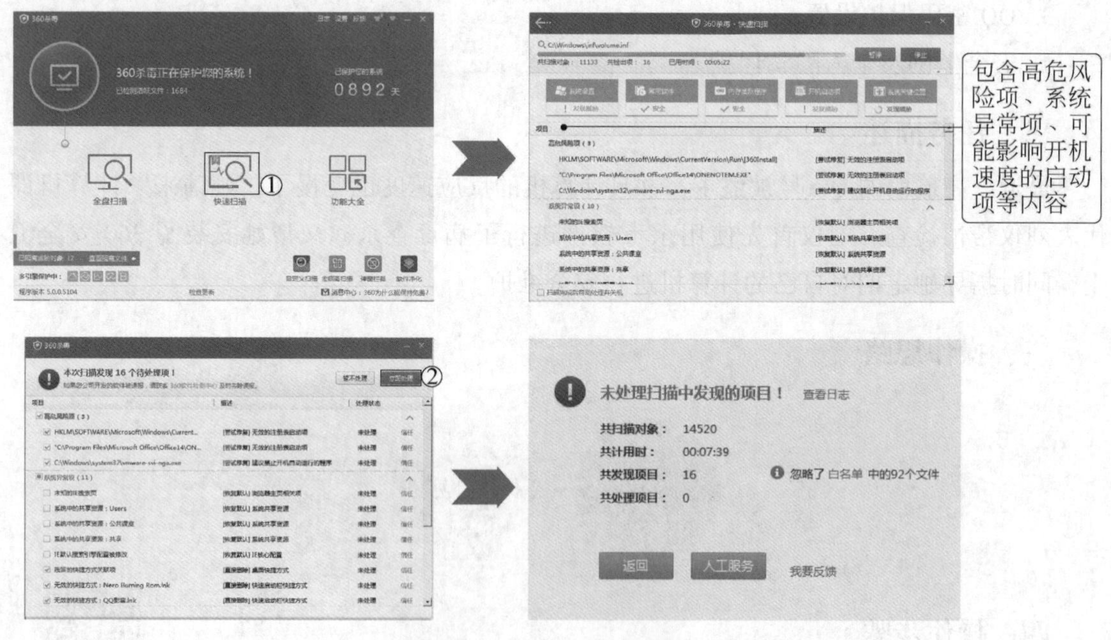

图 3-5-3　查杀病毒

实用技巧

杀毒模式

360 杀毒软件最常用的有 2 种杀毒模式，即快速扫描和全盘扫描。

快速扫描对病毒藏身的关键位置进行扫描和查杀，一般耗时较短。

全盘扫描是对计算机的所有分区进行扫描，扫描文件量大，耗时长。通常一周进行一次全盘扫描，在关闭计算机前开始扫描，勾选界面左下角的“扫描完成后自动处理并关机”，这样就不必苦等扫描结果了。

（4）打开保护措施

建议将软件首页下方的各种保护措施全部打开，并时常检查是不是更新到最新版本，如图3-5-4 所示。

图 3-5-4　打开保护措施

（5）更新病毒库

单击“检查更新”，升级程序会自动连接服务器检查是否有可用更新，如果有的话就会下载并安装升级文件，升级完成后会提示，如图 3-5-5 所示。

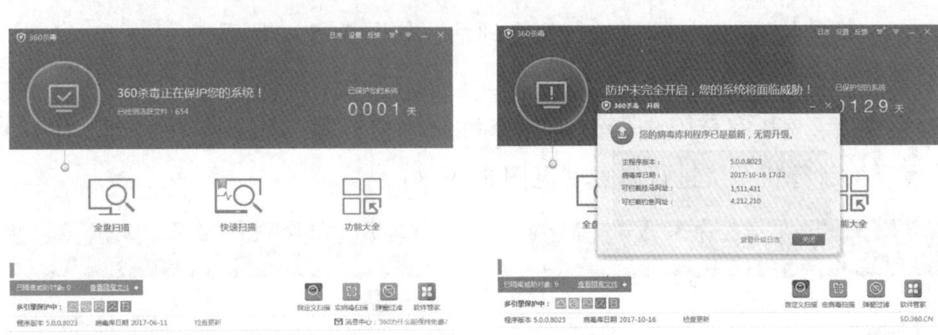

图 3-5-5　更新病毒库

操作演示

2. 保护计算机

（1）下载软件

打开 360 安全卫士网站首页，下载 360 安全卫士软件，如图 3-5-6 所示。

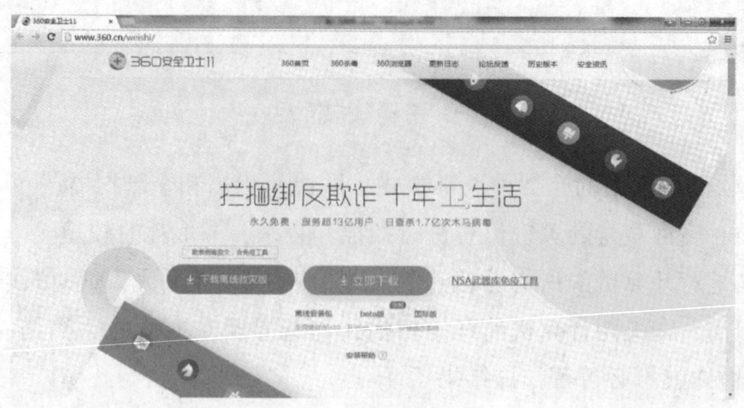

图 3-5-6　下载软件

知识链接

360 杀毒和 360 安全卫士

360 杀毒软件具有查杀率高、资源占用少、升级迅速等优点，可快速、全面地诊断系统安全状况和健康程度并进行精准修复。

360 安全卫士拥有电脑体检、系统修复、优化加速、清理插件、修复漏洞、电脑救援、保护隐私、清理痕迹等功能。

两个软件相比，前者侧重专业杀毒，后者侧重日常防护。

（2）安装软件

下载并安装后，打开软件。

（3）全面体检

单击“立即体检”，对计算机进行安全评估，如图 3-5-7 所示。

（4）一键修复

体检完成后，360 安全卫士会显示计算机的体检分数。如果存在问题，用户可单击“一键修复”对计算机系统进行修复（见图 3-5-8）。

图 3-5-7　全面体检

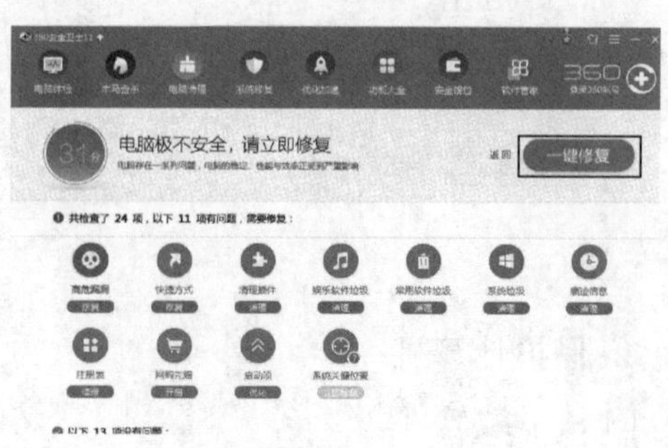

图 3-5-8　一键修复

（5）系统修复

单击“系统修复”，修复系统漏洞，解决常见的系统问题，如图 3-5-9 所示。

（6）电脑清理

单击“电脑清理”，清理系统在长期使用中产生的大量垃圾文件，提升运行速度和浏览网页的速度，如图 3-5-10 所示。

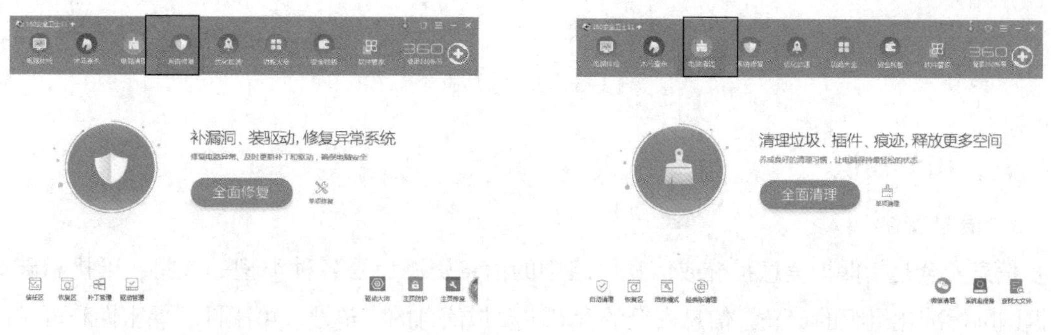

图 3-5-9　系统修复　　图 3-5-10　电脑清理

（7）优化加速

单击“优化加速”，可以关闭开机启动时自动运行的软件，以加快系统开机速度，如图 3-5-11 所示。

（8）软件管家

单击“软件管家”，可以下载和安装常用软件，如图 3-5-12 所示。

图 3-5-11　优化加速

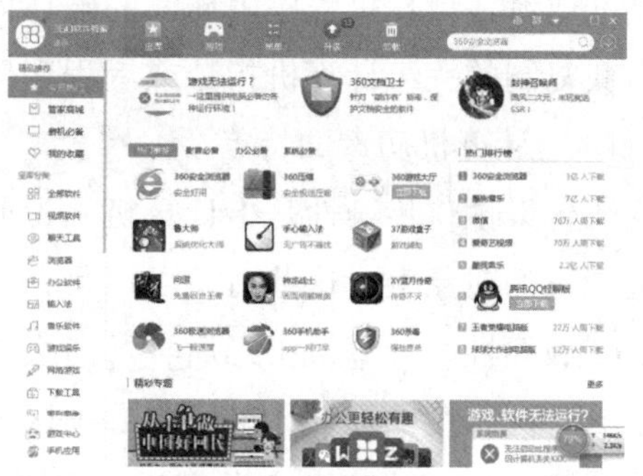

图 3-5-12　软件管家

（9）木马查杀

单击“木马查杀”，根据需要选择“快速查杀”“全盘查杀”或“按位置查杀”，软件开始对所选位置的所有文件进行木马扫描。完成木马扫描后，单击“一键处理”，即可完成对木马的清除，如图 3-5-13 所示。

图 3-5-13　木马查杀

五、相关知识

1. 信息安全

信息安全是指保护信息系统或信息网络中的信息资源免受各种类型的威胁、干扰和破坏。根据国际标准化组织的定义，信息安全的含义主要指信息的完整性、可用性、保密性和可靠性。

网络环境下的信息安全体系是保证信息安全的关键，包括计算机安全操作系统、各种安全协议、安全机制（数字签名、消息认证、数据加密等）。通俗地说，信息安全是指信息系统（包括硬件、软件、数据、人、物理环境及其基础设施）受到保护，不受偶然的或者恶意的原因而遭到破坏、更改、泄露，系统连续可靠正常地运行，信息服务不中断。

2. 计算机病毒

计算机病毒是一段特殊的计算机程序，可以在瞬间损坏系统文件，使系统陷入瘫痪，导致数据丢失。《中华人民共和国计算机信息系统安全保护条例》定义，计算机病毒是指编制的或者在计算机程序中插入的破坏计算机功能或者破坏数据，影响计算机使用并且能够自我复制的一组计算机指令或者程序代码。

（1）计算机病毒的特点

①传染性。传染性是指计算机病毒通过修改别的程序将自身的复制品或其变体传染到其他无毒的对象上，这些对象可以是一个程序也可以是系统中的某一个部件。

②破坏性。计算机中毒后，可能会导致正常的程序无法运行，把计算机内的文件删除或受到不同程度的损坏。破坏引导扇区及 BIOS，硬件环境破坏。

③寄生性。计算机病毒寄生在其他程序之中，当执行这个程序时，病毒就起破坏作用，而在未启动这个程序之前，它是不易被人发觉的。

④潜伏性。潜伏性是指计算机病毒可以依附于其他媒体寄生的能力，侵入后的病毒潜伏到条件成熟才发作，致使计算机变慢。

⑤隐蔽性。计算机病毒具有很强的隐蔽性，可以通过病毒软件检查出来少数病毒。隐蔽性计算机病毒时隐时现、变化无常，这类病毒处理起来非常困难。

（2）计算机病毒的分类

①引导性病毒。其感染对象是计算机储存介质的引导区。病毒将自身的全部或部分逻辑取代正常的引导记录，而将正常的引导记录隐藏在介质的其他储存空间。由于引导区是计算机系统正常工作的先决条件，所以此类病毒可在计算机运行前获得控制权，其感染性很强。

②文件型病毒。其感染对象是计算机系统中独立存在的文件。病毒将自身粘贴到可执行文件或其他文件中，在文件运行或被调用时驻留内存、传染、破坏。

③混合型病毒。混合型病毒感染多个目标，其感染对象包括引导区和文件，同时具有以上两种病毒的特征。

（3）计算机病毒的传播途径

①存储介质。存储介质包括软盘、硬盘、U 盘和光盘等。在这些存储设备中，U 盘是使用最广泛的移动设备，也是病毒传染的主要途径之一。

②网络。随着网络技术的迅猛发展，网络在给人们的工作和生活带来极大方便的同时，也成为病毒滋生与传播的温床，当人们从网络下载或浏览各种资料的同时，病毒就可能伴随这些有用的资料侵入用户的计算机系统。

③电子邮件。当电子邮件成为人们日常生活和工作的重要工具后，电子邮件病毒无疑是病毒传播的最佳方式，近年出现的危害性比较大的病毒几乎全是通过电子邮件方式传播的。

3. 安全上网及个人隐私保护

（1）在计算机上安装杀毒软件，定期对计算机进行杀毒清理，及时更新杀毒软件。

（2）网站注册时只填写必要信息。在注册网上账号时，不需要填的尽量不填；不要随便在陌生网站上注册信息；不要随意单击弹出来的窗口，以免中毒。

（3）少使用公共 Wi-Fi，不使用陌生 Wi-Fi。

（4）在信誉度高的网站下载软件。不要安装和使用来历不明的软件。

（5）云端存储要注意保护个人隐私，不要上传个人隐私。

（6）多种密码合用，在设置密码时尽量不要重复使用，并开启手机短信认证。

我们在应用网络时，不要被各种安全隐患束缚住手脚，只要平时保持好的安全习惯，就能够在安全与用户体验方面达到一种平衡，体验网络带给我们的便捷和高效。

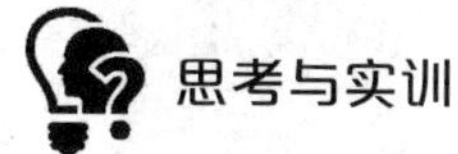

一、基础实训

下载并安装 360 杀毒软件和 360 安全卫士，并进行病毒的查杀及系统的安全检测、漏洞修复等操作。

二、进阶实训

自学并尝试为自己的 QQ 设置密码保护。

项目四
使用 Word 2010 编辑文档

任务 1　文档的创建与编辑

一、任务要点

1. 软件界面介绍。
2. 文件保存、查阅、复制和删除。
3. 文本录入、编辑与修改。
4. 查找与替换操作。

二、任务描述

为了迎接入校新生，班主任王笑老师利用 Word 2010 写了一封欢迎信。在分发给同学之前，王老师对欢迎信进行了编辑，插入了特殊符号，替换了个别文字，更改了字体格式，最终效果如图 4-1-1 所示。这次编辑使用 Word 2010 的录入、查找和替换、调节字体等功能便能完成，刚刚接触 Word 2010 的同学也能完成得很好。

三、操作思路

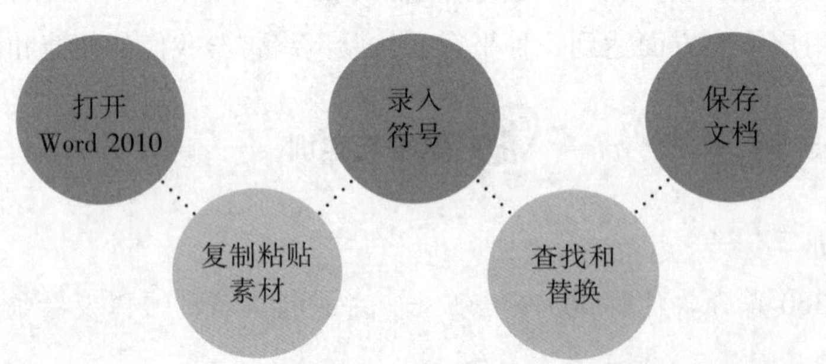

致同学们的一封信

亲爱的新同学：

正值收获的金秋，我们学校真诚地欢迎你们加入这个大家庭！

我们始终相信“人人都能成才”，在这里你们将成为追求工匠精神的技能人才，成为中国宏伟蓝图的建设者。我们要找到每一个人的支点，撬起无限的潜能。

成才之路，从量看是漫长而艰苦的，但我们可以让质变得快乐而幸福。幸福的获得不在于起点的高低，而在于学会享受过程。在开学之际，我们的祝福将和你们一同出发，燥热的夏季已经过去，在期待与欣喜中，怡人的秋日翩然而至。亲爱的各位同学，属于你们自己的生活已经悄然开始，希望你们时刻准备着，再次扬帆远航！

请同学们注意以下几点：

🕮：我们班教室在 303，班主任办公室在办公楼 212。

☎：班主任电话为：15800000000

☝：请各位同学认真阅读《学生手册》和《作息时间表》以及《课程表》，请大家按照课程表上的时间准时上课，不能迟到早退。

你们的班主任：王笑

9月1日

图 4-1-1　欢迎信的最终效果

四、操作步骤

1. 打开 Word 2010

双击桌面“Word 2010”快捷图标即可打开并新建一个 Word 2010 文档。

2. 复制粘贴素材

打开文件：资料库/项目四/任务 1/课堂案例/课堂案例 . docx，将该文档中的内容复制到新建 Word 文档中。

3. 录入符号

将插入点定位到需要录入符号的位置，分别录入符号🕮☎☝，如图 4-1-2 所示。

4. 查找和替换

操作演示

使用“查找和替换”功能，可以很方便地找到文档中的文本、符号或格式，也可以对这些内容进行替换。

王老师想搜索“咱们”这个词。

（1）查找

①切换到“开始”选项卡。②在“开始”选项卡中单击【编辑】命令组，并在其下拉菜单中选择“查找”命令，打开文档左侧的【导航】面板。③在【导航】面板中的文本框中输入要搜索的文本“咱们”并回车。操作步骤如图 4-1-3 所示。

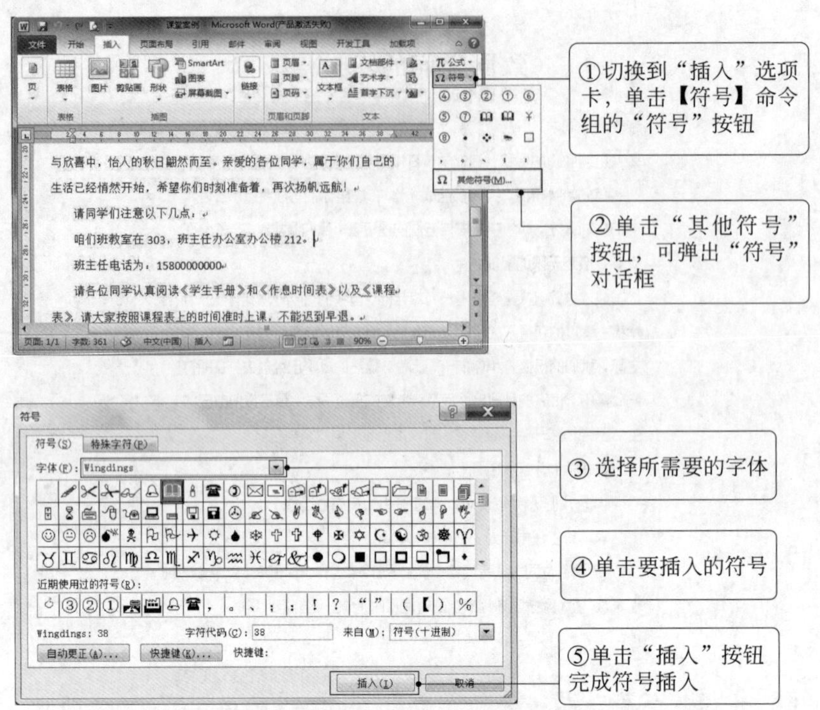

图 4-1-2　录入符号

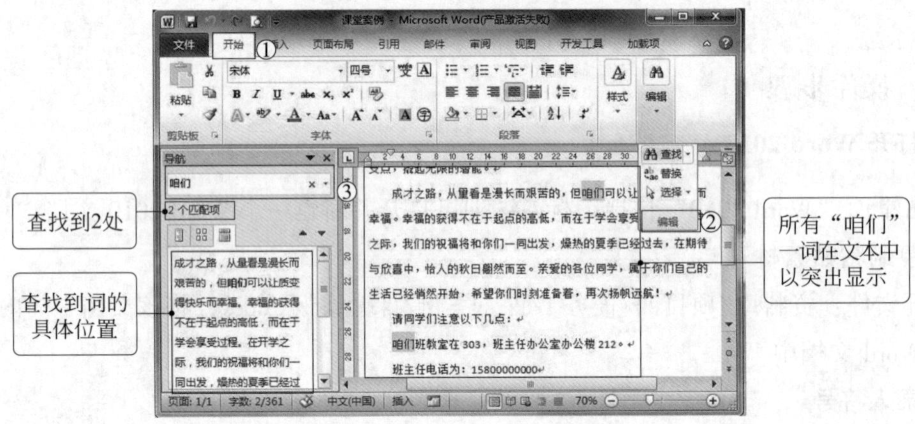

图 4-1-3　文本的查找

④再次回车找到另一处“咱们”一词，如图 4-1-4 所示。

（2）替换

在阅读“咱们”所在位置的上下文后，感觉使用“我们”更合适，因此需要把文档中的“咱们”统一替换成“我们”。

①选择“替换”命令，打开“查找和替换”对话框。②单击“替换”命令按钮。③在“查找内容”文本框中输入“咱”。④在“替换为”文本框中输入“我”。⑤单击【全部替换】命令按钮完成替换。操作步骤如图 4-1-5 所示。

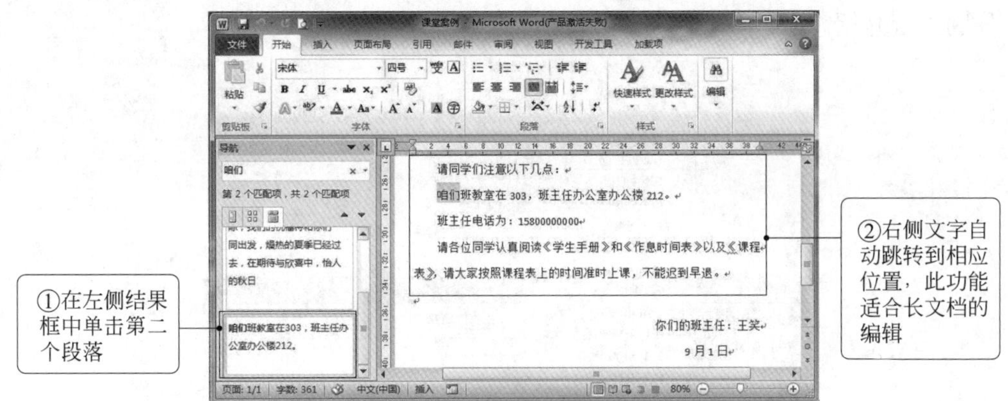

图 4-1-4　查找结果的显示

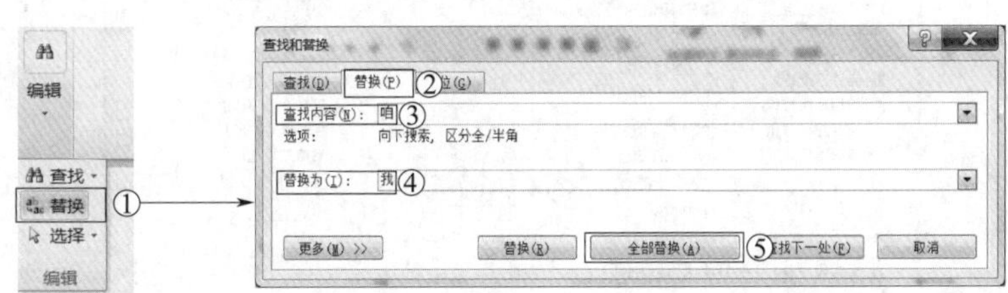

图 4-1-5　文本的替换

王老师想将班级、办公楼门牌号和自己的联系方式突出显示出来，这需要将所有数字的格式设置为“红色、加粗”。这种带格式的替换操作可以用替换对话框中的“特殊格式”完成。

①在“查找和替换”对话框中单击“替换”命令。②在“查找内容”后的文本框内单击空白处。③单击 更多(M) >> 按钮，弹出下面的对话框。④单击“特殊格式”按钮。⑤在弹出的下拉菜单中单击“任意数字”。操作步骤如图 4-1-6 所示。⑥在“替换为”文本框内单击。⑦单击“格式”按钮。⑧在弹出的下拉菜单中单击“字体”命令，弹出“替换字体”对话框。⑨在弹出的对话框中设置“字体颜色”为“红色”。⑩在“字形”命令中选择“加粗”。⑪单击“确定”按钮。⑫在“查找和替换”对话框中单击“全部替换”按钮完成替换。操作步骤如图 4-1-7 所示。

5. 保存文档

文档设置完成后，需要保存为“致同学们的一封信 . docx”。

①单击“文件”选项卡。②选择“保存”命令，第一次保存文档时，弹出“另存为”对话框。③在“保存位置”中选择文档所存放的位置。④在“文件名”框中输入文件名“致同学们的一封信”。⑤单击“保存”按钮完成保存。操作步骤如图 4-1-8 所示。

五、相关知识

文档的创建与编辑除了任务中介绍的新建、保存、查找和替换外，还有文档的打开、文档内容的选定、选择性粘贴、自动保存等。另外，Word 2010 最大的特色在于其功能区，下面分别进行介绍。

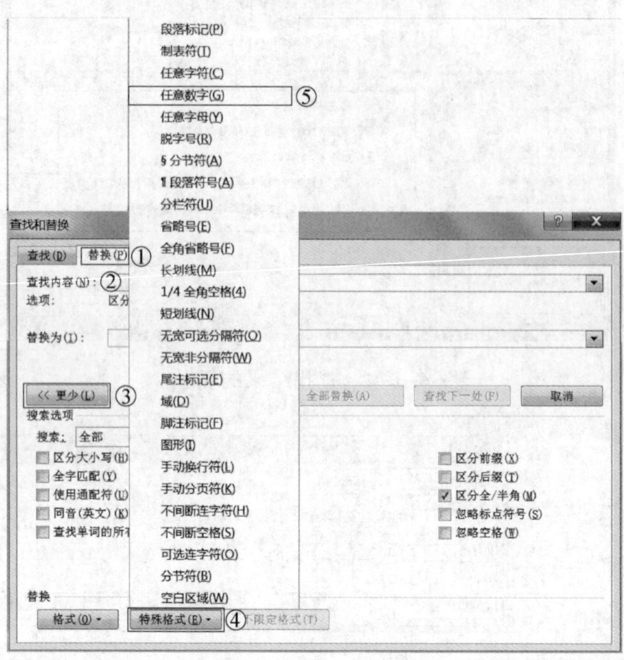

图 4-1-6　文本的高级替换（一）

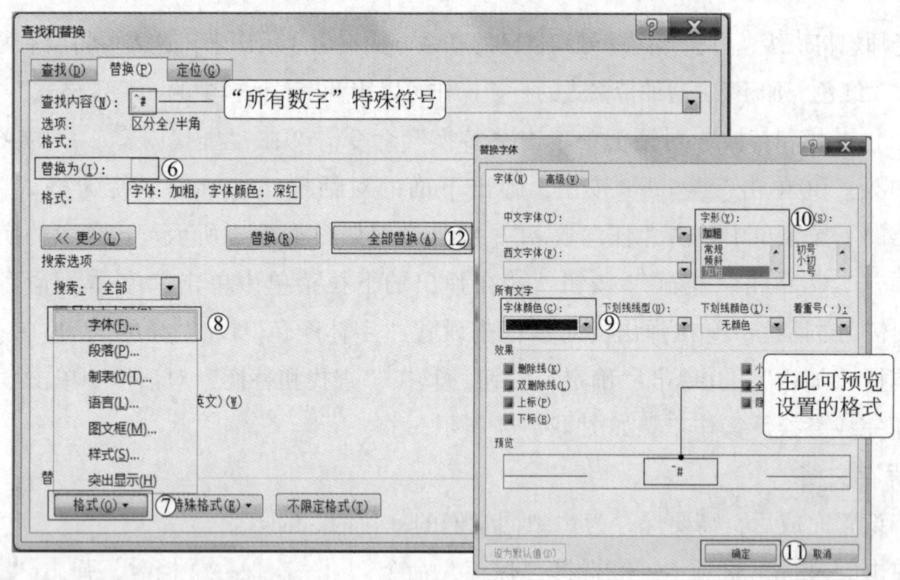

图 4-1-7　文本的高级替换（二）

1. Word 2010 的打开

启动 Word 2010 有两种常用的方法：

（1）双击桌面的“Word 2010”快捷图标。

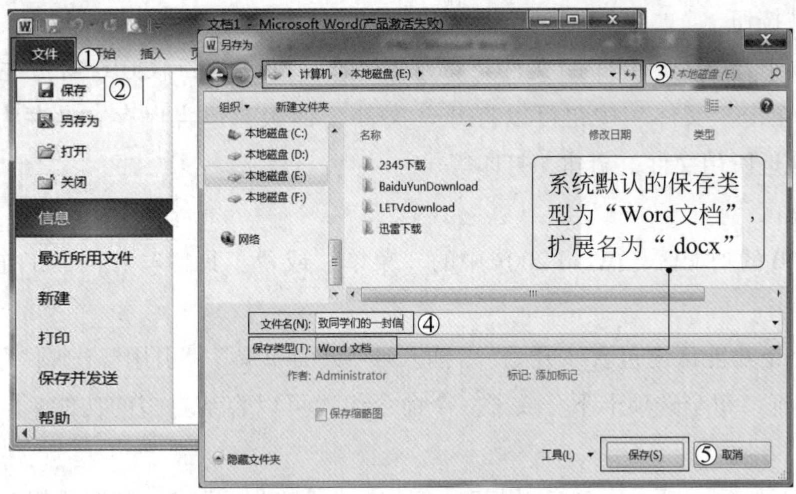

图 4-1-8　文档的保存

（2）单击【开始】/【所有程序】/【Microsoft Office】/【Microsoft Word 2010】程序图标。

2. Word 2010 的工作界面

Word 2010 的工作界面包括标题栏、快捷菜单、文件选项卡、功能区、编辑区、状态栏等，如图 4-1-9 所示。快捷菜单位于标题栏的左侧，常用命令位于此处，方便了用户的操作。

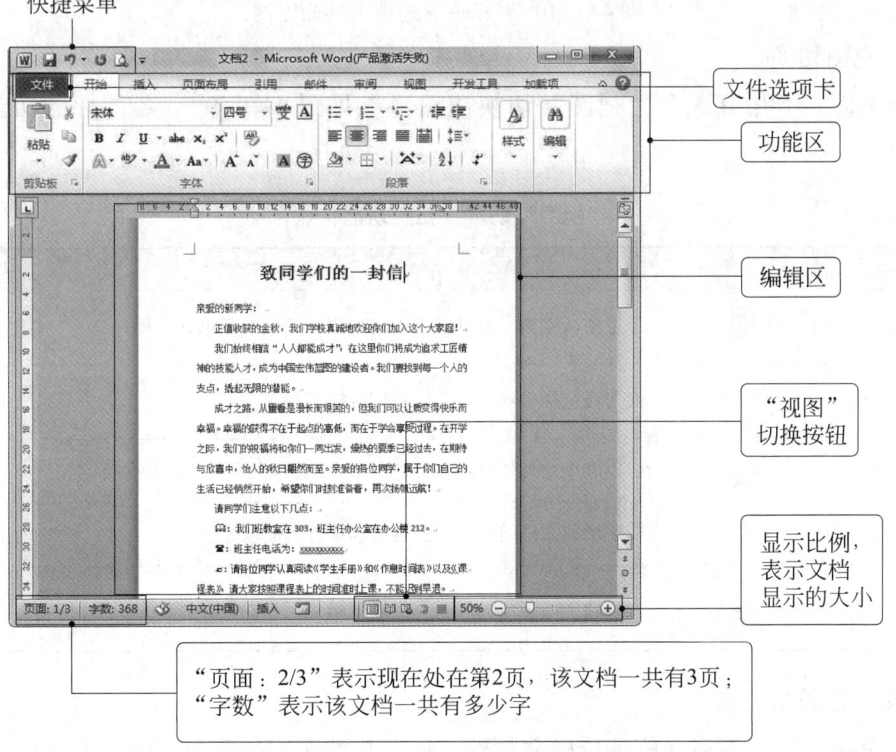

图 4-1-9　Word 2010 工作窗口

（1）文件按钮

文件选项卡与 Word 2003 的文件菜单基本相似，位于 Word 2010 窗口左上角（参见图 4-1-8）。单击“文件”按钮可以打开“文件”面板，包含保存、另存为、打开、关闭、信息、最近所用文件、新建、打印等。

（2）功能区

Word 2010 的功能区与 Word 2003 中的“菜单”或“工具栏”相同，工作时用到的命令位于此处。

默认状态下功能区中包含“开始”“插入”“页面布局”“引用”“邮件”“审阅”和“视图”选项卡，每个选项卡下分成了多个命令组，可以容纳更多的功能，同时也使得操作更加直观、方便。

例如，“开始”选项卡由“剪贴板”“字体”“段落”“样式”和“编辑”五个功能组组成，有些组的右下角的小图标 称为“功能扩展”按钮，如图 4-1-10 所示。

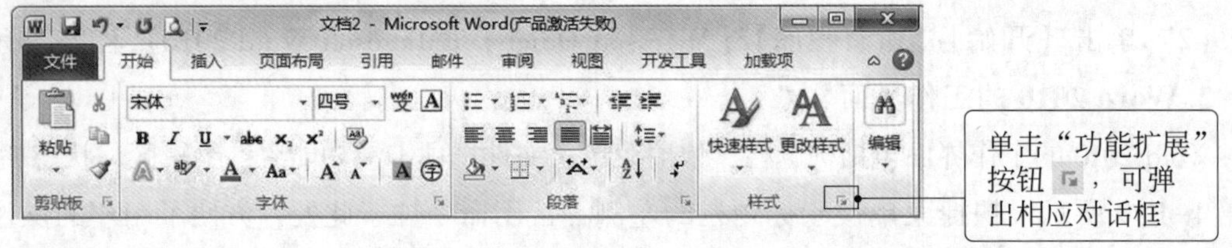

图 4-1-10　“开始”选项卡的命令组

（3）视图切换

工作页面右下角有 5 个“视图”切换按钮（参见图 4-1-9）。各图标的功能特点见表 4-1-1。

表 4-1-1　　“视图”切换按钮的功能特点

名称	图标	特点
页面视图		是默认视图，也是最常用的视图，能做到所见即所得
阅读版式视图		文档全屏显示，单击左右侧按钮可翻页
Web 版式视图		以网页的形式显示 Word 文档，按窗口大小进行自动换行
大纲视图		树形的文档结构图，能折叠和展开各层级文档
草稿		文档中的图片、样式等都将被隐藏，只能看文字信息

3. 文本的选定方法

除了单击鼠标左键拖动鼠标选取文本外，还有几种实用的简单方法。

（1）选择一行文本：光标移至文本左侧，当光标变为小箭头形状时单击。

（2）选择连续多行文本：光标移至文本左侧，当光标变为小箭头形状时，向上或向下拖动鼠标。

（3）选择不连续文本：先选择一部分文本，然后按住“Ctrl”键，再选择另外的文本区域即可。

（4）选择一个段落：光标移至该段落左侧空白位置处，当光标变为小箭头形状时双击鼠标，或在该段落任意位置处三击鼠标。

（5）选择整篇文档：将光标移至文档左侧，当光标变为小箭头形状时三击鼠标，或按 Ctrl+A 组合键选择整篇文档内容。

4. 选择性粘贴

操作演示

Word 2010 与以前的版本相比，粘贴功能更加全面，其强大的粘贴功能可利用“选择性粘贴”命令来实现。命令使用方法如下：

（1）复制对象后，在图标位置单击【剪贴板】命令组中的“粘贴”按钮，在【粘贴选项】命令组中进行选择，如图 4-1-11 所示。

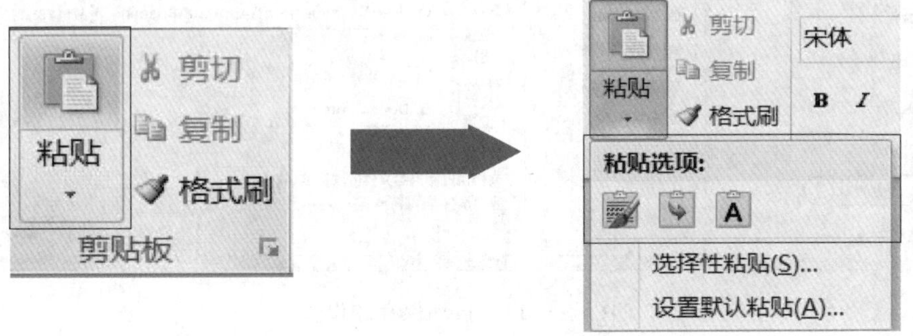

图 4-1-11　【剪贴板】命令组

（2）复制对象后，在图标位置单击鼠标右键，从快捷菜单中选择【粘贴选项】命令组中的选项。

【粘贴选项】命令组有 3 个选项，各选项的功能特点见表 4-1-2。同学们可以复制欢迎信最终效果中“我们班教室在 303”这句话，在新建文档中尝试 3 个选项的异同。

表 4-1-2　【粘贴选项】命令组的功能特点

名称	图标	特点
保留源格式		被粘贴内容保留原始内容的格式
合并格式		被粘贴内容保留原始内容的格式，并且合并目标位置的格式
只保留文本	A	被粘贴内容清除原始内容和目标位置的所有格式，仅仅保留文本

5. 自动保存

Word 的自动保存功能可以在断电或死机等特殊情况下最大限度地减少损失，Word 可以在设定的时间间隔内对文档进行自动保存。

①单击“文件”选项卡。②选择“选项”命令，弹出“Word 选项”对话框。③在“Word 选项”对话框中，选择“保存”命令。④在“保存自动恢复信息时间间隔”后的时间框内设置自动保存时间。⑤单击“确定”按钮完成自动保存的设置。操作步骤如图 4-1-12 所示。

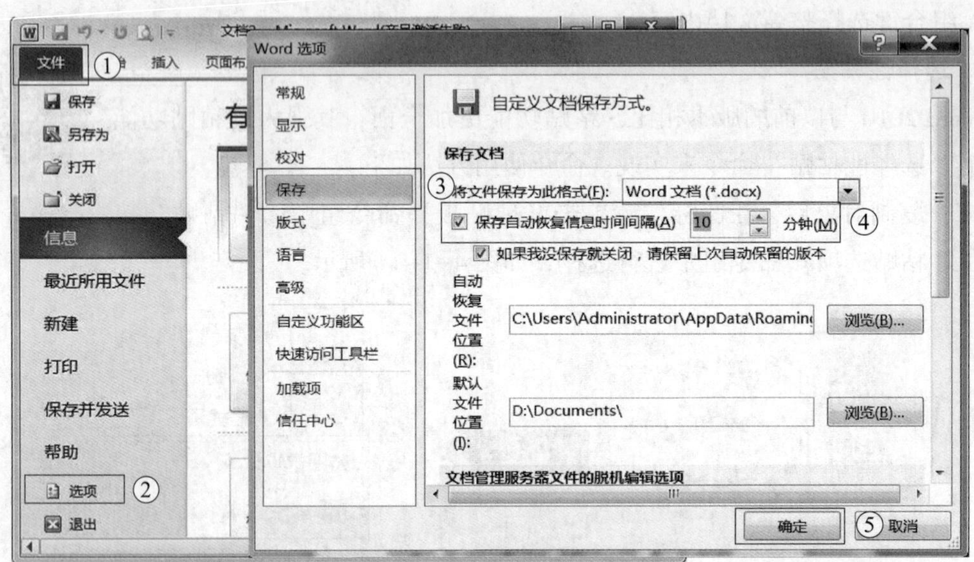

图 4-1-12　自动保存的设置

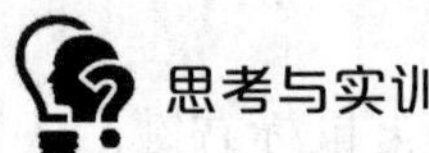

思考与实训

一、基础实训

打开文件：资料库/项目四/任务 1/基础实训/课程表 . docx。

1. 将文件“课程表 . docx”另存在 E 盘中，文件名改为“三班课程表 . docx”。
2. 在表格标题文字“课程表”后插入符号□。
3. 按表 4-1-3 的要求改变各科目名称的颜色。

表 4-1-3　　科目颜色调整

科目	颜色	科目	颜色
数学	红色	体育	蓝色
语文	橘色	美术	粉色
英语	绿色	辅导	紫色

4. 将文档中所有的“信息技术”替换为“计算机”，格式为“蓝色、楷体、加粗”。

5. 将文档中所有的数字变为黄色。

设置完成后结果如图 4-1-13 所示。

课 程 表

时间	星期一	星期二	星期三	星期四	星期五
8：30~9：10	语　文	英　语	数　学	计算机	英　语
9：20~10：00	语　文	英　语	数　学	数　学	数　学
10：20~11：00	计算机	体　育	语　文	语　文	数　学
11：10~11：50	计算机	语　文	语　文	美术	体　育
14：00~14：40	数　学	美术	英　语	美术	计算机
14：50~15：30	数　学	计算机	美术	英　语	语　文
15：40~16：20	辅　导	辅　导	辅　导	辅　导	辅　导

图 4-1-13　“课程表”最终效果

二、进阶实训

1. 打开文件：资料库/项目四/任务 1/进阶实训/员工福利 . docx。

2. 人力部王主任看到你撰写的员工福利文件提了以下几点更改要求，请你运用本任务所学知识更改文件：

(1) 中英文混用不符合发文要求，请将英文更改为中文，姓名除外。

(2) 本篇福利内容是针对正式员工的，实习生、试用期员工、兼职员工另有安排。

(3) 公司外籍员工较多，请将其姓名颜色改为蓝色，一目了然。

(4) 请将全文中所有符号“√”加粗并改为红色。

(5) 请将文中所有数字变为绿色，加粗，并将字体改为黑体。

设置完成后结果如图 4-1-14 所示。

正式员工福利

第一条　节日生日福利

①传统节日，公司根据经营状况决定发放礼品或节日慰问金。

②正式员工每年生日享受一次生日福利，生日福利由公司根据情况决定给予方式。

第二条　娱乐活动

①公司每年组织正式员工开展两次集体娱乐活动。

②集体娱乐活动原则上不得占用工作时间，由办公室统筹安排。

③不参加集体娱乐活动者视为自动放弃该福利。

第三条　正式员工名单享受福利待遇情况

序号	姓名	生日	节日福利	生日福利	娱乐活动
1	张力	1968/6/12	√		√
2	Young-bum Park	1986/2/12	√	√	
3	孙德位	1978/10/10			√
4	赵芳	1992/3/15		√	√
5	Chris Leggett	1981/5/8	√		√
……	……	……	……	……	……

图 4-1-14　“员工福利”最终效果

任务 2　文档的格式化

一、任务要点

1. 字符格式化。
2. 段落格式化。
3. 基本版式设计与排版。
4. 修订功能的使用。

二、任务描述

班主任要对全班同学进行一次安全教育，需要语文课代表田川写一篇讲稿。田川编写好文字内容后，利用 Word 2010 的字符格式化、段落格式化以及版式设计与排版等功能对讲稿进行了编辑，使讲稿看起来更加清晰、美观。最终效果如图 4-2-1 所示。

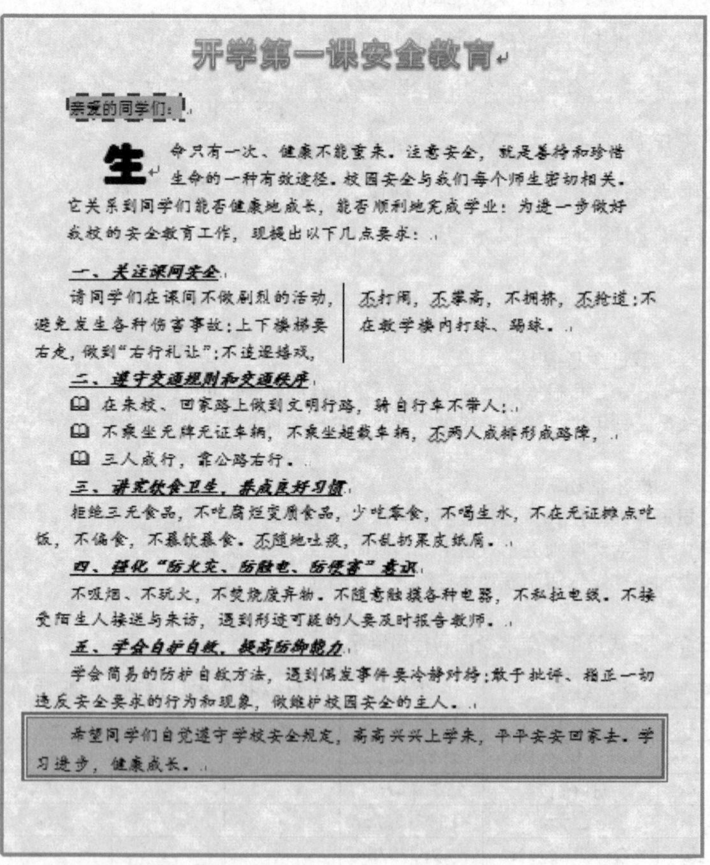

开学第一课安全教育

亲爱的同学们：

生命只有一次、健康不能重来。注意安全，就是善待和珍惜生命的一种有效途径。校园安全与我们每个师生密切相关。它关系到同学们能否健康地成长，能否顺利地完成学业：为进一步做好我校的安全教育工作，现提出以下几点要求：

一、关注课间安全

请同学们在课间不做剧烈的活动，避免发生各种伤害事故；上下楼梯要右走，做到“右行礼让”；不追逐嬉戏，不打闹，不攀高，不拥挤，不抢道；不在教学楼内打球、踢球。

二、遵守交通规则和交通秩序

在来校、回家路上做到文明行路，骑自行车不带人；

不乘坐无牌无证车辆，不乘坐超载车辆，不两人成排形成路障，

三人成行，靠公路右行。

三、讲究饮食卫生，养成良好习惯

拒绝三无食品，不吃腐烂变质食品，少吃零食，不喝生水，不在无证摊点吃饭，不偏食，不暴饮暴食。不随地吐痰，不乱扔果皮纸屑。

四、强化“防火灾、防触电、防侵害”意识

不吸烟、不玩火，不焚烧废弃物。不随意触摸各种电器，不私拉电线。不接受陌生人接送与来访，遇到形迹可疑的人要及时报告教师。

五、学会自护自救，提高防御能力

学会简易的防护自救方法，遇到偶发事件要冷静对待；敢于批评、指正一切违反安全要求的行为和现象，做维护校园安全的主人。

希望同学们自觉遵守学校安全规定，高高兴兴上学来，平平安安回家去。学习进步，健康成长。

图 4-2-1　讲稿最终效果

三、操作思路

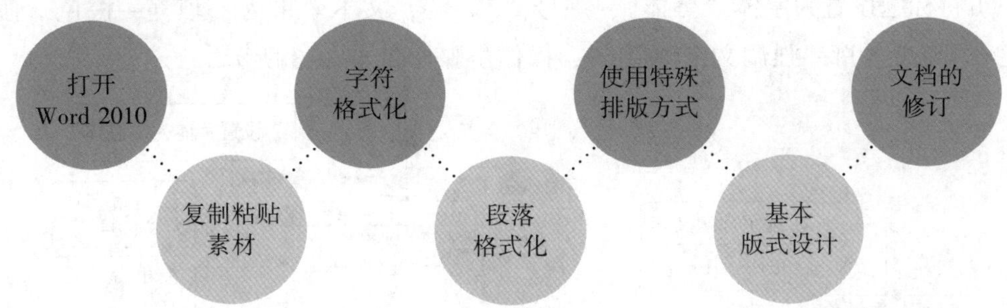

四、操作步骤

1. 打开 Word 2010

双击桌面“Word 2010”快捷图标，即可打开并新建一个 Word 2010 文档。

2. 复制粘贴素材

打开文件：资料库/项目四/任务 2/课堂案例/课堂案例 .docx，将该文档内容复制到新建 Word 文档中。

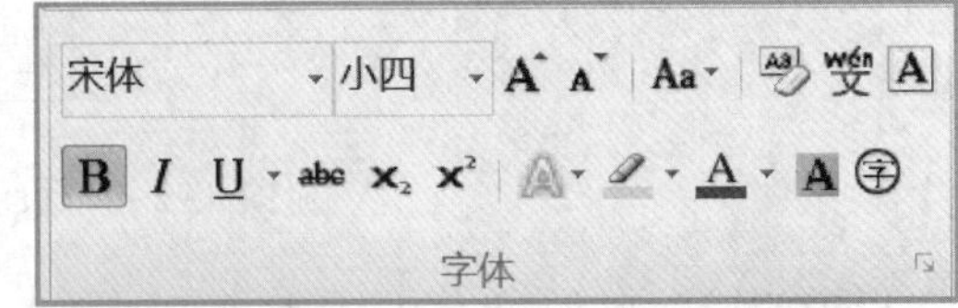

图 4-2-2 【开始】/【字体】命令组

3. 字符格式化

在 Word 2010 中，通过【开始】/【字体】进行字符格式设置，【字体】命令组如图 4-2-2 所示。

操作演示

常用选项及功能介绍见表 4-2-1。

表 4-2-1　　【字体】命令组常用按钮及功能

名称	图标	作用
“字体”下拉列表框	宋体	可选择一款字体作为选择文本的字体
“字号”下拉列表框	小四	单击右侧的 按钮，在弹出的下拉列表中选择需要的字号
加粗	**B**	可将所选文字设置为加粗
倾斜	*I*	可将所选文字设置为倾斜
下划线	U	单击该按钮将为文字添加下划线
字体颜色	A	为文本设置颜色
文本效果	A	对所选文本应用外观效果（如阴影、发光或映像）
上标	x^2	可将选择的文字设置为上标
下标	x_2	可将选择的文字设置为下标
增大字体	A	可将所选文字的字号增大
缩小字体	A	可将所选文字的字号减小

（1）设置讲稿标题文本字符格式

田川将标题设置为字体“黑体”、字号“二号”，文本效果为“填充—橙色，强调文字颜色 6，渐变轮廓—强调文字颜色 6”，操作步骤如图 4-2-3 所示。

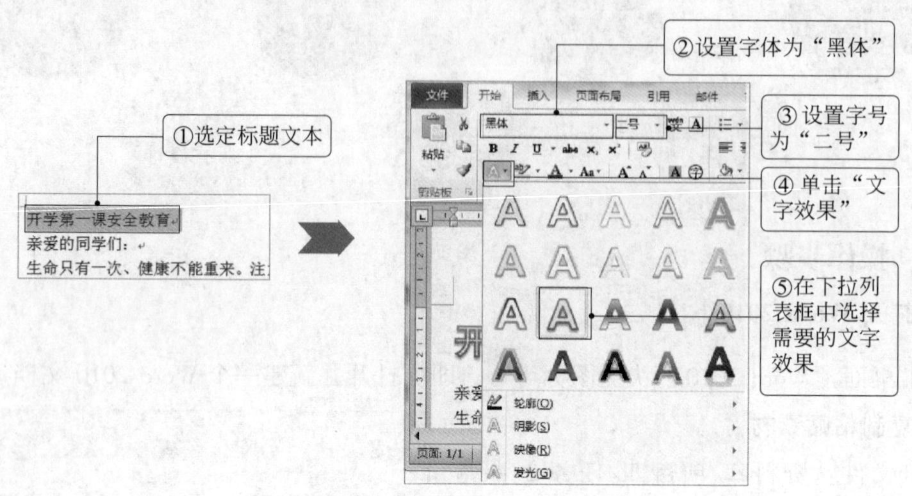

图 4-2-3　设置标题字符格式

设置前后效果如图 4-2-4 所示。

图 4-2-4　标题字符格式设置前后效果

（2）设置正文文本字符格式

用同样的方法设置所有正文字体为“楷体”，字号为“小四号”。

（3）设置正文标题文本字符格式

将正文的第一至第五点标题文本设置为加粗、倾斜并添加下划线，操作步骤如图 4-2-5所示。

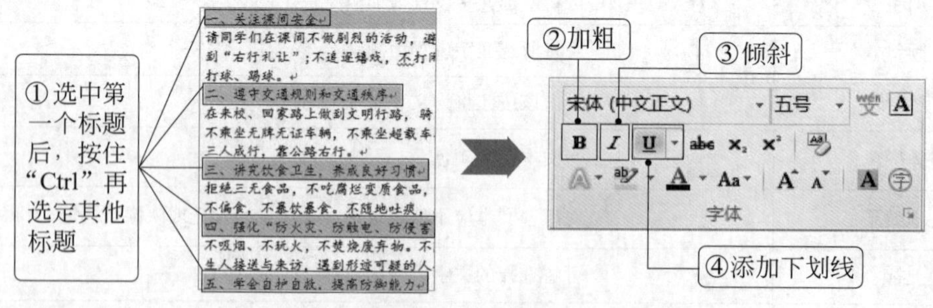

图 4-2-5　设置加粗、倾斜及添加下划线

设置前后对比效果如图 4-2-6 所示。

（4）添加着重号

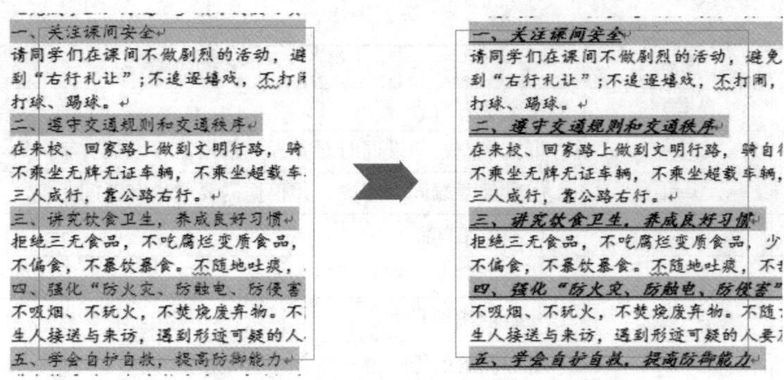

图 4-2-6　设置前后效果对比图

为正文第一段添加着重号，选中第一段后，操作步骤如图 4-2-7 所示。

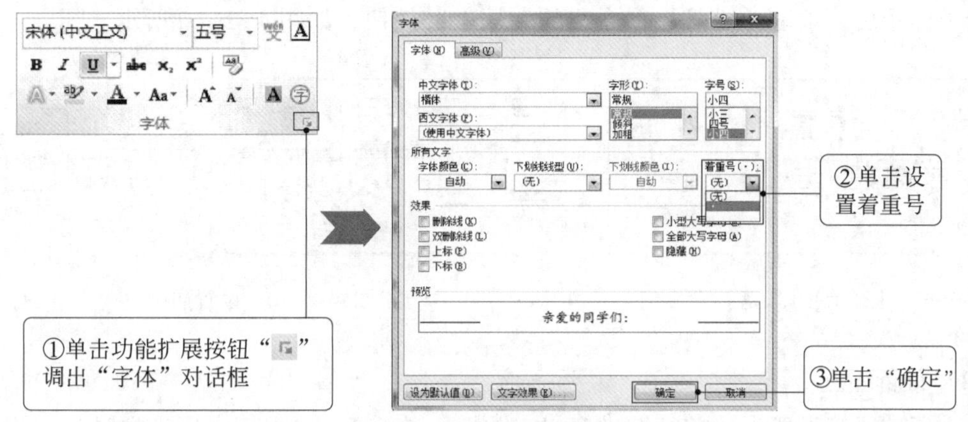

图 4-2-7　设置着重号

设置前后效果对比如图 4-2-8 所示。

亲爱的同学们：　➡　亲爱的同学们：

图 4-2-8　设置着重号前后效果对比图

4. 段落格式化

操作演示

文档的段落格式化通过【开始】/【段落】来设置。选中要设置格式的段落，单击【段落】命令组中的按钮即可设置，【段落】命令组如图 4-2-9 所示。

常用选项及功能介绍见表 4-2-2。

表 4-2-2　【段落】命令组常用按钮及功能

名称	图标	作用
左对齐	≡	将文字左对齐
居中对齐	≡	将文字居中对齐

续表

名称	图标	作用
右对齐		将文字右对齐
两端对齐		将文字左右两端同时对齐，并根据需要增加文字间距
分散对齐		使段落两端同时对齐，并根据需要增加字符间距
行距		行和段落间距
项目符号		开始创建项目符号列表
编号		开始创建编号列表
增加缩进量		增加段落的缩进量
减少缩进量		减少段落的缩进量

（1）标题居中

选中标题后，单击【段落】命令组的“居中”按钮，如图 4-2-10 所示。

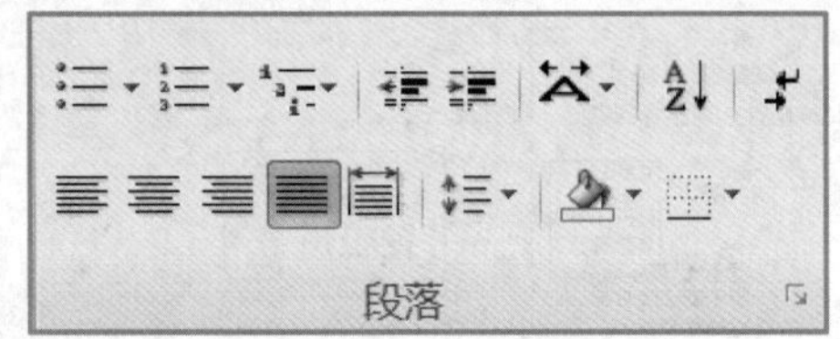

图 4-2-9 【开始】/【段落】命令组

单击“居中”

图 4-2-10 设置居中

（2）首行缩进

正文所有段落设置为“首行缩进”，缩进值为 2 字符。选中正文所有段落后，操作步骤如图 4-2-11 所示。

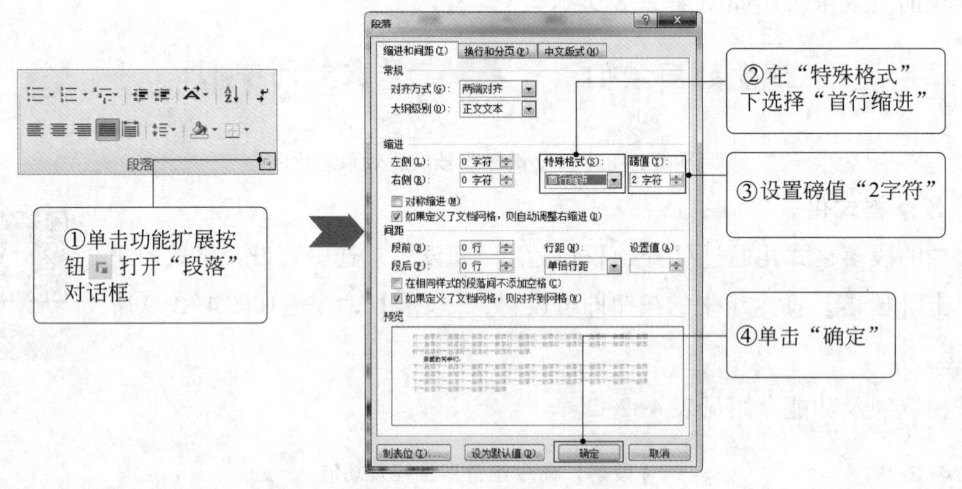

图 4-2-11 设置首行缩进

设置首行缩进前后效果对比如图 4-2-12 所示。

（3）设置行距

开学第一课安全教育

亲爱的同学们：

生命只有一次，健康不能重来。注意安全，就是善待和珍惜生命的一种有效途径。校园安全与我们每个师生密切相关。它关系到同学们能否健康地成长，能否顺利地完成学业；为进一步做好我校的安全教育工作，现提出以下几点要求：

一、关注课间安全

请同学们在课间不做剧烈的活动，避免发生各种伤害事故；上下楼梯要右走，做到“右行礼让”；不追逐嬉戏，不打闹，不攀高，不拥挤，不抢道；不在教学楼内打球、踢球。

二、遵守交通规则和交通秩序

在来校、回家路上做到文明行路，骑自行车不带人；

不乘坐无牌无证车辆，不乘坐超载车辆，不两人或排形成路障，

三人成行，靠公路右行。

三、讲究饮食卫生，养成良好习惯

拒绝三无食品，不吃腐烂变质食品，少吃零食，不喝生水，不在无证摊点吃饭，不偏食，不暴饮暴食。不随地吐痰，不乱扔果皮纸屑。

四、强化“防火灾、防触电、防侵害”意识

不吸烟、不玩火，不焚烧废弃物。不随意触摸各种电器，不私拉电线。不接受陌生人接送与来访，遇到形迹可疑的人要及时报告教师。

五、学会自护自救，提高防御能力

学会简易的防护自救方法，遇到偶发事件要冷静对待；敢于批评、指正一切违反安全要求的行为和现象，做维护校园安全的主人。

希望同学们自觉遵守学校安全规定，高高兴兴上学来，平平安安回家去。学习进步，健康成长。

设置前

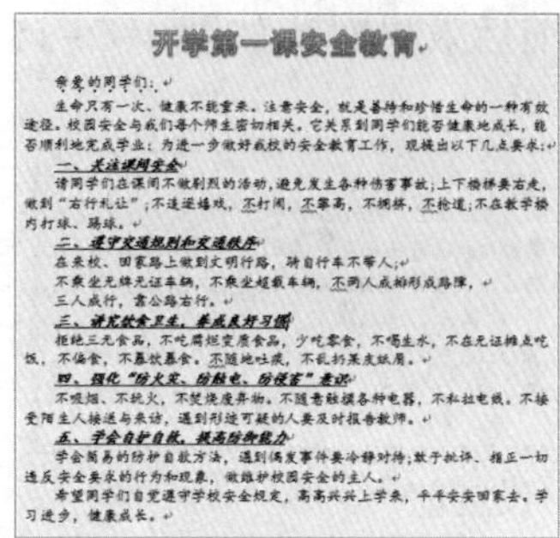

开学第一课安全教育

亲爱的同学们：

生命只有一次，健康不能重来。注意安全，就是善待和珍惜生命的一种有效途径。校园安全与我们每个师生密切相关。它关系到同学们能否健康地成长，能否顺利地完成学业；为进一步做好我校的安全教育工作，现提出以下几点要求：

一、关注课间安全

请同学们在课间不做剧烈的活动，避免发生各种伤害事故；上下楼梯要右走，做到“右行礼让”；不追逐嬉戏，不打闹，不攀高，不拥挤，不抢道；不在教学楼内打球、踢球。

二、遵守交通规则和交通秩序

在来校、回家路上做到文明行路，骑自行车不带人；

不乘坐无牌无证车辆，不乘坐超载车辆，不两人或排形成路障，

三人成行，靠公路右行。

三、讲究饮食卫生，养成良好习惯

拒绝三无食品，不吃腐烂变质食品，少吃零食，不喝生水，不在无证摊点吃饭，不偏食，不暴饮暴食。不随地吐痰，不乱扔果皮纸屑。

四、强化“防火灾、防触电、防侵害”意识

不吸烟、不玩火，不焚烧废弃物。不随意触摸各种电器，不私拉电线。不接受陌生人接送与来访，遇到形迹可疑的人要及时报告教师。

五、学会自护自救，提高防御能力

学会简易的防护自救方法，遇到偶发事件要冷静对待；敢于批评、指正一切违反安全要求的行为和现象，做维护校园安全的主人。

希望同学们自觉遵守学校安全规定，高高兴兴上学来，平平安安回家去。学习进步，健康成长。

设置后

图 4-2-12　首行缩进设置前后效果

正文所有段落行间距设置为固定值 18 磅。选中所有正文后，操作步骤如图 4-2-13 所示。

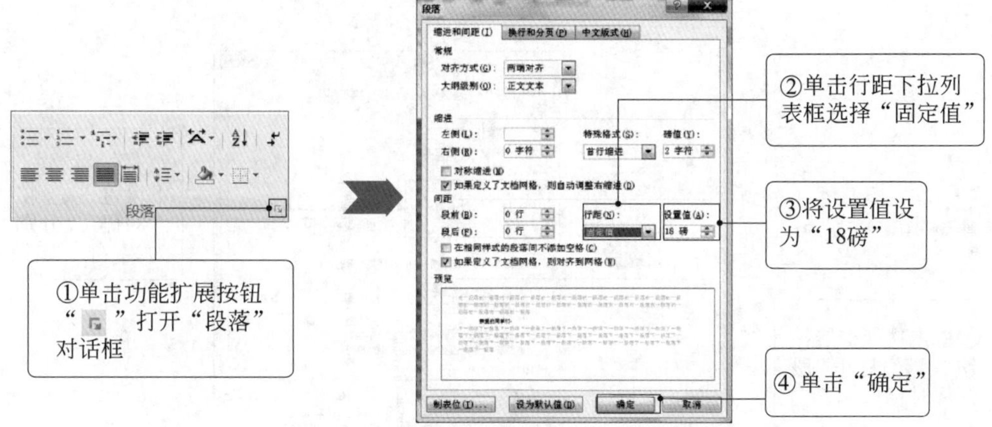

图 4-2-13　设置行距

（4）设置段后距

将正文第二段段后距设置为“0.5 行”。选中正文第二段后，操作步骤如图 4-2-14 所示。

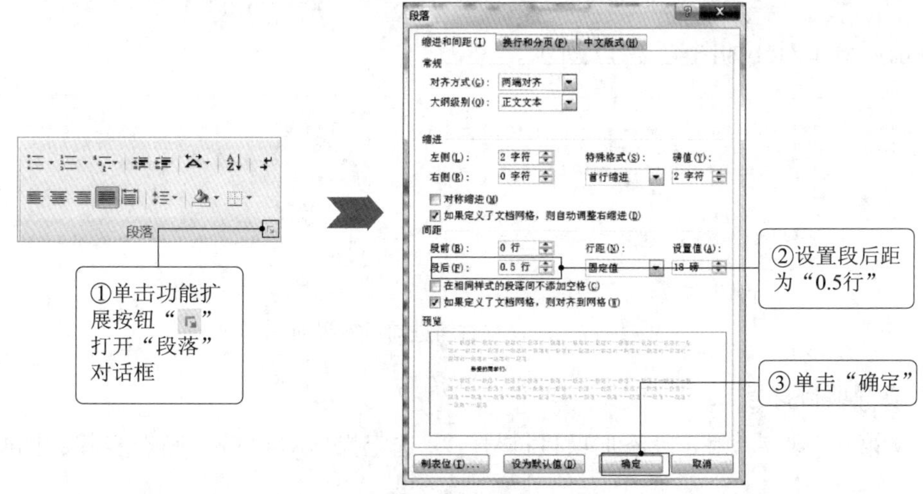

图 4-2-14　设置段后距

设置段后距前后效果对比如图 4-2-15 所示。

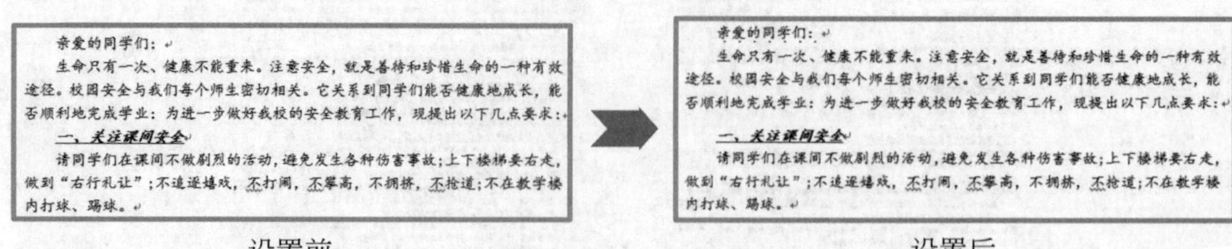

图 4-2-15　设置段后距前后效果对比

（5）设置段落左右缩进

将正文第二段左右各缩进 2 字符。选定正文第二段后，操作步骤如图 4-2-16 所示。

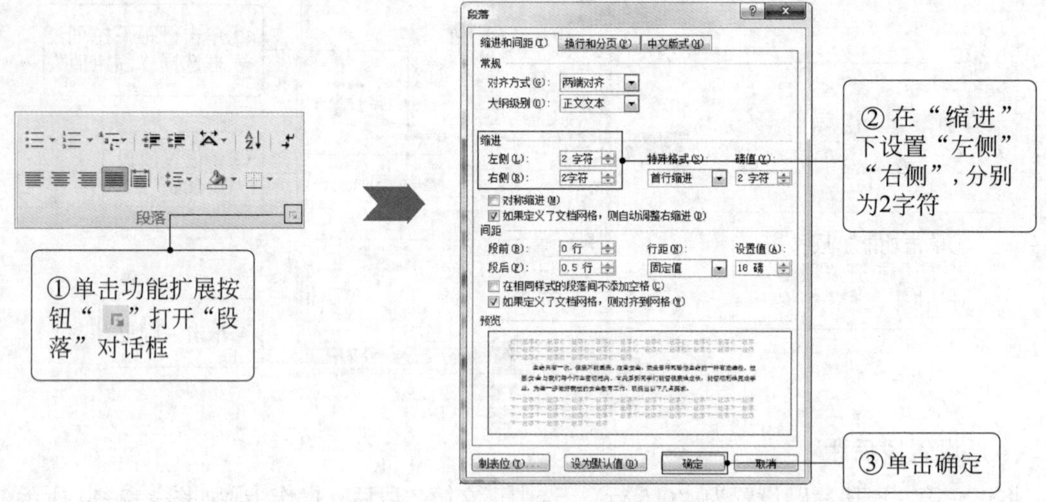

图 4-2-16　设置段落的左右缩进

设置前后效果对比如图 4-2-17 所示。

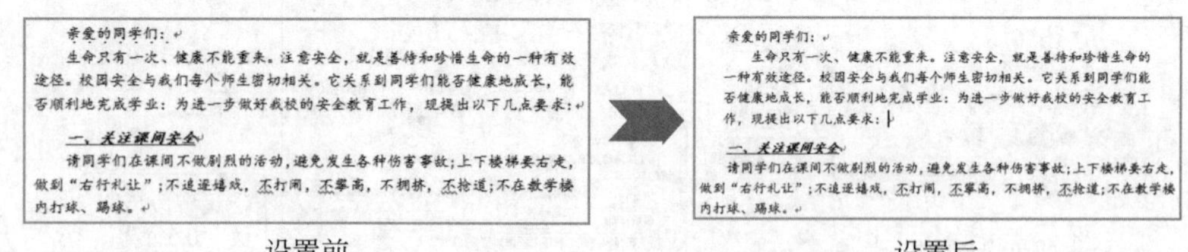

图 4-2-17　设置左右缩进前后效果对比

（6）设置项目符号

为正文第 6、第 7、第 8 段添加项目符号🕮，选定操作对象后，操作步骤如图4-2-18所示。

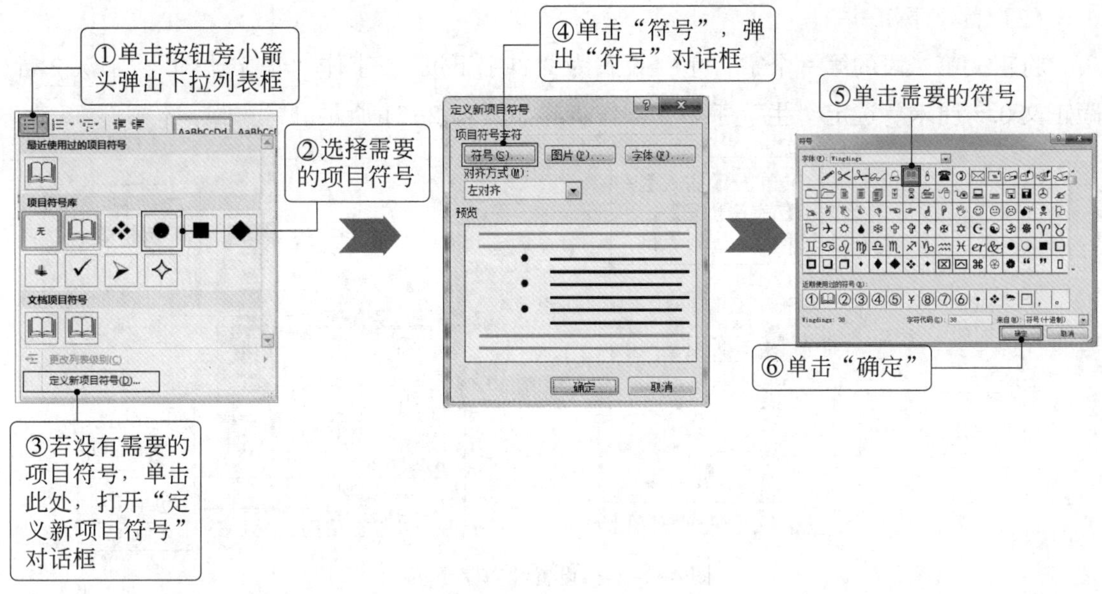

图 4-2-18　设置项目符号

5. 使用特殊排版方式

Word 2010 提供了特殊排版方式，如分栏、首字下沉、边框和底纹等。

（1）分栏

将正文第四段分为两栏，加分隔线。选中正文第四段后，操作步骤如图 4-2-19 所示。

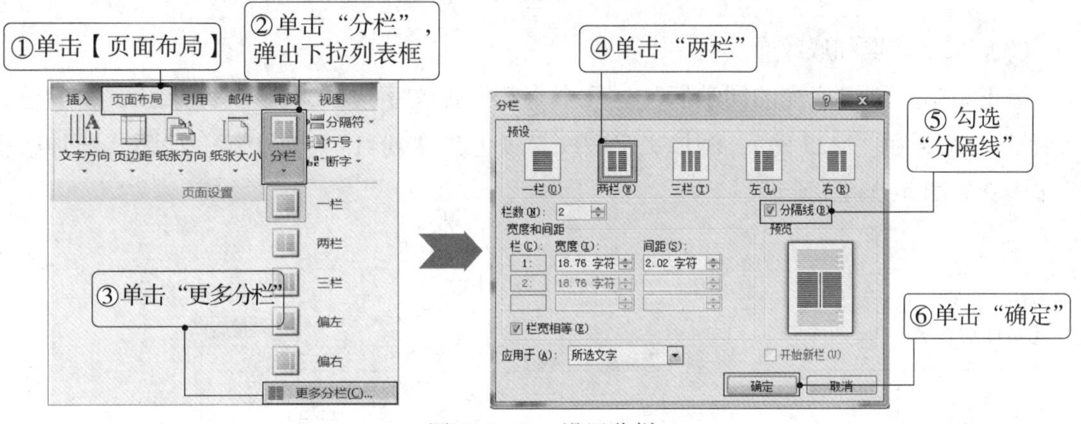

图 4-2-19　设置分栏

设置前后效果对比如图 4-2-20 所示。

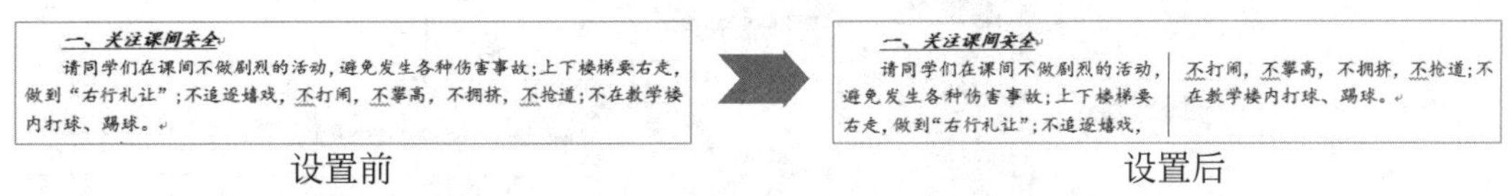

图 4-2-20　设置分栏前后效果对比

（2）首字下沉

将正文第二段的第一个字“生”设置为“首字下沉”，字体“华文琥珀”，下沉 2 行，距正文 0.5 厘米。选定“生”字后，操作步骤如图 4-2-21 所示。

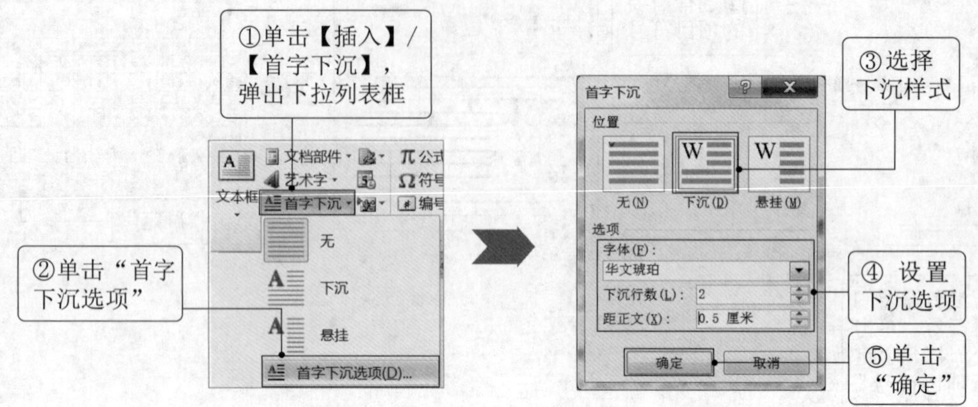

图 4-2-21　设置“首字下沉”

设置首字下沉前后效果对比如图 4-2-22 所示。

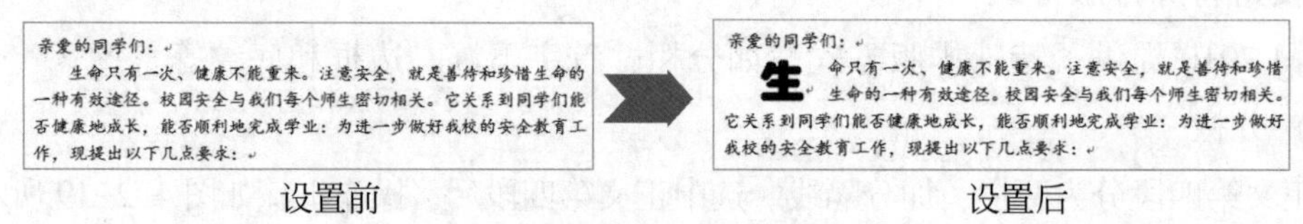

图 4-2-22　设置首字下沉前后效果对比

（3）文字边框和底纹

给正文第一段“亲爱的同学们”这几个字符添加文字边框，线型为“虚线”，颜色为“红色”，宽度为“2.25 磅”；添加文字底纹，颜色为“粉红”。选中第一段后，添加边框操作步骤如图 4-2-23 所示。

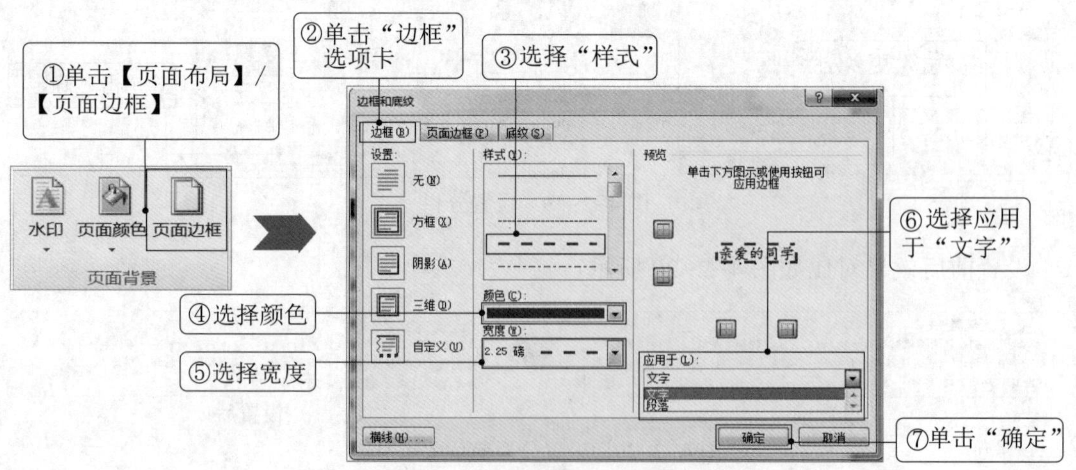

图 4-2-23　添加文字边框

添加底纹操作步骤如图 4-2-24 所示。

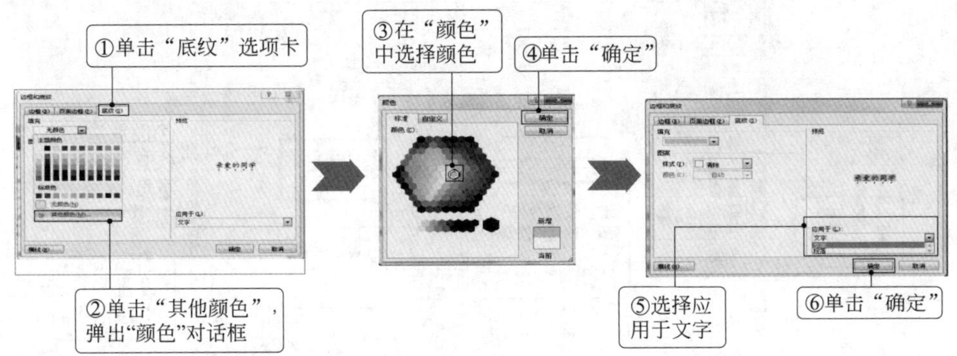

图 4-2-24　添加文字底纹

为文字添加边框和底纹前后效果对比如图 4-2-25 所示。

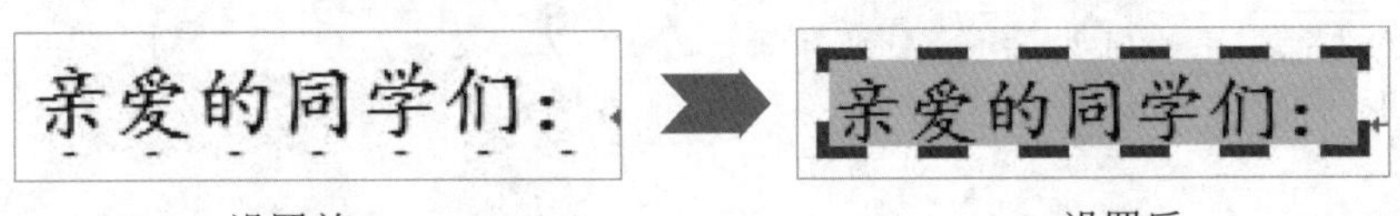

设置前　　设置后

图 4-2-25　设置文字边框和底纹前后效果

（4）段落边框和底纹

给正文最后一段添加段落边框，边框样式为“三维”，线型为“▬▬▬”，颜色为“橙色”。

选中最后一段，单击【页面布局】/【页面边框】，调出“边框和底纹”对话框后，操作步骤如图 4-2-26 所示。

操作演示

设置后效果如图 4-2-27 所示。

6. 基本版式设计

（1）页面设置

设置纸张大小为“A4”，页面方向为“纵向”，页边距为“适中”，操作步骤如图 4-2-28所示。

（2）页面背景

给文档添加背景颜色为“纹理”“羊皮纸”，操作步骤如图 4-2-29 所示。

操作演示

设置页面背景后效果如图 4-2-30 所示。

7. 文档的修订

Word 中的修订是显示文档中所做的删除、插入位置标记。审阅修订是以统一的标准记录和显示所有用户对文档的修改，方便编写者、审阅者之间沟通交流。单击【审阅】/【修订】中的“修订”按钮，“修订”按钮变亮，表示修订模式已经启动，如图 4-2-31所示。

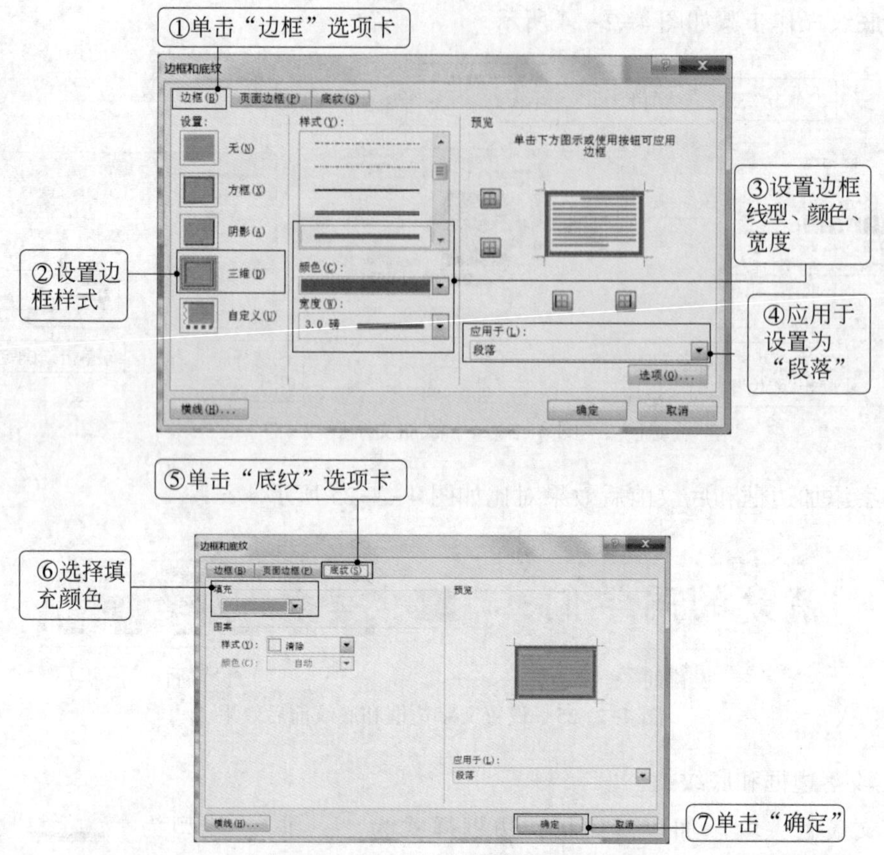

图 4-2-26　设置段落边框和底纹

希望同学们自觉遵守学校安全规定，高高兴兴上学来，平平安安回家去。学习进步，健康成长。

图 4-2-27　设置段落边框和底纹后效果

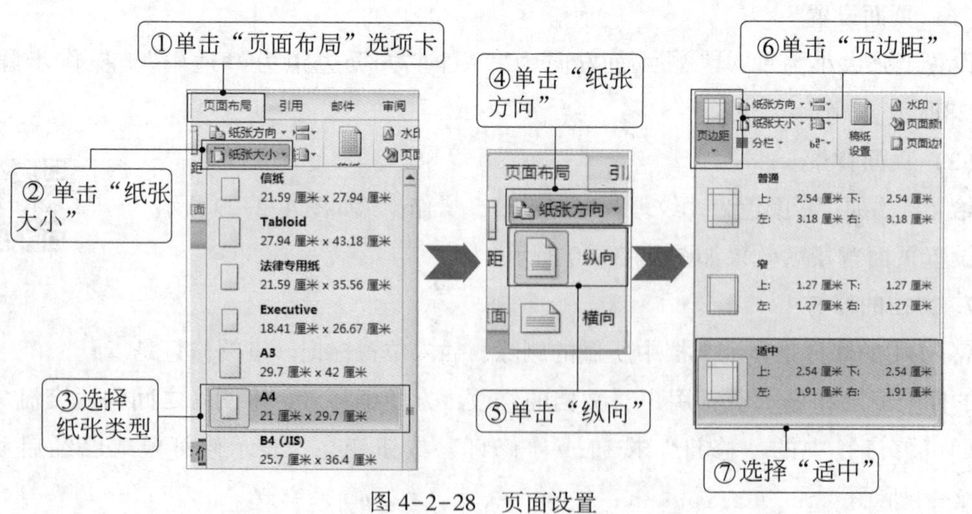

图 4-2-28　页面设置

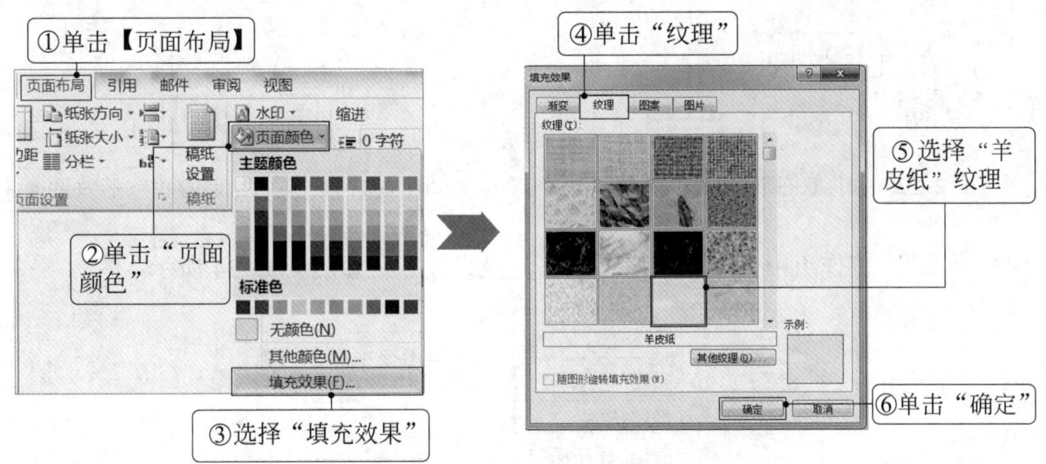

图 4-2-29　设置页面背景

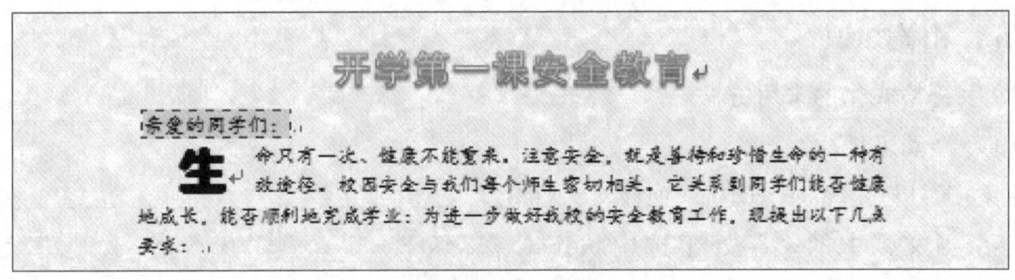

图 4-2-30　设置页面背景后效果

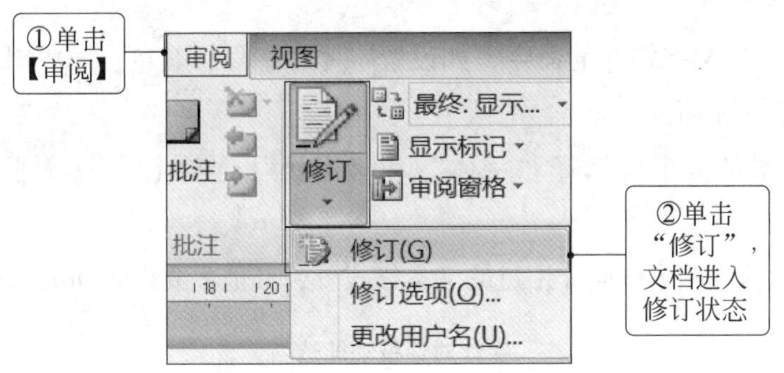

图 4-2-31　进入修订状态设置

在修订状态下，选中“电脑”二字，按 Delete 键即可为文字添加删除线，文字以其他颜色突出显示。效果如图 4-2-32 所示。

在删除“电脑”后输入“计算机”，“计算机”下会自动添加下划线，效果如图 4-2-33所示。

图 4-2-32　修订状态下删除“电脑”

电脑计算机

图 4-2-33　输入“计算机”后效果

在“修订”工作组中，可切换修订状态与最终状态，如图 4-2-34 所示。

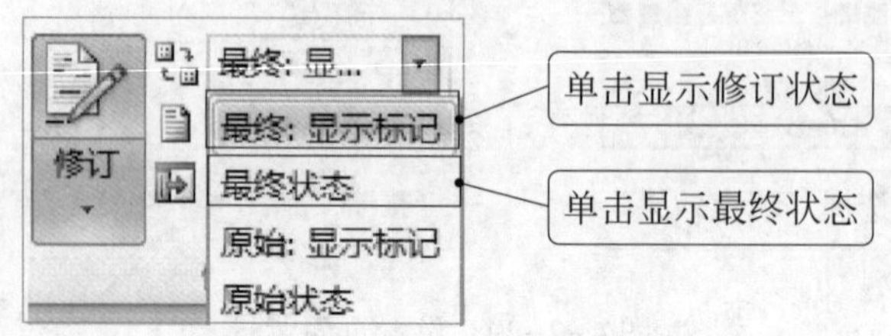

图 4-2-34　切换修订与最终状态

五、相关知识

1. 字符格式化的常用方法

（1）浮动工具栏

浮动工具栏是 Word 2010 一项极具人性化的功能，当文档中的文字处于选中状态时，会出现一个半透明状态的浮动工具栏，将鼠标指针移到被选中文字的上方时，该工具栏即可清晰显示，如图 4-2-35 所示。该工具栏中包含了常用的设置文字格式的命令，如设置字体、字号、颜色、居中对齐等命令。

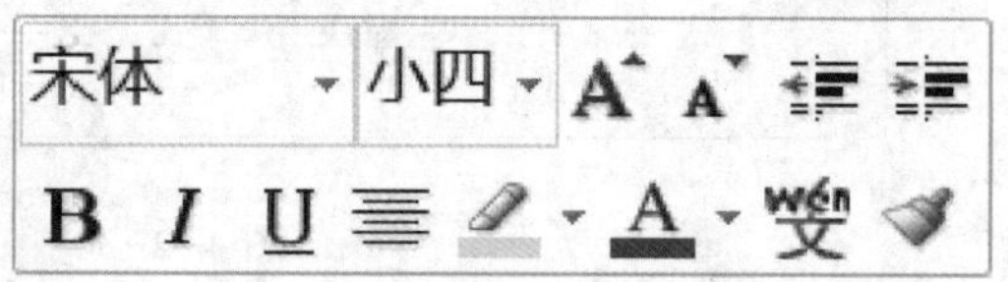

图 4-2-35　浮动工具栏

（2）“字体”对话框

在“字体”对话框中可选择“字体”和“高级”选项卡对字符进行格式设置，如图 4-2-36 所示。

“字体”对话框中除了前面介绍过的文本格式外，其他主要设置功能选项见表 4-2-3。

表 4-2-3　字体对话框功能选项

功能选项	效果
西文字体	将选择的文本中的字母和数字单独设置为其他字体
效果	选中“效果”栏中相应的复选框，便可为选择的文本添加删除线、上标和下标等效果
字符间距	“加宽”或“紧缩”字符之间的距离，单位为磅
字符缩放	放大或缩小字符的显示比例
字符位置	“提升”或“降低”字符的位置，单位为磅

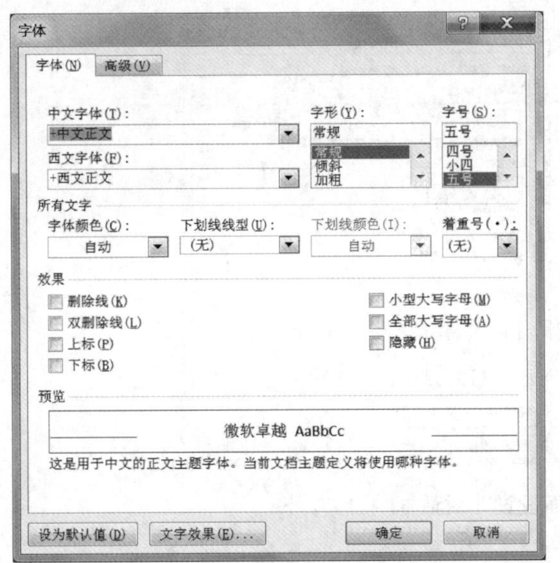

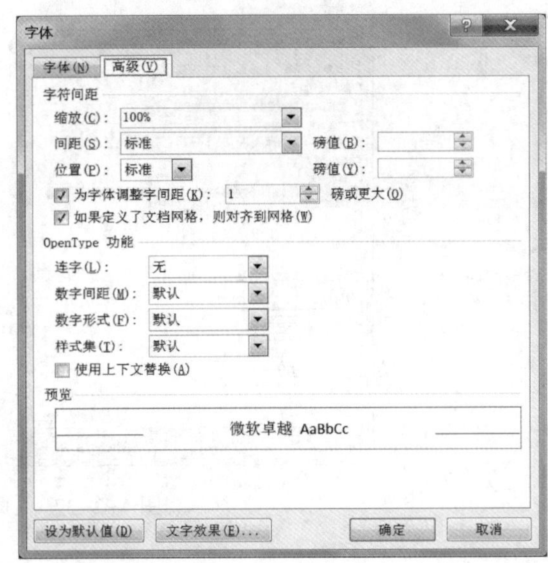

图 4-2-36　“字体”对话框的“字体”和“高级”选项卡

（3）格式刷

格式刷是将选定文本的格式复制到另一段文字上，使另一段文字拥有与选定文本相同的格式属性。

格式刷的使用方法：

①选定要复制的格式的文本。②单击或双击“格式刷”按钮，此时光标变为刷子形状。单击“格式刷”，格式刷只能应用一次；双击“格式刷”，则格式刷可以连续使用多次。③将光标移到要改变格式的文本处，按住鼠标左键选定要应用此格式的文本，即可完成格式复制。

若取消格式刷方式，可再次单击格式刷。

2. “页面设置”对话框

选择【页面布局】/【页面设置】，单击“扩展”按钮，打开“页面设置”对话框，选择“纸张”选项卡，在“纸张大小”栏中选择所需纸张大小。选择“页边距”选项卡，可对页边距和纸张方向进行设置，如图 4-2-37 所示。

3. 页眉和页脚

页眉和页脚通常显示文档的附加信息，常用来插入时间、日期、页码、单位名称、徽标等，其中页眉在页面的顶部，页脚在页面的下部。通常页脚也可以添加文档注释等内容。在【插入】/【页眉和页脚】中单击“页眉”“页脚”，即可进行页眉、页脚的插入，如图 4-2-38 所示。在插入“页眉和页脚”时 Word 2010 会出现关联工具“页眉和页脚工具”，插入页眉和页脚后单击“设计”选项卡中的“关闭页眉和页脚”按钮，即可结束页眉和页脚的编辑。

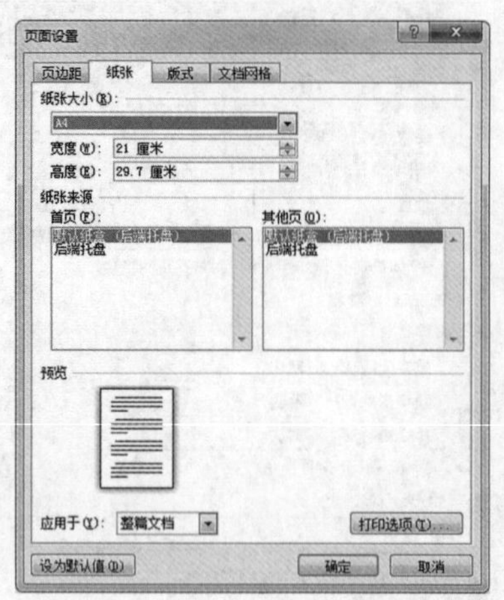

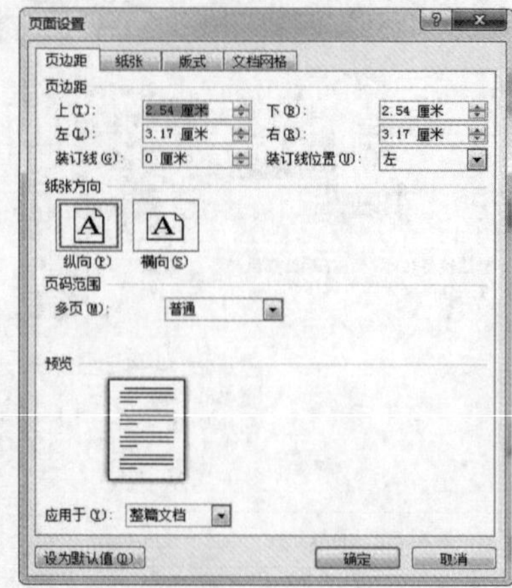

图 4-2-37 “页面设置”对话框

图 4-2-38 “页眉和页脚”功能化

思考与实训

一、基础实训

打开文件：资料库/项目四/任务 2/基础实训/请假条 . docx。

1. 添加标题“请假条”，字体设置为“黑体”、加粗，字号设置为“二号”，字符间距设置为“加宽”，磅值设置为“6 磅”，居中对齐。

2. 所有正文字体设置为“华文仿宋”，字号设置为“四号”，段落行间距设置为固定值“25 磅”。

3. 将正文第一段段前距设置为“1 行”。

4. 正文第二、第三、第四段及最后一段设置为“首行缩进”，缩进值“2 字符”。

5. 正文第五、第六、第七段设置为“左缩进”，缩进值“4 字符”，第八、第九段设置为“左缩进”，缩进值“10 厘米”。

设置完成后效果如图 4-2-39 所示。

请假条

尊敬的王老师：

您好！

您的学生田川因需回家补办学籍及资助材料，特请假一天，请假期间有效联系方式：*18900000000*。

本人保证往返途中的个人人身和财产安全，在不耽误学习课程和任何集体活动的前提下，恳请您批准，谢谢！

班长意见：

班主任意见：

学院领导签字：

本人签名：

日期：

备注："本人签名"请本人亲自用黑笔书写，此请假条一式二份，请假三天以上需由学院领导签字。

图 4-2-39　"请假条"效果图

二、进阶实训

打开资料库/项目四/任务 2/进阶实训/自我介绍 .docx。

1. 将标题设置为文本效果"填充-无，轮廓-强调文字颜色 2"。

2. 给名字"莫小贝"三个字加上着重号。

3. 给正文第二段添加段落边框和底纹：边框"阴影"样式，线型"双实线"，颜色"橙色"，宽度"1.5 磅"，底纹颜色"淡橙色"。

4. 将正文第三段第一个字"我"设置为首字下沉，字体"华文彩云"，下沉"2 行"，距正文"0.3 厘米"。

5. 给正文第四段添加"波浪型"下划线。

6. 给正文第五、第六、第七段添加项目符号"◇"。

7. 设置纸张大小为"B5"，页边距上下左右各为"3 厘米"。

8. 设置页面背景为纹理"信纸"。

设置完成后效果如图 4-2-40 所示。

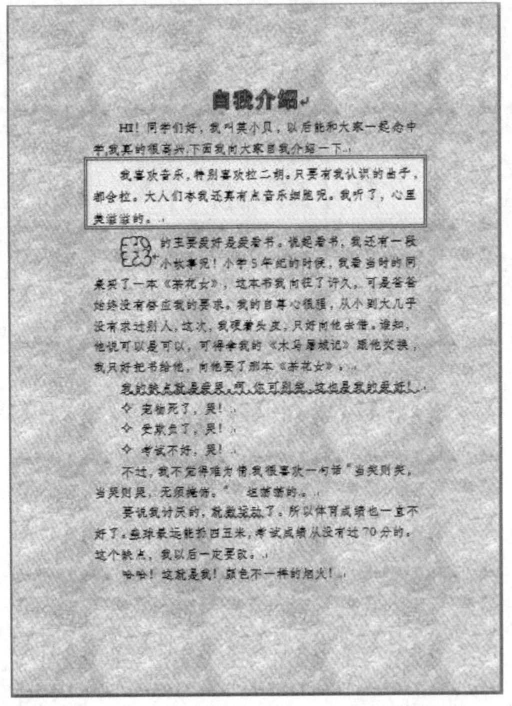

自我介绍

HI！同学们好，我叫莫小贝，以后能和大家一起念中学，我真的很高兴。下面我向大家自我介绍一下。

我喜欢音乐，特别喜欢拉二胡。只要有我认识的曲子，都会拉。大人们夸我还真有点音乐细胞呢。我听了，心里美滋滋的。

我的主要爱好是爱看书。说起看书，我还有一段小故事呢！小学 5 年级的时候，我看当时的同桌买了一本《茶花女》，这本书我向往了许久。可是爸爸始终没有答应我的要求。我的自尊心很强，从小到大几乎没有求过别人，这次，我硬着头皮，只好向他去借。谁知，他说可以是可以，可得拿我的《木马屠城记》跟他交换，我只好把书给他，向他要了那本《茶花女》。

我的缺点就是爱哭。呵，你可别笑，这也是我的爱好！

◇ 宠物死了，哭！

◇ 受欺负了，哭！

◇ 考试不好，哭！

不过，我不觉得难为情我很喜欢一句话"当笑则笑，当哭则哭，无须掩饰。" 坦荡荡的。

要说我讨厌的，就数运动了。所以体育成绩也一直不好了。垒球最远能扔四五米，考试成绩从没有过 70 分的。这个缺点，我以后一定要改。

哈哈！这就是我！颜色不一样的烟火！

图 4-2-40　"自我介绍"设置后效果图

任务 3　表格的创建与编辑

一、任务要点

1. 绘制表格、创建表格和定制表格。
2. 表格的编辑操作。
3. 表格的格式化。
4. 表格中数据的计算。

二、任务描述

为了让每位同学都参与到计算机房的清洁工作中，劳动委员制作了一张“计算机房清洁安排表”，并要求每组负责人对清洁做好检查评分工作。劳动委员将每次得分做好记录，制作了一张“计算机房清洁得分表”。两张表格如图 4-3-1 所示。

计算机房清洁安排表

日期 / 项目		单周		双周	
		星期一	星期三	星期一	星期三
灰色底纹标识为清洁组长	擦显示器	高楚琳	秦子涵	侯佳烨	卢宇宸
	擦主机鼠标键盘	张曾乐	平巍鸣	何艺涵	刘子睿
	擦桌子	熊靖雯	熊则众	高宇轩	王文君
	扫地	李嘉渠	徐钟霖	陈思梦	程浩哲
	拖地	涂馨月	刘乐佳	刘诗捷	马珍珍

计算机房清洁得分表

日期 / 项目	单周星期一	双周星期一	单周星期三	双周星期三	总分	平均分
拖地	87	79	87	97	350	87.50
擦主机鼠标键盘	65	87	98	86	336	84.00
扫地	97	76	87	76	336	84.00
擦桌子	76	87	76	87	326	81.50
擦显示器	85	78	87	75	325	81.25

图 4-3-1　安排表和得分表的最终效果

三、操作思路

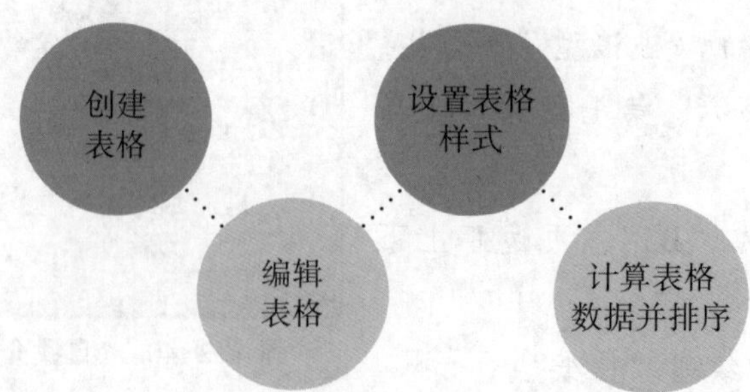

四、操作步骤

1. 创建表格

（1）输入表格标题

①新建 Word 2010 文档。②在文档编辑区首行输入标题“计算机房清洁安排表”，字体为“楷体”，字号“二号”。③以“机房清洁安排表”为文件名保存文档。

（2）插入表格

操作演示

①单击“插入”选项卡。②单击“表格”命令按钮，弹出“插入表格”下拉列表。③在下拉列表中拖动鼠标选择 7 行 6 列。操作步骤如图 4-3-2 所示。表格效果如图4-3-3所示。

图 4-3-2　创建表格

计算机房清洁安排表

图 4-3-3　表格效果

实用技巧

创建行列数较多的表格

当表格大于 8 行 10 列时，创建表格需用其他方法：

◇ 使用对话框创建。单击【表格】/【插入表格】命令按钮，在弹出的对话框中设置相应的行数列数即可创建表格，如图 4-3-4 所示。

◇ 绘制表格。单击【表格】/【绘制表格】命令，当指针变成铅笔状时，即可绘制表格。

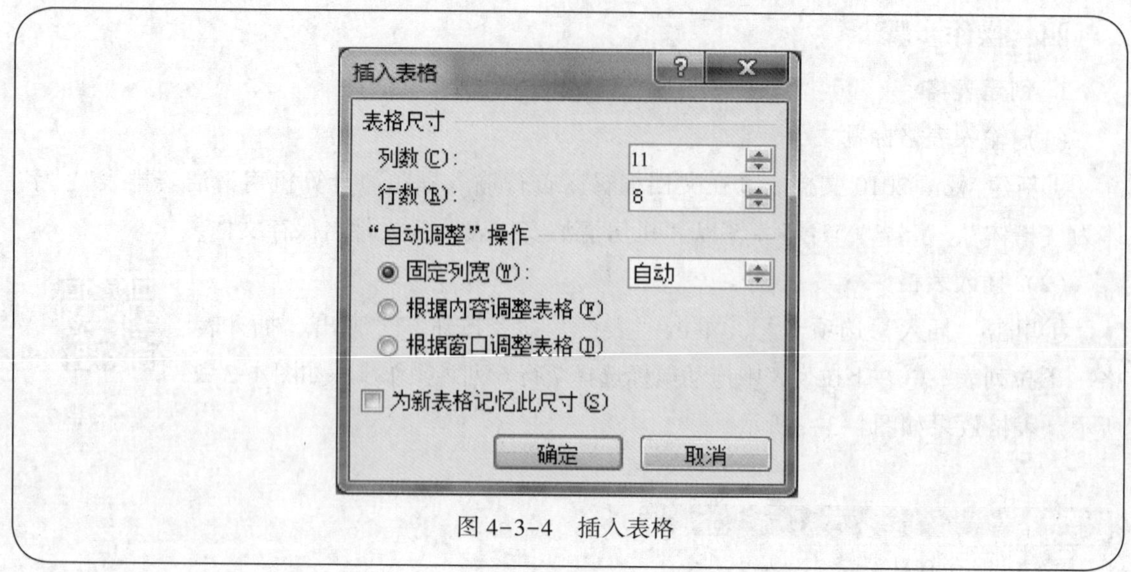

图 4-3-4　插入表格

2. 编辑表格

（1）调整表格的行高和列宽

①单击表格左上方的⊞图标，选中表格，此时会出现关联工具“表格工具”。②单击“布局”选项卡，在【单元格大小】命令组中输入“高度”“宽度”值。操作步骤如图4-3-5所示。

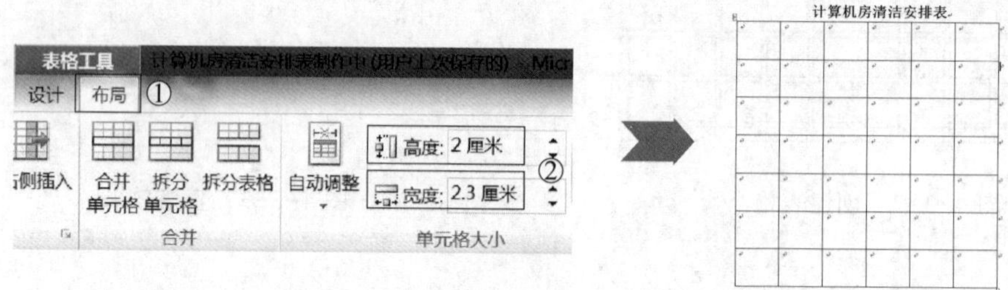

图 4-3-5　设置表格的行高和列宽

（2）调整第 1、第 2 行的行高

将鼠标放在表格第 1 行左侧向下拖动，选择表格第 1、第 2 行，在“布局”选项卡中设置“高度”值，如图 4-3-6 所示。

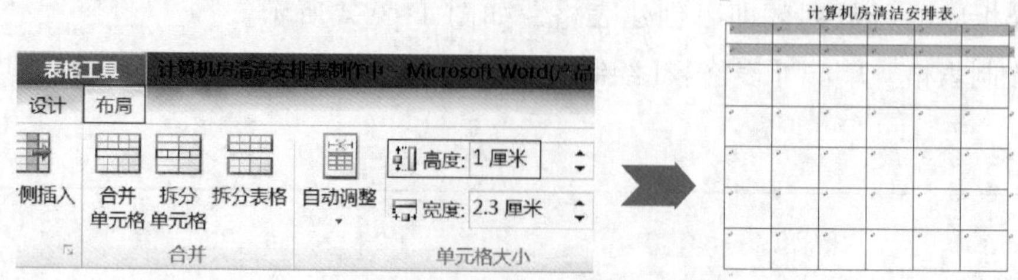

图 4-3-6　设置第 1、第 2 行的行高

实用技巧

选定单元格的方法

在表格中做任何操作之前，都必须先选定单元格，选定单元格的方法见表 4-3-1。

表 4-3-1　　**表格内容选定方法**

鼠标位置	鼠标形状	操作	效果
单元格左边	➚	单击	选中该单元格
行左边	⬀	单击	选中该行
列上边	↓	单击	选中该列

若要选择多个单元格或多行多列，则用相应的方法拖动鼠标即可。

（3）调整第 1、第 2 列的列宽

将鼠标放在表格第 1 列上方单击，选择表格的第 1 列，在“布局”选项卡中设置“列宽”值。以同样方法选择第 2 列，设置“列宽”值，如图 4-3-7 所示。

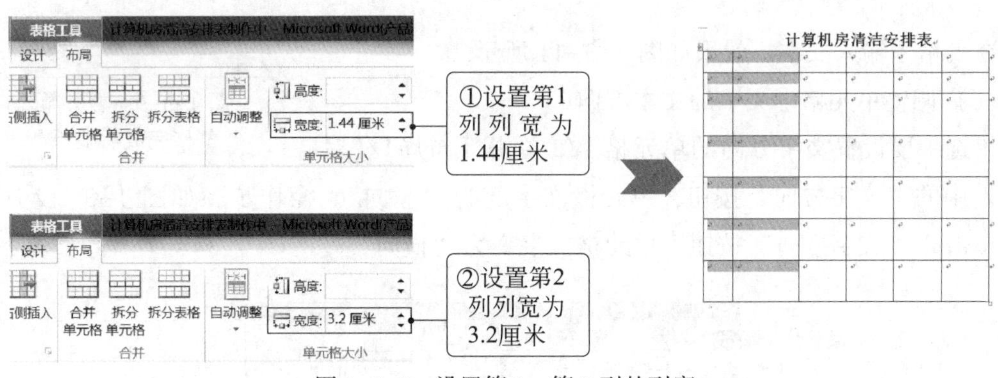

图 4-3-7　设置第 1、第 2 列的列宽

（4）合并单元格

①选择表格左上方的 4 个单元格。②单击【布局】/【合并】中的“合并单元格”按钮，合并单元格。操作步骤如图 4-3-8 所示。

以同样方法合并其余单元格，如图 4-3-9 所示。

实用技巧

合并单元格的其他方法

在选定单元格上右击鼠标，在弹出的快捷菜单中选择“合并单元格”。

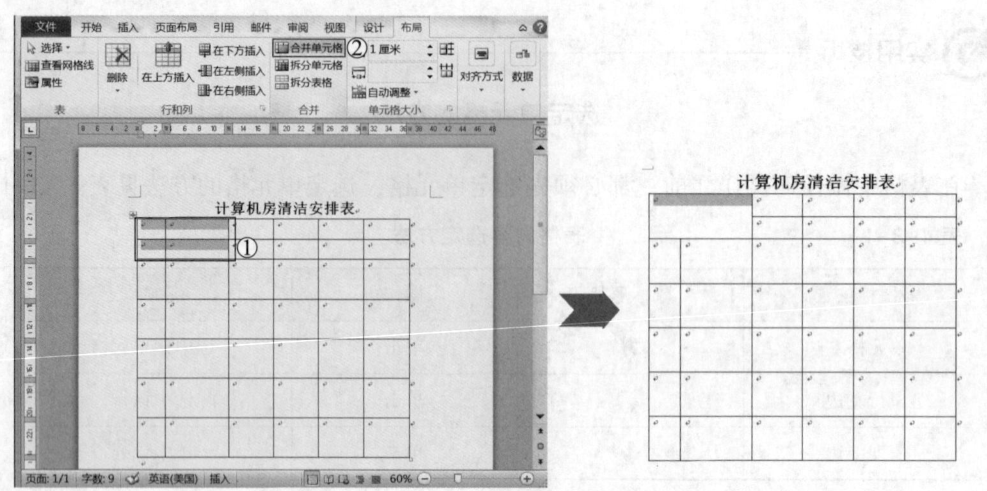

图 4-3-8　合并单元格

（5）设置对齐方式

默认对齐方式是“靠上两端对齐”，本任务需要“水平居中”。①单击表格左上方的图标，选中表格。②单击【布局】/【对齐方式】中的“水平居中”按钮。操作步骤如图 4-3-10 所示。

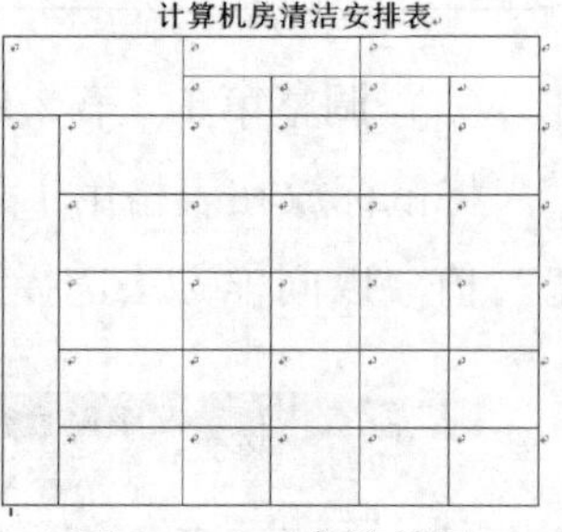

图 4-3-9　合并单元格完成后效果

在表格中输入文本，效果如图 4-3-11 所示。

（6）调整单元格中文字的文本方向

①选中要设置文字方向的单元格。②单击【布局】/【对齐方式】中的“文字方向”按钮，单元格文字变为“竖向”。操作步骤如图 4-3-12 所示。再次单击此“文字方向”按钮，单元格文字变为“横向”。

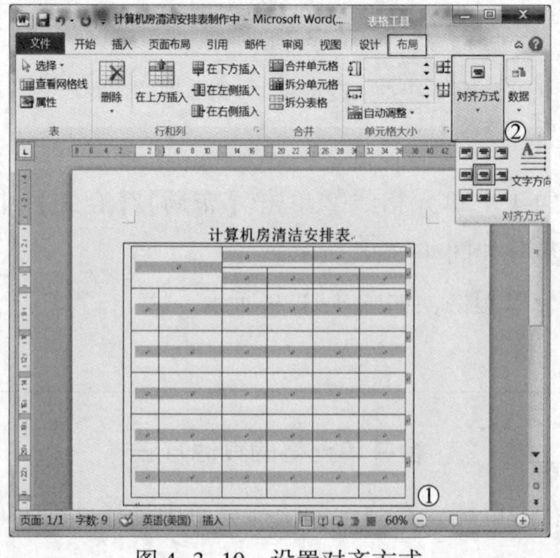

图 4-3-10　设置对齐方式

计算机房清洁安排表

日期 项目		单周		双周	
		星期一	星期三	星期一	星期三
灰色底纹标识为清洁组长	擦显示器	高楚琳	秦子涵	高楚琳	秦子涵
	擦主机 鼠标键盘	张赏乐	平魏鸣	张赏乐	平魏鸣
	擦桌子	熊婧雯	熊则众	熊婧雯	熊则众
	扫地	李嘉梁	徐钟霖	李嘉梁	徐钟霖
	拖地	涂馨月	刘乐佳	涂馨月	刘乐佳

图 4-3-11　输入文本

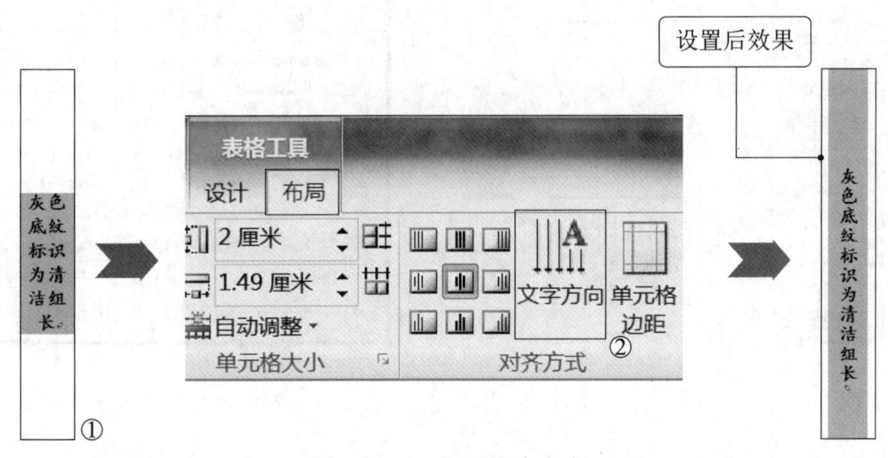

图 4-3-12　调整文字方向

3. 设置表格样式

(1) 设置表格边框

设置表格边框，可以使表格变得美观。操作步骤及设置效果如图 4-3-13 所示。

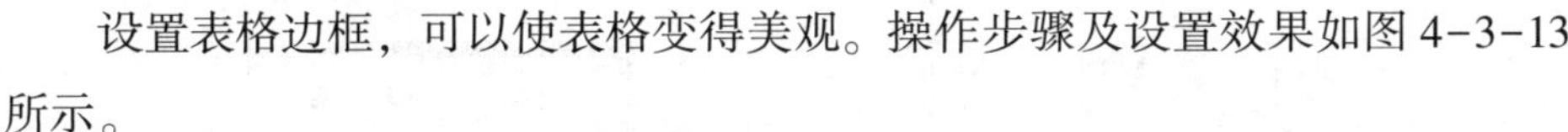

(2) 设置斜线表头

用添加表格边框的方式添加斜线表头。①选择表头，在“笔样式”下拉列表框中选择线型为“——————”。②在“边框”下选择“斜下框线(W)”。③添加斜线后，适当调整表头文字。操作步骤及设置效果如图 4-3-14 所示。

(3) 添加底纹

将清洁组长所在单元格添上底纹，选定清洁组长所在单元格后进行如下操作，如图 4-3-15所示。

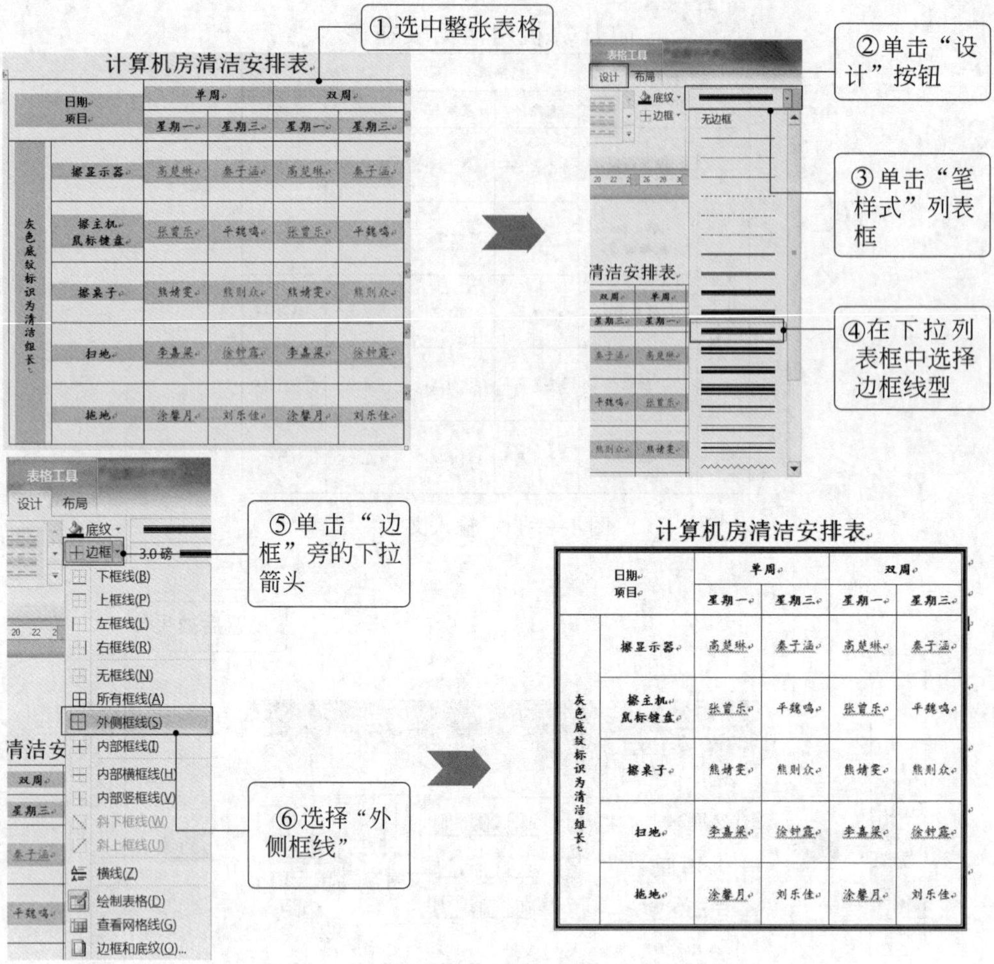

①选中整张表格

②单击“设计”按钮

③单击“笔样式”列表框

④在下拉列表框中选择边框线型

⑤单击“边框”旁的下拉箭头

⑥选择“外侧框线”

计算机房清洁安排表

日期 项目		单周		双周	
		星期一	星期三	星期一	星期三
灰色底纹标识为清洁组长	擦显示器	高楚琳	秦子涵	高楚琳	秦子涵
	擦主机 鼠标键盘	张曾乐	平魏鸣	张曾乐	平魏鸣
	擦桌子	熊婧雯	熊则众	熊婧雯	熊则众
	扫地	李嘉梁	徐钟露	李嘉梁	徐钟露
	拖地	涂馨月	刘乐佳	涂馨月	刘乐佳

图 4-3-13　设置表格边框

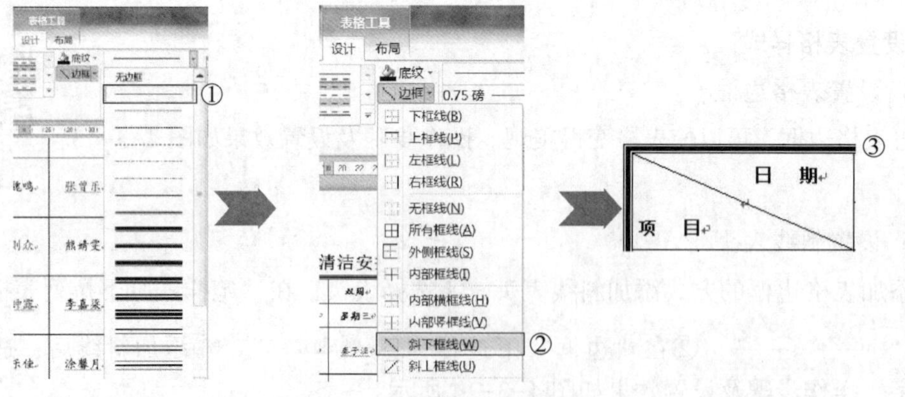

图 4-3-14　设置斜线表头

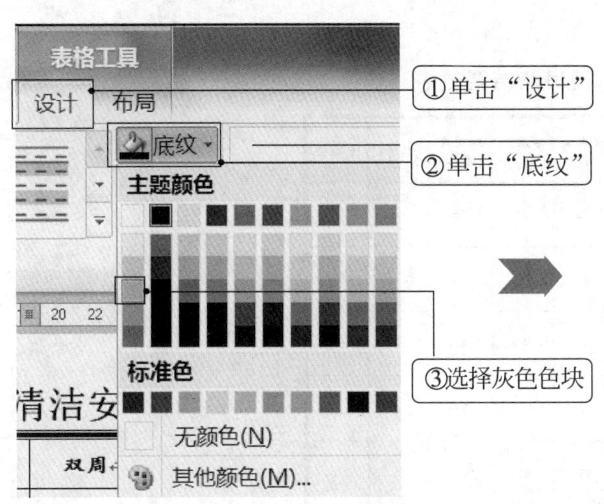

计算机房清洁安排表

项目 \ 日期		单周		双周	
		星期一	星期三	星期一	星期三
灰色底纹标识为清洁组长	擦显示器	高楚琳	秦子涵	侯佳烨	卢宇泉
	擦主机鼠标键盘	张贯乐	平继鸣	何艺涵	刘子睿
	擦桌子	熊婧雯	熊则众	高宇轩	王文君
	扫地	李嘉渠	徐钟露	陈思梦	程滢哲
	拖地	涂馨月	刘乐佳	刘诗楼	马珍珍

图 4-3-15　给单元格添加底纹

实用技巧

一次性选中多个单元格

选中第一个单元格后，按住 Ctrl 键不放，再选择其他单元格，可一次性将所有备选单元格选中。

4. 计算表格数据并排序

操作演示

第一个月的得分如图 4-3-16 所示。劳动委员将利用这些数据计算总分和平均分，并按照分数由高到低的顺序排序。

（1）利用函数计算表中数据

将光标置于单元格 F2 中，计算总分操作步骤如图 4-3-17 所示。

知识链接

单元格地址

在应用公式计算表格数据时，需要引用单元格地址，单元格地址以“列号+行号”组成，列号按英文字母 A，B，C…顺序向右排序，行号按阿拉伯数字 1，2，3…顺序向下排序。

	A 列	B 列	C 列
第 1 行	A1	B1	C1
第 2 行	A2	B2	C2

说明：在引用单元格地址时，字母不区分大小写。

计算机房清洁得分表

日期 项目	单周星期一	双周星期一	单周星期三	双周星期三	总分	平均分
擦显示器	85	78	87	75		
擦主机 鼠标键盘	65	87	98	86		
擦桌子	76	87	76	87		
扫地	97	76	87	76		
拖地	87	79	87	97		

图 4-3-16　计算机房清洁得分表

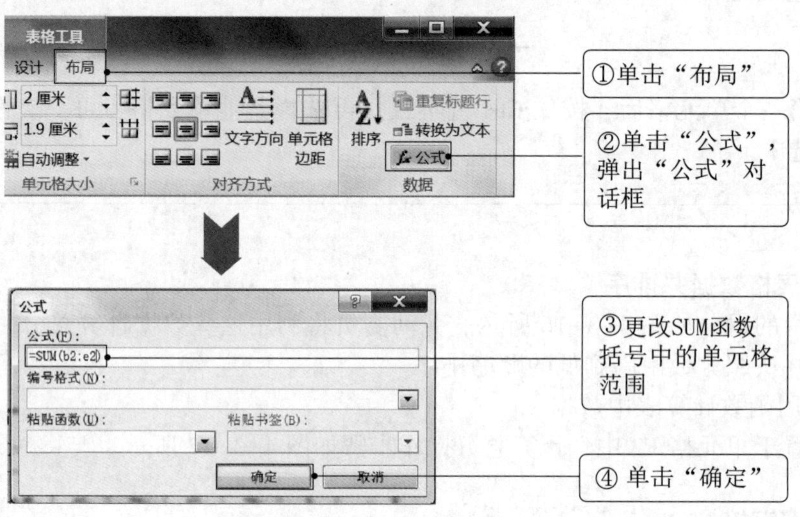

图 4-3-17　计算总分

知识链接

SUM 函数的含义

“:”表示至

= SUM(b2:e2)

求和　起始单元格　结束单元格

说明：输入单元格范围时需将输入法转换为英文输入法，否则会出现“语法错误!”的提示。

将光标定位到单元格 G2 中，计算平均分操作步骤如图 4-3-18 所示。

①删除公式框内的SUM函数

②在“粘贴函数”下选择“AVERAGE”

③更改“AVERAGE”函数括号内的单元格范围

④输入“0.00”，规定结果保留两位小数

⑤ 单击“确定”

图 4-3-18　计算平均分

（2）表格排序

将光标定位到表格中，以平均分由高到低的顺序排序，操作步骤如图 4-3-19 所示。

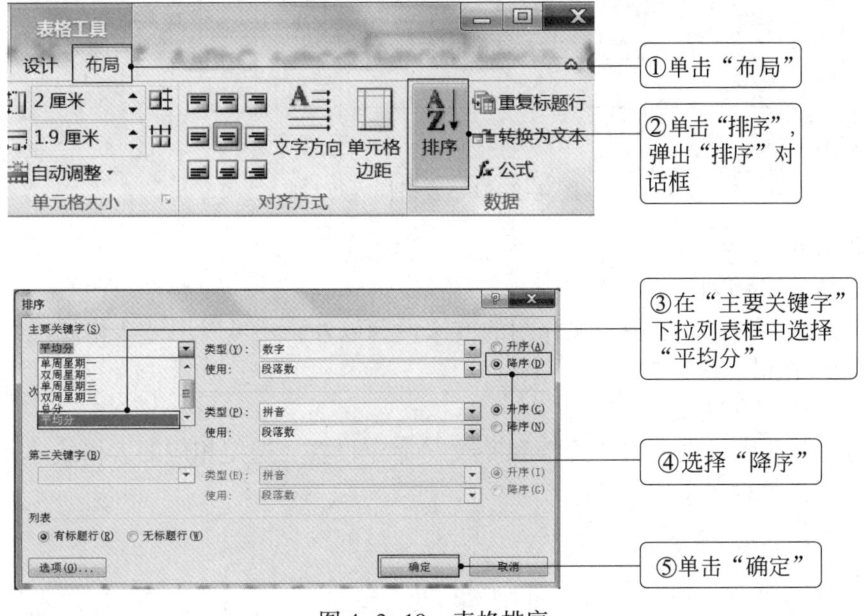

图 4-3-19　表格排序

排序前后对比如图 4-3-20 所示。

计算机房清洁得分表

日期 / 项目	单周星期一	双周星期一	单周星期三	双周星期三	总分	平均分
擦显示器	85	78	87	75	325	81.25
擦主机、鼠标键盘	65	87	98	86	336	84.00
擦桌子	76	87	76	87	326	81.50
扫地	97	76	87	76	336	84.00
拖地	87	79	87	97	350	87.50

排序后

计算机房清洁得分表

日期 / 项目	单周星期一	双周星期一	单周星期三	双周星期三	总分	平均分
拖地	87	79	87	97	350	87.50
擦主机、鼠标键盘	65	87	98	86	336	84.00
扫地	97	76	87	76	336	84.00
擦桌子	76	87	76	87	326	81.50
擦显示器	85	78	87	75	325	81.25

图 4-3-20　表格排序前后对比图

五、相关知识

日常工作中，我们往往需要在表格中插入或删除行和列、拆分单元格、设置表格属性等，下面分别简单介绍。

1. 插入行或列

在制作表格的过程中，如果发现需要增加行和列，可在表格中选定需要增加行或列的位置，单击【表格工具】/【布局】，再单击相应的选项，如图 4-3-21 所示。

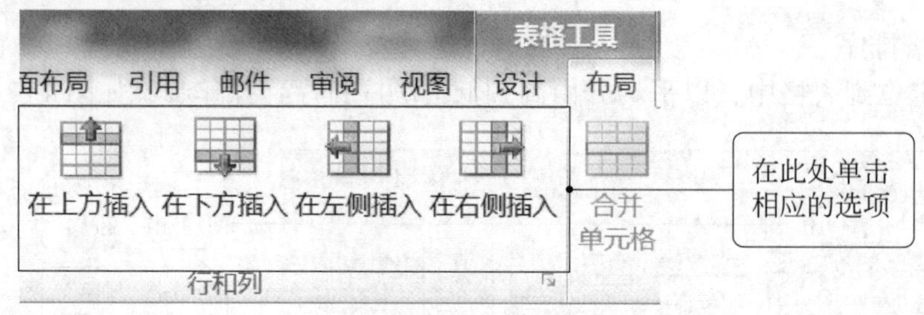

图 4-3-21　表格插入行/列

2. 表格属性

（1）设置行高和列宽

表格的行高、列宽除了用上文介绍的方法设置以外，还可以用“表格属性”命令进行设置，操作步骤如图 4-3-22 所示。

（2）设置边框和底纹

表格的边框和底纹也可用“边框和底纹”命令设置，选定相应的表格或单元格后，操作步骤如图 4-3-23 所示。

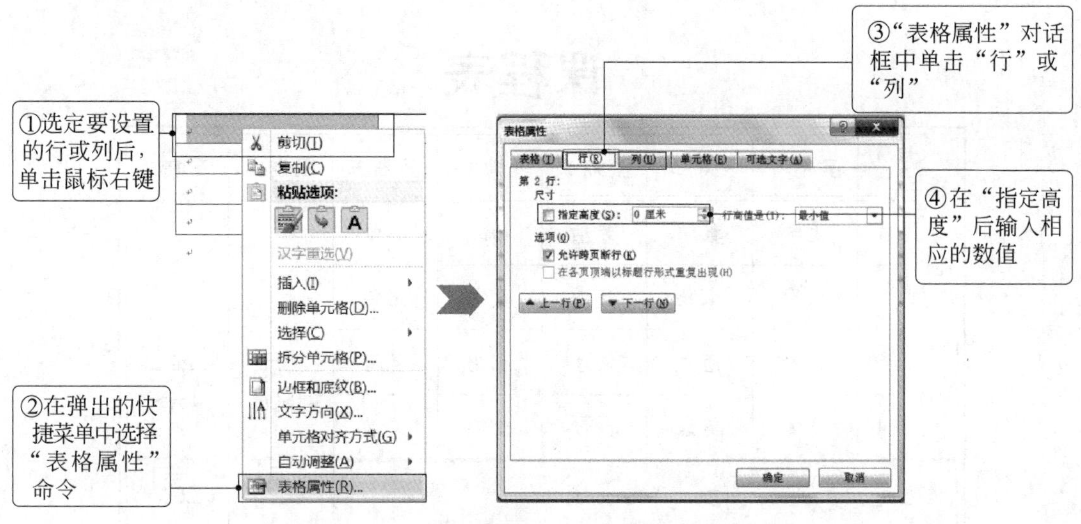

图 4-3-22　用“表格属性”对话框设置行高、列宽

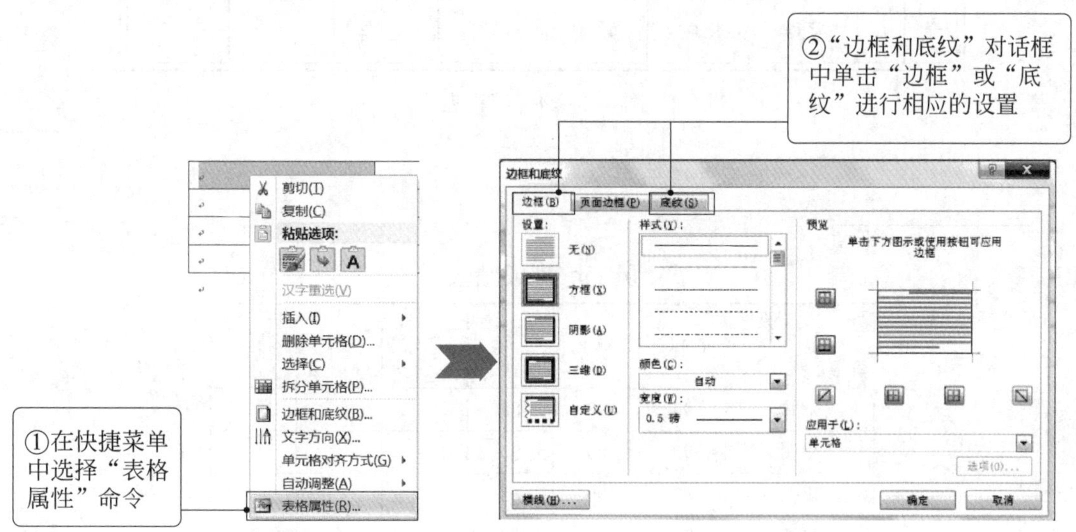

图 4-3-23　用“表格属性”对话框设置行高、列宽

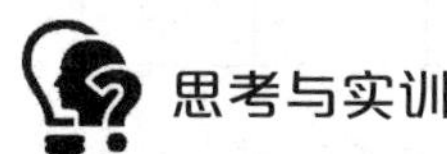

思考与实训

一、基础实训

建立如图 4-3-24 所示表格。

二、进阶实训

1. 建立如图 4-3-25 所示表格。
2. 用公式计算表格中的“总分”和“平均分”，平均分保留两位小数。
3. 以“总分”为主要关键字对表格进行排序并输入排名。

课程表

<table>
<tr><th colspan="2">日期
课程</th><th>星期一</th><th>星期二</th><th>星期三</th><th>星期四</th><th>星期五</th><th>星期六</th><th>星期日</th></tr>
<tr><td rowspan="4">上
午</td><td>1</td><td>化学</td><td>数学</td><td>劳动</td><td>物理</td><td>数学</td><td rowspan="8">休
息</td><td rowspan="8">休
息</td></tr>
<tr><td>2</td><td>数学</td><td>生物</td><td>英语</td><td>数学</td><td>化学</td></tr>
<tr><td>3</td><td>自习</td><td>语文</td><td>物理</td><td>生物</td><td>英语</td></tr>
<tr><td>4</td><td>物理</td><td>英语</td><td>自习</td><td>化学</td><td>劳动</td></tr>
<tr><td colspan="7">午　休</td></tr>
<tr><td rowspan="2">下
午</td><td>5</td><td>语文</td><td>政治</td><td>作文</td><td>自习</td><td>生物</td></tr>
<tr><td>6</td><td>英语</td><td>化学</td><td>数学</td><td>体育</td><td>英语</td></tr>
</table>

图 4-3-24　课程表

员工培训成绩表

课程 / 成绩 / 姓名	WORD	EXCEL	Power Point	总分	平均分	排名
刘林	93	98	88			
牛明	90	80	90			
李信	82	90	85			
夏蓝	76	88	78			
费乐	70	78	65			
段齐	90	70	90			

图 4-3-25　员工培训成绩表

设置完成后表格如图 4-3-26 所示。

员工培训成绩表

课程 成绩 姓名	WORD	EXCEL	Power Point	总分	平均分	排名
刘林	93	98	88	279	93.00	1
牛明	90	80	90	260	86.67	2
李信	82	90	85	257	85.67	3
段齐	90	70	90	250	83.33	4
夏蓝	76	88	78	242	80.67	5
费乐	70	78	65	213	71.00	6

图 4-3-26 排序后的员工培训成绩表

任务 4 图文混排

一、任务要点

1. 插入图片、图形、艺术字、文本框等。
2. 插入对象的格式设置。
3. 图、文、文本框的综合排版。

二、任务描述

李媛是学前教育专业的学生，毕业后到幼儿园工作。园长交给李媛一个任务，希望她能为幼儿园制作一份漂亮的菜谱，张贴在幼儿园门口的橱窗里。园长只给了李媛一张列有饮食安排的文字稿，李媛利用学过的 Word 图文混排技术，制作出了一张图文并茂的菜谱（见图 4-4-1），园长看了非常满意。

三、操作思路

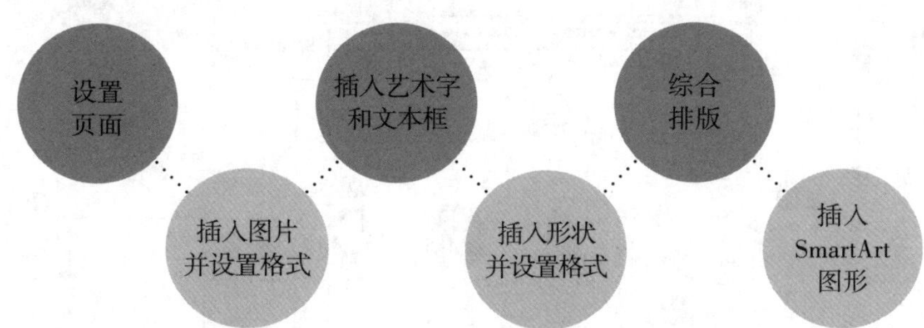

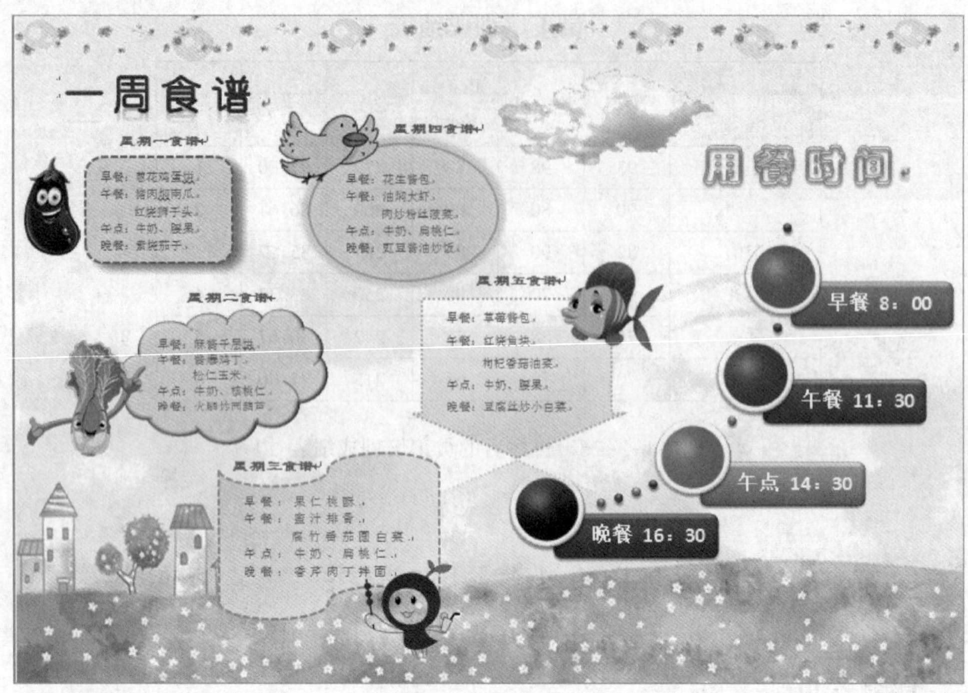

图 4-4-1 “幼儿园食谱”的最终效果

四、操作步骤

1. 设置页面

新建 Word 2010 文档，设置纸张大小为 A4，横向，窄页边距。

2. 插入图片并设置格式

（1）插入背景图片

操作步骤如图 4-4-2 所示。

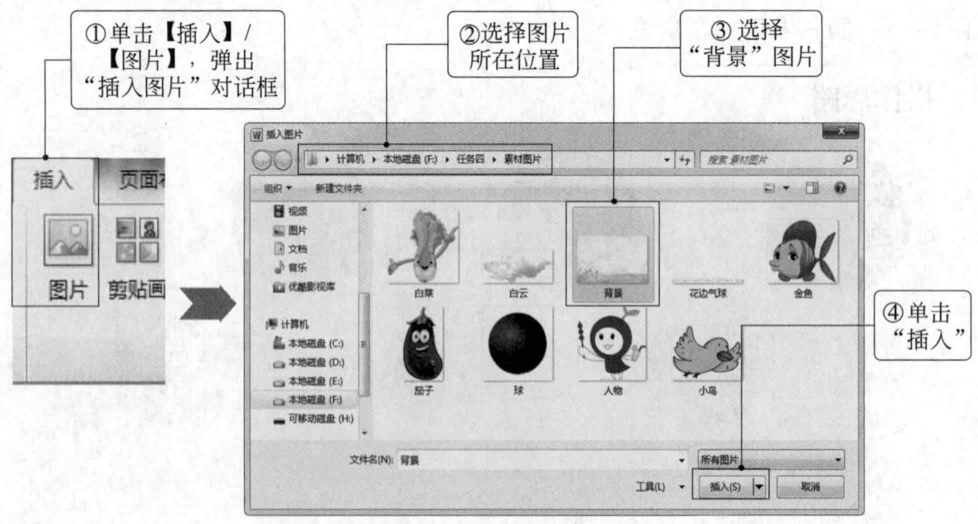

图 4-4-2 插入背景图片

（2）设置图片环绕方式

默认的图片大小及环绕方式需要调整，操作步骤如图 4-4-3 所示。

图 4-4-3　设置图片环绕方式

知识链接

图片环绕方式

图片的环绕方式在“自动换行”按钮的下拉列表框中设置，各环绕方式及效果见表 4-4-1。

表 4-4-1　　**图片环绕方式及效果**

环绕方式	图标	效　果
嵌入型		图片嵌到某一行里面
四周型环绕		不管图片是否为矩形图片，文字以矩形方式环绕在图片四周
紧密型环绕		文字紧密环绕在图片四周
穿越型环绕		文字可以穿越不规则图片的空白区域环绕图片
上下型环绕		文字环绕在图片上方和下方
衬于文字下方		图片在下，文字在上分为两层，文字将覆盖图片
浮于文字上方		图片在上，文字在下分为两层，图片将覆盖文字
编辑环绕顶点		用户可以编辑文字环绕区域的顶点，实现个性化的环绕效果

（3）调整图片位置和大小

选中插入的图片，当鼠标变为✥时，按住鼠标拖动，可调整图片的位置。将鼠标放置在图 4-4-4 所示位置可调整图片大小。

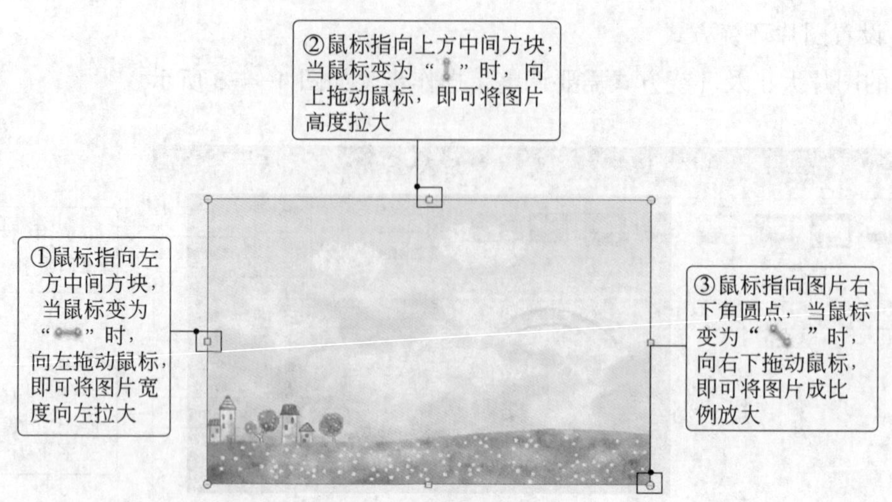

图 4-4-4　调整图片大小

3. 插入艺术字和文本框

（1）插入艺术字

插入“一周食谱”，调整位置，操作步骤如图 4-4-5 所示。

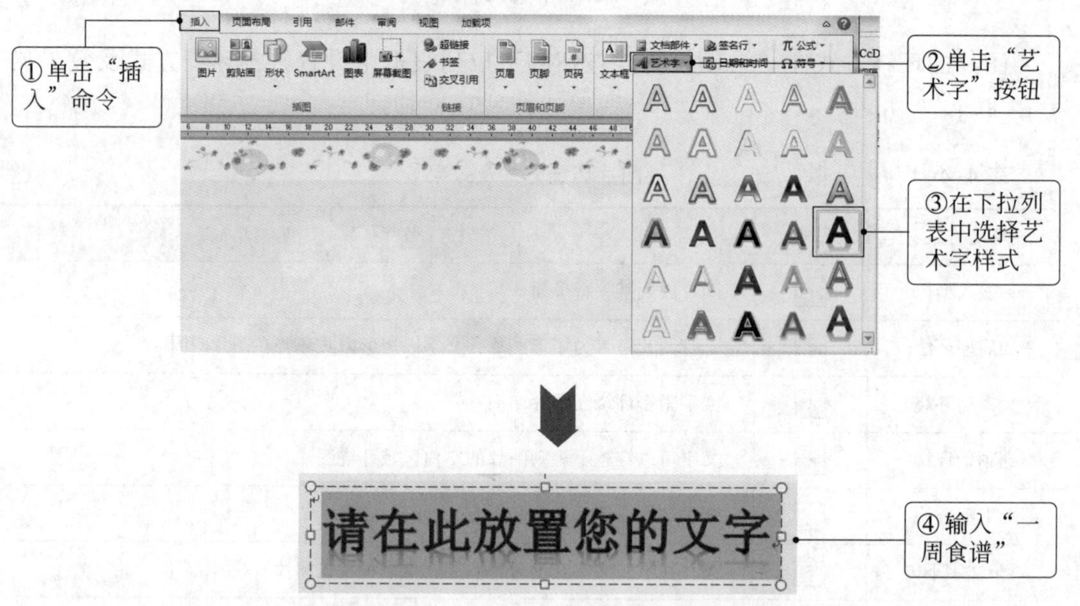

图 4-4-5　插入艺术字

插入艺术字后，在【开始】/【字体】命令中设置字体为“幼圆”，字符间距加宽 3 磅。设置前后效果如图 4-4-6 所示。

图 4-4-6　艺术字设置前后效果对比

设置艺术字格式

插入艺术字后，Word 2010 工作界面中随即出现了“绘图工具”关联工具。在“绘图工具”的【格式】/【艺术字样式】中分别单击“文本填充”“文本轮廓”和“文本效果”按钮，可设置艺术字样式，如图 4-4-7 所示。

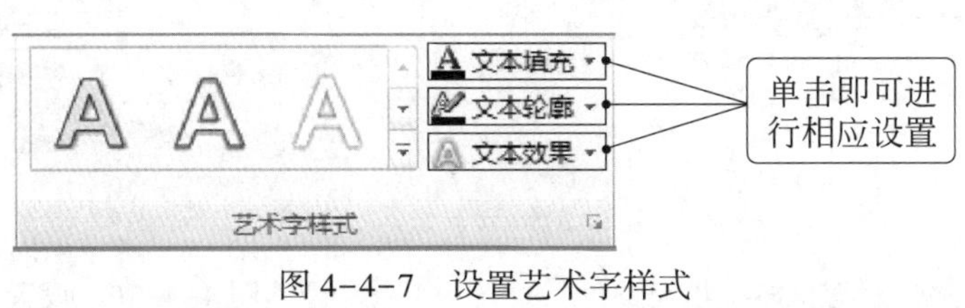

图 4-4-7　设置艺术字样式

（2）插入文本框

文本框是指一种可移动、可调整大小的文字块。使用文本框，可以在一页上放置多个文字块，并使块内文字与文档中其他文字按不同的方向排列，因此，文本框为文字排版提供了便利。

利用文本框插入“星期一食谱”，操作步骤如图 4-4-8 所示。

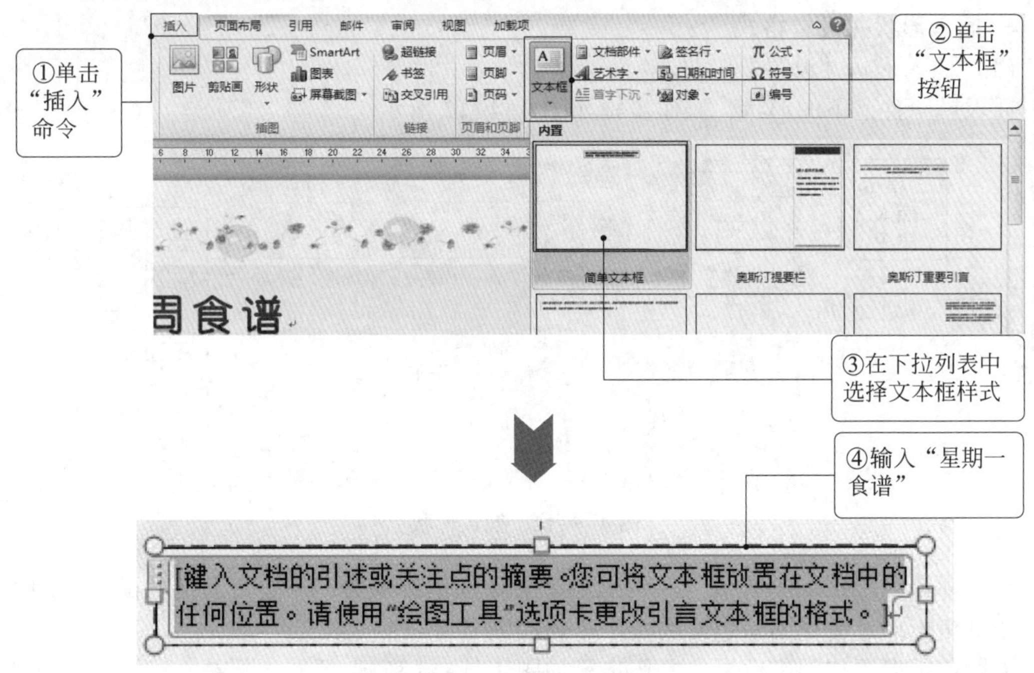

图 4-4-8　插入文本框

插入文本框后，设置文本框的填充和边框，操作步骤如图 4-4-9 和图 4-4-10 所示。

设置前后效果如图 4-4-11 所示。

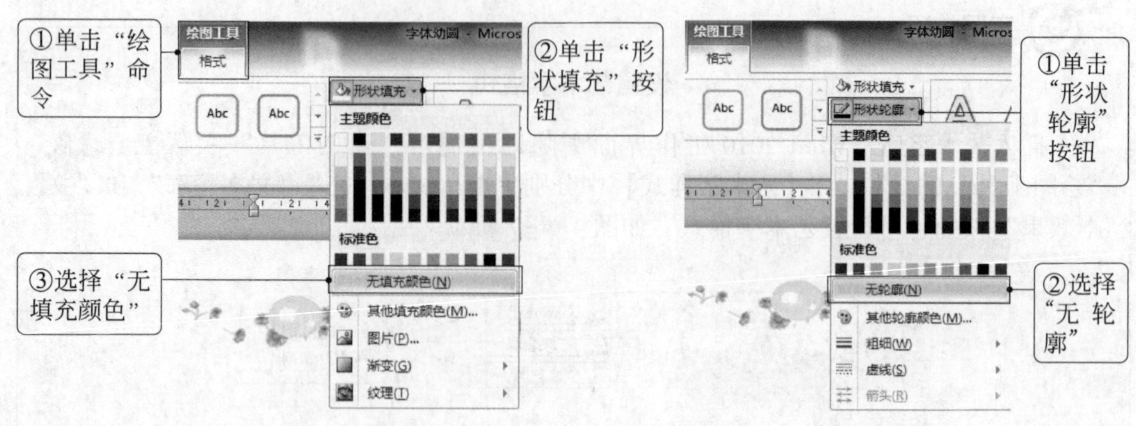

图 4-4-9　设置文本框填充颜色　　图 4-4-10　设置文本框边框轮廓

图 4-4-11　文本框设置前后效果对比

以同样的方法制作“星期二食谱”至“星期五食谱”文本框，并摆放好位置。

4. 插入形状并设置格式

（1）插入形状并设置

插入衬于食谱下的形状，操作步骤如图 4-4-12 所示。

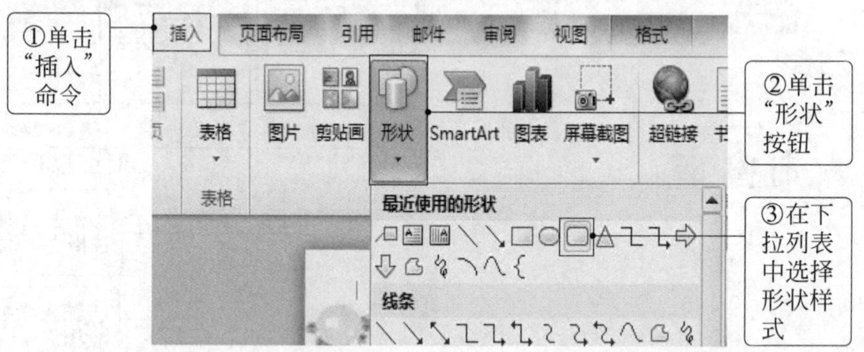

图 4-4-12　插入形状

将鼠标移至“星期一食谱”文本框的下方，当鼠标变为“+”时，拖动鼠标，即可得到一个圆角矩形。美化圆角矩形的操作步骤如图 4-4-13 所示。

为圆角矩形添加阴影效果，操作步骤如图 4-4-14 所示。

设置前后对比如图 4-4-15 所示。

在“星期二食谱”文本框下插入“云形标注”，“星期三食谱”文本框下插入“波形”，“星期四食谱”文本框下插入“椭圆”，“星期五食谱”文本框下插入“下箭头”。同时在“星期一食谱”至“星期五食谱”下方插入图片。

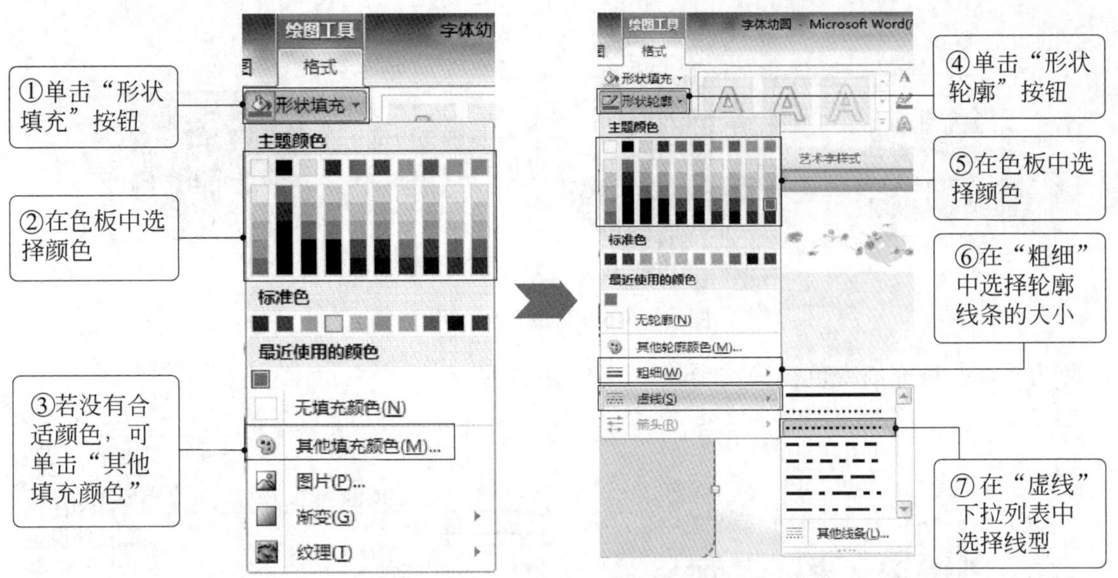

图 4-4-13　设置形状的填充和轮廓

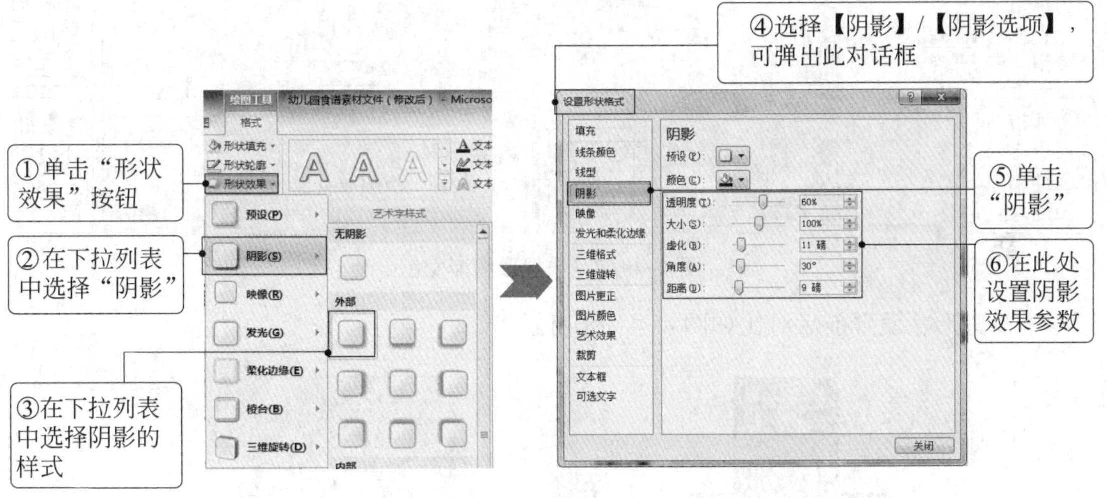

图 4-4-14　设置形状的阴影效果

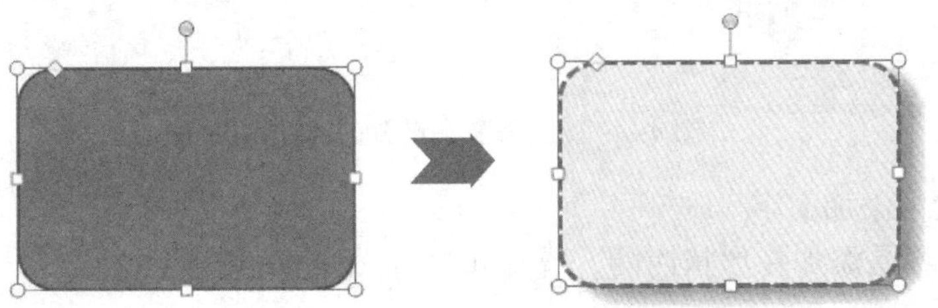

图 4-4-15　形状设置前后效果

（2）调整形状并设置样式

星期五食谱的形状是下箭头，默认插入的下箭头需调整，操作步骤如图 4-4-16 所示。

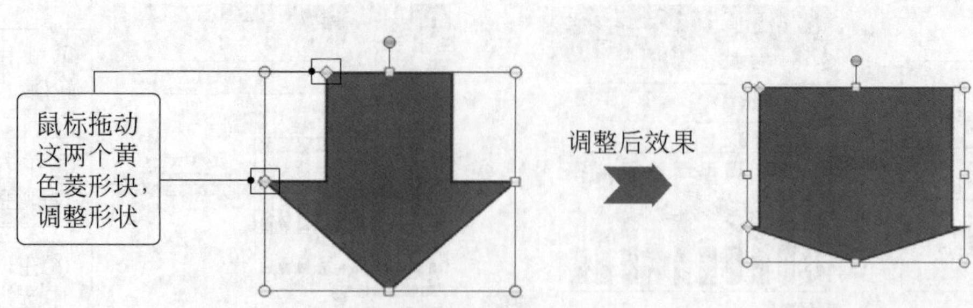

图 4-4-16　调整下箭头形状

为下箭头填充渐变色，操作步骤如图 4-4-17 所示。

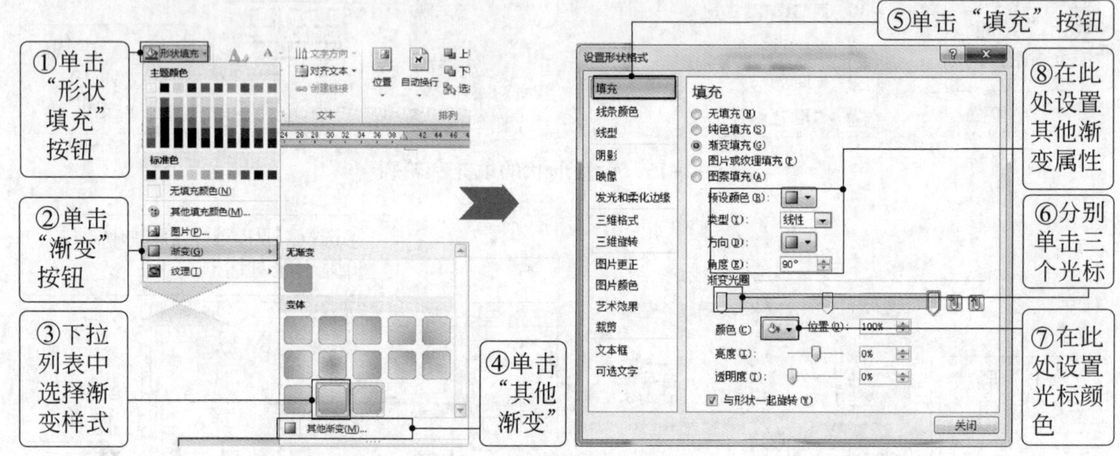

图 4-4-17　设置形状渐变色

下箭头形状设置前后对比如图 4-4-18 所示。

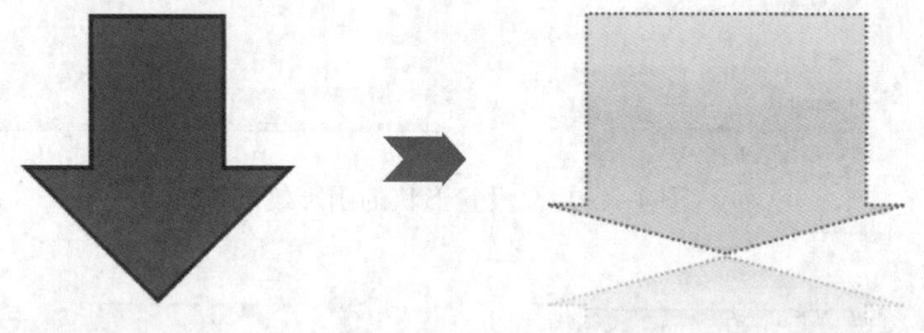

图 4-4-18　下箭头设置前后效果

（3）在形状内添加文字

菜谱文字内容是添加在形状内的，操作步骤如图 4-4-19 所示。

操作演示

5. 综合排版

在依次设置完食谱中所有图片、艺术字、文本框、形状后，各对象之间还需做一些协调和调整。

（1）设置图片的排列顺序

以星期四食谱版块为例，“小鸟”图片被椭圆形挡住，如图 4-4-20 所示。我们需要

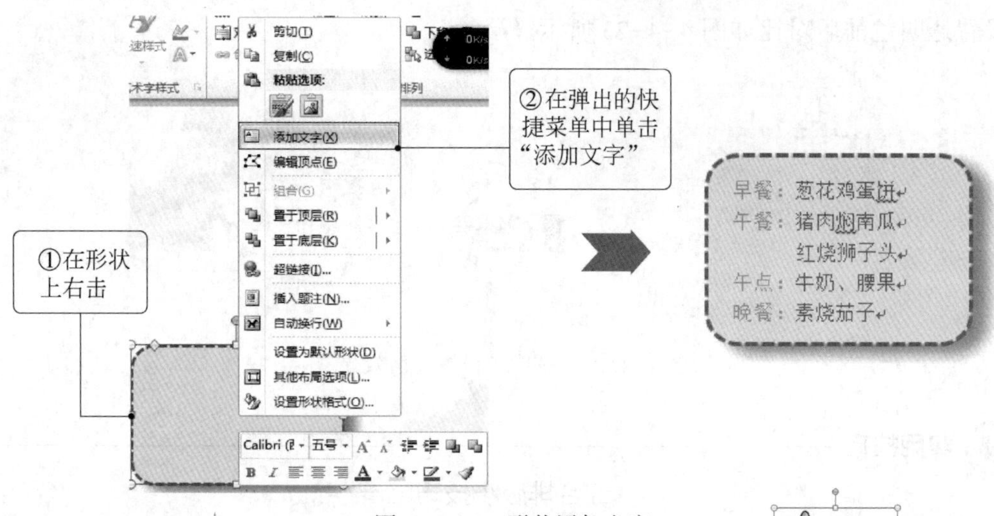

图 4-4-19　形状添加文字

将“小鸟”图片的排列顺序设置为“浮于文字上方”，选中“小鸟”图片后，操作步骤如图4-4-21所示。

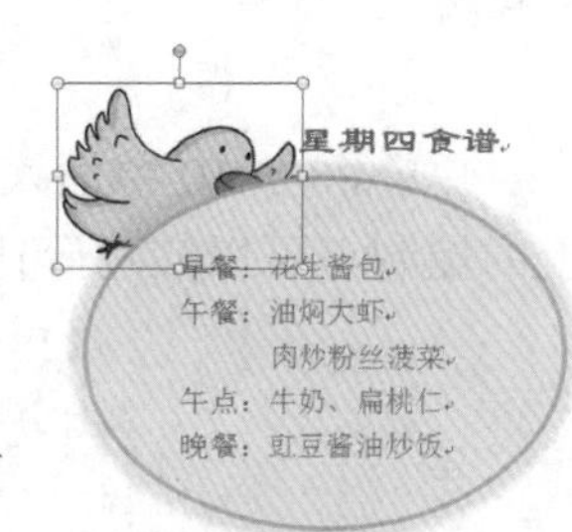

图 4-4-20　图片排列顺序设置前

（2）设置图片背景为透明色

“小鸟”图片不再被挡住，但图片的白色背景又挡住了下面的椭圆形状。所以，还需将图片的白色背景设置为透明色，操作步骤如图 4-4-22 所示。

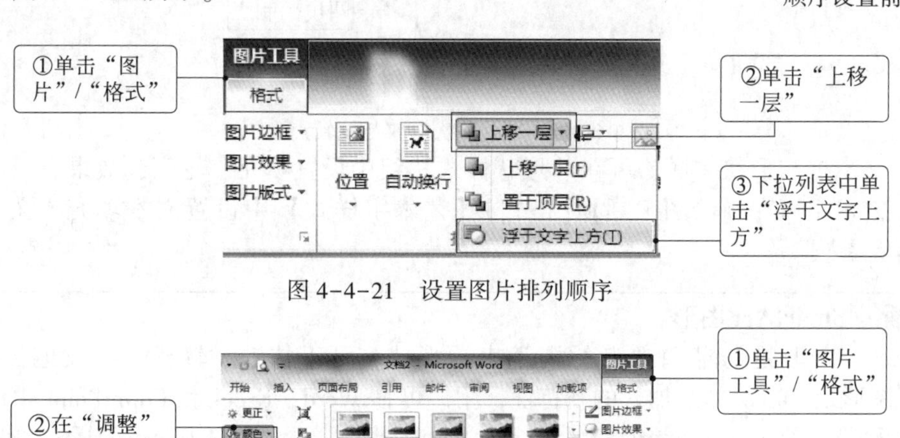

图 4-4-21　设置图片排列顺序

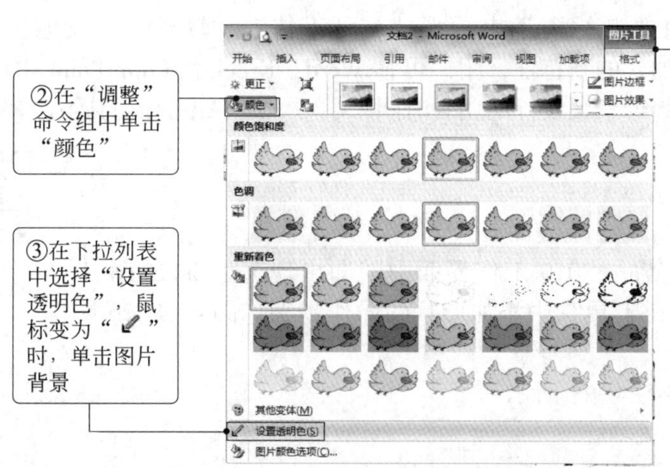

图 4-4-22　设置透明色

设置透明色前后对比如图 4-4-23 所示。

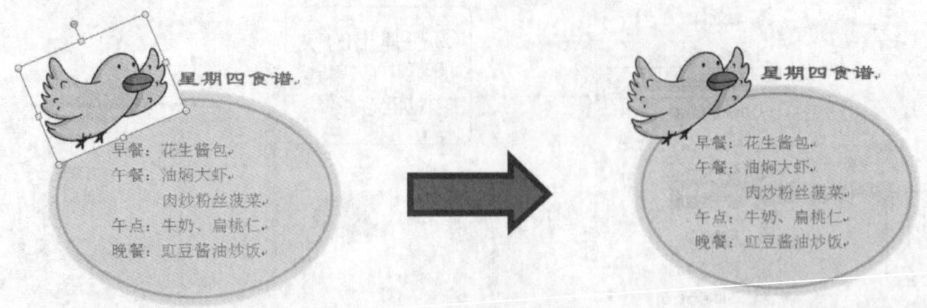

图 4-4-23　透明色设置前后效果

综合排版小技巧

1. Word 2010 中插入图片、艺术字、文本框、形状等对象时，选中对象后四个角上的控制点可以实现等比例缩放，绿色圆圈控制点实现旋转，如图 4-4-24 所示。

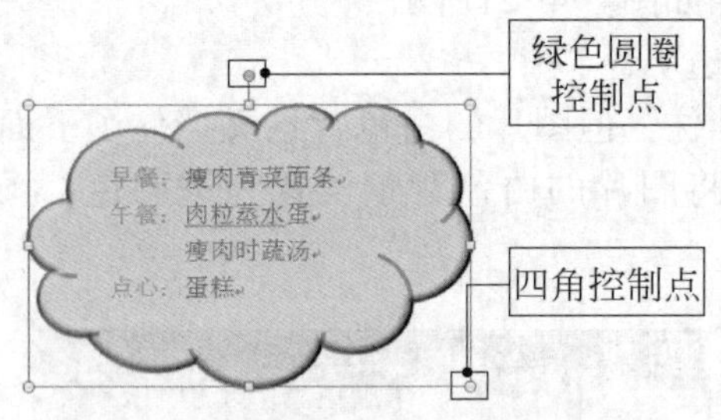

图 4-4-24　形状缩放与旋转点

2. 文本框与形状一样，可在【形状样式】组中设置填充、轮廓和效果。

3. 艺术字可在【绘图工具】/【格式】/【艺术字样式】中设置文本填充、文本轮廓和文本效果。

6. 插入 SmartArt 图形

SmartArt 图形是信息和观点的视觉表示形式，可以快速、轻松、有效地传达信息。SmartArt 图形是 Office 2010 加入的新特性，用户可在 Word，Excel 和 PowerPoint 中使用该特性创建各种图形图表。下面结合李媛设计的用餐时间来学习 SmartArt 图形的插入和设置。

（1）选择 SmartArt 图形

操作步骤如图 4-4-25 所示。

操作演示

（2）添加形状

插入 SmartArt 图形后，Word 2010 工作界面中随即出现了“SmartArt 工具”关联工具。在“SmartArt 工具”中添加形状的操作步骤如图 4-4-26 所示。

添加形状前后对比如图 4-4-27 所示。

（3）设置颜色和三维样式

选中 SmartArt 图形，操作步骤如图 4-4-28 所示。

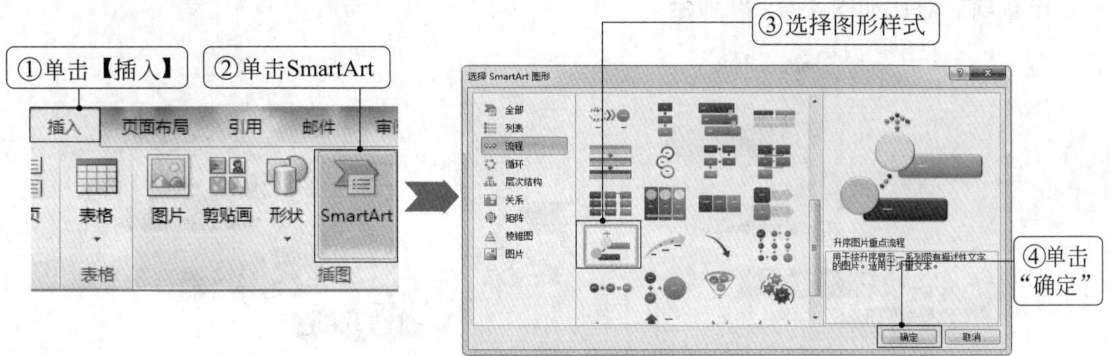

图 4-4-25　插入 SmartArt 图形

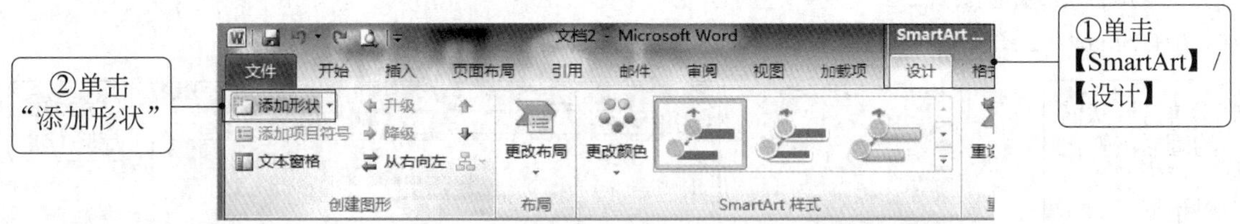

图 4-4-26　给 SmartArt 图形添加形状

图 4-4-27　SmartArt 图形添加形状前后效果

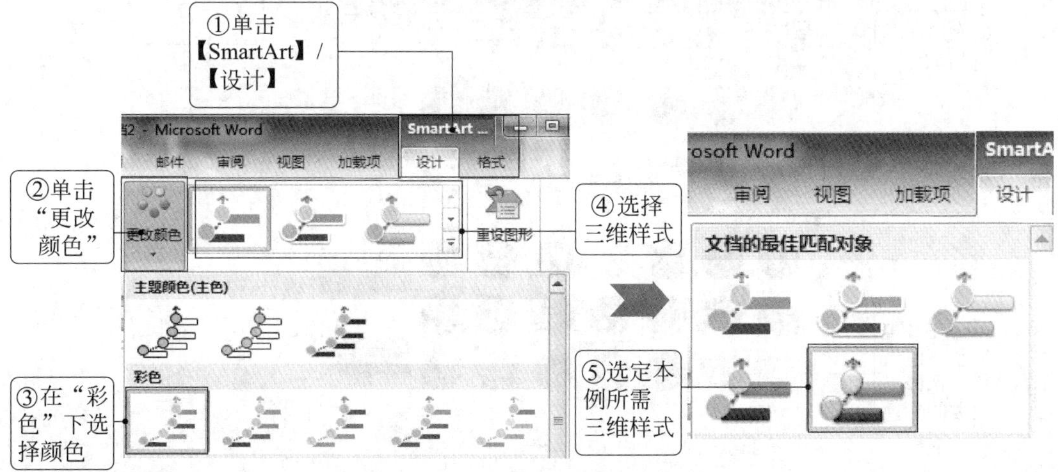

图 4-4-28　设置的颜色和三维样式

设置前后对比如图 4-4-29 所示。

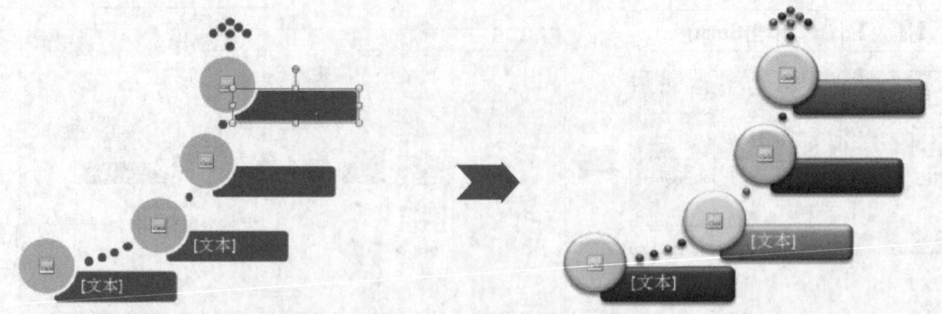

图 4-4-29　SmartArt 图形设置前后效果

（4）添加球形图片

在 SmartArt 图形图案上添加球形，操作步骤如图 4-4-30 所示。

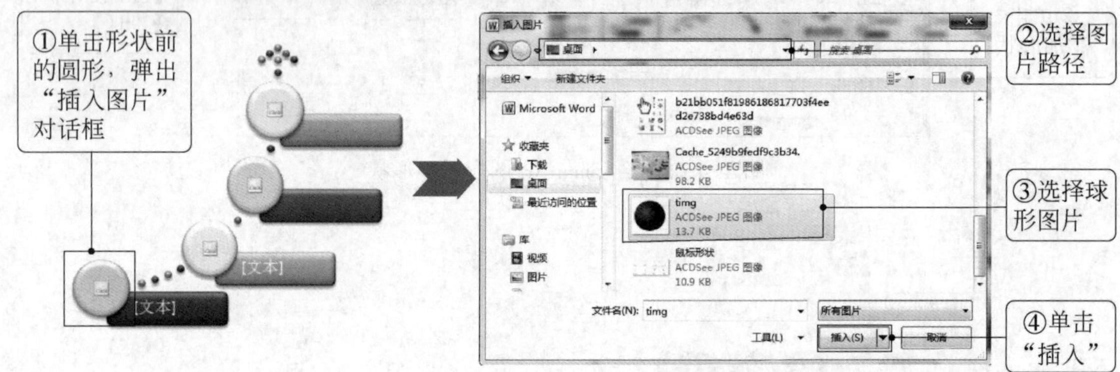

图 4-4-30　插入球形图片

根据每餐条目的颜色更改球形图片的颜色，选中要更改颜色的球形，操作步骤如图 4-4-31 所示。

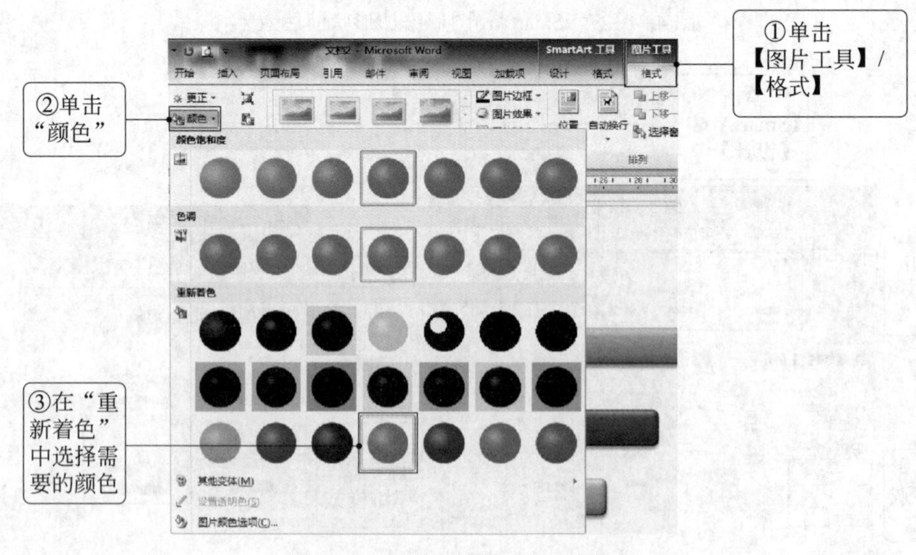

图 4-4-31　给球形图片重新着色

图片细节调整

在对图片重新着色后，可在“颜色饱和度”和“色调”中对图片颜色进行细节上的调整。

李媛的设计稿中去掉了多余的箭头，这个效果可以通过将箭头的填充和轮廓变为无颜色来实现，操作步骤如图 4-4-32 所示。

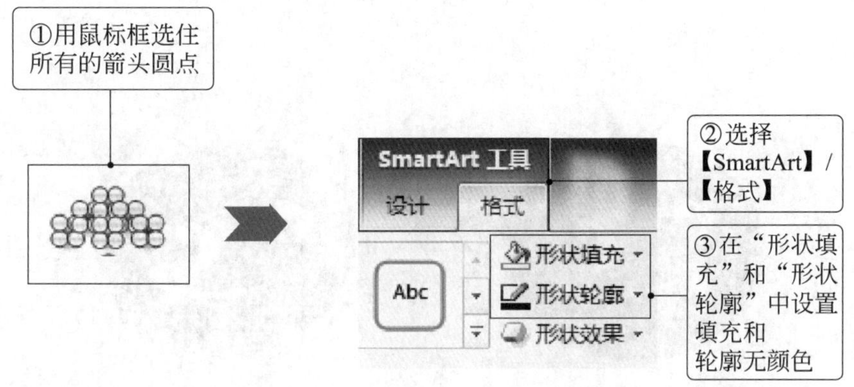

图 4-4-32 设置箭头填充和轮廓无颜色

（5）添加文本

操作步骤如图 4-4-33 所示。

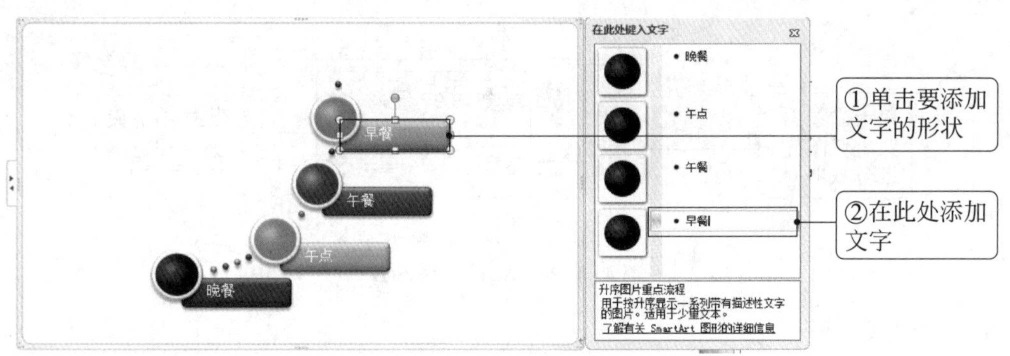

图 4-4-33 给 SmartArt 图形添加文字

五、相关知识

1. 设置图片样式

Word 2010 为用户准备了 20 余种图片的外观样式，如图 4-4-34 所示。

若给“番茄”图片增加“金属椭圆”型样式，可点击【图片工具】/【格式】/【图片样式】中的最后一种样式，如图 4-4-35 所示。

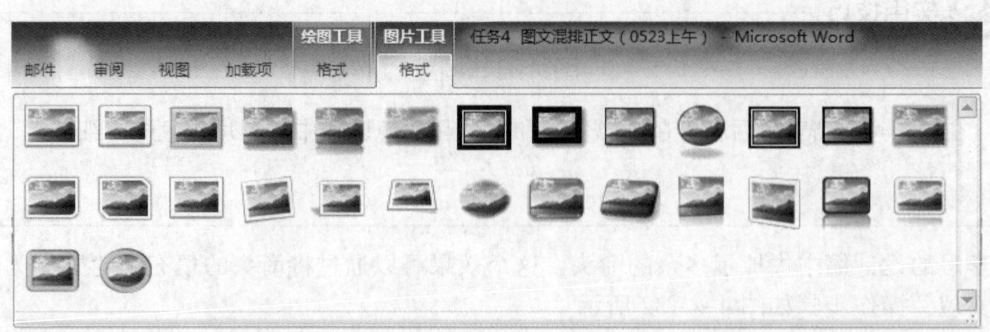

图 4-4-34　图片样式

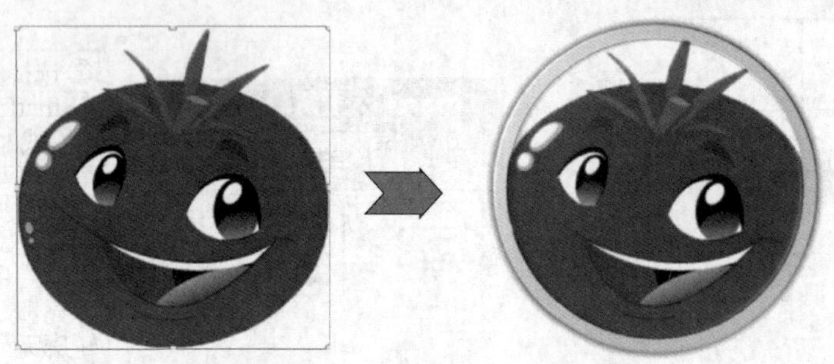

图 4-4-35　图片样式设置前后效果

2. 精确调整图片

如果要求对图片和形状进行高精度的大小调整，需要在【格式】/【大小】中进行调整，此组还可以对图片进行裁剪，如图 4-4-36 所示。

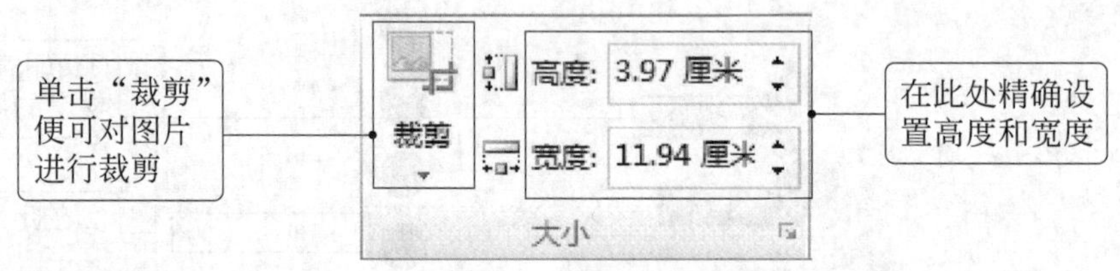

图 4-4-36　精确调整图片

3. 组合对象

工作中有时候需要将多个对象组合起来使用，组合起来的对象可一起移动，一起放大或缩小，而不必逐一设置。按住 Ctrl 键用鼠标选中需要组合的各个对象，然后松开 Ctrl 键，移动鼠标，当鼠标变成✥时右击，在弹出的快捷菜单中选择【组合】/【组合】即可；若要取消组合，右击后选择【组合】/【取消组合】即可。

4. 插入公式

Word 中有时需要插入数学公式，操作步骤如图 4-4-37 所示。

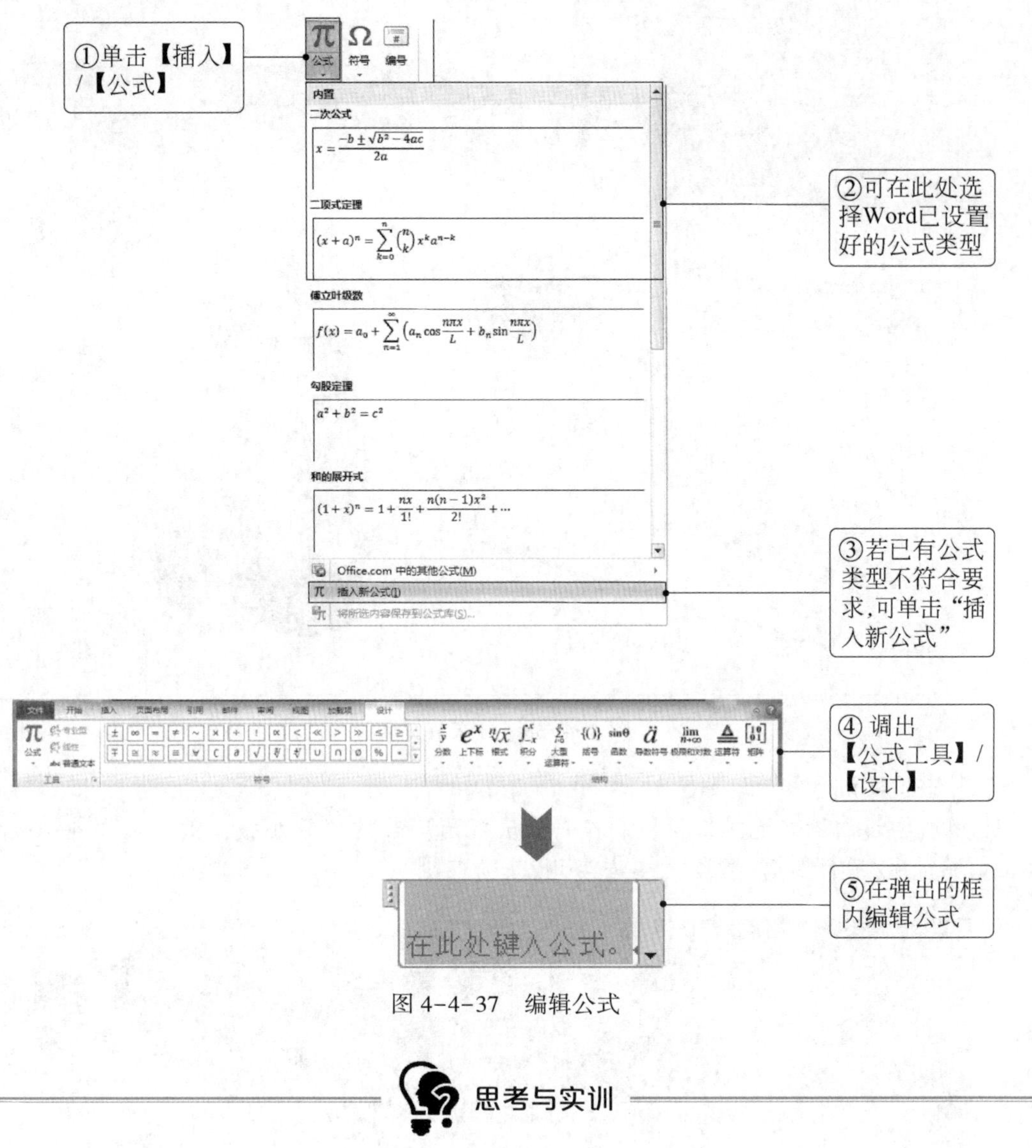

图 4-4-37　编辑公式

思考与实训

一、基础实训

制作一张“母亲节贺卡”，如图 4-4-38 所示。最终效果见资料库/项目四/任务 4/思考与实训/基础实训。

主要操作步骤如下：

1. 新建文档，自定义文档大小：宽度 22 厘米，高度 16 厘米，页边距设置为“窄”。
2. “母亲节快乐”使用艺术字，字体为“隶书”，字号为“初号”，设置渐变填充，设置发光，并设置其转换为“波形 2”，再做微调。
3. “老妈辛苦了，我会永远爱你！”用文本框添加，设置文本框填充和轮廓无颜色，字体宋体，字号小二，加上文字效果，文本轮廓设为紫色。
4. “一个怀抱……更重要的爱”这段文字用文本框添加，文本框轮廓颜色为紫色，粗细为 3 磅，填充为无颜色，字体为华文新魏，字号为三号，颜色为蓝色。
5. 将两个文本框组合，并旋转一定角度。

图 4-4-38　母亲节贺卡

二、进阶实训

利用所学过的图文混排知识，制作一张庆祝国庆节的班级小报，效果如图 4-4-39 所示（见资料库/项目四/任务 4/思考与实训/进阶实训）。

图 4-4-39　“给祖国庆生”班级小报效果图

*任务 5　邮件合并

一、任务要点

1. 邮件合并操作。
2. 邮件合并的源和域。

二、任务描述

期末考试结束了，班长张洁需要协助老师将图 4-5-1 中的两份文件发送给各位家长，每位家长需要阅读《给家长的一封信》和自己孩子的成绩单。张洁想到了利用邮件合并功能，于是重新制作了一份文档作为主文档，将两份文件的内容有机地结合在一起，批量高效地完成了老师交给的任务，如图 4-5-2 所示。

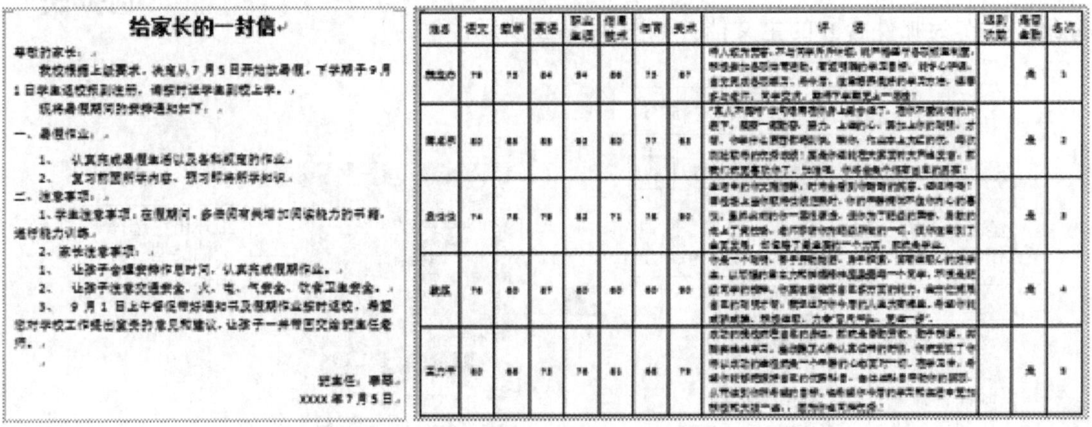

图 4-5-1　两份原始文件

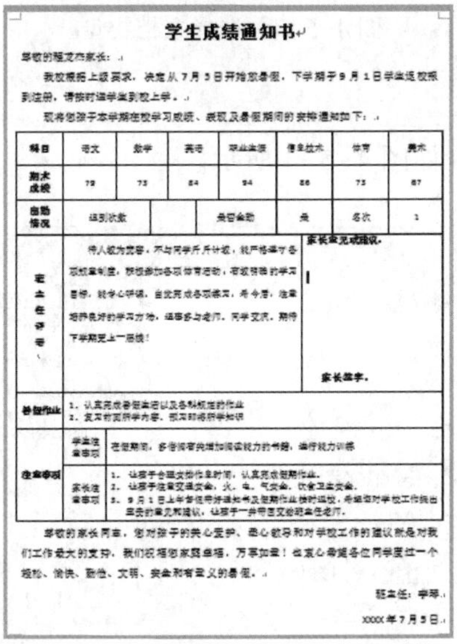

图 4-5-2　邮件合并后的效果

三、操作思路

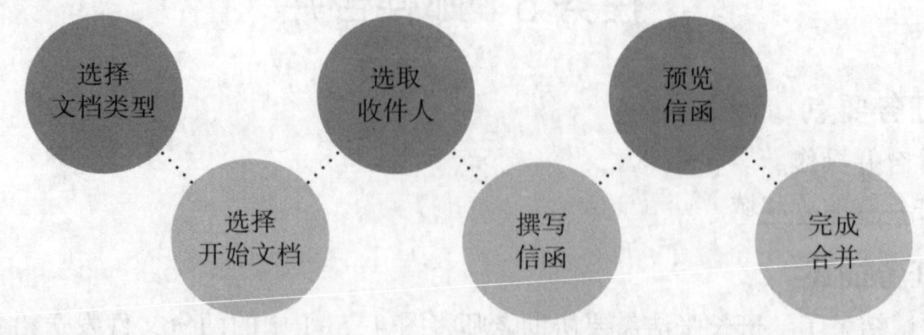

四、操作步骤

1. 选择文档类型

操作演示

打开文件：资料库/项目四/任务 5/课堂案例/学生成绩通知书 .docx，将此文件作为邮件合并的主文档，如图 4-5-3 所示。

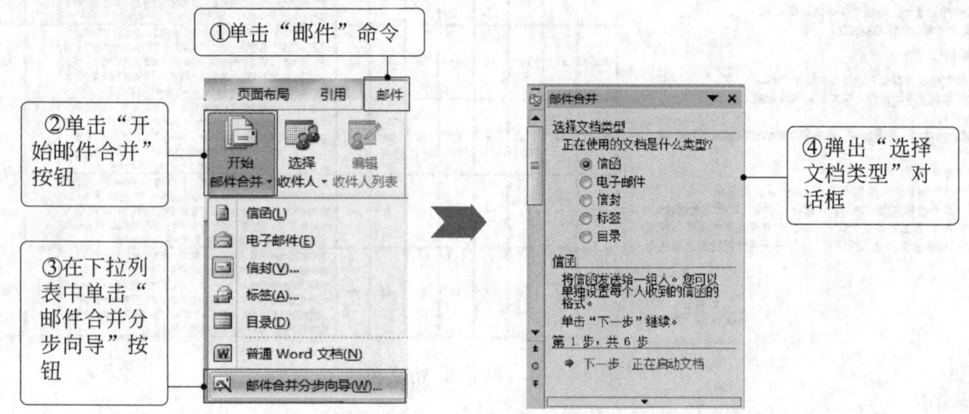

图 4-5-3　选择文档类型

2. 选择开始文档

选择开始文档的操作步骤如图 4-5-4 所示。

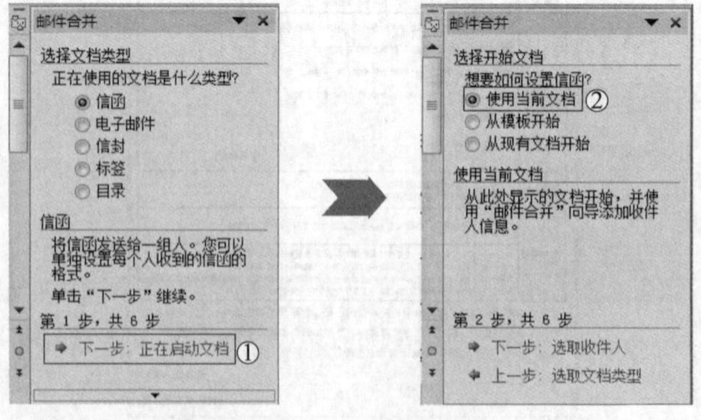

图 4-5-4　选择开始文档

实用技巧

选择开始文档下三个选项的作用

1. 使用当前文档：以正在操作的文档作为主文档。

2. 从模板开始：根据 Word 模板新建主文档，并输入或修改主文档的内容。

3. 从现有文档开始：以已有的其他 Word 文档为主文档，这时可单击【文件】/【打开】命令，从弹出的“打开”对话框中选择需要的文档打开。

3. 选取收件人

选取收件人即选择或创建数据源，数据源中包含了合并文档中各不相同的数据，若使用已有的数据源，可以单击“浏览”按钮来选取数据源，具体操作步骤如图 4-5-5 所示。

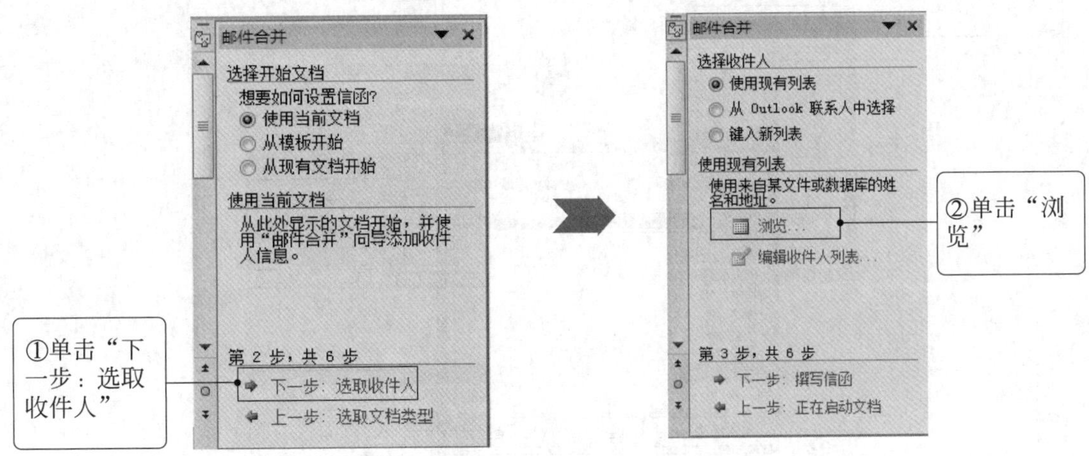

图 4-5-5　选取收件人

在弹出的对话框中选择数据源，如图 4-5-6 所示。

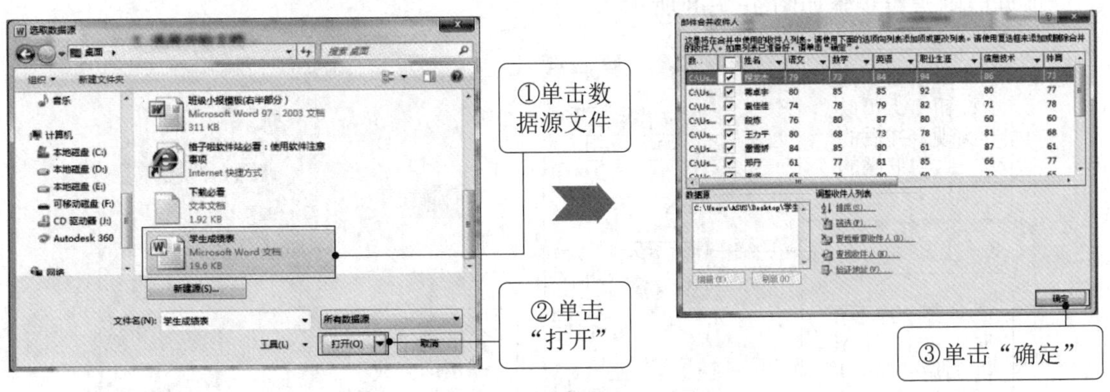

图 4-5-6　选取数据源

4. 撰写信函

插入“姓名”信息。将光标放在“尊敬的”之后，进行如图 4-5-7 所示的操作。按此方法插入其他信息。

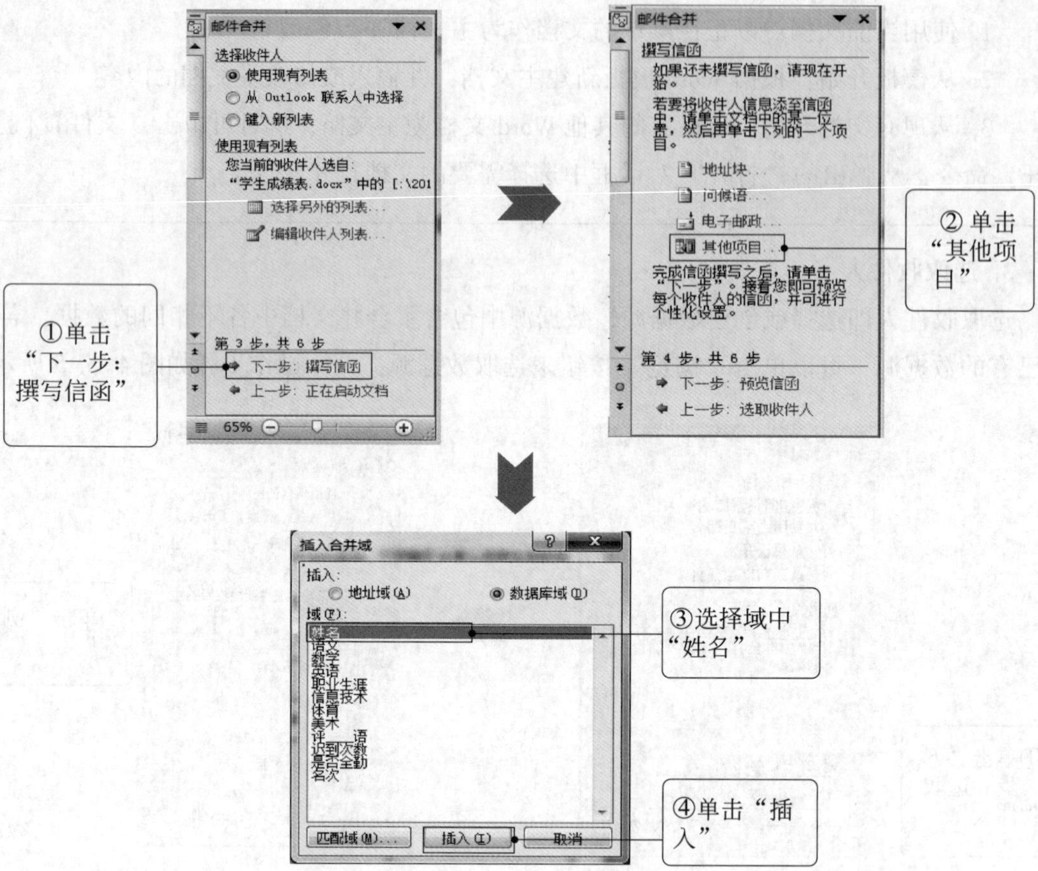

①单击“下一步：撰写信函”
②单击“其他项目”
③选择域中“姓名”
④单击“插入”

图 4-5-7　插入姓名域

5. 预览信函

预览信函操作步骤如图 4-5-8 所示。

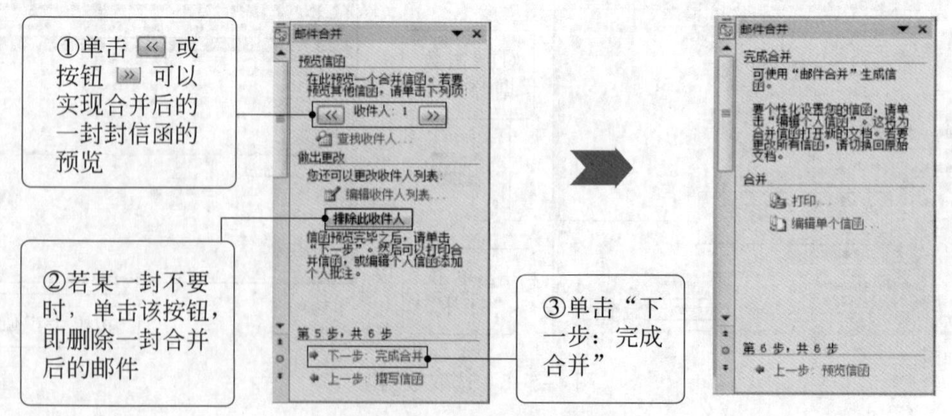

图 4-5-8　预览信函对话框

主文档预览前后对比如图 4-5-9 所示。

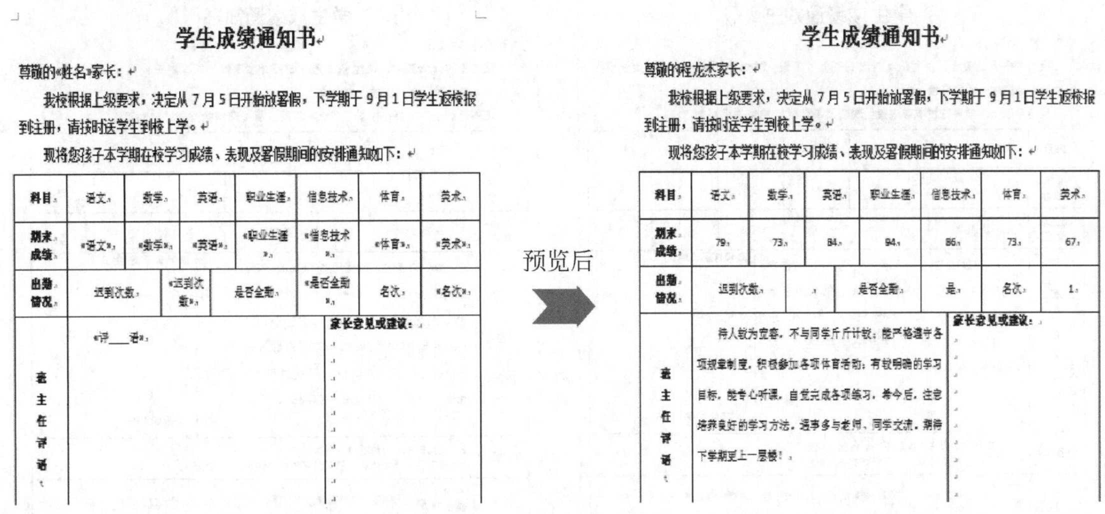

图 4-5-9　预览信函前后对比

6. 完成合并

合并后的文档可直接发送到打印机、电子邮件地址或传真号码，也可将合并文档汇集到一个新文档中，以便审阅、编辑或打印。这里主要介绍后者，操作步骤如图 4-5-10 所示。

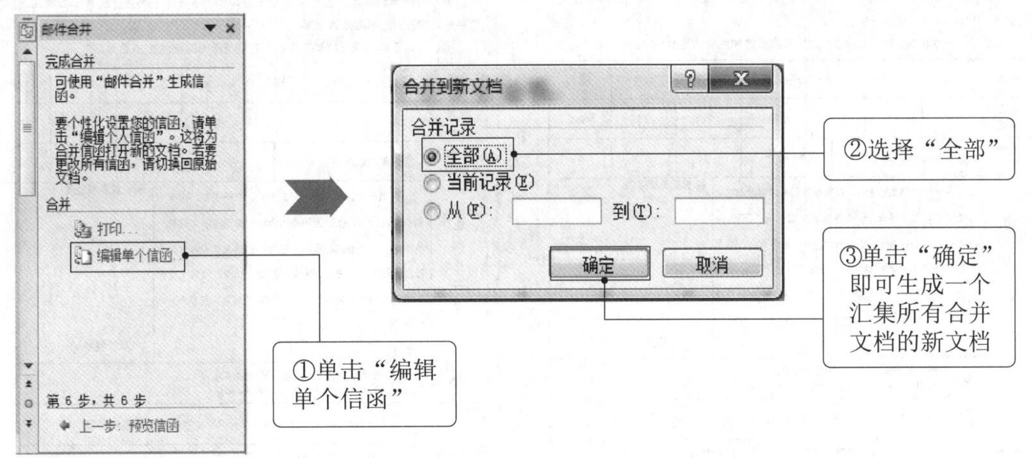

图 4-5-10　完成合并

完成合并后效果如图 4-5-11 所示。

五、相关知识

Word 的邮件合并可以将一个主文档与一个数据源结合起来，最终生成一系列输出文档。

学生成绩通知书

尊敬的程龙杰家长：

我校根据上级要求，决定从 7 月 5 日开始放暑假，下学期于 9 月 1 日学生返校报到注册，请按时送学生到校上学。

现将您孩子本学期在校学习成绩、表现及暑假期间的安排通知如下：

<table>
<tr><td>科目</td><td>语文</td><td>数学</td><td>英语</td><td>职业生涯</td><td>信息技术</td><td>体育</td><td>美术</td></tr>
<tr><td>期末成绩</td><td>79</td><td>73</td><td>84</td><td>94</td><td>86</td><td>73</td><td>67</td></tr>
<tr><td>出勤情况</td><td>迟到次数</td><td></td><td colspan="2">是否全勤</td><td>是</td><td>名次</td><td>1</td></tr>
<tr><td>班主任评语</td><td colspan="4">待人较为宽容，不与同学斤斤计较；能严格遵守各项规章制度，积极参加各项体育活动；有较明确的学习目标，能专心听课，自觉完成各项练习。希今后，注意培养良好的学习方法，遇事多与老师、同学交流，期待下学期更上一层楼！</td><td colspan="3">家长意见或建议：

家长签字：</td></tr>
<tr><td>暑假作业</td><td colspan="7">1、认真完成暑假生活以及各科规定的作业。
2、复习前面所学内容、预习即将所学知识。</td></tr>
<tr><td rowspan="2">注意事项</td><td>学生注意事项</td><td colspan="6">在假期间，多借阅有关增加阅读能力的书籍，进行能力训练。</td></tr>
<tr><td>家长注意事项</td><td colspan="6">1、让孩子合理安排作息时间，认真完成假期作业。
2、让孩子注意交通安全，火、电、气安全、饮食卫生安全。
3、9 月 1 日上午督促带好通知书及假期作业按时返校，希望您对学校工作提出宝贵的意见和建议，让孩子一并带回交给班主任老师。</td></tr>
</table>

尊敬的家长同志，您对孩子的关心爱护、悉心教导和对学校工作的建议就是对我们工作最大的支持，我们祝福您家庭幸福，万事如意！也衷心希望各位同学度过一个轻松、愉快、勤俭、文明、安全和有意义的暑假。

班主任：李琴

XXXX 年 7 月 5 日

学生成绩通知书

尊敬的蒋卓宇家长：

我校根据上级要求，决定从 7 月 5 日开始放暑假，下学期于 9 月 1 日学生返校报到注册，请按时送学生到校上学。

现将您孩子本学期在校学习成绩、表现及暑假期间的安排通知如下：

<table>
<tr><td>科目</td><td>语文</td><td>数学</td><td>英语</td><td>职业生涯</td><td>信息技术</td><td>体育</td><td>美术</td></tr>
<tr><td>期末成绩</td><td>80</td><td>85</td><td>85</td><td>92</td><td>80</td><td>77</td><td>63</td></tr>
<tr><td>出勤情况</td><td>迟到次数</td><td></td><td colspan="2">是否全勤</td><td>是</td><td>名次</td><td>2</td></tr>
<tr><td>班主任评语</td><td colspan="4">“真人不露相”这句话用在你身上最合适了，在你不爱说话的外表下，藏着一颗勤奋，努力，上进的心，再加上你的聪明，才智，你学什么东西都特别快，瞧你，作业本上大红的优，每次测验取得的优秀成绩！要是你还能在大家面前大声地发言，那我们就更喜欢你了。加油吧，你将会是个很有出息的男孩！</td><td colspan="3">家长意见或建议：

家长签字：</td></tr>
<tr><td>暑假作业</td><td colspan="7">1、认真完成暑假生活以及各科规定的作业。
2、复习前面所学内容、预习即将所学知识。</td></tr>
<tr><td rowspan="2">注意事项</td><td>学生注意事项</td><td colspan="6">在假期间，多借阅有关增加阅读能力的书籍，进行能力训练。</td></tr>
<tr><td>家长注意事项</td><td colspan="6">1、让孩子合理安排作息时间，认真完成假期作业。
2、让孩子注意交通安全，火、电、气安全、饮食卫生安全。
3、9 月 1 日上午督促带好通知书及假期作业按时返校，希望您对学校工作提出宝贵的意见和建议，让孩子一并带回交给班主任老师。</td></tr>
</table>

尊敬的家长同志，您对孩子的关心爱护、悉心教导和对学校工作的建议就是对我们工作最大的支持，我们祝福您家庭幸福，万事如意！也衷心希望各位同学度过一个轻松、愉快、勤俭、文明、安全和有意义的暑假。

班主任：李琴

XXXX 年 7 月 5 日

学生成绩通知书

尊敬的袁佳佳家长：

我校根据上级要求，决定从 7 月 5 日开始放暑假，下学期于 9 月 1 日学生返校报到注册，请按时送学生到校上学。

现将您孩子本学期在校学习成绩、表现及暑假期间的安排通知如下：

<table>
<tr><td>科目</td><td>语文</td><td>数学</td><td>英语</td><td>职业生涯</td><td>信息技术</td><td>体育</td><td>美术</td></tr>
<tr><td>期末成绩</td><td>74</td><td>78</td><td>79</td><td>82</td><td>71</td><td>78</td><td>90</td></tr>
<tr><td>出勤情况</td><td>迟到次数</td><td></td><td colspan="2">是否全勤</td><td>是</td><td>名次</td><td>3</td></tr>
<tr><td>班主任评语</td><td colspan="4">生活中的你文静恬静，时常会看到你甜甜的笑容。还记得吗？田径场上当你取得佳绩归来时，你的平静掩饰不住你内心的喜悦。虽然此前的你一直很谦虚，但你为了班级的荣誉，勇敢的走上了竞技场，老师感谢你为班级所做的一切。但你注意到了全面发展，却忽略了最主要的一个方面，那就是学业。</td><td colspan="3">家长意见或建议：

家长签字：</td></tr>
<tr><td>暑假作业</td><td colspan="7">1、认真完成暑假生活以及各科规定的作业。
2、复习前面所学内容、预习即将所学知识。</td></tr>
<tr><td rowspan="2">注意事项</td><td>学生注意事项</td><td colspan="6">在假期间，多借阅有关增加阅读能力的书籍，进行能力训练。</td></tr>
<tr><td>家长注意事项</td><td colspan="6">1、让孩子合理安排作息时间，认真完成假期作业。
2、让孩子注意交通安全，火、电、气安全、饮食卫生安全。
3、9 月 1 日上午督促带好通知书及假期作业按时返校，希望您对学校工作提出宝贵的意见和建议，让孩子一并带回交给班主任老师。</td></tr>
</table>

尊敬的家长同志，您对孩子的关心爱护、悉心教导和对学校工作的建议就是对我们工作最大的支持，我们祝福您家庭幸福，万事如意！也衷心希望各位同学度过一个轻松、愉快、勤俭、文明、安全和有意义的暑假。

班主任：李琴

XXXX 年 7 月 5 日

学生成绩通知书

尊敬的段炼家长：

我校根据上级要求，决定从 7 月 5 日开始放暑假，下学期于 9 月 1 日学生返校报到注册，请按时送学生到校上学。

现将您孩子本学期在校学习成绩、表现及暑假期间的安排通知如下：

<table>
<tr><td>科目</td><td>语文</td><td>数学</td><td>英语</td><td>职业生涯</td><td>信息技术</td><td>体育</td><td>美术</td></tr>
<tr><td>期末成绩</td><td>76</td><td>80</td><td>87</td><td>80</td><td>60</td><td>60</td><td>90</td></tr>
<tr><td>出勤情况</td><td>迟到次数</td><td></td><td colspan="2">是否全勤</td><td>是</td><td>名次</td><td>4</td></tr>
<tr><td>班主任评语</td><td colspan="4">你是一个聪明，善于开动脑筋，勇于探索，富有进取心的好学生。以顽强的意志力和拼搏精神感染着每一个同学，不愧是班级同学的榜样。你要注意锻炼自己多方面的能力，全方位施展自己的聪明才智，我想这对你今后的人生大有裨益。希望你能戒骄戒躁、积极进取，力争“百尺竿头，更进一步”。</td><td colspan="3">家长意见或建议：

家长签字：</td></tr>
<tr><td>暑假作业</td><td colspan="7">1、认真完成暑假生活以及各科规定的作业。
2、复习前面所学内容、预习即将所学知识。</td></tr>
<tr><td rowspan="2">注意事项</td><td>学生注意事项</td><td colspan="6">在假期间，多借阅有关增加阅读能力的书籍，进行能力训练。</td></tr>
<tr><td>家长注意事项</td><td colspan="6">1、让孩子合理安排作息时间，认真完成假期作业。
2、让孩子注意交通安全，火、电、气安全、饮食卫生安全。
3、9 月 1 日上午督促带好通知书及假期作业按时返校，希望您对学校工作提出宝贵的意见和建议，让孩子一并带回交给班主任老师。</td></tr>
</table>

尊敬的家长同志，您对孩子的关心爱护、悉心教导和对学校工作的建议就是对我们工作最大的支持，我们祝福您家庭幸福，万事如意！也衷心希望各位同学度过一个轻松、愉快、勤俭、文明、安全和有意义的暑假。

班主任：李琴

XXXX 年 7 月 5 日

图 4-5-11　完成合并后效果

1. 邮件合并

“邮件合并”是在邮件文档（主文档）的固定内容中，合并与发送信息相关的一组通信资料（数据源：如 Word 表、Excel 表、Access 数据表等），从而批量生成需要的邮件文档。

通俗地说，邮件合并是把数据库中的内容动态地合并到 Word 文档中，形成一个新文档，通过邮件合并工具栏中的按钮，在相同文档模板中能看到不同的文档内容。

2. 应用范围

邮件合并可制作数量比较大且内容包含固定不变部分和变化部分的文档。固定不变的内容在 Word 中设计，变化的内容来自数据表中的记录。

例如，批量打印信封、信件、学生成绩单、准考证、录取通知书、各类获奖证书、工资条等。

3. 合并过程

邮件合并的基本过程包括建立主文档、准备数据源、合并到主文档三个步骤。

（1）建立主文档

主文档是指邮件合并中固定不变的内容，如信函中的通用部分、信封上的落款等。

①建立主文档的方法。建立主文档的过程和新建一个 Word 文档相同。主文档在进行邮件合并之前只是一个普通文档。

②主文档与普通文档的区别。在主文档的合适位置应留下数据填充的空间，便于主文档与数据源完美地结合。

（2）准备数据源

数据源就是数据记录表，其中包含相关的字段和记录内容。

数据源的类型有 Word 表、Excel 表格、Outlook 联系人或 Access 数据库等。

（3）合并到主文档

利用邮件合并工具，将数据源合并到主文档中，得到目标文档。合并完成的文档份数取决于数据表中记录的条数。

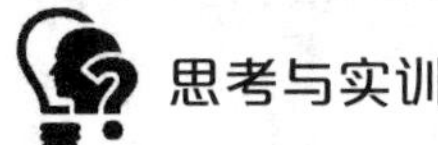

一、基础实训

打开“资料库/项目四/任务 5/基础实训”文件夹，以“请柬 .docx”文件为主文档，以“宾客名单 .docx”为数据源，完成邮件合并，合并后的其中一页效果如图4-5-12所示。

二、进阶实训

打开“资料库/项目四/任务 5/进阶实训”文件夹，以“返校通知 .docx”为主文档，以“年级记录”为数据源，完成邮件合并，合并后效果如图4-5-13所示。

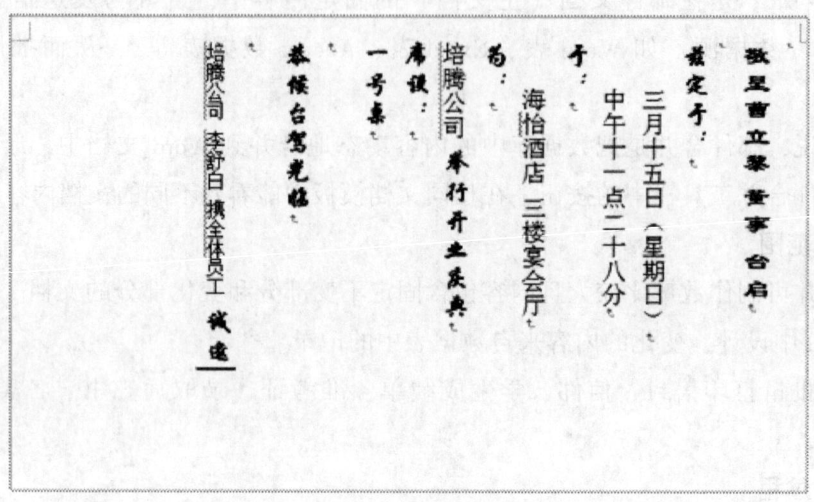

敬呈曹立黎董事台启
兹定于
三月十五日（星期日）
中午十一点二十八分
于
海怡酒店三楼宴会厅
为
培腾公司举行开业庆典
席设
一号桌
恭候台驾光临
培腾公司李舒白携全体员工 诚邀

图 4-5-12　通用实训效果

返 校 通 知

14 届

所有同学：

本学期定于 9 月 1 日开学，请于 8 月 25 日 返校。

返校时请携带新学期学费至 教学楼 201 室 缴费。

缴费时间为：上午 10 点-下午 2 点

如有疑问，可咨询负责老师：张秋怡老师

学校教务处

XXXX 年 6 月 15 日

图 4-5-13　进阶实训效果

*任务 6　宏的使用

一、任务要点

1. 录制宏。
2. 编辑宏。

3. 使用宏。

二、任务描述

杨静在一家医药企业工作，她每天需要处理大量的药品价格表。根据公司新规定，她需要在价格栏中统一添加会计符号“Y”。杨婷五笔打字、数字键盘输入都非常熟练，偏偏被一个小符号难住了。海量的表格，难道要在每一个价格前重复操作很多个步骤，只为输入一个符号吗？上网查阅时，杨静发现宏命令可以帮她解决这个问题。

三、操作思路

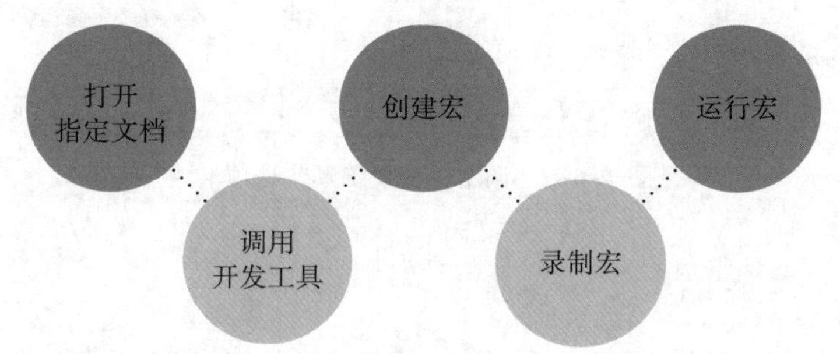

四、操作步骤

操作演示

1. 打开指定文档

打开文件：资料库/项目四/任务 6/课堂案例/课堂案例 . docx，将该文档中的内容复制到新建 Word 文档中，保存为“药品价格一览表”，如图 4-6-1 所示。

药品价格一览表

序号	品名	规格	单位	零售价（元）
1	半夏糖浆	100 mL	瓶	20.00
2	补中益气丸	3 g：8s×200 s	瓶	8.50
3	参苓白术丸	6 g×10 袋	袋	7.48

图 4-6-1　药品价格一览表

2. 调用开发工具

默认状态下，“宏”命令不会显示在功能区中。因此，需要在使用前调用“开发工具”选项卡，操作步骤如图 4-6-2 所示。

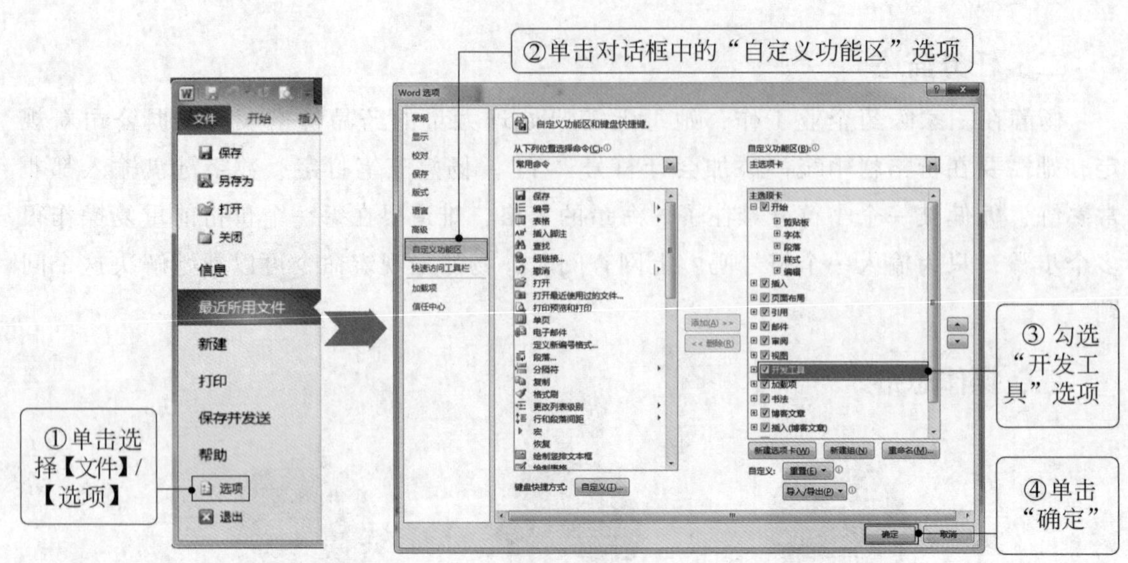

图 4-6-2　调用“开发工具”选项卡

3. 创建宏

（1）启动宏

①单击【开发工具】/【代码】组。②单击“录制宏”按钮。操作步骤如图 4-6-3所示。

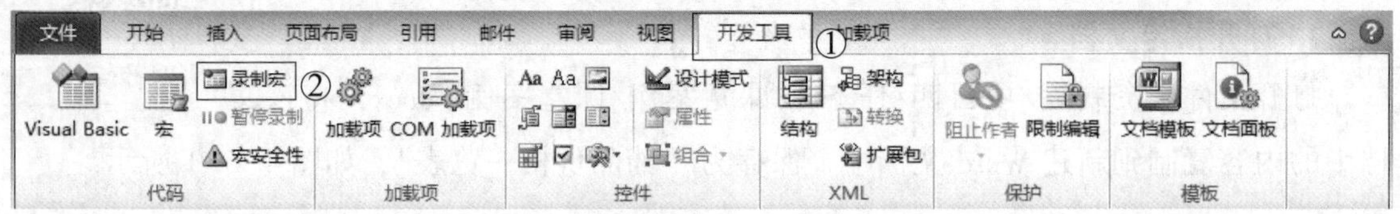

图 4-6-3　“开发工具”选项卡

（2）设置宏

在弹出的“录制宏”对话框中进行设置，并指定调用宏的快捷键，操作步骤如图 4-6-4所示。

4. 录制宏

插入符号“Y”，操作步骤如图 4-6-5 所示。

符号插入完成后，单击【开发工具】/【代码】组中的“停止录制”按钮，完成宏的录制，如图 4-6-6 所示。

5. 运行宏

将光标定位到需插入“Y”的地方，直接按组合键“Ctrl+Shift+F”，即可完成符号插入操作。

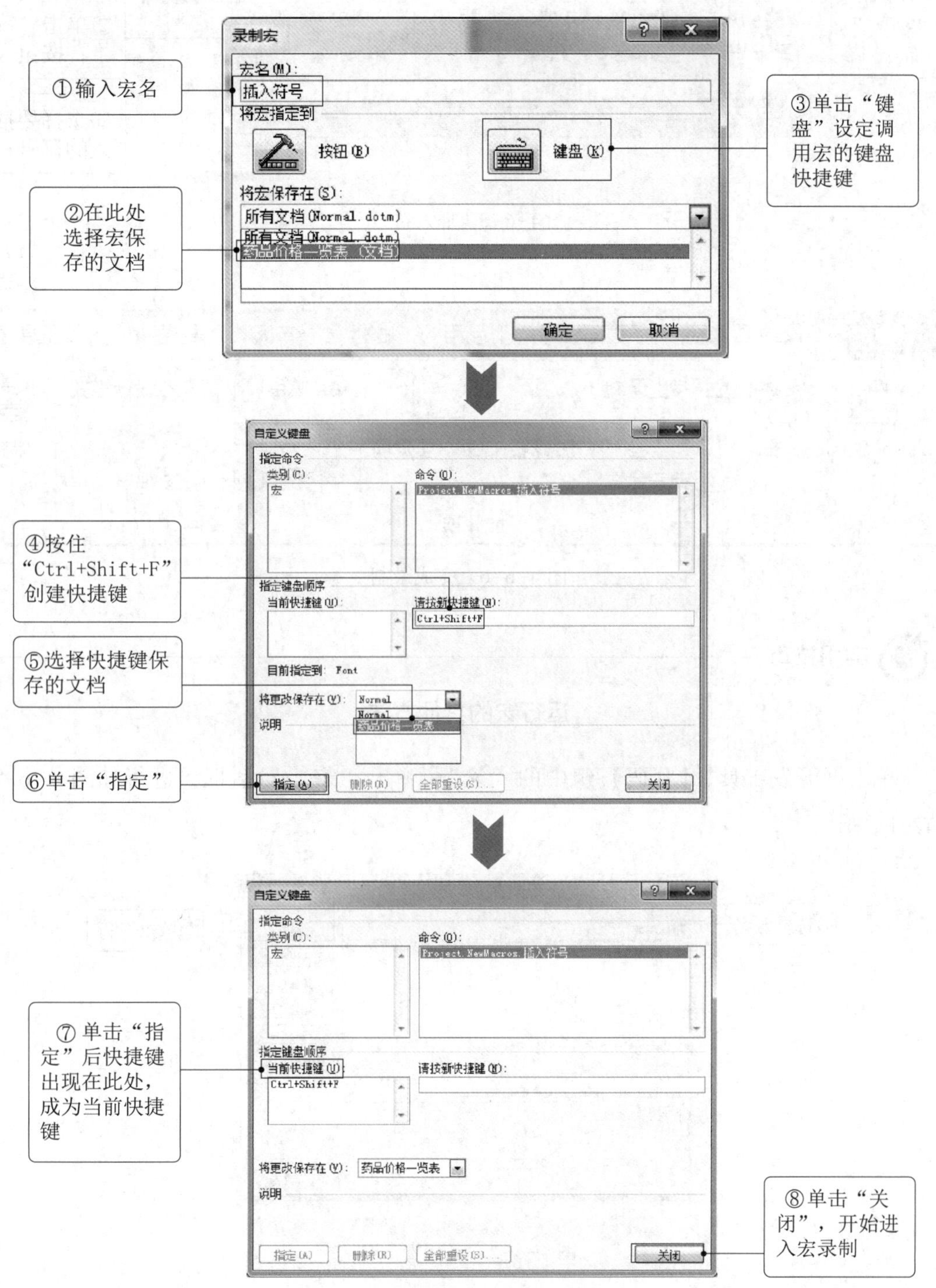

图 4-6-4　设置“录制宏”对话框

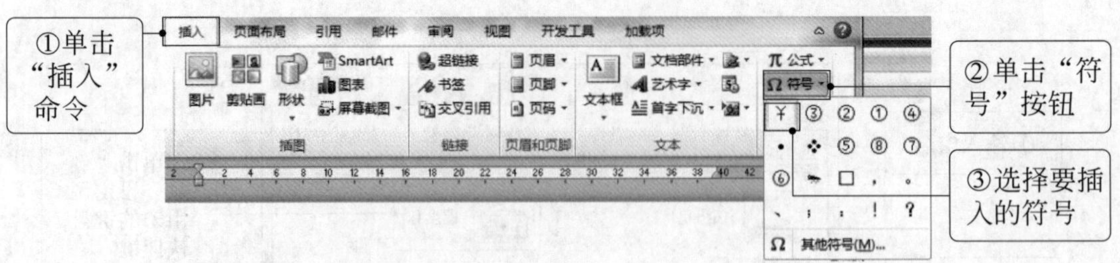

图 4-6-5　插入符号

图 4-6-6　完成录制

实用技巧

运行宏的其他方法

单击【开发工具】/【代码】组中的“宏”，弹出“宏”对话框，进行如图 4-6-7 所示的操作。

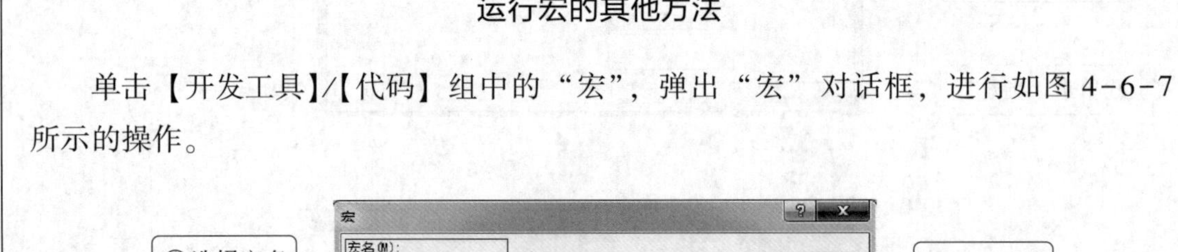

图 4-6-7　运行宏命令

宏命令执行前后效果对比如图 4-6-8 所示。

药品价格一览表

序号	品名	规格	单位	零售价（元）
1	半夏糖浆	100mL	瓶	20.00
2	补中益气丸	3g:8s×200s	瓶	8.50
3	参苓白术丸	6g×10 袋	袋	7.48

宏命令执行前

药品价格一览表

序号	品名	规格	单位	零售价（元）
1	半夏糖浆	100mL	瓶	￥20.00
2	补中益气丸	3g:8s×200s	瓶	￥8.50
3	参苓白术丸	6g×10 袋	袋	￥7.48

宏命令执行后

图 4-6-8　宏命令执行前后效果

五、相关知识

宏是微软公司为其 Office 软件包设计的一个特殊功能，目的是让用户文档中的一些任务自动化。Office 中的 Word 和 Excel 都有宏。

如果在 Word 中重复执行某项工作，可使用宏自动执行。宏将一系列的 Word 命令和指令组合在一起，形成一个命令，以实现任务执行的自动化。用户可创建并执行一个宏，以替代人工进行一系列费时而重复的 Word 操作。

宏就像一套组合拳，每次启动宏就要把这套组合拳按顺序表演一遍。

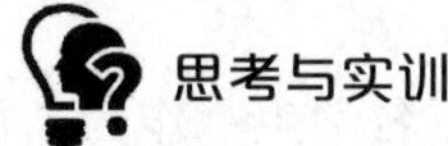

思考与实训

一、基础实训

1. 新建一个 Word 文档，创建一个表格，录制一个新宏，将宏保存在通用模板上，宏的功能为：表格单元格水平居中，字体加粗，表格外框线为双实线，底纹为“白色，背景 1，深色 15%”，关闭文档。

2. 打开文件：资料库/项目四/任务 6/基础实训/药品价格一览表 .docx，选中其中表格，运行宏。

二、进阶实训

宏的功能很强大，杨婷只用到了它的“冰山一角”，请同学们收集宏的资料并回答以下问题。

1. 你认为宏还能帮你做哪些事？

2. 如果把宏运用到工作中，它能简化哪些内容？

3. 在收集资料的过程中，你还学到了关于宏的哪些操作技巧？

项目五
使用 Excel 2010 制作电子表格

任务 1　数据表格的创建与编辑

一、任务要点

1. 工作表数据的输入和编辑。
2. 单元格的格式化。
3. 数据表格的格式化。

二、任务描述

陈子月是汽车市场营销专业的一名学生，作为新能源汽车模拟销售大赛的一名志愿者，要制作一系列的汽车销售表格，其中要包含销售员编号、销售日期、产品型号和销售价格等内容。陈子月抓住数据一目了然、表格清晰美观两个要点进行设计。

三、操作思路

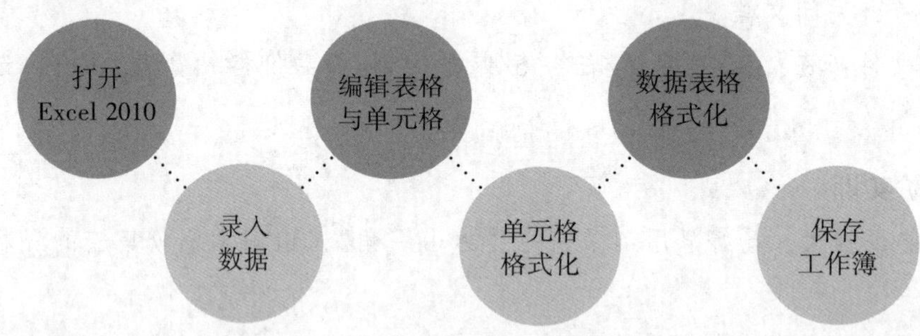

四、操作步骤

1. 打开 Excel 2010

单击“开始”按钮，依次选择【所有程序】/【Microsoft Office】/【Microsoft Excel 2010】命令，启动 Excel 2010，创建空白工作簿。

2. 录入数据

按以下 6 个步骤录入数据，得到的工作表如图 5-1-1 所示。

	A	B	C	D	E	F	G	H	I
1	第二届新能源汽车模拟销售大赛销量统计表								
2									单位：元
3	序号	员工编号	员工姓名	员工分组	日期	渠道类别	车型	颜色	整车销售价格
4	1	VP01	刘丽华	销售一组	2025-8-12	网络	C1	棕	269600
5	2	VP01	刘丽华	销售一组	2025-8-14	展厅	C1	红	269600
6	3	VP01	刘丽华	销售一组	2025-8-12	大客户	C1	白	269600
7	4	VP02	杨成	销售一组	2025-8-14	大客户	C1	棕	269600
8	5	VP02	杨成	销售一组	2025-8-14	网络	C3	黑	226900
9	6	VP02	杨成	销售一组	2025-8-15	展厅	C2	白	288800
10	7	VP04	程晓丽	销售一组	2025-8-19	展厅	C2	灰	288800
11	8	VP05	李肖军	销售二组	2025-8-18	网络	C2	白	288800
12	9	VP05	李肖军	销售二组	2025-8-13	展厅	C3	黑	226900
13	10	VP03	卢燕	销售二组	2025-8-12	网络	C2	白	288800
14	11	VP06	马晓娟	销售二组	2025-8-21	展厅	C3	灰	226900
15	12	VP06	马晓娟	销售二组	2025-8-22	网络	C3	白	226900

Sheet1 Sheet2 Sheet3

图 5-1-1　第二届新能源汽车模拟销售大赛销量统计表

（1）输入表格标题

单击单元格 A1，输入标题“第二届新能源汽车模拟销售大赛销量统计表”，按 Enter 键后，光标移至 A2 单元格。

（2）输入备注

鼠标单击 I2 单元格，输入“单位：元”。

（3）输入表格表头文本

在单元格 A3 中输入表头“序号”，然后按 Tab 键，使单元格 B3 成为活动单元格，在其中输入“员工编号”。使用相同的方法，在单元格区域 C3: I3 中依次输入标题“员工姓名”“员工分组”“日期”“渠道类别”“车型”“颜色”“整车销售价格”。

（4）输入序列数据

单击单元格 A4，在其中输入“1”。将鼠标指针移至单元格 A4 的右下角，当出现控制句柄“+”时，按住鼠标右键拖动至 A15，在弹出快捷菜单中选择“填充序列”，单元格区域 A4: A15 内自动生成序号。

（5）输入文本数据

参照样表输入“员工姓名”“员工分组”“渠道类别”“车型”“颜色”中的文本内容。

（6）输入日期型数据

定位 E4 单元格，切换到英文输入法状态，输入“2025-8-12”，也可输入“2025/8/12”。这两种方法均可自动被识别为日期型数据。

（7）输入数值型数据

定位 I4 单元格，应用键盘上数字键盘区或者主键盘区中的数字键录入数据。

3. 编辑表格与单元格

（1）新建工作表

每张工作簿会提供 sheet1 至 sheet3 三张工作表，如果不够用时，可新建工作表。在表格标签栏中单击最右侧的“插入工作表”按钮即可。

（2）重命名工作表

单击选定工作表标签栏中的工作表名“sheet1”，单击鼠标右键，在弹出的快捷菜单中选择“重命名”命令，输入新的名称“销量表”，按 Enter 键即可完成操作，如图 5-1-2 所示。

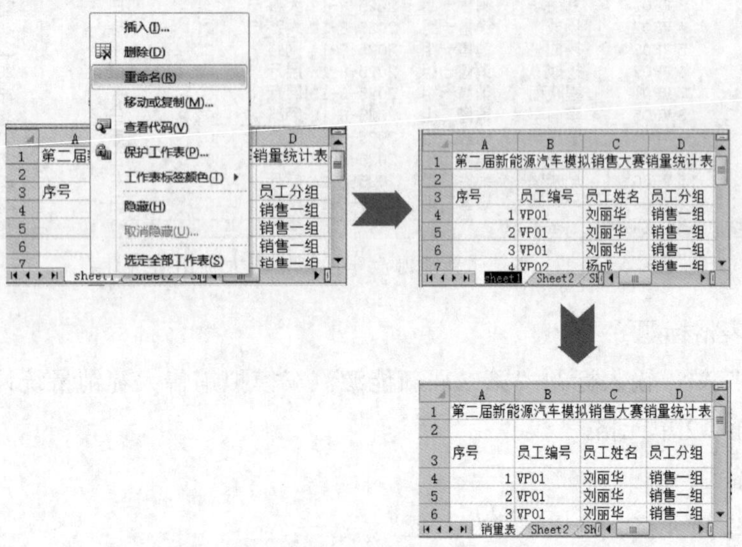

图 5-1-2　重命名工作表

（3）修改单元格数据

单击选定“销量表”，双击 D10 单元格，鼠标光标定位到单元格中，将“一”改为“二”，如图 5-1-3 所示。

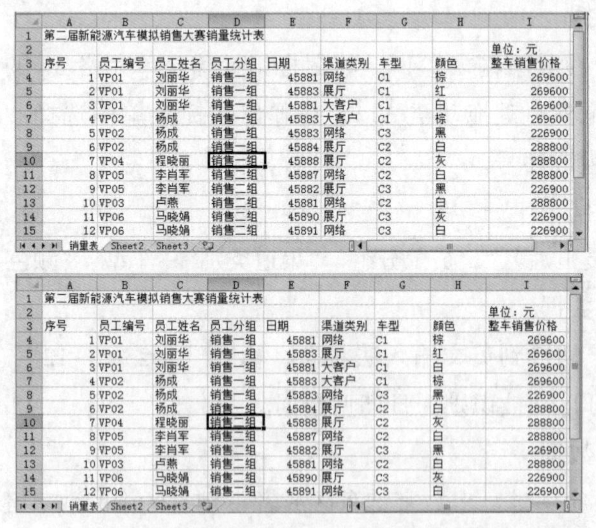

图 5-1-3　第二届新能源汽车模拟销售大赛销量统计表

（4）复制数据

①单击选定“销量表”中 A3 单元格，长按鼠标左键并拖动到 I15 单元格，选定 A3：

I15 区域。②单击鼠标右键，选择“复制”命令。③单击“Sheet2”工作表，右击 A1 单元格，在弹出的快捷菜单中选择“粘贴”命令。操作步骤如图 5-1-4 所示。

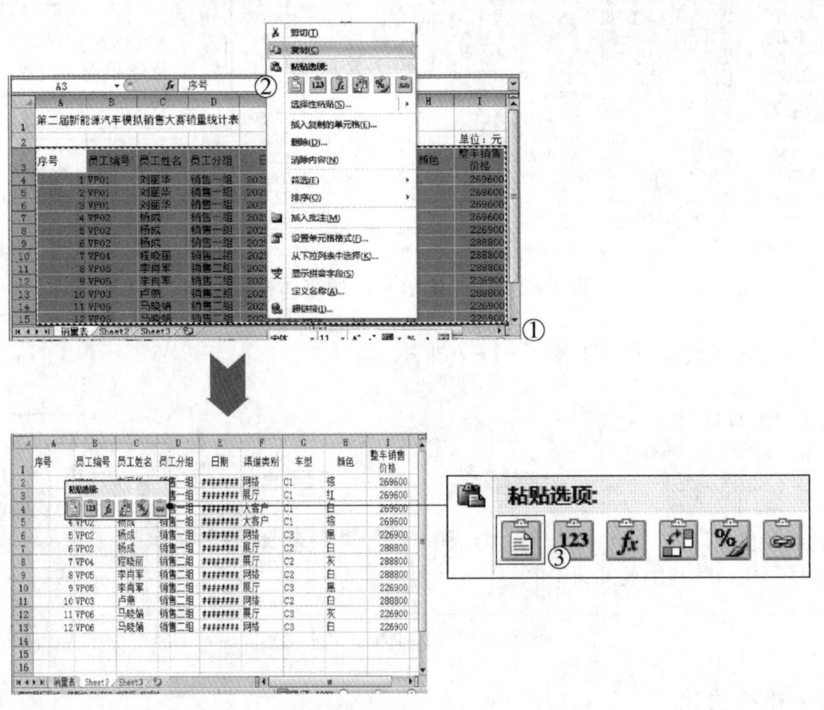

图 5-1-4 复制相邻单元格中的数据

4. 单元格格式化

（1）设置单元格数据的字体格式

操作演示

在 Excel 工作表中，可以通过“开始”选项卡的【字体】组对数据的字体样式进行设置，其操作方法与 Word 设置字体格式相似，如图 5-1-5 所示。设置要求与完成效果如图 5-1-6 所示。

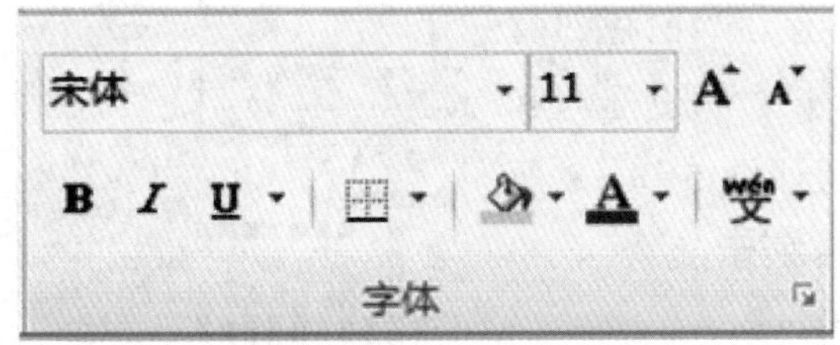

图 5-1-5 【字体】组

（2）设置单元格数据的对齐方式

对齐方式可以从水平和垂直两个方向去设置，在“开始”选项卡的【对齐方式】组

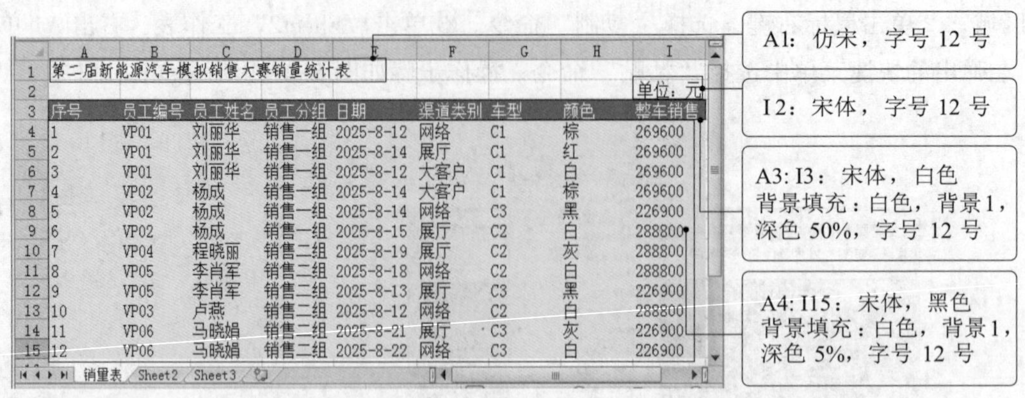

图 5-1-6　设置单元格的字体格式

中单击相应的对齐方式按钮，如图 5-1-7 所示。

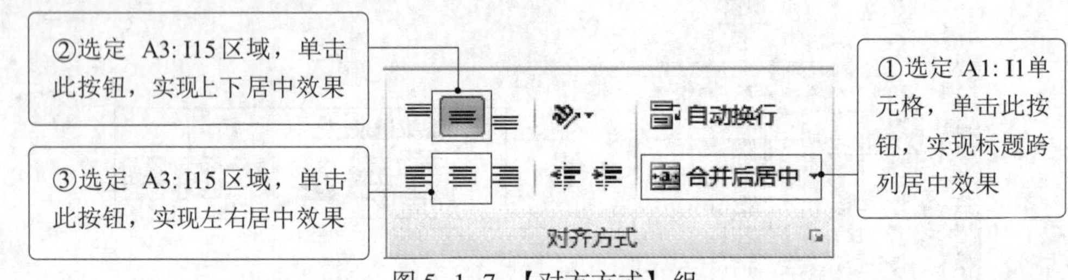

图 5-1-7　【对方方式】组

5. 数据表格格式化

数据表格的格式化主要从表格边框、行高与列宽、数字格式等方面来入手。可以通过快捷菜单中的“设置单元格格式”命令中的“边框”选项卡来设置。

（1）设置表格边框

①选定 A3: I15 区域，在选定区域内单击鼠标右键，在弹出的快捷菜单中选择“设置单元格格式”命令，选择“边框”选项卡。②设置边框颜色为“白色，背景 1，深色 25%”。③单击“外边框”和“内部”按钮。操作步骤如图 5-1-8 所示。完成效果如图 5-1-9 所示。

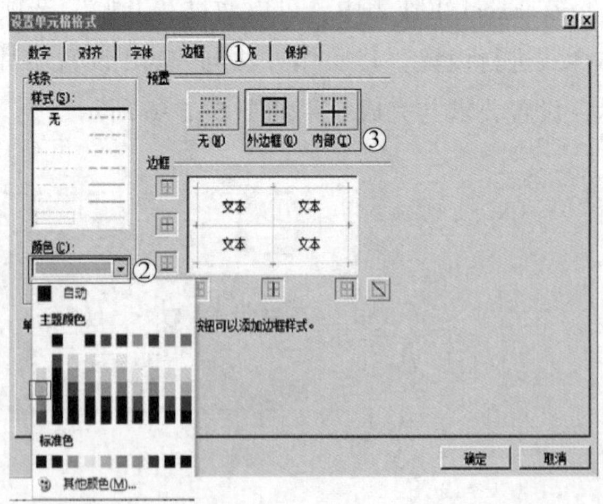

图 5-1-8　设置边框

（2）设置行高与列宽

①设置列宽。选择 E3 单元格，在【开始】/【单元格】组中单击“格式”按钮 格式，在弹出的下拉列表中选择“行高”，在打开的对话框中输入数值“10”，如图 5-1-10 所示。②设置行高。用相似的方法，设

置第 1 行和第 3 行的行高为“30”，第 4~15 行的行高为“15”，如图 5-1-11 所示。

	A	B	C	D	E	F	G	H	I
1	第二届新能源汽车模拟销售大赛销量统计表								
2									单位：元
3	序号	员工编号	员工姓名	员工分组	日期	渠道类别	车型	颜色	整车销售
4	1	VP01	刘丽华	销售一组	2025-8-12	网络	C1	棕	269600
5	2	VP01	刘丽华	销售一组	2025-8-14	展厅	C1	红	269600
6	3	VP01	刘丽华	销售一组	2025-8-12	大客户	C1	白	269600
7	4	VP02	杨成	销售一组	2025-8-14	大客户	C1	棕	269600
8	5	VP02	杨成	销售一组	2025-8-14	网络	C3	黑	226900
9	6	VP02	杨成	销售一组	2025-8-15	展厅	C2	白	288800
10	7	VP04	程晓丽	销售二组	2025-8-19	展厅	C2	灰	288800
11	8	VP05	李肖军	销售二组	2025-8-18	网络	C2	白	288800
12	9	VP05	李肖军	销售二组	2025-8-13	展厅	C3	黑	226900
13	10	VP03	卢燕	销售二组	2025-8-12	网络	C2	白	288800
14	11	VP06	马晓娟	销售二组	2025-8-21	展厅	C3	灰	226900
15	12	VP06	马晓娟	销售二组	2025-8-22	网络	C3	白	226900

图 5-1-9　添加边框效果

图 5-1-10　设置列宽

图 5-1-11　设置行高

（3）设置数字格式

选定 I4：I15 单元格，【开始】/【数字】组中进行如下设置：①单击 常规 右侧下箭头，在弹出菜单中选择“会计专用”命令。②单击 右侧箭头，在弹出菜单中选择“￥中文（中国）”命令。操作步骤如图 5-1-12 所示。

（4）去除工作表灰色网格线

在【视图】/【显示】组中去掉“网格线”前“√”，如图 5-1-13 所示，销售表完成最终效果如图 5-1-14 所示。

图 5-1-12　添加人民币符号

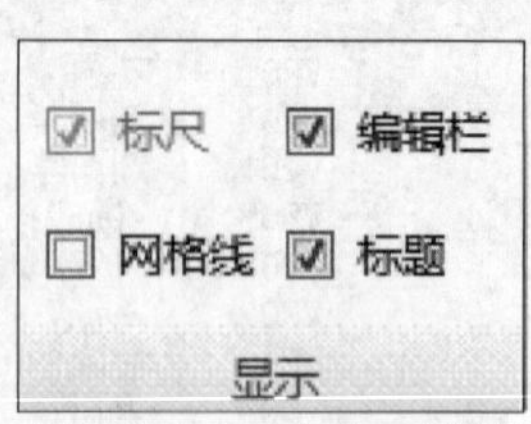

图 5-1-13　网络线

第二届新能源汽车模拟销售大赛销量统计表

单位：元

序号	员工编号	员工姓名	员工分组	日期	渠道类别	车型	颜色	整车销售价格
1	VP01	刘丽华	销售一组	2025-8-12	网络	C1	棕	¥269,600.00
2	VP01	刘丽华	销售一组	2025-8-14	展厅	C1	红	¥269,600.00
3	VP01	刘丽华	销售一组	2025-8-12	大客户	C1	白	¥269,600.00
4	VP02	杨成	销售一组	2025-8-14	大客户	C1	棕	¥269,600.00
5	VP02	杨成	销售一组	2025-8-14	网络	C3	黑	¥226,900.00
6	VP02	杨成	销售一组	2025-8-15	展厅	C2	白	¥288,800.00
7	VP04	程晓丽	销售二组	2025-8-19	展厅	C2	灰	¥288,800.00
8	VP05	李肖军	销售二组	2025-8-18	网络	C2	白	¥288,800.00
9	VP05	李肖军	销售二组	2025-8-13	展厅	C3	黑	¥226,900.00
10	VP03	卢燕	销售二组	2025-8-12	网络	C2	白	¥288,800.00
11	VP06	马晓娟	销售二组	2025-8-21	展厅	C3	灰	¥226,900.00
12	VP06	马晓娟	销售二组	2025-8-22	网络	C3	白	¥226,900.00

图 5-1-14　销售表最终效果

实用技巧

编辑表格时的小技巧

1. 输入日期型数据时切换到半角英文状态。

2. 若输入身份证号等超长数据，在数据前加上英文状态单引号“’”，可将数值型数据转换成文本型数据。

3. 新建文档后注意保存，并在工作过程中多次按下 Ctrl+S 快捷键进行保存。

4. 在 Excel 2010 中，进行格式化主要依靠两种方式：（1）【开始】/【字体】组、【对齐方式】组、【数字】组、【样式】组等。（2）右键菜单中的“设置单元格格式”对话框操作。

6. 保存工作簿

检查录入信息，确认无误后保存工作簿。

五、相关知识

Excel 集文字、数据、图形、图表及其他多媒体对象于一体，不仅可以制作各类电子表格，还可以组织、计算和分析多种类型的数据，方便地制作图表等。

1. 工作簿

工作簿是用户使用 Excel 进行操作的主要对象和载体，创建数据表格、在表格内编辑和操作等一系列工作都是在这个对象中完成的。每一个 Excel 文件都可以看作是一个工作簿，当打开一个 Excel 文件时，就等于打开了一个 Excel 工作簿，如图 5-1-15 所示。

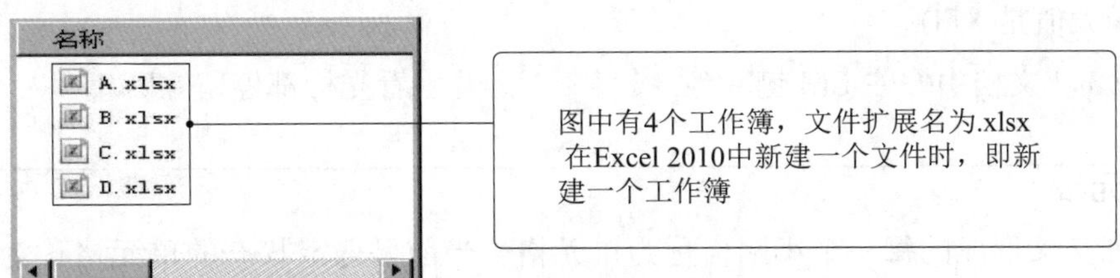

图 5-1-15　工作簿

2. 工作表

工作表是在 Excel 中用于存储和处理数据的主要文档。工作表由排列成行或列的单元格组成。打开一个 Excel 工作簿后在窗口底部看到的“Sheet”标签表示的是工作表，有几个标签就代表有几张工作表，如图 5-1-16 所示。

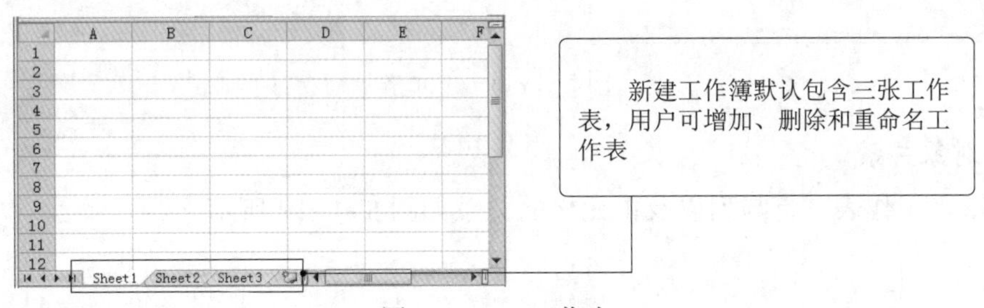

图 5-1-16　工作表

3. 行与列

工作表内从左到右的方向被称为行，从上到下的方向被称为列，如图 5-1-17 所示，左右两图分别选中了 4 行和 3 列。

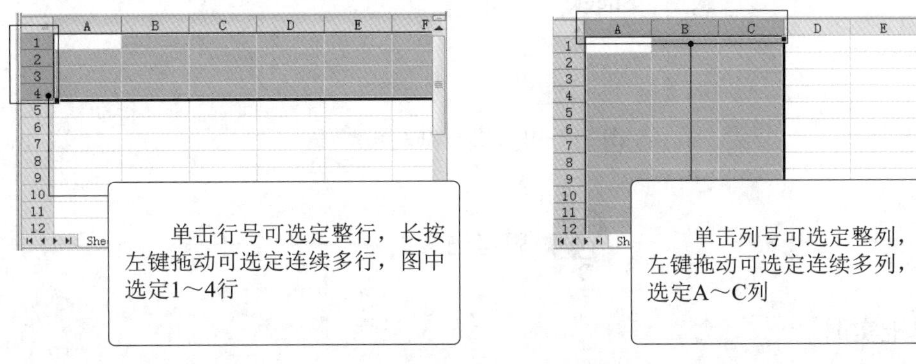

图 5-1-17　行与列

行与列的标记

Excel 的行是用阿拉伯数字标记的。

Excel 的列是用英文字母标记的，A ~ Z；Z 列之后是 AA ~ ZZ；ZZ 列之后是 AAA，列标的最大值是 XFD。

在 Excel 文档中按住 Ctrl 键+ "→↓↑←"，看一看光标都停留在哪里。

4. 单元格

行与列交叉形成的每一个小网格称为单元格，当前呈选定状态的单元格称为活动单元格，如图 5-1-18 所示。

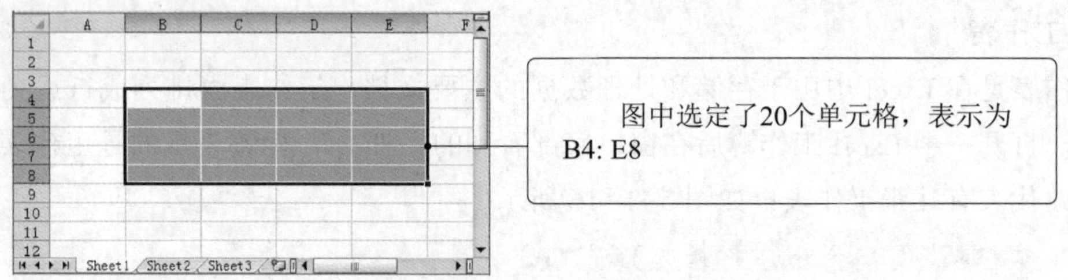

图 5-1-18　单元格

5. 各对象关系

工作簿、工作表、行与列以及单元格的关系如图 5-1-19 所示。

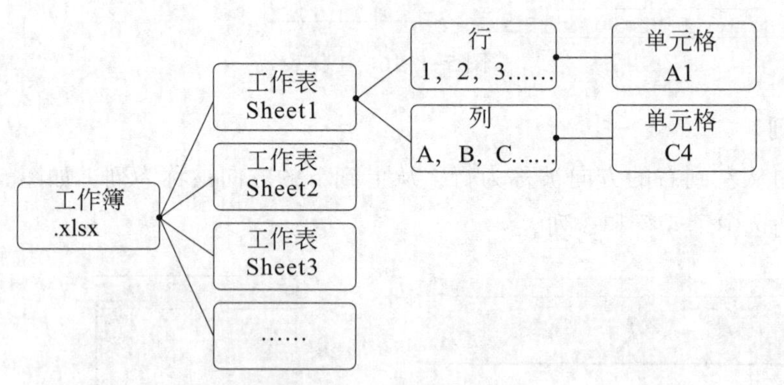

图 5-1-19　各对象关系

一、基础实训

1. 新建工作簿，保存工作簿，文件名为"成绩统计表 . xlsx"。

2. 录入如图 5-1-20 所示各行与各列内容。

3. 第 3 行“服装制作工艺”“服装结构设计与制图”和“服装市场营销”单元格中文字均占两行，操作方法：在需断行位置按“Alt+Enter”组合键，进行硬回车。

4. 标题跨列居中。

5. 选定 D3: K14 区域，设置字体为“宋体”、11 号字，对齐方式设为中部居中，添加边框。

6. D4: K13 区域内所有数字添加两位小数。

7. 去掉网络线。

8. 将自己制作的“成绩统计表 . xlsx”与图 5-1-20 进行比较，如有遗漏，应用所学知识进行修改，直至与图示格式一致为止。

	A	B	C	D	E	F	G	H	I	J	K
1						××技师学院学生成绩统计表					
2	院(系)/部：轻工部							专业：服装制作与营销			
3	序号	学号	姓名	语文	数学	服装材料	服装结构 设计与制图	服装 制作工艺	服装 市场营销	总成绩	平均 成绩
4	1	FZ-01	李霞红	78.00	81.00	79.00	80.00	81.00	80.00		
5	2	FZ-02	李海洋	62.00	61.00	66.00	77.00	70.00	49.00		
6	3	FZ-03	吴思念	57.00	28.00	0.00	49.00	70.00	47.00		
7	4	FZ-04	杨鹏中	77.00	65.00	84.00	72.00	68.00	74.00		
8	5	FZ-05	张波	81.00	85.00	76.00	72.00	91.00	80.00		
9	6	FZ-06	唐雅琴	71.00	63.00	77.00	60.00	56.00	73.00		
10	7	FZ-07	刘孟超	73.00	77.00	77.00	47.00	70.00	75.00		
11	8	FZ-08	王德洋	75.00	76.00	75.00	64.00	55.00	55.00		
12	9	FZ-09	骆鹏飞	74.00	71.00	73.00	77.00	56.00	80.00		
13	10	FZ-10	朱健伟	64.00	64.00	73.00	45.00	68.00	67.00		
14	课程平均成绩										

Sheet1　Sheet2　Sheet3

图 5-1-20　××技师学院学生成绩统计表

二、进阶实训

亲爱的同学，你现在的水平已经相当棒了，有信心来帮助我们完成下列表格的操作吗？

打开文件：资料库/项目五/任务 1/进阶实训/客户资料统计表 . xlsx。

1. 你能一次将所有的客户编号由“V00X”替换成“D00X”吗？

2. 在 D 列后面新插入一列，输入“身份证号码”。

3. 选定工作表，添加“套用表格样式”中的“表样式浅色 2”。

4. 设置标题格式。

5. 应用资料库中的背景图片为当前工作表添加背景。

任务2 公式运算

一、任务要点

1. 使用公式进行运算。

2. 单元格地址及多个工作表的引用。

二、任务描述

王凯的父亲经营着一家24小时便利店，逢节假日王凯都会去店里给爸爸帮忙，看到爸爸白天忙经营，晚上还要统计收支，王凯就利用在学校里学习的电子表格帮爸爸做了一张产品统计表。从此，爸爸再也不用频繁地按计算器，只要输入数据，统计表就能自动计算成本、销售额和利润。

三、操作思路

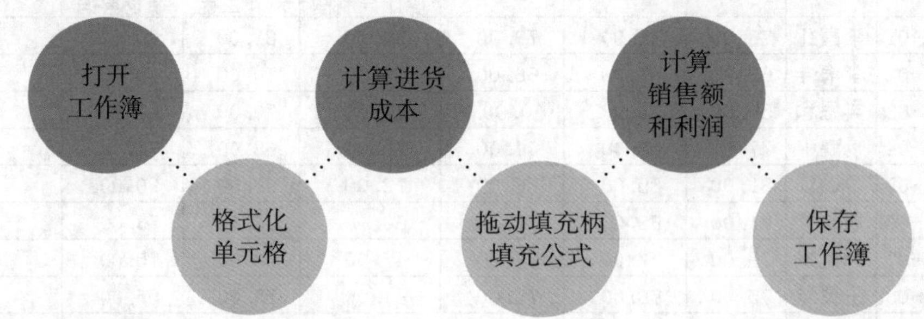

四、操作步骤

操作演示

1. 打开工作簿

打开文件：资料库/项目五/任务 2/课堂案例/便利店产品统计表 . xlsx。

2. 格式化单元格

进入“销售统计”工作表，调整数据格式，得到的工作表如图 5-2-1 所示。

3. 计算进货成本

进货成本=进货价×进货数量，在 F3 单元格中输入公式“=B3*C3”，注意“=”不可省，如图 5-2-2 所示。

4. 拖动填充柄填充公式

使用填充柄复制公式，拖动 F3 单元格的填充柄往下填充至 F6 单元格，得到各产品的进货成本，如图 5-2-3 所示。

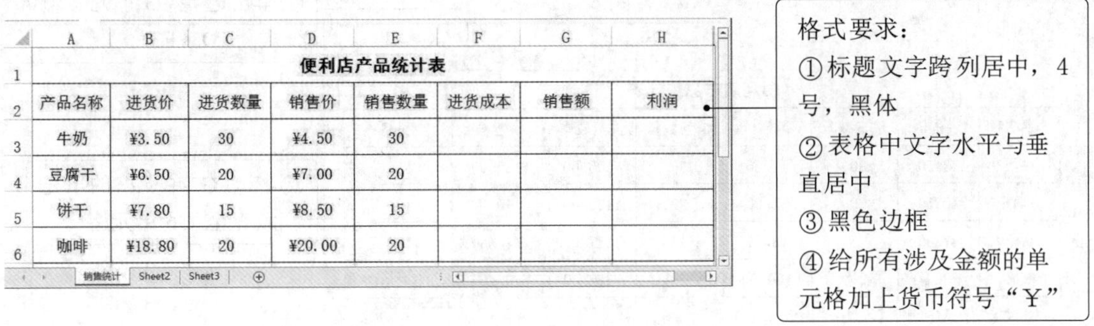

便利店产品统计表							
产品名称	进货价	进货数量	销售价	销售数量	进货成本	销售额	利润
牛奶	¥3.50	30	¥4.50	30			
豆腐干	¥6.50	20	¥7.00	20			
饼干	¥7.80	15	¥8.50	15			
咖啡	¥18.80	20	¥20.00	20			

图 5-2-1　格式化便利店产品统计表

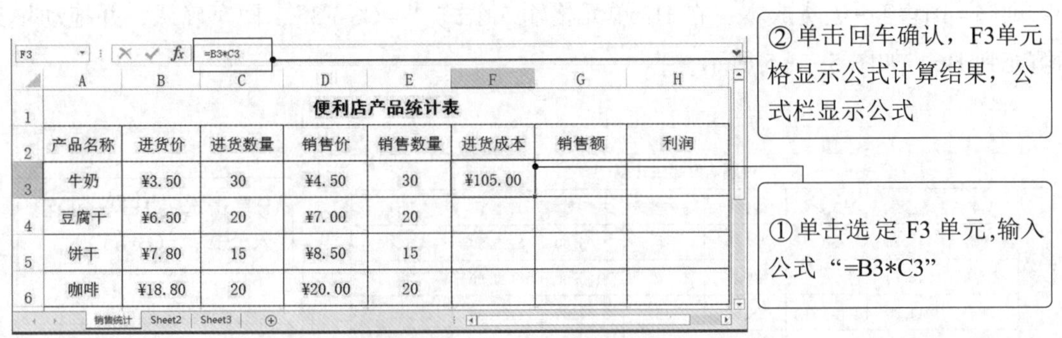

便利店产品统计表							
产品名称	进货价	进货数量	销售价	销售数量	进货成本	销售额	利润
牛奶	¥3.50	30	¥4.50	30	¥105.00		
豆腐干	¥6.50	20	¥7.00	20			
饼干	¥7.80	15	¥8.50	15			
咖啡	¥18.80	20	¥20.00	20			

图 5-2-2　输入进货成本计算公式

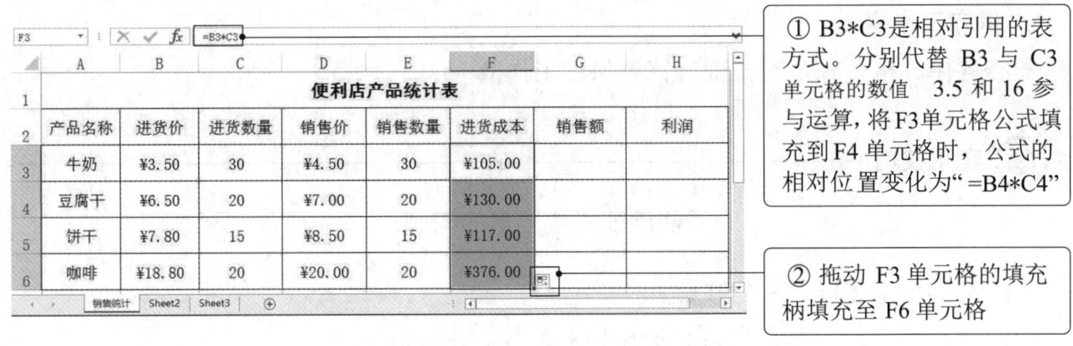

便利店产品统计表							
产品名称	进货价	进货数量	销售价	销售数量	进货成本	销售额	利润
牛奶	¥3.50	30	¥4.50	30	¥105.00		
豆腐干	¥6.50	20	¥7.00	20	¥130.00		
饼干	¥7.80	15	¥8.50	15	¥117.00		
咖啡	¥18.80	20	¥20.00	20	¥376.00		

图 5-2-3　填充进货成本公式

5. 计算销售额和利润

（1）计算销售额

销售额=销售价×销售数量，在 G3 单元格中输入公式“=D3*E3”，注意“=”不可省，拖动 G3 单元格的填充柄往下填充至 G6 单元格，得到各产品的销售额，如图 5-2-4 所示。

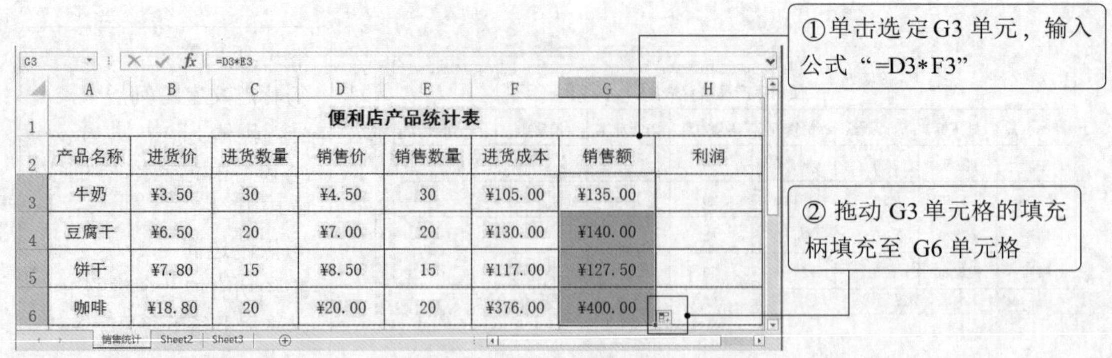

便利店产品统计表

产品名称	进货价	进货数量	销售价	销售数量	进货成本	销售额	利润
牛奶	¥3.50	30	¥4.50	30	¥105.00	¥135.00	
豆腐干	¥6.50	20	¥7.00	20	¥130.00	¥140.00	
饼干	¥7.80	15	¥8.50	15	¥117.00	¥127.50	
咖啡	¥18.80	20	¥20.00	20	¥376.00	¥400.00	

图 5-2-4　输入销售额计算公式

（2）计算利润

利润=销售额-进货成本，在 H3 单元格输入公式“=G3-F3”，回车确认，并拖动填充柄填充到 H6，如图 5-2-5 所示。

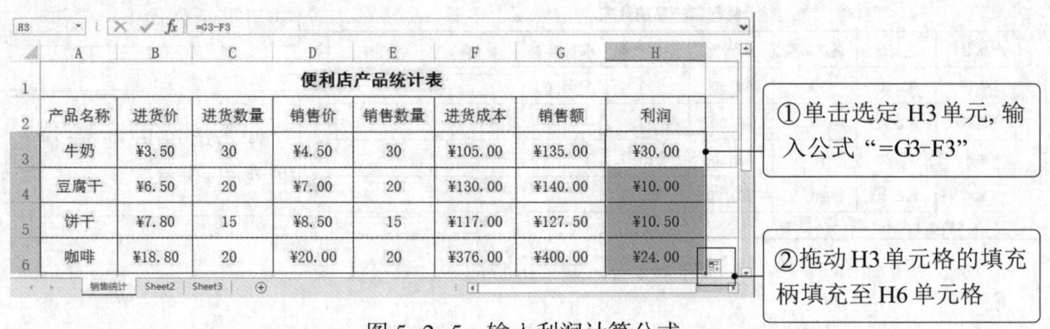

便利店产品统计表

产品名称	进货价	进货数量	销售价	销售数量	进货成本	销售额	利润
牛奶	¥3.50	30	¥4.50	30	¥105.00	¥135.00	¥30.00
豆腐干	¥6.50	20	¥7.00	20	¥130.00	¥140.00	¥10.00
饼干	¥7.80	15	¥8.50	15	¥117.00	¥127.50	¥10.50
咖啡	¥18.80	20	¥20.00	20	¥376.00	¥400.00	¥24.00

图 5-2-5　输入利润计算公式

6. 保存工作簿

检查各单元格公式是否正确计算，保存工作簿。

实用技巧

使用公式应注意的问题

1. 公式一定要以“=”开始。
2. “+, -, *, /”等运算符号切换到半角英文状态输入。
3. 运算过程以及运算顺序与数学规则要求一致。
4. 输入完成，按回车键确认。

五、相关知识

Excel 的单元格中可以输入公式，利用公式可以进行数据运算。下面介绍公式和单元格的引用。

1. 公式

公式是对工作表中的值执行计算的等式，如图 5-2-6 所示。公式必须以“=”开头，系统将“=”后面的字符串识别为公式。例如，=B3*E3, =(F4+G4)/3，=D3-E3 等表达式都是公式。王凯计算进货成本、销售额和利润的表达式均为公式。

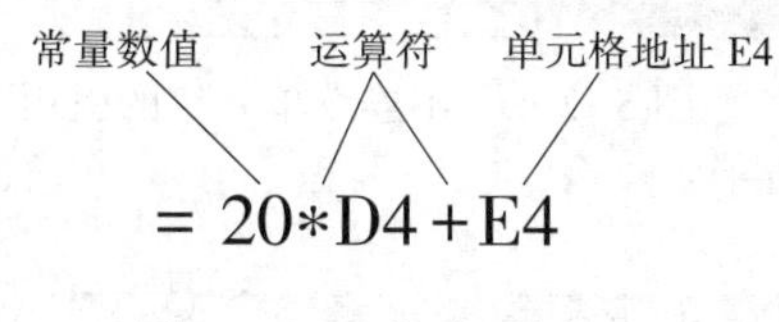

图 5-2-6　公式示例

2. 引用

（1）引用的概念

单元格的引用是指在公式中使用单元格的地址作为运算项，引用时单元格地址代表了该单元格中的数据。例如，在图 5-2-3 中，用 B3 代替牛奶的进货价格“3.5”，用 C3 代替牛奶的进货数量“30”。使用单元格的地址进行运算的优点是：一旦单元格中数据发生改变，公式计算的结果会自动更新。

（2）引用的方法

当需要在公式中引用单元格时，可以直接使用键盘在公式中输入单元格地址，也可以用鼠标单击该单元格。

（3）常用引用符号

单元格的引用包含冒号、逗号、感叹号等引用运算符。

①冒号（:）是连续单元格的引用。冒号表示一个连续单元格区域。B2: G2 表示 B2 到 G2 的所有单元格，包括 B2，C2，D2，E2，F2，G2 等单元格，如图 5-2-7 所示。应用函数求和与求平均值时会经常用到这种引用方法。

②逗号（,）是不连续单元格的引用。可以将单元格引用名联合起来，常用于处理一系列不连续的单元格。例如，“B2, G2”表示 B2、G2 两个单元格，如图 5-2-8 所示。又如“B2: G2, C4”表示 B2，C2，D2，E2，F2，G2 和 C4 单元格区域，如图 5-2-9 所示。

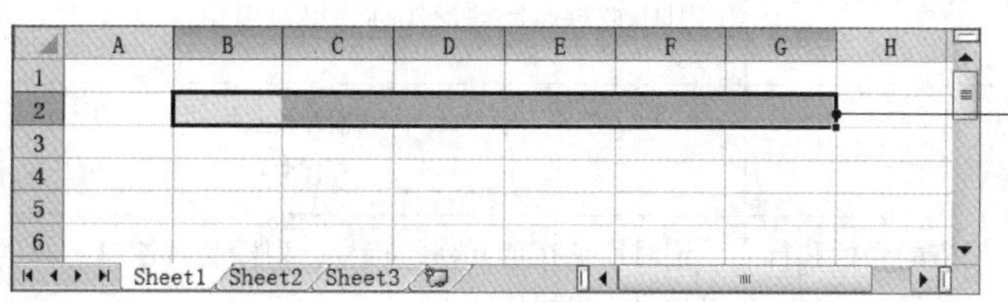

B2: G2表示起点为B2，终点为 G2 的一个连续单元格区域，包括B2，C2，D2，E2，F2 和 G2 等单元格

图 5-2-7　连续单元格的引用

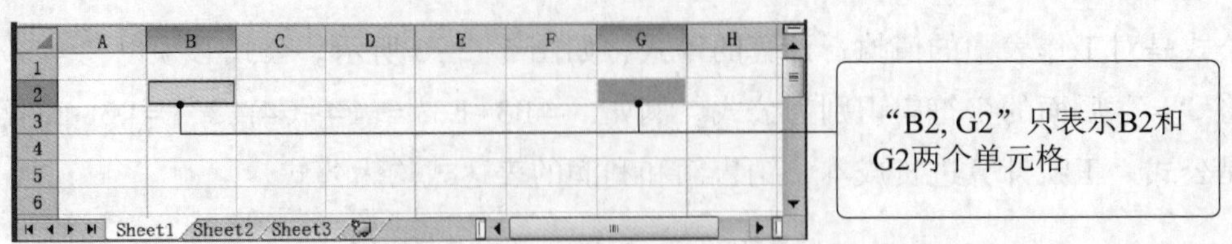

图 5-2-8　不连续单元格的引用

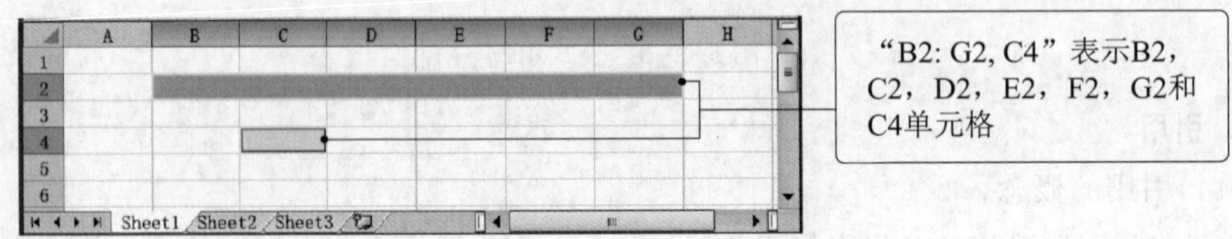

图 5-2-9　不连续单元格的引用

③感叹号（!）是工作表间的引用。在公式中引用单元格时可以引用同一工作簿中不同工作表中的单元格，用! 来表示，如"Sheet1! C3: C8"。在公式中也可引用不同工作簿中某一单元格，如"［销售统计表 . xlsx］Sheet1! C3: C8"。两种引用方式见图 5-2-10。无论是哪一种形式的引用，实际操作时，均可直接输入单元格地址，也可用鼠标单击欲引用单元格，后一种方法更简便。

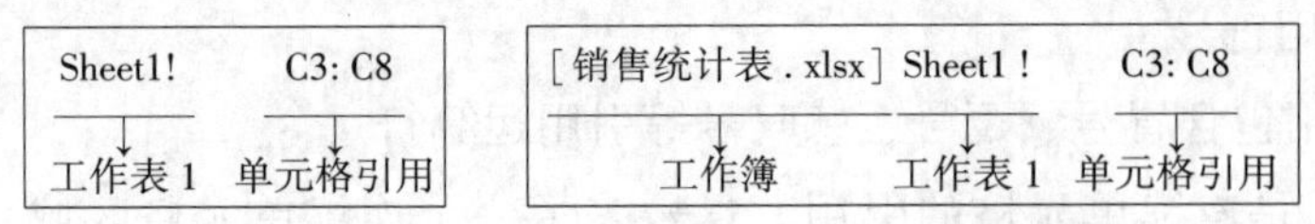

图 5-2-10　同一工作簿与不同工作簿的引用

（4）引用的种类

引用单元格时可以使用相对引用、绝对引用和混合引用。

①相对引用与绝对引用。相对引用与绝对引用的对比见表 5-2-1。

表 5-2-1　相对引用与绝对引用的对比

项目	相对引用	绝对引用
概念	引用相对地址的操作称为相对引用	引用绝对地址的操作称为绝对引用
举例	A3 B1	A3 B1
表示方法	相对地址使用单元格的列标和行号表示单元格地址	绝对地址在单元格的行号、列标前面各加上一个"$"符号表示单元格地址
当把公式复制到一个新位置时	公式中相对地址会随之发生变化	公式中绝对地址不会发生变化

如图 5-2-11 和图 5-2-12 所示，以 10 天的健康步行数据为例，在逐日增长量和超标步数的计算上采用了不同的引用方式。

②混合引用。引用混合地址的操作称为混合引用。混合地址在单元格的“行号”或者“列标”前面有“$”符号表示单元格地址。例如，单元格 A3 的混合地址为“$ A3”，表示“列”是绝对引用，“行”是相对引用，或者“A $ 3”，表示“列”是相对引用，“行”是绝对引用。

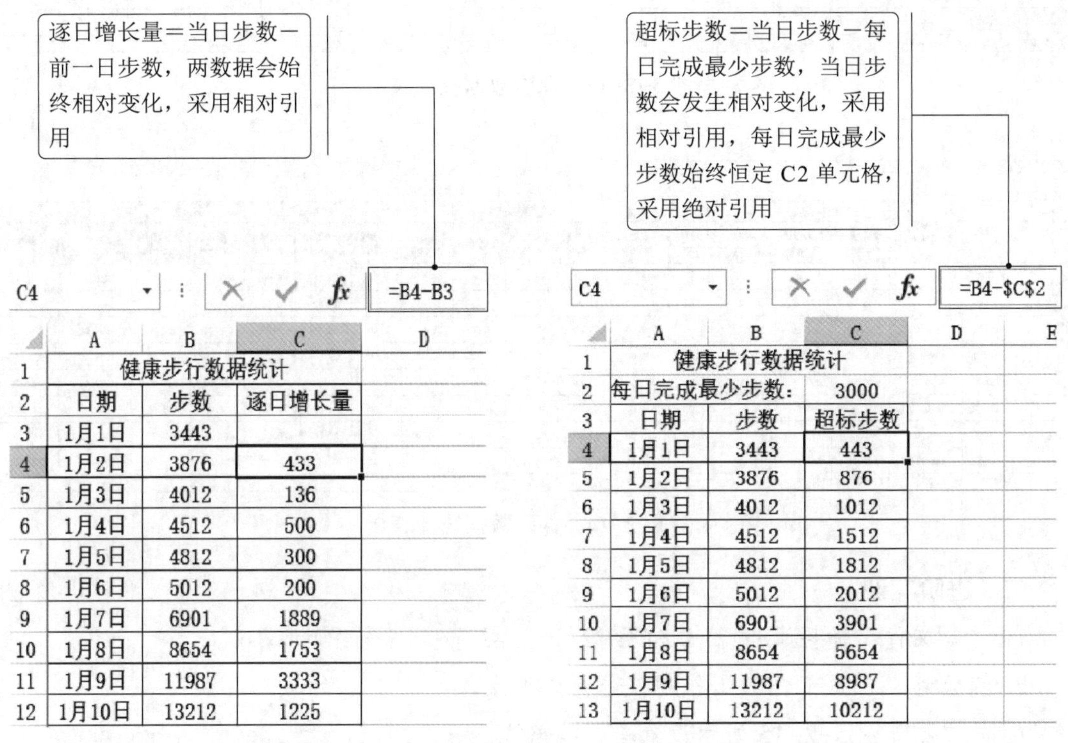

	A	B	C
1	健康步行数据统计		
2	日期	步数	逐日增长量
3	1月1日	3443	
4	1月2日	3876	433
5	1月3日	4012	136
6	1月4日	4512	500
7	1月5日	4812	300
8	1月6日	5012	200
9	1月7日	6901	1889
10	1月8日	8654	1753
11	1月9日	11987	3333
12	1月10日	13212	1225

图 5-2-11　相对引用

	A	B	C
1	健康步行数据统计		
2	每日完成最少步数：		3000
3	日期	步数	超标步数
4	1月1日	3443	443
5	1月2日	3876	876
6	1月3日	4012	1012
7	1月4日	4512	1512
8	1月5日	4812	1812
9	1月6日	5012	2012
10	1月7日	6901	3901
11	1月8日	8654	5654
12	1月9日	11987	8987
13	1月10日	13212	10212

图 5-2-12　绝对引用

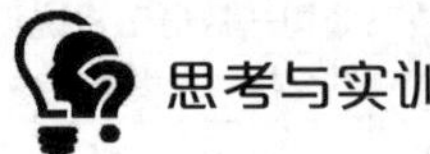

一、基础实训

1. 打开文件：资料库/项目五/任务 2/基础实训/工资与保险 . xlsx。

2. 定位到“保险”工作表，进行如下操作。

(1) 按照如图 5-2-13 所示设置单元格格式。

(2) 计算图 5-2-13 中养老保险、失业保险、基本医疗保险、大额医疗保险、工伤保险、生育保险和公积金的企业缴纳和个人缴纳金额，缴费比例在表格中注明。

(3) 计算五险一金的“单位应缴保险合计”和“个人应缴保险合计”金额。

(4) 保存工作簿，计算结果如图 5-2-14 所示。

3. 保存工作簿。

	A	B	C	D	E	F	G	H	I	J	K	L	M	N	O	P	Q	R	S
1	腾飞公司员工保险数据统计表																		
2	工号	姓名	上年度月平均工资	养老保险		失业保险		基本医疗保险		大额医疗保险		工伤保险		生育保险		公积金		单位应缴保险合计	个人应缴保险合计
3				企业缴纳 20.00%	个人缴纳 8.00%	企业缴纳 1.00%	个人缴纳 1%	企业缴纳 8.00%	个人缴纳 2.00%	企业缴纳 1.5%	个人今年开始缴纳5元	企业缴纳	个人缴纳 0.00%	企业缴纳 0.5%	个人缴纳 0.00%	企业缴纳 12.00%	个人缴纳 12.00%		
4	1	陈红	4651																
5	2	李小润	3765																
6	3	张明冬	3850																
7	4	黄天晴	4020																
8	5	徐艳维	4500																
9	6	王子亮	4800																
10	7	刘南	4100																
11	8	耿苏	4450																

一月工资 保险 Sheet3

图 5-2-13　保险数据统计表 1

	A	B	C	D	E	F	G	H	I	J	K	L	M	N	O	P	Q	R	S
1	腾飞公司员工保险数据统计表																		
2	工号	姓名	上年度月平均工资	养老保险		失业保险		基本医疗保险		大额医疗保险		工伤保险		生育保险		公积金		单位应缴保险合计	个人应缴保险合计
3				企业缴纳 20.00%	个人缴纳 8.00%	企业缴纳 1.00%	个人缴纳 1.00%	企业缴纳 8.00%	个人缴纳 2.00%	企业缴纳 1.5%	个人今年开始缴纳5元	企业缴纳 1.00%	个人缴纳 0.00%	企业缴纳 0.5%	个人缴纳 0.00%	企业缴纳 12.00%	个人缴纳 12.00%		
4	1	陈红	4651.00	930.20	372.08	46.51	46.51	372.08	93.02	69.77	5.00	46.51	0.00	23.26	0.00	558.12	558.12	2046.44	1074.73
5	2	李小润	3765.00	753.00	301.20	37.65	37.65	301.20	75.30	56.48	5.00	37.65	0.00	18.83	0.00	451.80	451.80	1656.60	870.95
6	3	张明冬	3850.00	770.00	308.00	38.50	38.50	308.00	77.00	57.75	5.00	38.50	0.00	19.25	0.00	462.00	462.00	1694.00	890.50
7	4	黄天晴	4020.00	804.00	321.60	40.20	40.20	321.60	80.40	60.30	5.00	40.20	0.00	20.10	0.00	482.40	482.40	1768.80	929.60
8	5	徐艳维	4500.00	900.00	360.00	45.00	45.00	360.00	90.00	67.50	5.00	45.00	0.00	22.50	0.00	540.00	540.00	1980.00	1040.00
9	6	王子亮	4800.00	960.00	384.00	48.00	48.00	384.00	96.00	72.00	5.00	48.00	0.00	24.00	0.00	576.00	576.00	2112.00	1109.00
10	7	刘南	4100.00	820.00	328.00	41.00	41.00	328.00	82.00	61.50	5.00	41.00	0.00	20.50	0.00	492.00	492.00	1804.00	948.00
11	8	耿苏	4450.00	890.00	356.00	44.50	44.50	356.00	89.00	66.75	5.00	44.50	0.00	22.25	0.00	534.00	534.00	1958.00	1028.50

一月工资 保险 Sheet3

图 5-2-14　保险数据统计表 2

二、进阶实训

1. 打开文件：资料库/项目五/任务 2/进阶实训/工资与保险 . xlsx。

2. 定位到“一月工资”工作表，进行如下操作：

（1）按照如图 5-2-15 所示设置单元格格式。

	A	B	C	D	E	F	G	H	I	J	K
1	腾飞公司一月份工资统计表										
2	工号	姓名	工龄	基本工资	全勤奖	交通费	奖金	工龄工资	个人应缴保险	应发工资	实发工资
3	1	陈红	13	2500	500	200	1200				
4	2	李小润	5	1500	300	200	1400				
5	3	张明冬	6	1300	300	200	1200				
6	4	黄天晴	8	1500	500	200	1400				
7	5	徐艳维	12	2200	500	200	1200				
8	6	王子亮	16	2800	500	200	1300				
9	7	刘南	11	2200	500	200	1200				
10	8	耿苏	15	2500	300	200	1200				

一月工资 保险 Sheet3

图 5-2-15　一月份工资统计表 1

（2）统计工龄工资，计算公式为：工龄工资 = 工龄 ×1%× 基本工资。

（3）个人应缴保险的数据来自“保险”工作表，利用表间工作表的引用链接到“保险”工作表中的数据。

（4）计算应发工资和实发工资。

（5）所有涉及金额的数据保留两位小数，计算结果如图 5-2-16 所示。

	A	B	C	D	E	F	G	H	I	J	K
1	腾飞公司一月份工资统计表										
2	工号	姓名	工龄	基本工资	全勤奖	交通费	奖金	工龄工资	个人应缴保险	应发工资	实发工资
3	1	陈红	13	2500.00	500.00	200.00	1200.00	325.00	1074.73	4725.00	3650.27
4	2	李小润	5	1500.00	300.00	200.00	1400.00	75.00	870.95	3475.00	2604.05
5	3	张明冬	6	1300.00	300.00	200.00	1200.00	78.00	890.50	3078.00	2187.50
6	4	黄天晴	8	1500.00	500.00	200.00	1400.00	120.00	929.60	3720.00	2790.40
7	5	徐艳维	12	2200.00	500.00	200.00	1200.00	264.00	1040.00	4364.00	3324.00
8	6	王子亮	16	2800.00	500.00	200.00	1300.00	448.00	1109.00	5248.00	4139.00
9	7	刘南	11	2200.00	500.00	200.00	1200.00	242.00	948.00	4342.00	3394.00
10	8	耿苏	15	2500.00	300.00	200.00	1200.00	375.00	1028.50	4575.00	3546.50

一月工资　保险　Sheet3

图 5-2-16　一月份工资统计表 2

3. 保存工作簿。

任务 3　函 数 运 算

一、任务要点

1. 使用函数进行运算。

2. 单元格地址及多个工作表的引用。

二、任务描述

张子歌是一名电子商务专业的学生，他自己经营着一家网店，在网店后台可以查看自己网店的访问情况。在大数据背景下，懂得如何对网站访问数据进行分析，就能解析买家的购买喜好。张子歌决定使用 Excel 函数功能来完成网站访问情况的统计工作。

三、操作思路

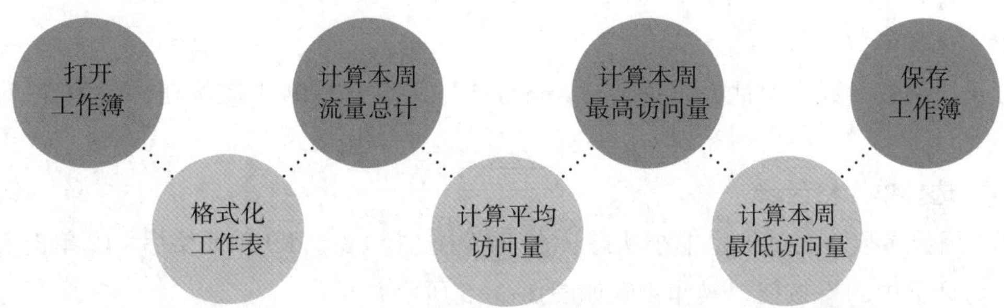

四、操作步骤

操作演示

1. 打开工作簿

打开文件：资料库/项目五/任务 3/课堂案例/网站点击率统计表 . xlsx。

2. 格式化工作表

进入“Sheet1”工作表，调整数据格式，得到的工作表如图 5-3-1 所示。

	A	B	C	D	E	F	G
1	本周网站访问情况统计表						
2	今日播报	访客数	IP数	登录 访客数	新注册 访客数	广告 访客数	停留时间
3	8月8日	180	176	47	2	67	00:11:12
4	8月9日	166	164	38	1	71	00:06:01
5	8月10日	198	172	65	0	66	00:02:22
6	8月11日	162	155	53	1	79	00:05:01
7	8月12日	188	181	52	0	71	00:03:32
8	8月13日	202	173	45	3	77	00:08:11
9	8月14日	183	175	55	0	65	00:04:14
10	本周流量总计						
11	平均访问量						
12	本周最高						
13	本周最低						

Sheet1 Sheet2 Sheet3

①标题文字：跨列居中，16号，宋体，加粗
②“登录访客数”“新注册访客数”和“广告访客数”硬回车分两行
③A2:G13：应用自动套用格式“表样式浅色1”
④去掉“筛选”下拉箭头
⑤设置行高：第1行32磅，第2行40磅，第3行至第13行20磅

图 5-3-1 网站点击率统计表

3. 计算本周流量总计

对于 B10 单元格，本周流量总计即 B3 单元格到 B9 单元格的和，使用求和函数 SUM 很容易计算。

（1）插入函数

选中 B10 单元格，在【公式】/【函数库】组单击“插入函数”按钮，如图 5-3-2 所示。

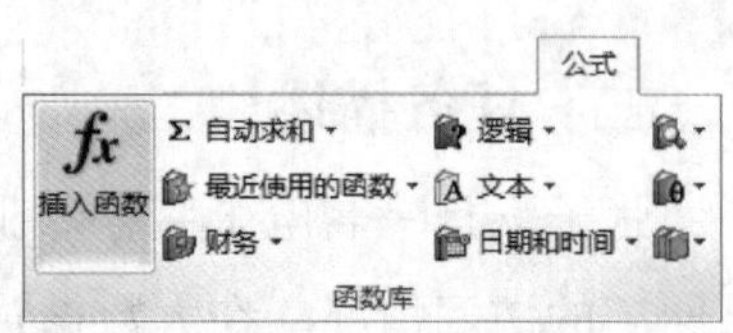

图 5-3-2 插入函数

（2）选择 SUM 函数

①打开“插入函数”对话框，在“或选择类别”下拉列表框中选择“常用函数”选项。②在“选择函数”列表框中选择“SUM”。③单击“确定”按钮。操作步骤如图 5-3-3 所示。

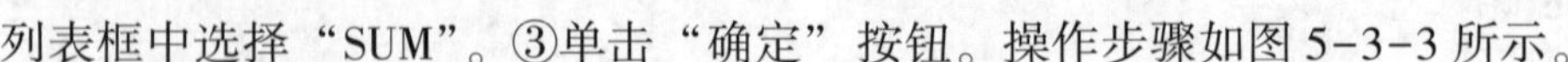

（3）选择函数参数

打开“函数参数”对话框，单击“Number1”文本框右侧的按钮，如图 5-3-4 所示。

（4）选择单元格区域

①“函数参数”对话框呈缩小状态，在表格中选择 B3 至 B9 单元格后。②单击“函数参数”对话框中的按钮。操作步骤如图 5-3-5 所示。

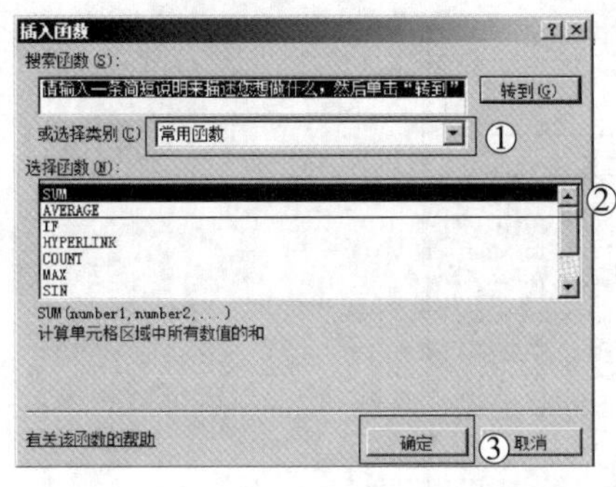

图 5-3-3　选择函数

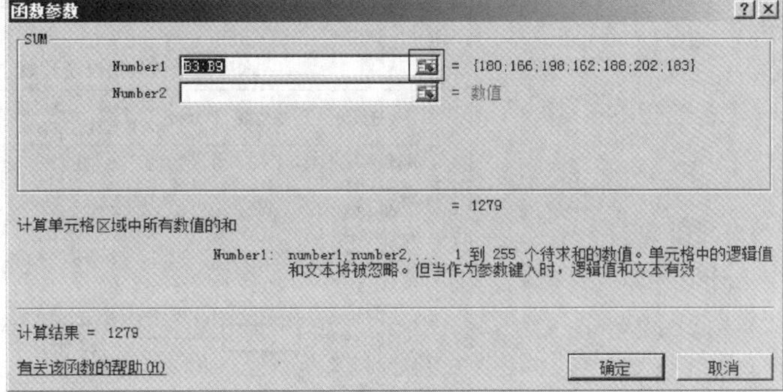

图 5-3-4　"函数参数"对话框

	A	B	C	D	E	F	G
2	今日播报	访客数	IP数	登录访客数	新注册访客数	广告访客数	停留时间
3	8月8日	180	176	47	2	67	00:11:12
4	8月9日	166	164	38	1	71	00:06:01
5	8月10日	198	172	65	0	66	00:02:22
6	8月11日	162	155	53	1	79	00:05:01
7	8月12日	188	181	52	0	71	00:03:32
8	8月13日	202	173	45	3	77	00:08:11
9	8月14日	183	①175	55	0	65	00:04:14
10	本周流量总计	(B3:B9)					
11	平均访问量						
12	本周最高						
13	本周最低						

SUM　=SUM(B3:B9)　函数参数　B3:B9　②　Sheet1　Sheet2　Sheet3

图 5-3-5　选择计算区域

（5）计算

"函数参数"对话框返回原始状态。单击"确定"按钮，如图 5-3-6 所示。

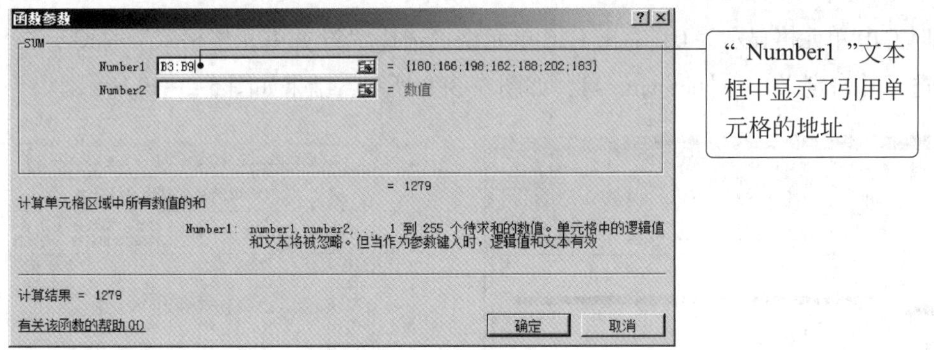

图 5-3-6　确认选择区域

（6）查看计算结果

返回工作界面，可在 B10 单元格中看到 SUM 求和函数计算出的本周流量总计，B10 单元格显示计算值，编辑栏显示 SUM 函数，结果如图 5-3-7 所示。

B10　=SUM(B3:B9)

	A	B	C	D	E	F	G
1	本周网站访问情况统计表						
2	今日播报	访客数	IP数	登录访客数	新注册访客数	广告访客数	停留时间
3	8月8日	180	176	47	2	67	00:11:12
4	8月9日	166	164	38	1	71	00:06:01
5	8月10日	198	172	65	0	66	00:02:22
6	8月11日	162	155	53	1	79	00:05:01
7	8月12日	188	181	52	0	71	00:03:32
8	8月13日	202	173	45	3	77	00:08:11
9	8月14日	183	175	55	0	65	00:04:14
10	本周流量总计	1279					
11	平均访问量						
12	本周最高						
13	本周最低						

计算值

图 5-3-7　显示计算结果

拖动 B10 单元格的填充柄至 G10 单元格，得到各数据的周总计，如图 5-3-8 所示。

B10　=SUM(B3:B9)

	A	B	C	D	E	F	G
1	本周网站访问情况统计表						
2	今日播报	访客数	IP数	登录访客数	新注册访客数	广告访客数	停留时间
3	8月8日	180	176	47	2	67	00:11:12
4	8月9日	166	164	38	1	71	00:06:01
5	8月10日	198	172	65	0	66	00:02:22
6	8月11日	162	155	53	1	79	00:05:01
7	8月12日	188	181	52	0	71	00:03:32
8	8月13日	202	173	45	3	77	00:08:11
9	8月14日	183	175	55	0	65	00:04:14
10	本周流量总计	1279	1196	355	7	496	0
11	平均访问量						
12	本周最高						
13	本周最低						

图 5-3-8　填充计算结果

（7）设置单元格格式

此时 G10 单元格显示为 0，右击 G10 单元格，选择“设置单元格格式”命令，在“数字”选项卡选择【自定义】/【hh: mm: ss】，如图 5-3-9 所示，结果如图 5-3-10 所示。

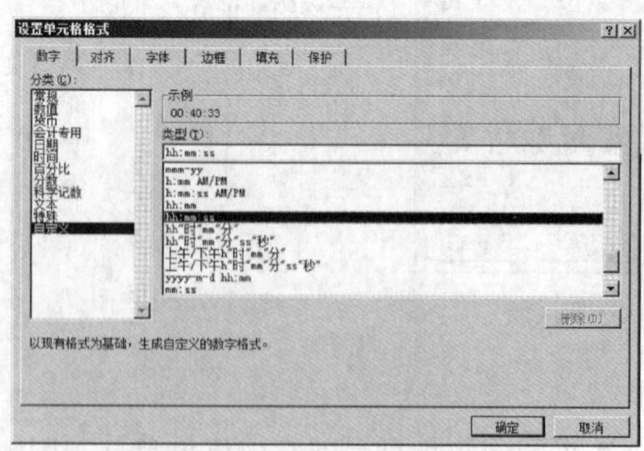

图 5-3-9　更改数字格式

G10　=SUM(G3:G9)

	A	B	C	D	E	F	G
1	本周网站访问情况统计表						
2	今日播报	访客数	IP数	登录访客数	新注册访客数	广告访客数	停留时间
3	8月8日	180	176	47	2	67	00:11:12
4	8月9日	166	164	38	1	71	00:06:01
5	8月10日	198	172	65	0	66	00:02:22
6	8月11日	162	155	53	1	79	00:05:01
7	8月12日	188	181	52	0	71	00:03:32
8	8月13日	202	173	45	3	77	00:08:11
9	8月14日	183	175	55	0	65	00:04:14
10	本周流量总计	1279	1196	355	7	496	00:40:33
11	平均访问量						
12	本周最高						
13	本周最低						

图 5-3-10　本周流量总计

插入函数的方法

方法一：通过【公式】/【函数库】组“插入函数”按钮，此方法适合初学者。无须记住函数名和参数。

方法二：单击编辑栏中插入函数按钮，使用方法同上。

方法三：直接在编辑栏中输入函数。

4. 计算平均访问量

平均访问量即 B3 至 B9 单元格的总和除以天数，采用求平均值函数 AVERAGE 非常方便，此处我们采用方法三直接输入函数来进行计算。

①选择 B11 单元格，输入公式“=AVERAGE（B3: B9）”，按 Enter 键计算，结果如图 5-3-11 所示。②拖动 B11 单元格的填充柄至 G11 单元格，得到各数据的平均访问量，然后将 G11 单元格类型选择为“hh: mm: ss”。结果如图 5-3-12 所示。

B11　=AVERAGE(B3:B9)

	A	B	C	D	E	F	G
1	本周网站访问情况统计表						
2	今日播报	访客数	IP数	登录访客数	新注册访客数	广告访客数	停留时间
3	8月8日	180	176	47	2	67	00:11:12
4	8月9日	166	164	38	1	71	00:06:01
5	8月10日	198	172	65	0	66	00:02:22
6	8月11日	162	155	53	1	79	00:05:01
7	8月12日	188	181	52	0	71	00:03:32
8	8月13日	202	173	45	3	77	00:08:11
9	8月14日	183	175	55	0	65	00:04:14
10	本周流量总计	1279	1196	355	7	496	00:40:33
11	平均访问量	183 ①					
12	本周最高						
13	本周最低						

图 5-3-11　计算平均访问量

G11　=AVERAGE(C3:C9)

	A	B	C	D	E	F	G
1	本周网站访问情况统计表						
2	今日播报	访客数	IP数	登录访客数	新注册访客数	广告访客数	停留时间
3	8月8日	180	176	47	2	67	00:11:12
4	8月9日	166	164	38	1	71	00:06:01
5	8月10日	198	172	65	0	66	00:02:22
6	8月11日	162	155	53	1	79	00:05:01
7	8月12日	188	181	52	0	71	00:03:32
8	8月13日	202	173	45	3	77	00:08:11
9	8月14日	183	175	55	0	65	00:04:14
10	本周流量总计	1279	1196	355	7	496	00:40:33
11	平均访问量	183	171	51	1	71	00:05:48 ②
12	本周最高						
13	本周最低						

图 5-3-12　填充平均访问量

5. 计算本周最高访问量

访问量本周最高即求 B3 至 B9 单元格的最大值，选择求最大值函数 MAX。

①选择 B12 单元格，输入公式“= MAX(B3: B9)”，按 Enter 键计算，结果如图 5-3-13 所示。②拖动 B12 单元格的填充柄至 G12 单元格，得到各数据的本周最高值，然后将 G12 单元格类型选择为“hh: mm: ss”。结果如图 5-3-14 所示。

6. 计算本周最低访问量

访问量本周最低即求 B3 至 B9 单元格的最小值，选择求最小值函数 MIN。

①选择 B13 单元格，输入公式“=MIN(B3: B9)”，按 Enter 键计算，结果如图 5-3-15 所示。②拖动 B13 单元格的填充柄至 G13 单元格，得到各数据的本周最小值，然后将 G13 单元格类型选择为“hh: mm: ss”。结果如图 5-3-16 所示。

B12 =MAX(B3:B9)

本周网站访问情况统计表						
今日播报	访客数	IP数	登录访客数	新注册访客数	广告访客数	停留时间
8月8日	180	176	47	2	67	00:11:12
8月9日	166	164	38	1	71	00:06:01
8月10日	198	172	65	0	66	00:02:22
8月11日	162	155	53	1	79	00:05:01
8月12日	188	181	52	0	71	00:03:32
8月13日	202	173	45	3	77	00:08:11
8月14日	183	175	55	0	65	00:04:14
本周流量总计	1279	1196	355	7	496	00:40:33
平均访问量	183	171	51	1	71	00:05:48
本周最高	202 ①					
本周最低						

图 5-3-13　计算本周最高访问量

G12 =MAX(G3:G9)

本周网站访问情况统计表						
今日播报	访客数	IP数	登录访客数	新注册访客数	广告访客数	停留时间
8月8日	180	176	47	2	67	00:11:12
8月9日	166	164	38	1	71	00:06:01
8月10日	198	172	65	0	66	00:02:22
8月11日	162	155	53	1	79	00:05:01
8月12日	188	181	52	0	71	00:03:32
8月13日	202	173	45	3	77	00:08:11
8月14日	183	175	55	0	65	00:04:14
本周流量总计	1279	1196	355	7	496	00:40:33
平均访问量	183	171	51	1	71	00:05:48
本周最高	202	181	65	3	79	00:11:12 ②
本周最低						

图 5-3-14　填充本周最高访问量

B13 =MIN(B3:B9)

本周网站访问情况统计表						
今日播报	访客数	IP数	登录访客数	新注册访客数	广告访客数	停留时间
8月8日	180	176	47	2	67	00:11:12
8月9日	166	164	38	1	71	00:06:01
8月10日	198	172	65	0	66	00:02:22
8月11日	162	155	53	1	79	00:05:01
8月12日	188	181	52	0	71	00:03:32
8月13日	202	173	45	3	77	00:08:11
8月14日	183	175	55	0	65	00:04:14
本周流量总计	1279	1196	355	7	496	00:40:33
平均访问量	183	171	51	1	71	00:05:48
本周最高	202	181	65	3	79	00:11:12
本周最低	162 ①					

图 5-3-15　计算本周最低访问量

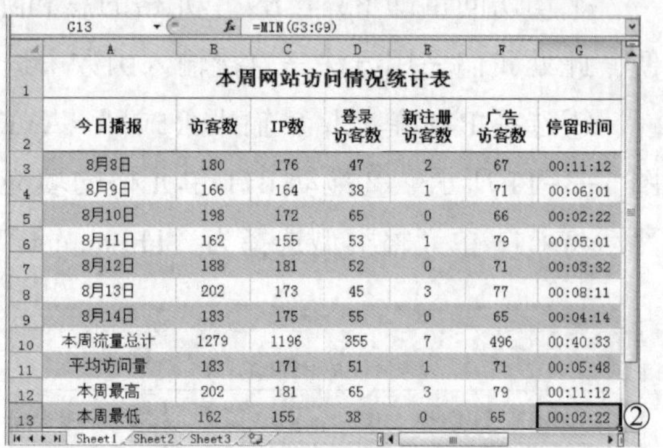

G13 =MIN(G3:G9)

本周网站访问情况统计表						
今日播报	访客数	IP数	登录访客数	新注册访客数	广告访客数	停留时间
8月8日	180	176	47	2	67	00:11:12
8月9日	166	164	38	1	71	00:06:01
8月10日	198	172	65	0	66	00:02:22
8月11日	162	155	53	1	79	00:05:01
8月12日	188	181	52	0	71	00:03:32
8月13日	202	173	45	3	77	00:08:11
8月14日	183	175	55	0	65	00:04:14
本周流量总计	1279	1196	355	7	496	00:40:33
平均访问量	183	171	51	1	71	00:05:48
本周最高	202	181	65	3	79	00:11:12
本周最低	162	155	38	0	65	00:02:22 ②

图 5-3-16　填充本周最低访问量

知识链接

错误提示信息

使用公式进行计算时常常遇到这样的情况，公式或函数正确无误，但是部分单元格中显示的数据是一串错误提示信息。读懂这些信息，可以帮助我们有效解决问题。错误提示信息的含义如下：

- ####错误：当单元格列宽不够，或者使用了负的日期或负的时间时，出现此信息。
- #VALUE！错误：当使用的参数或操作类型错误时，或者公式自动更正功能不能更正公式时，出现此信息。
- #DIV/0！错误：当数字被零除时，出现此信息。
- #REF 错误：当单元格引用无效时，出现此信息。
- #NAME？错误：在公式中使用 Excel 不能识别的文本时将出现此信息。

7. 保存工作簿

完成计算后保存工作簿。

五、相关知识

函数是一些预定义的公式，它们使用称为参数的特定数值按特定的顺序或结构进行计算。用户可以直接用它们对某个区域内的数值进行一系列运算。例如，SUM 函数是对单元格或单元格区域进行加法运算。

函数由函数名和函数参数组成，如图 5-3-17 所示。

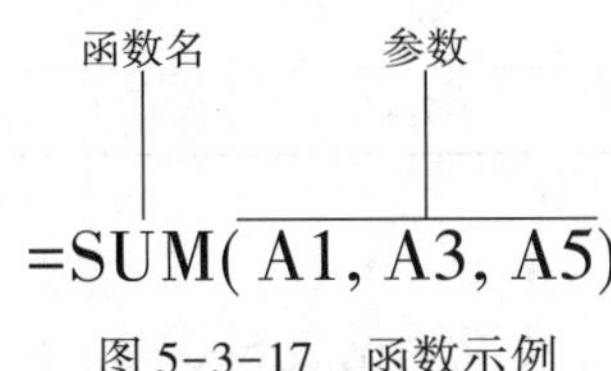

图 5-3-17　函数示例

1. 常用函数

在用 Excel 表格整理数据时，使用频率较高的函数被称为常用函数。用户在使用时只需知道函数名称的含义，能够正确处理复杂数据即可。常用函数及其含义见表 5-3-1。

表 5-3-1　常用函数介绍

函数名	意义	语法结构	示例
SUM	计算单元格区域中所有数值的和	=SUM(number1, [number2], …)	=SUM(A1: A5) =SUM(A1, A3, A5)
AVERAGE	返回参数的平均值(算术平均值)	=AVERAGE(number1, [number2], …)	=AVERAGE(A1: A20) =AVERAGE(A1: A20, A22)
MAX	返回一组值中的最大值	=MAX(number1, [number2], …)	=MAX(A2: A6) =MAX(A2, A6, A8)
MIN	返回一组值中的最小值	=MIN(number1, [number2], …)	=MIN(A2: A6) =MIN(A2: A6, A10)
COUNT	计算区域中包含数字的单元格的个数	=COUNT(value1, [value2], …)	=COUNT(A1: A20) =COUNT(A1: A10, A12)
IF	判断是否满足某个条件, 如果满足返回一个值, 如果不满足返回另一个值	=IF(logical_test, [value_if_true], [value_if_false])	=IF(A1>10, "大于 10", "不大于 10")
SUMIF	对满足条件的单元格求和	=SUMIF(range, criteria, [sum_range])	=SUMIF(B2: B25, ">5")

2. 运算

Excel 主要包含算术运算、比较运算、文本运算和引用运算。引用运算已在上个任务中介绍，下面主要介绍前 3 种。

（1）算术运算

Excel 中可以使用的算术运算符及说明见表 5-3-2。

表 5-3-2　　算术运算符

运算符	运算功能	示例	运算结果
+	加法	=10+5	15
-	减法	=B2-B5	单元格 B2 的值减 B5 的值
*	乘法	=B1 * 2	单元格 B1 的值乘以 2
/	除法	=A1/4	单元格 A1 的值除以 4
%	求百分比	=75%	0.75
^	乘方	=2^4	16

（2）比较运算

Excel 中可以使用的比较运算符及说明见表 5-3-3。

表 5-3-3　　比较运算符

运算符	运算功能	示例	运算结果
=	等于	=100+20=170	FALSE（假）
<	小于	=100+20<170	TRUE（真）
>	大于	=100>99	TRUE
<=	小于和等于	=200/4<=22	FALSE
>=	大于和等于	=2+25>=30	FALSE
<>	不等于	=100<>120	TRUE

（3）文本运算

Excel 中可以使用的字符运算符及说明见表 5-3-4。

表 5-3-4　　文本运算符

运算符	运算功能	示例	运算结果
&	字符串连接	=“Excel”&“工作表”	=Excel 工作表
		=C4&“工作簿”	=C4 中的字符串与“工作簿”连接

（4）运算优先级

Excel 规定了不同运算的优先级。各种运算的优先级由高到低的顺序见表 5-3-5。

表 5-3-5　　运算顺序

优先顺序	运算符	说明
1	:（冒号）（空格），（逗号）	引用运算符
2	-	作为负号使用（如：-8）
3	%	百分比运算
4	^	乘幂运算
5	* 和/	乘和除运算
6	+和-	加和减运算
7	&	连接两个文本字符串
8	=，<，>，<=，>=，<>	比较运算符

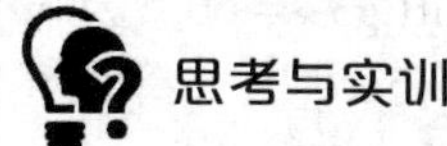

一、基础实训

打开文件：资料库/项目五/任务 3/基础实训/学生成绩表 . xlsx。

1. 应用自动填充功能填充生成学生学号。

2. 按照图 5-3-18 设置自动套用格式。

	A	B	C	D	E	F	G	H
1	15级计算机1班学生第一学期成绩表							
2	学号	姓名	语文	数学	计算机制图	PHOTOSHOP	总分	平均分
3	jsj2015001	陈红	85	88	84	78		
4		李小润	68	98	82	54		
5		张明冬	95	56	58	82		
6		黄天晴	52	74	45	89		
7		徐艳维	87	48	80	68		
8		王子亮	75	79	86	96		
9		刘南	48	82	79	64		
10		耿苏	65	72	48	39		
11	单科最高分							
12	单科最低分							
13	单科平均分							

第一期成绩　第二期成绩　第三期成绩

图 5-3-18　设置自动套用格式

3. 计算总分与平均分，横向统计每位学生的成绩，所有计算结果不保留小数。

4. 计算单科最高分、单科最低分和单科平均分，纵向统计每个课程的成绩，所有计算结果不保留小数。

5. 将所有的数据区域增加条件格式，所有 60 分以下数据显示为黑色，效果如图 5-3-19 所示。

	A	B	C	D	E	F	G	H
1	15级计算机1班学生第一学期成绩表							
2	学号	姓名	语文	数学	计算机制图	PHOTOSHOP	总分	平均分
3	jsj2015001	陈红	85	88	84	78	335	84
4		李小润	68	98	82	54	302	76
5		张明冬	95	56	58	82	291	73
6		黄天晴	52	74	45	89	260	65
7		徐艳维	87	48	80	68	283	71
8		王子亮	75	79	86	96	336	84
9		刘南	48	82	79	64	273	68
10		耿苏	65	72	48	39	224	56
11	单科最高分		95	98	86	96		
12	单科最低分		48	48	45	39		
13	单科平均分		72	75	70	71		

第一期成绩　第二期成绩　第三期成绩

图 5-3-19　条件格式效果

二、进阶实训

打开文件：资料库/项目五/任务 3/进阶实训/学生成绩表 . xlsx。

1. 计算平均分，计算结果不保留小数。

2. 在 H3 单元格中输入函数“=if(g3>=60,"及格","不及格")”，拖动填充柄填充至 H10 单元格，结果如图 5-3-20 所示。

H3 =IF(G3>=60,"及格","不及格")

	A	B	C	D	E	F	G	H
1	15级计算机1班学生第一学期成绩表							
2	学号	姓名	语文	数学	计算机制图	PHOTOSHOP	平均分	评定
3	jsj2015001	陈红	85	88	84	78	84	及格
4	jsj2015002	李小润	68	98	82	54	76	
5	jsj2015003	张明冬	95	56	58	82	73	
6	jsj2015004	黄天晴	52	74	45	89	65	
7	jsj2015005	徐艳维	87	48	80	68	71	
8	jsj2015006	王子亮	75	79	86	96	84	
9	jsj2015007	刘南	48	82	79	64	68	
10	jsj2015008	耿苏	65	72	48	39	56	

Sheet1 Sheet2 Sheet3

	A	B	C	D	E	F	G	H
1	15级计算机1班学生第一学期成绩表							
2	学号	姓名	语文	数学	计算机制图	PHOTOSHOP	平均分	评定
3	jsj2015001	陈红	85	88	84	78	84	及格
4	jsj2015002	李小润	68	98	82	54	76	及格
5	jsj2015003	张明冬	95	56	58	82	73	及格
6	jsj2015004	黄天晴	52	74	45	89	65	及格
7	jsj2015005	徐艳维	87	48	80	68	71	及格
8	jsj2015006	王子亮	75	79	86	96	84	及格
9	jsj2015007	刘南	48	82	79	64	68	及格
10	jsj2015008	耿苏	65	72	48	39	56	不及格

Sheet1 Sheet2 Sheet3

图 5-3-20 IF 函数的使用

任务 4 数据的分析与统计

一、任务要点

1. 对数据进行排序。
2. 筛选表格数据中的信息。
3. 对表格数据进行分类汇总。
4. 对表格数据进行数据透视表操作。

二、任务描述

陈子强是信息工程专业的学生干事，他负责晚自习出勤检查与统计工作。陈子强想将记录的数据通过排序、筛选、分类汇总、数据透视表等处理，将所需要的信息一目了然地呈现给分管老师。

三、操作思路

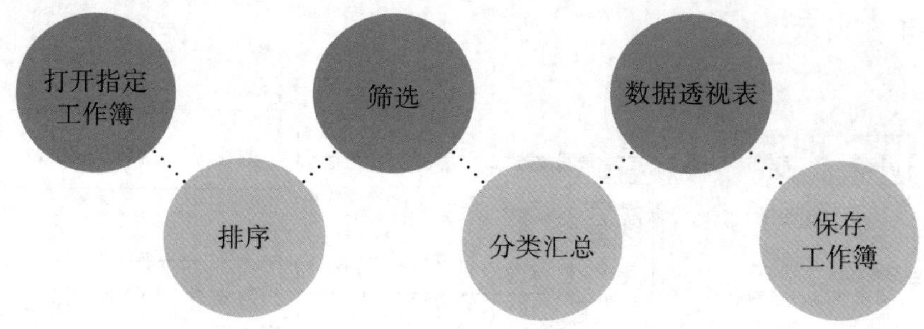

四、操作步骤

1. 打开指定工作簿

打开文件：资料库/项目五/任务 4/课堂案例/考勤统计表 . xlsx，如图 5-4-1 所示。

	A	B	C	D	E
1	××技术学校18周晚自习考勤表				
2					
3	日期	姓名	班级	迟到	旷课
4	6月18日	张亚平	平面设计班	0	
5	6月18日	麦孜然	平面设计班		0
6	6月18日	张子墨	数字媒体班	0	
7	6月18日	王硕果	室内装潢设计班	0	
8	6月18日	李立梅	室内装潢设计班	0	
9	6月19日	张华江	数字媒体班	0	
10	6月19日	王硕	室内装潢设计班		0
11	6月19日	刘梅梅	室内装潢设计班	0	
12	6月19日	江海	数字媒体班	0	
13	6月19日	李朝	室内装潢设计班	0	
14	6月19日	许如润	数字媒体班	0	
15	6月20日	张玲铃	室内装潢设计班		0
16	6月20日	赵丽娟	平面设计班	0	
17	6月20日	高巅峰	平面设计班	0	
18	6月20日	刘小冉	室内装潢设计班	0	
19	6月21日	李朝阳	室内装潢设计班		0
20	6月21日	许如润	数字媒体班	0	
21	6月21日	张玲铃	室内装潢设计班	0	
22	6月22日	赵丽娟	平面设计班		0
23	6月22日	李平	数字媒体班	0	
24	6月22日	刘梅梅	室内装潢设计班	0	
25					
26	注释：0表示该生该天出现迟到或旷课				

数据源　Sheet1　就绪　90%

图 5-4-1　考勤统计表

2. 排序

通过排序操作，按班级分别显示各班出勤情况。

（1）调用排序命令

将活动单元格放置 A3: E24 范围中任意位置后，操作步骤如图 5-4-2 所示，弹出的对话框如图 5-4-3 所示。

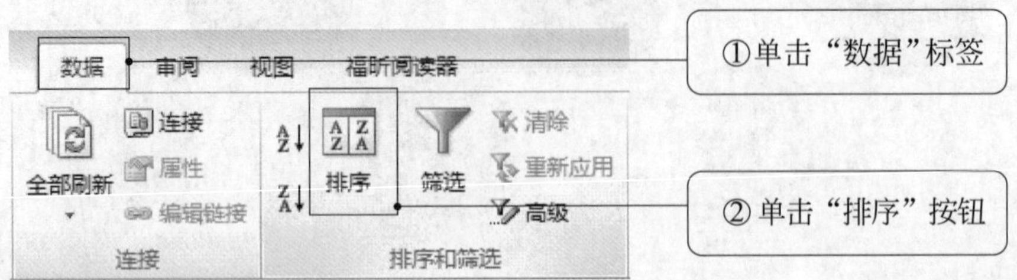

图 5-4-2　选择“排序”命令

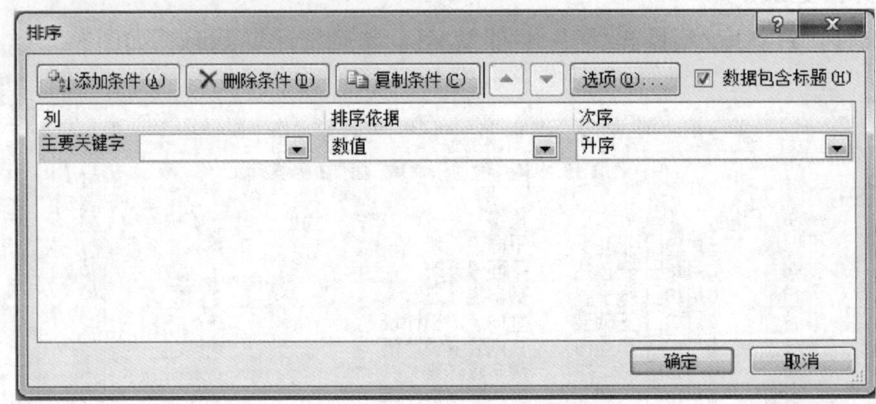

图 5-4-3　“排序”对话框

（2）设置排序关键字

操作步骤如图 5-4-4 所示，排序结果如图 5-4-5 所示。通过对结果进行观察，本周室内装潢设计班出现考勤问题的学生明显多于另外两个班级。

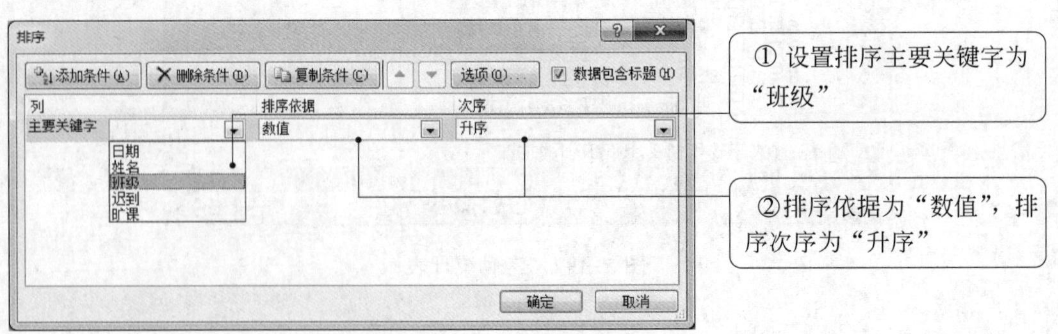

图 5-4-4　排序参数设置

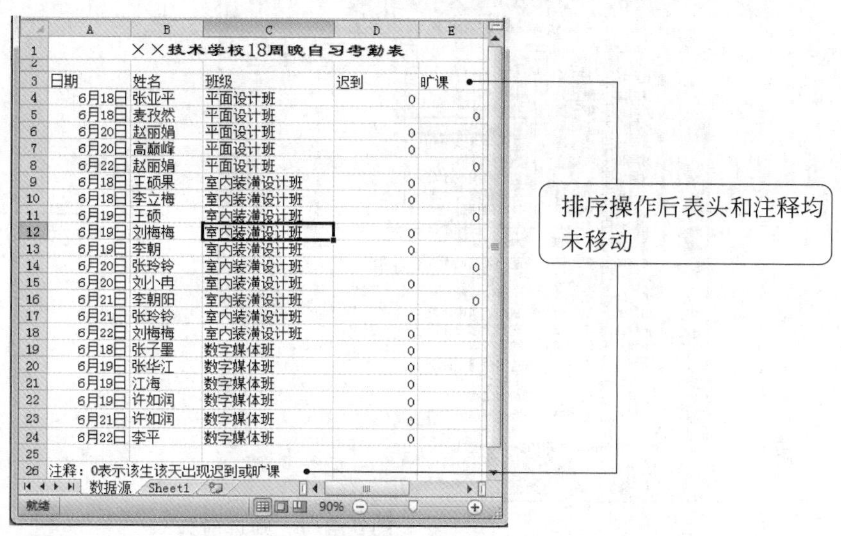

	A	B	C	D	E
1	××技术学校18周晚自习考勤表				
2					
3	日期	姓名	班级	迟到	旷课
4	6月18日	张亚平	平面设计班	0	
5	6月18日	麦孜然	平面设计班		0
6	6月20日	赵丽娟	平面设计班	0	
7	6月20日	高巅峰	平面设计班	0	
8	6月22日	赵丽娟	平面设计班		0
9	6月18日	王硕果	室内装潢设计班	0	
10	6月18日	李立梅	室内装潢设计班	0	
11	6月19日	王硕	室内装潢设计班		0
12	6月19日	刘梅梅	室内装潢设计班	0	
13	6月19日	李朝	室内装潢设计班	0	
14	6月20日	张玲铃	室内装潢设计班		0
15	6月20日	刘小冉	室内装潢设计班	0	
16	6月21日	李朝阳	室内装潢设计班		0
17	6月21日	张玲铃	室内装潢设计班	0	
18	6月22日	刘梅梅	室内装潢设计班	0	
19	6月18日	张子墨	数字媒体班	0	
20	6月19日	张华江	数字媒体班	0	
21	6月19日	江海	数字媒体班	0	
22	6月19日	许如润	数字媒体班	0	
23	6月21日	许如润	数字媒体班	0	
24	6月22日	李平	数字媒体班	0	
25					
26	注释：0表示该生该天出现迟到或旷课				

图 5-4-5　排序结果

实用技巧

排序技巧

1. 如果表格的标题已经合并，在排序时不能正常显示字段名，只需在标题下插入一行空行，再排序即可。

2. 对数字进行排序时，是按数字大小进行升序或降序。

3. 对汉字进行排序时，是按拼音字母序进行升序或降序。

3. 筛选

分管老师想看看 6 月 18 日平面设计班的出勤情况，陈子强利用筛选命令来完成。

（1）调用筛选命令

将活动单元格放置在 A3: E24 范围中任意位置后，操作步骤如图 5-4-6 所示，操作后字段名的右侧出现筛选箭头，如图 5-4-7 所示。

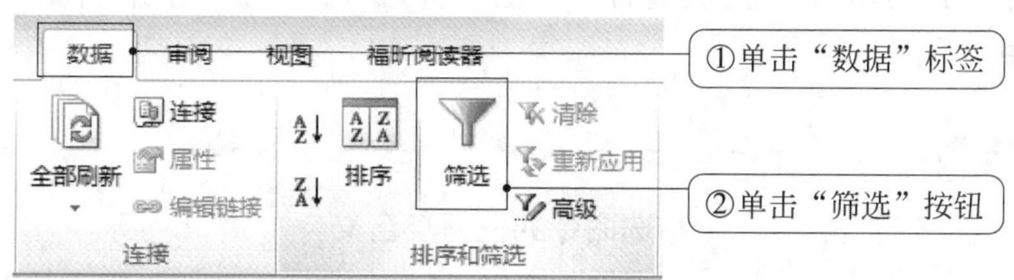

图 5-4-6　选择“筛选”命令

（2）筛选日期为 6 月 18 日的数据

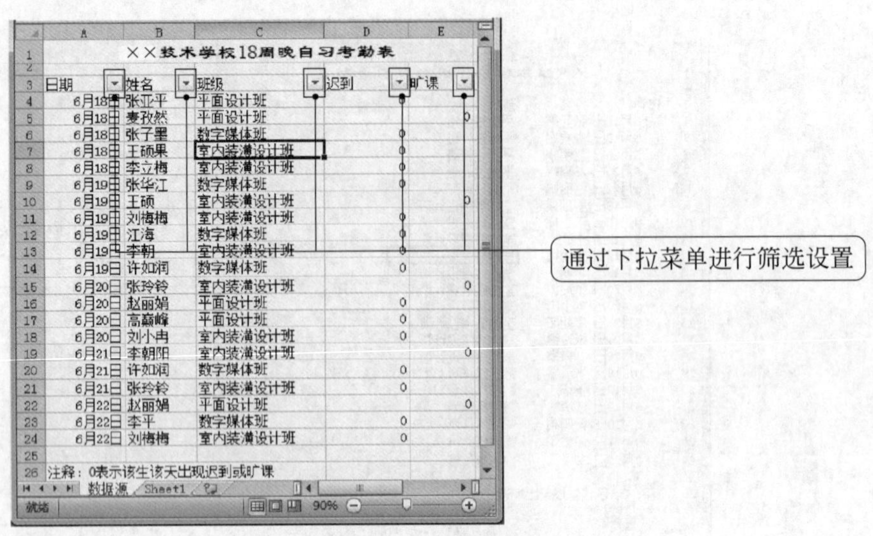

图 5-4-7　筛选箭头

单击 A3 单元格右侧筛选箭头，在其下拉菜单中单击“6 月 18 日”，工作表中只显示日期为 6 月 18 日的数据，操作界面和筛选结果如图 5-4-8 所示。

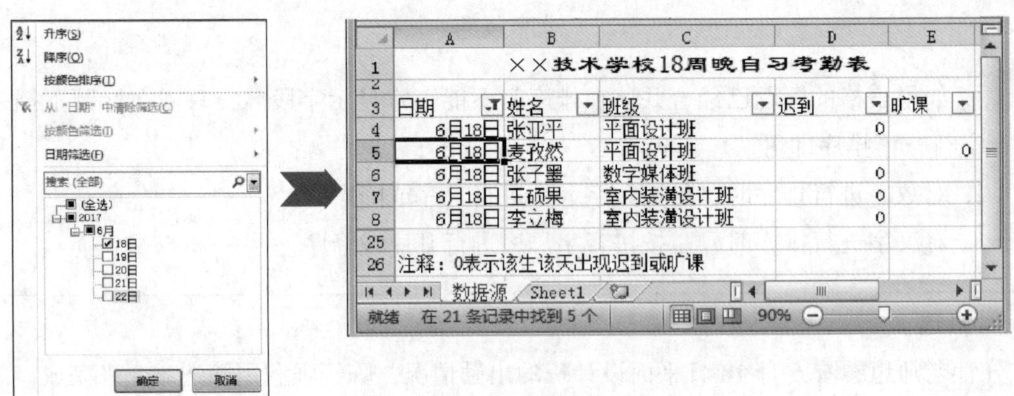

图 5-4-8　筛选日期及结果

（3）筛选班级为平面设计班

单击 C3 单元格右侧筛选箭头，在其下拉菜单中单击“平面设计班”，这时工作表中会显示日期为“6 月 18 日”且班级为“平面设计班”的数据，操作界面和筛选结果如图 5-4-9 所示。

实用技巧

筛选命令的位置及含义

调用筛选命令，筛选箭头会出现在每一个字段右侧，各个字段之间是并且的关系，即筛选后显示同时满足所有条件的数据。

4. 分类汇总

分管老师需要陈子强统计出各班的迟到与旷课人数。陈子强认为排序和筛选都不能一次性做出这种效果，他决定用分类汇总命令，将“班级”作为分类字段，汇总方式设为“计数”，汇总项定为“迟到”与“旷课”。

（1）按“班级”进行排序

分类汇总前先用排序命令对分类字段进行排序，为后续分类汇总打好基础：按“班级”进行排序，排序结果如图 5-4-10 所示。

（2）调用分类汇总命令

将活动单元格放置在 A3：E24 范围中任意位置，操作步骤如图 5-4-11 所示。

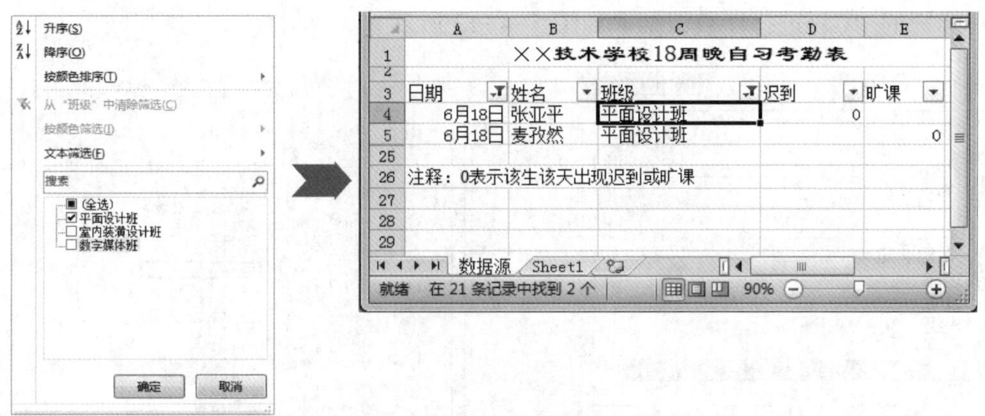

图 5-4-9 筛选班级及结果

	A	B	C	D	E
1	××技术学校18周晚自习考勤表				
2					
3	日期	姓名	班级	迟到	旷课
4	6月18日	张亚平	平面设计班	0	
5	6月18日	麦孜然	平面设计班		0
6	6月20日	赵丽娟	平面设计班	0	
7	6月20日	高巅峰	平面设计班	0	
8	6月22日	赵丽娟	平面设计班		0
9	6月18日	王硕果	室内装潢设计班	0	
10	6月18日	李立梅	室内装潢设计班	0	
11	6月19日	王硕	室内装潢设计班		0
12	6月19日	刘梅梅	室内装潢设计班	0	
13	6月19日	李朝	室内装潢设计班	0	
14	6月20日	张玲铃	室内装潢设计班		0
15	6月20日	刘小冉	室内装潢设计班	0	
16	6月21日	李朝阳	室内装潢设计班		0
17	6月21日	张玲铃	室内装潢设计班	0	
18	6月22日	刘梅梅	室内装潢设计班	0	
19	6月18日	张子墨	数字媒体班	0	
20	6月19日	张华江	数字媒体班	0	
21	6月19日	江海	数字媒体班	0	
22	6月19日	许如润	数字媒体班	0	
23	6月21日	许如润	数字媒体班	0	
24	6月22日	李平	数字媒体班	0	

数据源 Sheet1

就绪 90%

图 5-4-10 按“班级”进行排序

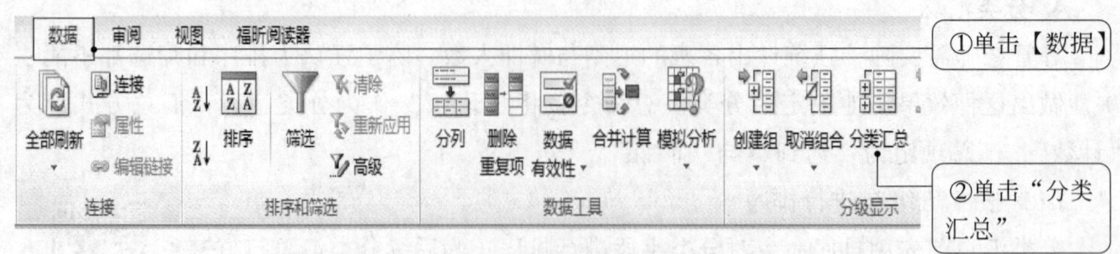

图 5-4-11　选择“分类汇总”命令

（3）分类汇总参数设置

设置“分类汇总”对话框，如图 5-4-12 所示。完成分类汇总后，工作表对数据按照班级对标记的“0”进行计数，结果如图 5-4-13 所示。

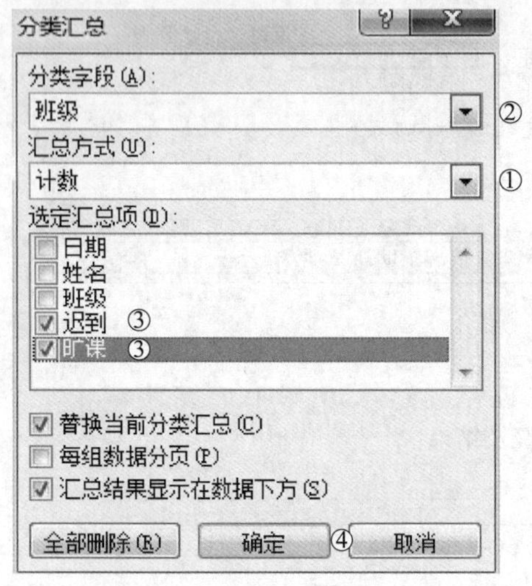

图 5-4-12　“分类汇总”参数设置

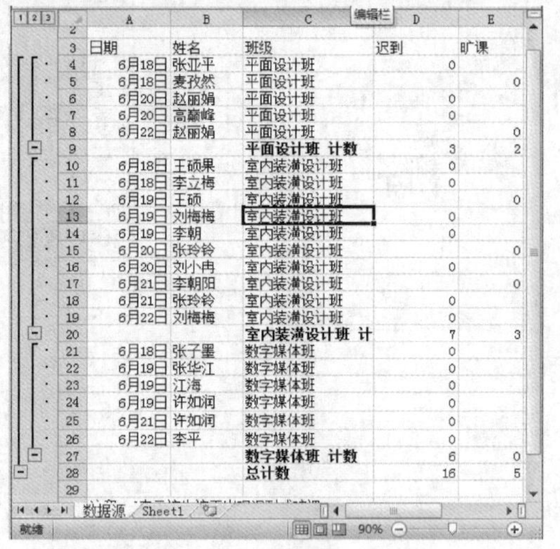

图 5-4-13　“分类汇总”结果

（4）调整显示结果

可以单击图 5-4-13 左上角出现的“1”“2”“3”按钮，查看分级汇总结果。单击“2”按钮后的显示结果如图 5-4-14 所示。三级汇总的含义如图 5-4-15 所示。

5. 数据透视表

陈子强需要将 18 周晚自习考勤表按规定格式提交，他选择使用数据透视表来完成。

操作演示

（1）调用数据透视表命令

将活动单元格放置在 A3：E24 范围中任意位置，操作步骤如图 5-4-16 所示。

（2）设置数据透视表参数

在弹出的“创建数据透视表”对话框中进行如图 5-4-17 的设置，弹出如图 5-4-18 所示界面。

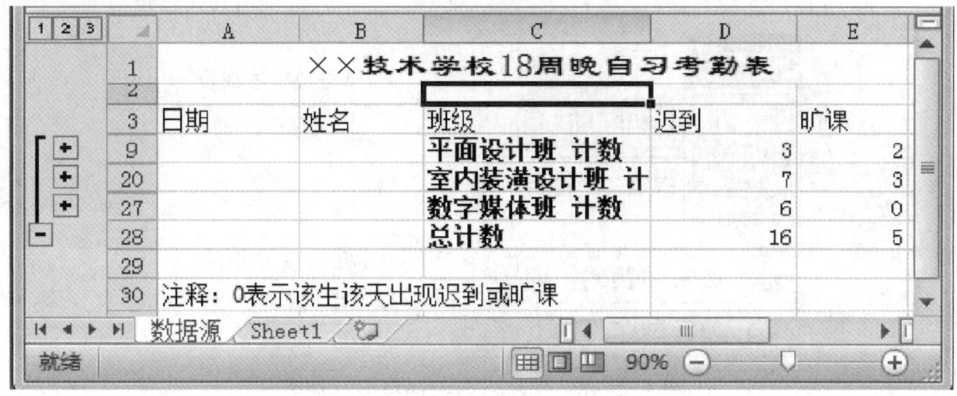

	A	B	C	D	E
1	××技术学校18周晚自习考勤表				
2					
3	日期	姓名	班级	迟到	旷课
9			平面设计班 计数	3	2
20			室内装潢设计班 计	7	3
27			数字媒体班 计数	6	0
28			总计数	16	5
29					
30	注释：0表示该生该天出现迟到或旷课				

图 5-4-14　“分类汇总”考勤汇总效果

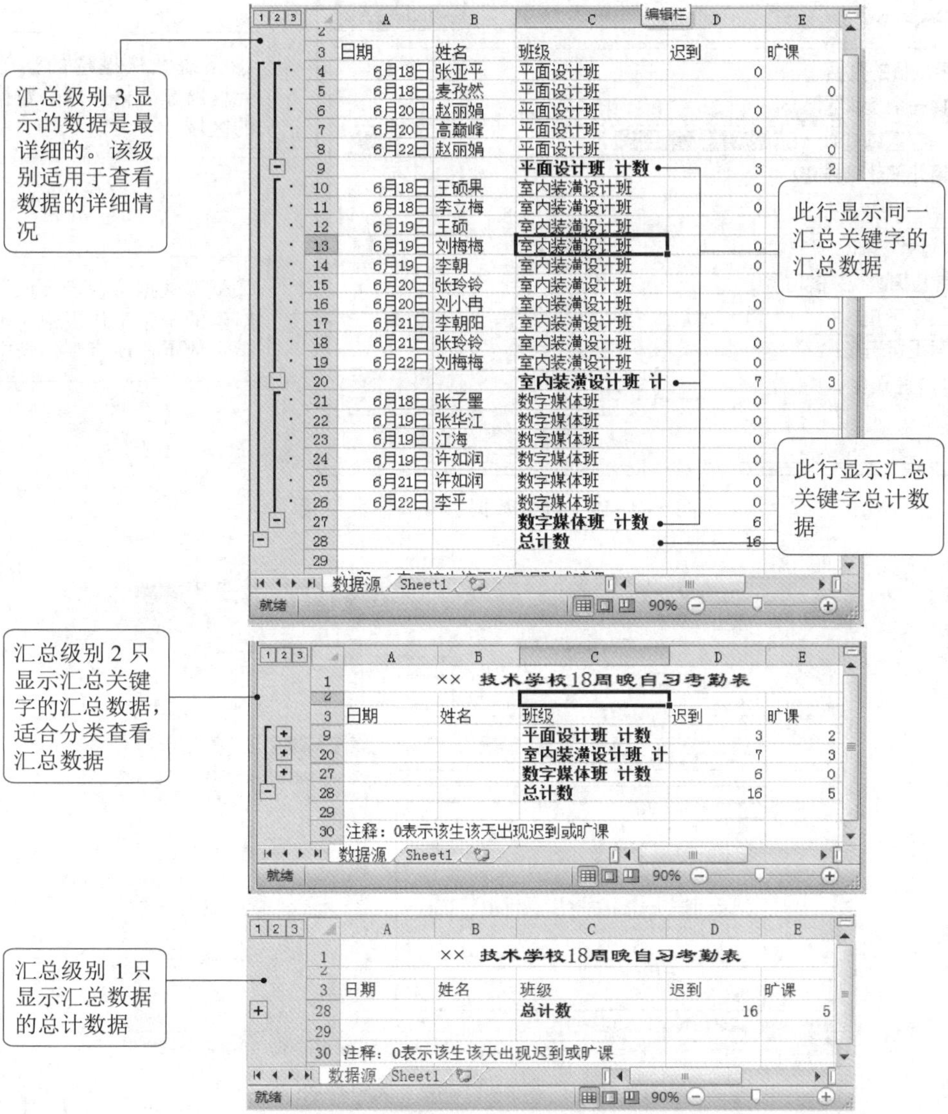

汇总级别 3 显示的数据是最详细的。该级别适用于查看数据的详细情况

此行显示同一汇总关键字的汇总数据

此行显示汇总关键字总计数据

	A	B	C	D	E
3	日期	姓名	班级	迟到	旷课
4	6月18日	张亚平	平面设计班	0	
5	6月18日	麦孜然	平面设计班		0
6	6月20日	赵丽娟	平面设计班	0	
7	6月20日	高巅峰	平面设计班	0	
8	6月22日	赵丽娟	平面设计班		0
9			平面设计班 计数	3	2
10	6月18日	王硕果	室内装潢设计班	0	
11	6月18日	李立梅	室内装潢设计班	0	
12	6月19日	王硕	室内装潢设计班		
13	6月19日	刘梅梅	室内装潢设计班	0	
14	6月19日	李朝	室内装潢设计班	0	
15	6月20日	张玲铃	室内装潢设计班		
16	6月20日	刘小冉	室内装潢设计班	0	
17	6月21日	李朝阳	室内装潢设计班		0
18	6月21日	张玲铃	室内装潢设计班	0	
19	6月22日	刘梅梅	室内装潢设计班	0	
20			室内装潢设计班 计	7	3
21	6月18日	张子墨	数字媒体班	0	
22	6月19日	张华江	数字媒体班	0	
23	6月19日	江海	数字媒体班	0	
24	6月19日	许如润	数字媒体班	0	
25	6月21日	许如润	数字媒体班	0	
26	6月22日	李平	数字媒体班	0	
27			数字媒体班 计数	6	
28			总计数	16	
29					

汇总级别 2 只显示汇总关键字的汇总数据，适合分类查看汇总数据

	A	B	C	D	E
1	××技术学校18周晚自习考勤表				
2					
3	日期	姓名	班级	迟到	旷课
9			平面设计班 计数	3	2
20			室内装潢设计班 计	7	3
27			数字媒体班 计数	6	0
28			总计数	16	5
29					
30	注释：0表示该生该天出现迟到或旷课				

汇总级别 1 只显示汇总数据的总计数据

	A	B	C	D	E
1	××技术学校18周晚自习考勤表				
2					
3	日期	姓名	班级	迟到	旷课
28			总计数	16	5
29					
30	注释：0表示该生该天出现迟到或旷课				

图 5-4-15　三级汇总的含义

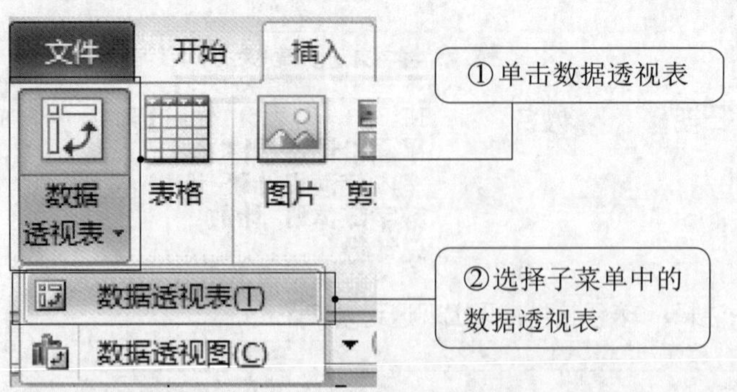

图 5-4-16　选择“数据透视表”命令

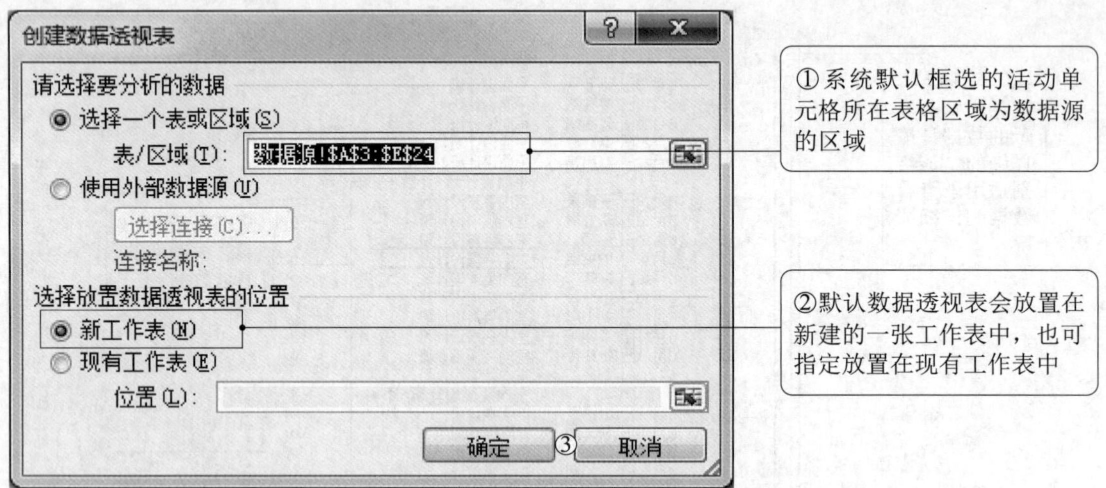

图 5-4-17　创建数据透视表参数设置

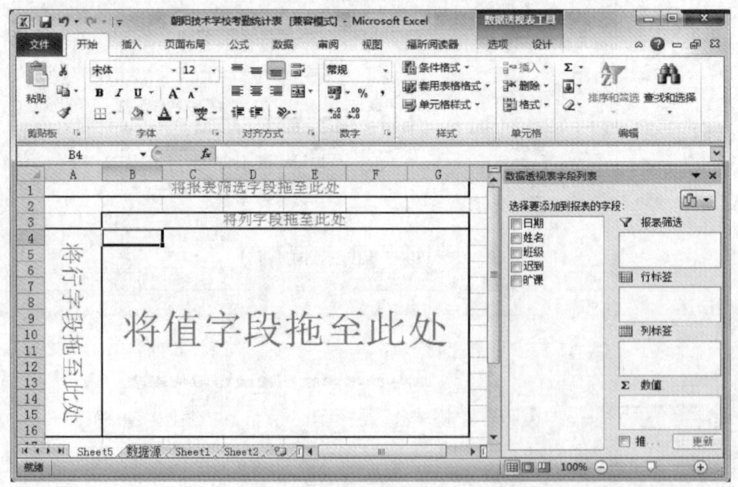

图 5-4-18　“数据透视表”视图界面

（3）拖动字段生成数据透视表

图 5-4-18 右侧的“数据透视表”窗格包含所有字段。将“日期”字段拖动到列字段处，将“班级”字段拖动到行字段处，将“迟到”字段拖动到数值字段处，并确认汇总方式为计数，汇总结果如图 5-4-19 所示。

知识链接

数据透视表的功能

数据透视表为交叉式报表，可快速合并和比较大量数据。在设计时，可将字段拖入“报表筛选”“列标签”“行标签”“数值”等区域中，工作表中实时生成数据透视表。注意：不是一定要将所有字段均拖入指定区域去构建数据透视表，可视汇总要求灵活指定字段的位置和汇总方式。

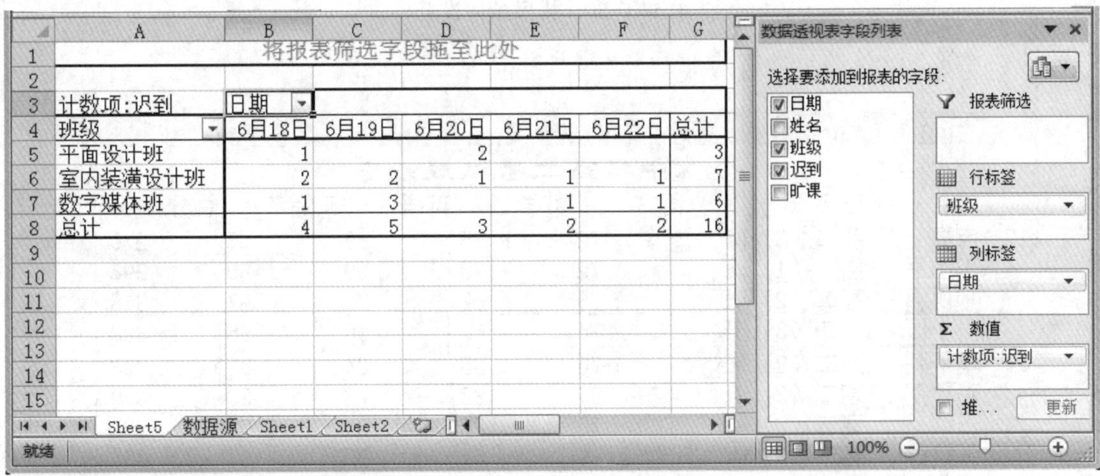

图 5-4-19　数据透视表

6. 保存工作簿

制作好数据透视表后，保存工作簿。

五、相关知识

本部分介绍多条件排序和自定义筛选。

1. 多条件排序

排序的方式有很多，如简单排序、多条件排序、按颜色排序等。此处主要介绍多条件排序。

打开文件：资料库/项目五/任务 4/课堂案例/成绩统计表 . xlsx。观察 Sheet1 工作表中的成绩数据，我们会产生这样的疑问：如果只以总分作为主要关键字进行简单排序，当出现总分一样的情况时，怎么能确定哪条记录在先，哪条记录在后呢？这时就需要设置次要关键字和第三关键字来确定记录的前后顺序。

设置主要关键字为总分，次要关键字为语文，第二次要关键字为数学，升序排序，如图 5-4-20 所示。排序结果如图 5-4-21 所示。

图 5-4-20　排序条件设置

	A	B	C	D	E	F	G
1	××中学高二考试成绩表						
2	姓名	班级	语文	数学	英语	政治	总分
3	冉梅	高二（3）班	72	75	69	63	279
4	李小平	高二（1）班	72	75	69	80	296
5	孙丽娟	高二（2）班	76	67	78	97	318
6	张小丽	高二（3）班	76	67	90	95	328
7	李子朝	高二（3）班	76	85	84	83	328
8	麦孜然	高二（2）班	85	88	73	83	329
9	王硕	高二（3）班	76	88	84	82	330
10	张玲铃	高二（3）班	89	67	92	87	335
11	江洐	高二（1）班	92	86	74	84	336
12	高文峰	高二（2）班	92	87	74	84	337
13	许诗意	高二（1）班	87	83	90	88	348
14	张江	高二（1）班	97	83	89	88	357

Sheet1　Sheet2　Sheet3　数据源　Sheet4
就绪　100%

图 5-4-21　多条件排序结果

2. 自定义筛选

自定义筛选的功能是筛选出符合条件区间的数据。

打开文件：资料库/项目五/任务 4/课堂案例/成绩统计表 .xlsx，定位到 Sheet2 工作表，按要求筛选出数学成绩在 80~90 分的数据。

在“Sheet2”工作表中，调用筛选命令。①在“数学”筛选按钮的下拉列表中选择【数字筛选】/【介于】，打开“自定义自动筛选”对话框。②在“显示行”

中选择“大于或等于 80”。③选择“与”。④选择“小于或等于 90”。⑤单击“确定”按钮。操作步骤如图 5-4-22 和图 5-4-23 所示，操作结果如图 5-4-24 所示。

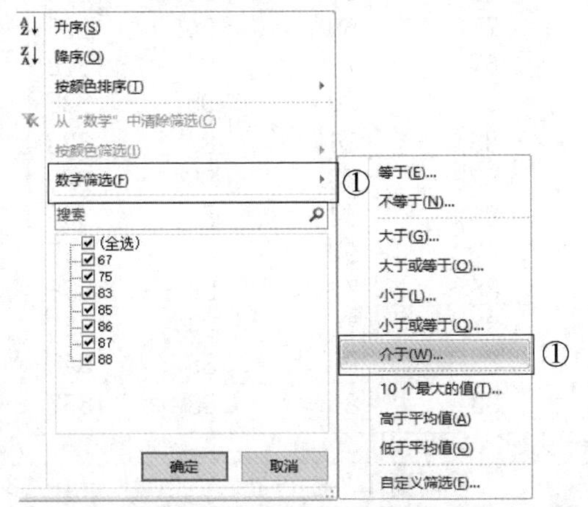

图 5-4-22　自定义筛选设置

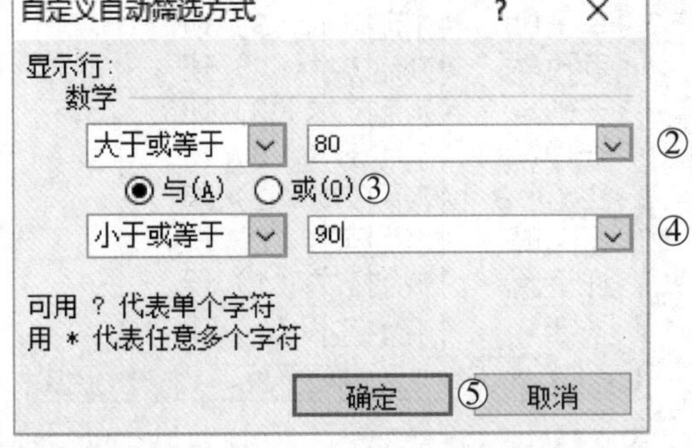

图 5-4-23　自定义筛选条件设置

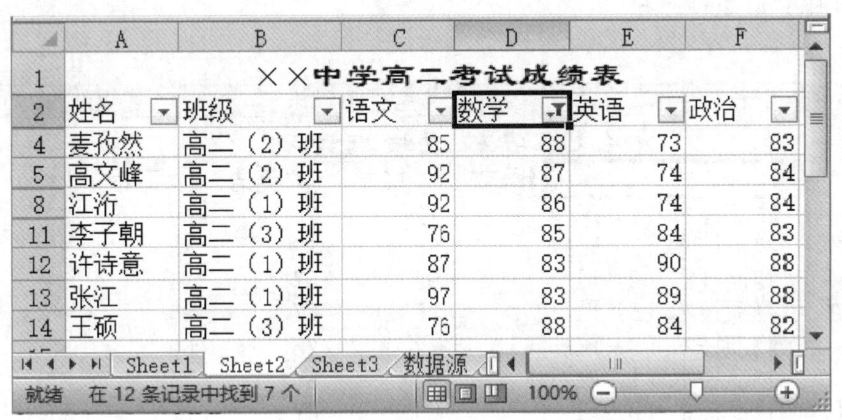

	A	B	C	D	E	F
1	××中学高二考试成绩表					
2	姓名	班级	语文	数学	英语	政治
4	麦孜然	高二（2）班	85	88	73	83
5	高文峰	高二（2）班	92	87	74	84
8	江洐	高二（1）班	92	86	74	84
11	李子朝	高二（3）班	76	85	84	83
12	许诗意	高二（1）班	87	83	90	88
13	张江	高二（1）班	97	83	89	88
14	王硕	高二（3）班	76	88	84	82

Sheet1　Sheet2　Sheet3　数据源

就绪　在 12 条记录中找到 7 个　100%

图 5-4-24　自定义筛选结果

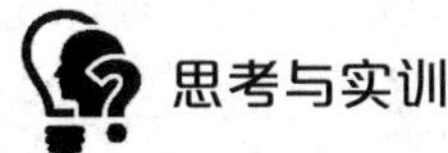

思考与实训

一、基础实训

1. 打开文件：资料库/项目五/任务 4/基础实训/成绩统计表 .xlsx。

2. 数据排序：使用 Sheet1 工作表中的数据，以“总分”为主要关键字，“数学”为次要关键字，升序排序，排序结果如图 5-4-25 所示。

	A	B	C	D	E	F	G
1	××技术学校成绩统计表						
2	姓名	班级	语文	数学	英语	政治	总分
3	冉梅	物流技术（3）班	72	75	69	63	279
4	李小平	物流技术（1）班	72	75	69	80	296
5	孙丽娟	物流技术（2）班	76	67	78	97	318
6	张小丽	物流技术（3）班	76	67	90	95	328
7	李子朝	物流技术（3）班	76	85	84	83	328
8	麦孜然	物流技术（2）班	85	88	73	83	329
9	王硕	物流技术（3）班	76	88	84	82	330
10	张玲铃	物流技术（3）班	89	67	92	87	335
11	江洐	物流技术（1）班	92	86	74	84	336
12	高文峰	物流技术（2）班	92	87	74	84	337
13	许诗意	物流技术（1）班	87	83	90	88	348
14	张江	物流技术（1）班	97	83	89	88	357

Sheet1 Sheet2 Sheet3 数据源 Sheet4

就绪 100%

图 5-4-25　排序结果

3. 数据筛选：使用 Sheet2 工作表中的数据，筛选出各科分数均大于等于 60 分的记录，结果如图 5-4-26 所示。

	A	B	C	D	E	F	G
1	××技术学校成绩统计表						
2	姓名	班级	语文	数学	英语	政治	
3	李小平	物流技术（1）班	72	75	69	80	
4	麦孜然	物流技术（2）班	85	88	73	83	
5	高文峰	物流技术（2）班	92	87	74	84	
6	张小丽	物流技术（3）班	76	67	90	95	
7	冉梅	物流技术（3）班	72	75	69	63	
8	江洐	物流技术（1）班	92	86	74	84	
9	张玲铃	物流技术（3）班	89	67	92	87	
10	孙丽娟	物流技术（2）班	76	67	78	97	
11	李子朝	物流技术（3）班	76	85	84	83	
12	许诗意	物流技术（1）班	87	83	90	88	
13	张江	物流技术（1）班	97	83	89	88	
14	王硕	物流技术（3）班	76	88	84	82	

Sheet1 Sheet2 Sheet3 数据源 Sheet4

就绪 “筛选”模式 100%

图 5-4-26　筛选结果

4. 数据分类汇总：使用 Sheet3 工作表中的数据，以“班级”为分类字段，将各科成绩进行“平均值”分类汇总，结果如图 5-4-27 所示。

	A	B	C	D	E	F
1	××技术学校成绩统计表					
2	姓名	班级	语文	数学	英语	政治
3	李小平	物流技术（1）班	72	75	69	80
4	江浒	物流技术（1）班	92	86	74	84
5	许诗意	物流技术（1）班	87	83	90	88
6	张江	物流技术（1）班	97	83	89	88
7		**物流技术（1）班 平均值**	87	81.75	80.5	85
8	孙丽娟	物流技术（2）班	76	67	78	97
9	麦孜然	物流技术（2）班	85	88	73	83
10	高文峰	物流技术（2）班	92	87	74	84
11		**物流技术（2）班 平均值**	84.33333	80.66667	75	88
12	冉梅	物流技术（3）班	72	75	69	63
13	张小丽	物流技术（3）班	76	67	90	95
14	李子朝	物流技术（3）班	76	85	84	83
15	王硕	物流技术（3）班	76	88	84	82
16	张玲铃	物流技术（3）班	89	67	92	87
17		**物流技术（3）班 平均值**	77.8	76.4	83.8	82
18		**总计平均值**	82.5	79.25	80.5	84.5
19						
20						
21						
22						
23						
24						

Sheet1　Sheet2　Sheet3　数据源　Sheet4　She

图 5-4-27　分类汇总结果

二、 进阶实训

1. 打开文件：资料库/项目五/任务 4/进阶实训/快递数据 . xlsx。

2. 建立数据透视表：使用“数据源”工作表中的数据，以“年度”为分类字段，以“企业名称”为行字段，以“地理位置”为列字段，以“纯利润（万元）”为求和项，从 Sheet4 工作表中的 A3 单元格起建立数据透视表，结果如图 5-4-28 所示。

	A	B	C	D	E	F
1	年度	（全部）				
2						
3	求和项:纯利润（万元）	地理位置				
4	企业名称	桥东区	新华区	湛北区	湛南区	总计
5	DHL				3864	3864
6	FedEx		3180			3180
7	TNT				2428	2428
8	UPS			7321		7321
9	德邦快递		3680			3680
10	方捷快递	1202				1202
11	港中能达	5360				5360
12	家通快递	12460				12460
13	全速快递			16394		16394
14	全一快递			8321		8321
15	送四方速递	2202				2202
16	苏北快购		4830			4830
17	速达快递		9510			9510
18	速通速递				1428	1428
19	邮政EMS		2480			2480
20	远达速递				4864	4864
21	运通快递				2328	2328
22	中通快递			6432		6432
23	中外运空运	4360				4360
24	总计	25584	23680	38468	14912	102644

Sheet1　Sheet2　Sheet3　数据源　Sheet4　Sheet

就绪

图 5-4-28　数据透视表

3. 请按照图 5-4-29 的数据透视表的显示结果，从 Sheet5 工作表的 A3 单元格起建立数据透视表。

	A	B
1	地理位置	桥东区
2		
3	求和项:纯利润（万元）	
4	企业名称	汇总
5	方捷快递	1202
6	港中能达	5360
7	家通快递	12460
8	送四方速递	2202
9	中外运空运	4360
10	总计	25584

Sheet1 Sheet2

就绪

图 5-4-29　数据透视表显示结果

任务 5　数据图表的创建与编辑

一、任务要点

1. 插入数据图表。
2. 数据图表的编辑。
3. 数据图表的格式化。

二、任务描述

张新诚是气象工程专业的学生，学习中需要分析各城市的降水量数据。在 Excel 图表的学习过程中，他逐渐懂得了如何从繁杂的数据中快速提炼有用信息，并以一种直观的方式呈现出来。图表能将各城市的降雨量更直观、更准确、更便于比较地展现出来。

三、操作思路

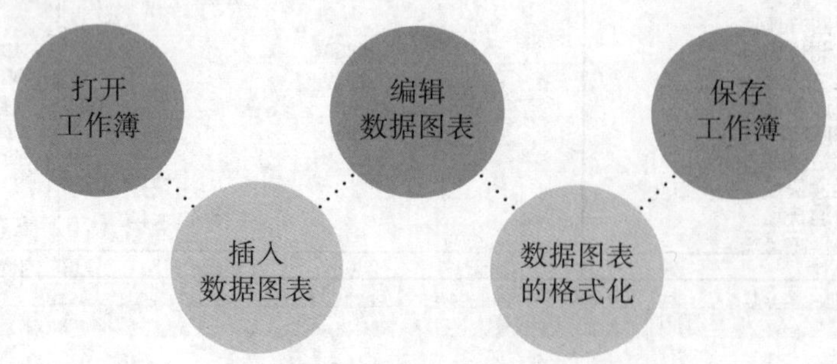

四、操作步骤

1. 打开工作簿

打开文件：资料库/项目五/任务 5/课堂案例/各城市上半年降雨量统计表 . xlsx，如图 5-5-1 所示。

	A	B	C	D	E	F	G
1	各城市上半年降雨量统计表						
2	单位：毫米						
3	城市	一月	二月	三月	四月	五月	六月
4	北京	2.7	4.9	8.3	21.2	34.2	78.1
5	香港	24.9	52.3	71.4	188.5	329.5	388.1
6	广州	40.9	69.4	84.7	201.2	283.7	276.2
7	重庆	19.5	20.6	36.2	104.6	151.7	171.2
8	成都	7.9	12.1	20.5	46.6	87.1	106.8
9	乌鲁木齐	11.5	10	18.5	32.3	38.9	36.2

Sheet1　Sheet2　Sheet3

图 5-5-1　打开工作簿

2. 插入数据图表

操作演示

(1) 选择数据范围

选择需要生成图表的数据 A3: G9，如图 5-5-2 所示。

	A	B	C	D	E	F	G
1	各城市上半年降雨量统计表						
2	单位：毫米						
3	城市	一月	二月	三月	四月	五月	六月
4	北京	2.7	4.9	8.3	21.2	34.2	78.1
5	香港	24.9	52.3	71.4	188.5	329.5	388.1
6	广州	40.9	69.4	84.7	201.2	283.7	276.2
7	重庆	19.5	20.6	36.2	104.6	151.7	171.2
8	成都	7.9	12.1	20.5	46.6	87.1	106.8
9	乌鲁木齐	11.5	10	18.5	32.3	38.9	36.2

Sheet1　Sheet2　Sheet3

就绪　平均值: 85.9　计数: 49　求和: 3092.4　100%

图 5-5-2　选定数据

(2) 选择图表类型

① 在【插入】/【图表】组中选择“柱形图”按钮。②在弹出的下拉框中选择“三维柱形图”中的“三维簇状柱形图”。操作步骤如图 5-5-3 所示。

(3) 生成图表

选择数据图表类型后，在当前 Sheet1 工作表中生成一个数据图表，如图 5-5-4 所示。

图表各部分名称参见“五、相关知识”中的内容。

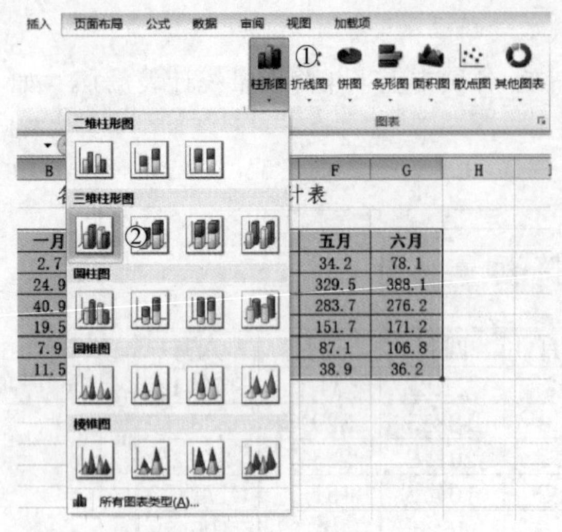

图 5-5-3　插入三维簇状柱形图

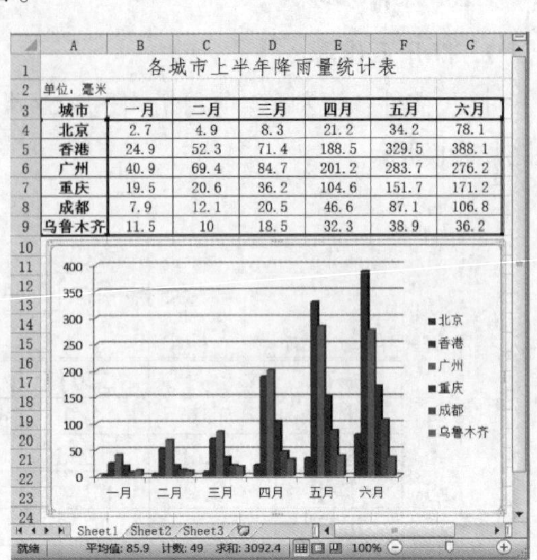

各城市上半年降雨量统计表

单位：毫米

城市	一月	二月	三月	四月	五月	六月
北京	2.7	4.9	8.3	21.2	34.2	78.1
香港	24.9	52.3	71.4	188.5	329.5	388.1
广州	40.9	69.4	84.7	201.2	283.7	276.2
重庆	19.5	20.6	36.2	104.6	151.7	171.2
成都	7.9	12.1	20.5	46.6	87.1	106.8
乌鲁木齐	11.5	10	18.5	32.3	38.9	36.2

图 5-5-4　三维簇状柱形图

3. 编辑数据图表

（1）为图表添加标题

①选定图表，单击【图表工具】/【布局】/【图表标题】。②在下拉菜单里选择“图表上方”命令。③单击图表标题，填写标题为“各城市上半年降雨量统计图”。操作步骤如图 5-5-5 和图 5-5-6 所示。

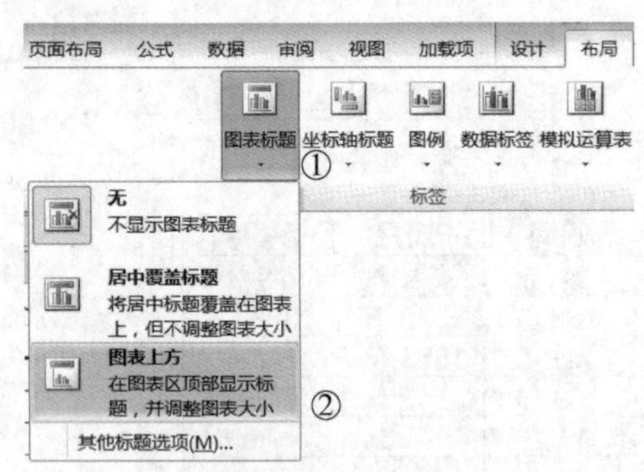

图 5-5-5　添加图表标题

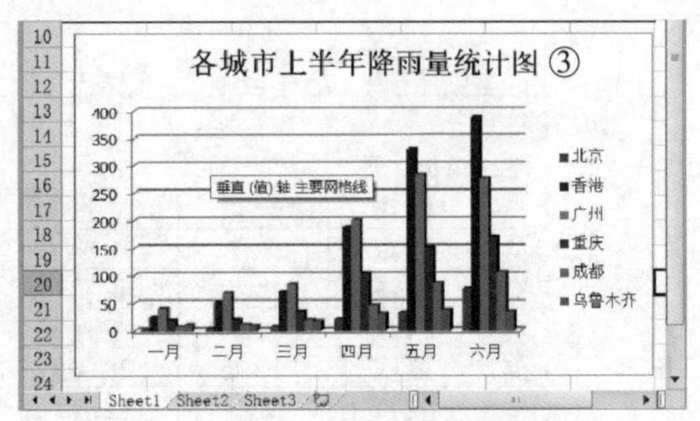

图 5-5-6　设置图表标题

（2）为主要横坐标添加标题

①单击【图表工具】/【布局】/【坐标轴标题】/【主要横坐标轴标题】。②在下拉菜单里选择“主要坐标轴标题”中的“坐标轴下方标题”命令并单击。③单击图表标题，填写标题为“月份”。操作步骤如图 5-5-7 所示。

（3）为主要纵坐标添加标题

①单击【图表工具】/【布局】/【坐标轴标题】/【主要纵坐标轴标题】。②在下拉菜单里选择“主要纵坐标轴标题”中的“竖排标题”命令并单击。③单击图表标题，填

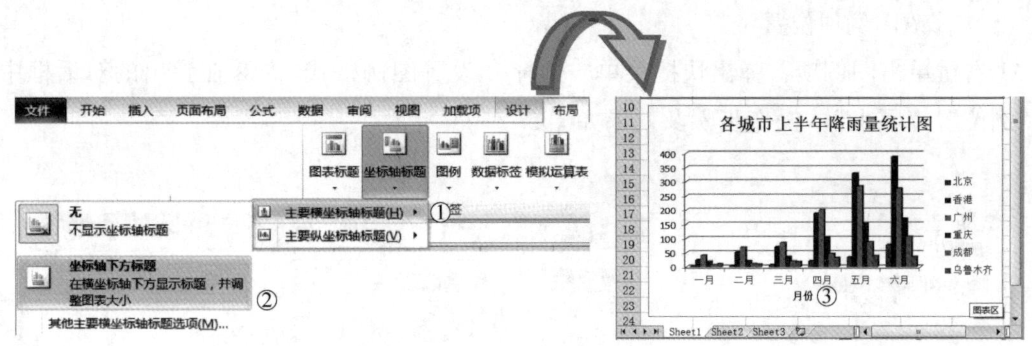

图 5-5-7　设置主要横坐标标题

写标题为“月均降雨量”。操作步骤如图 5-5-8 所示。

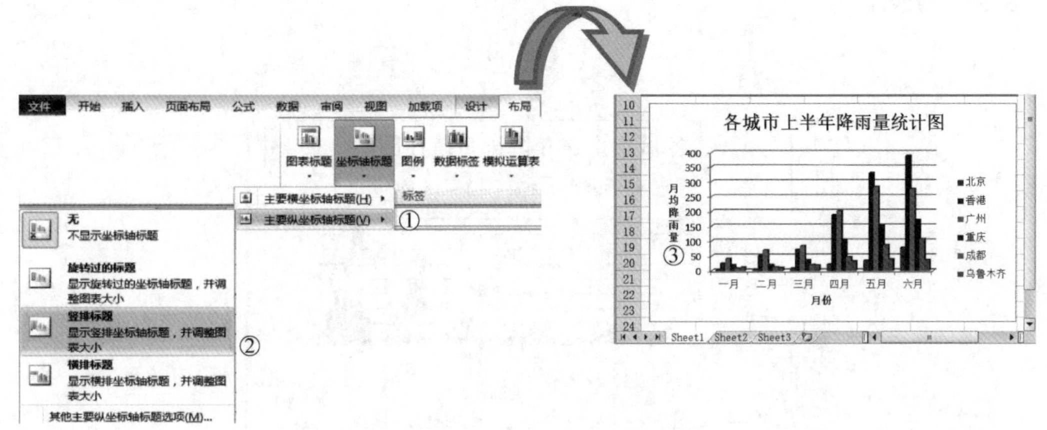

图 5-5-8　设置主要纵坐标标题

（4）设置主要横坐标轴文字排列方式——由横排变为竖排

双击图表中“一月、二月……”所在的主要横坐标轴，弹出“设置坐标轴格式”对话框，在“对齐方式”标签中设置“文字方向”由“横排”变为“竖排”。对话框设置如图 5-5-9 所示，结果如图 5-5-10 所示。

图 5-5-9　图表坐标轴设置

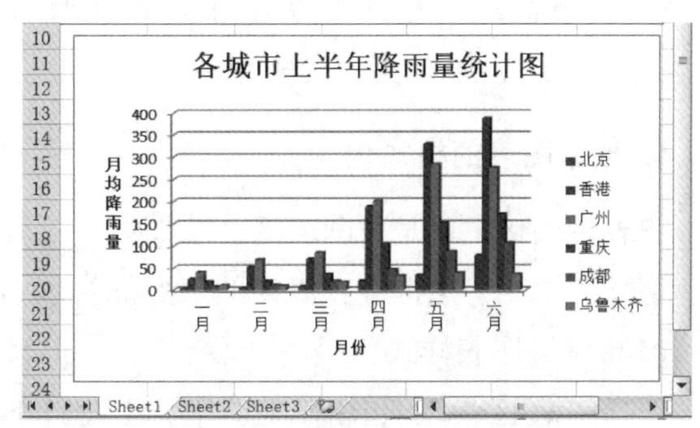

图 5-5-10　设置文字方向后效果

（5）修改图例项位置

①右键单击图例项，弹出快捷菜单，选择“设置图例格式”。②在弹出的对话框中设置图例位置“靠上”。操作步骤及效果如图 5-5-11 所示。

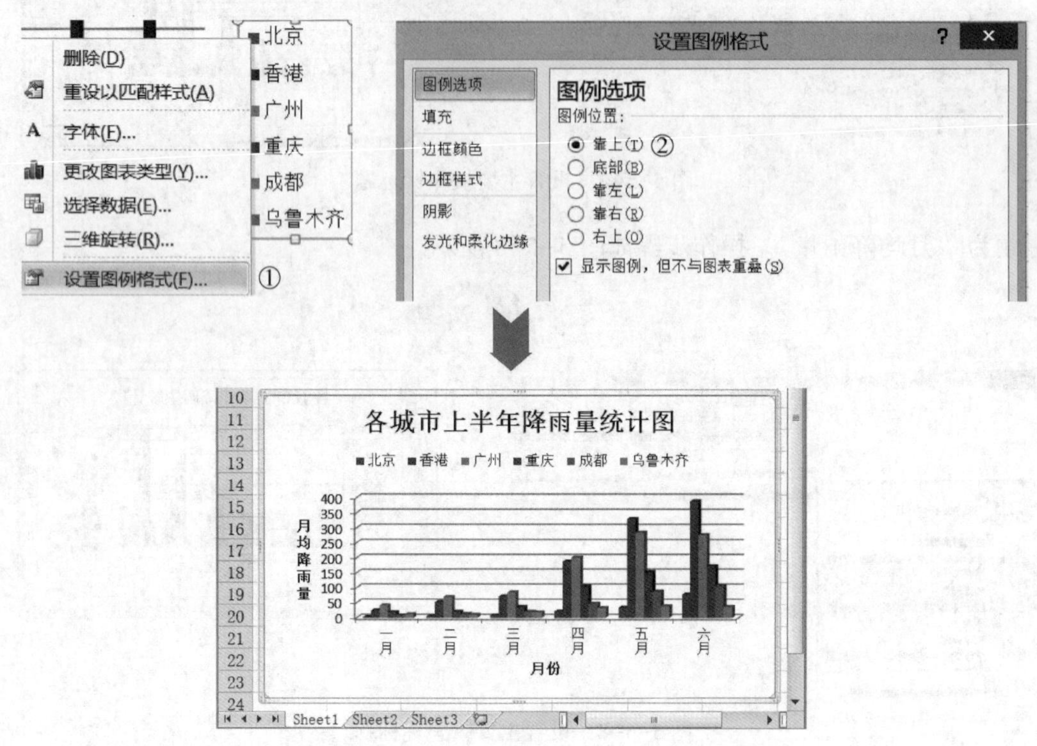

图 5-5-11　修改图例项位置的操作及效果

实用技巧

图表设置方法

当图表被选中时，功能区将出现 3 个选项卡，即“图表工具/设计”“图表工具/布局”“图表工具/格式”。单击 3 个选项卡中的命令按钮，可以对图表进行各种设置。

4. 数据图表的格式化

图表格式化主要是对图表区、绘图区、标题、图例及坐标轴等内容进行设置，包括字体、字号、填充、边框等，以使图表更加合理、美观、醒目。

（1）设置图表样式

选择图表区，在【图表工具】/【设计】/【图表样式】中选择“样式 34”，如图 5-5-12 所示。效果如图 5-5-13 所示。

图 5-5-12　图表样式 34

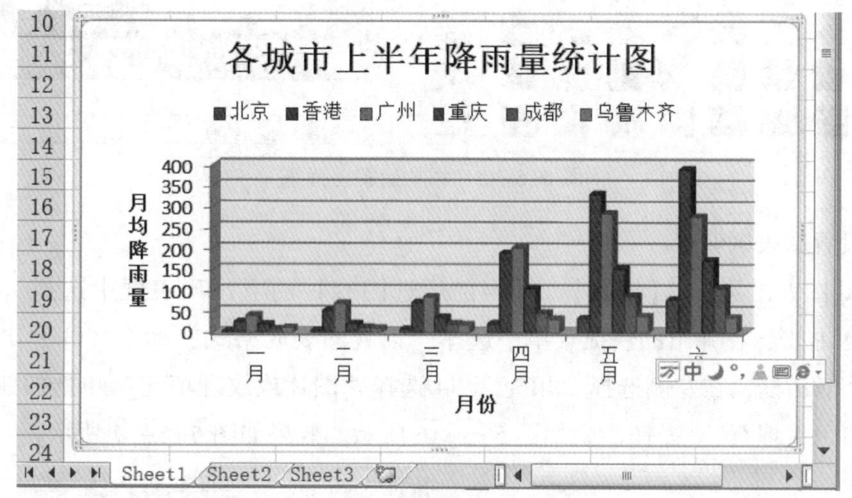

图 5-5-13　图表样式添加效果

（2）为图表添加彩色边框

单击选择【图表工具】/【格式】/【形状样式】中的“其他”按钮，在弹出的下拉菜单中单击“彩色轮廓-橄榄色，强调颜色 3”按钮，效果如图 5-5-14 所示。

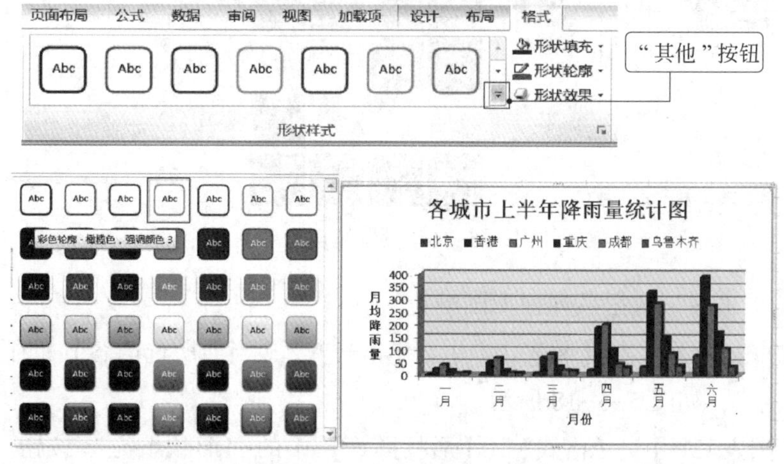

图 5-5-14　图表边框

（3）设置绘图区背景

①在【图表工具】/【格式】/【当前所选内容】的下拉列表框中选择“绘图区”。②单击【图表工具】/【格式】/【形状样式】/【其他】按钮，在弹出的下拉菜单中单击“细微效果-黑色，深色 1”按钮，为图表基底添加灰色背景，如图 5-5-15 所示。

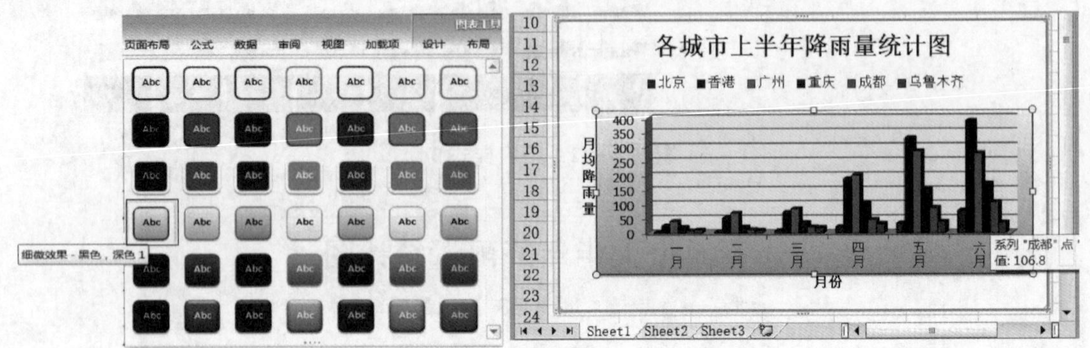

图 5-5-15　添加绘图区背景

（4）设置图表区背景

① 在【图表工具】/【格式】/【当前所选内容】的下拉列表框中选择“图表区”。② 在图表区右击，在弹出的快捷菜单中选择“设置图表区格式”命令。③弹出“设置图表区格式”对话框，在左侧选择“填充”。④选择“图片或纹理填充”单选按钮，选择纹理中的“白色大理石”。操作步骤如图 5-5-16 所示。效果如图 5-5-17 所示。

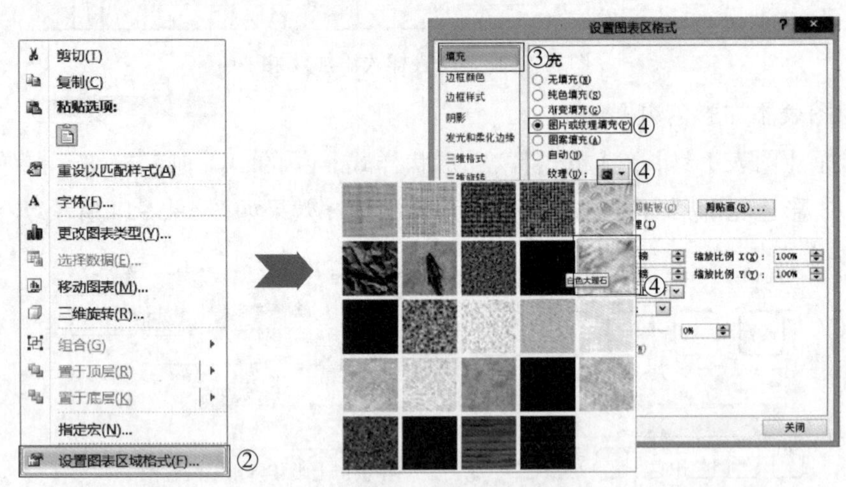

图 5-5-16　设置纹理效果

（5）更改“北京”数据系列柱形图颜色

选择“北京”系列。在【图表工具】/【格式】/【当前所选内容】的下拉列表框中，选择“系列北京”，如图 5-5-18 所示。

①单击【图表工具】/【格式】/【形状样式】中的“形状填充”按钮。②在弹出的下拉菜单中单击“紫色，强调文字颜色 4，淡色 60%”按钮。操作步骤如图 5-5-19 所示。

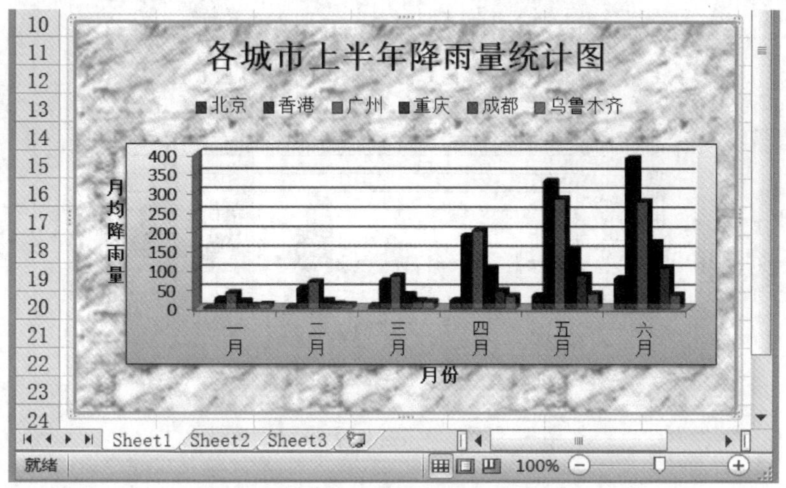

图 5-5-17　设置图表区背景

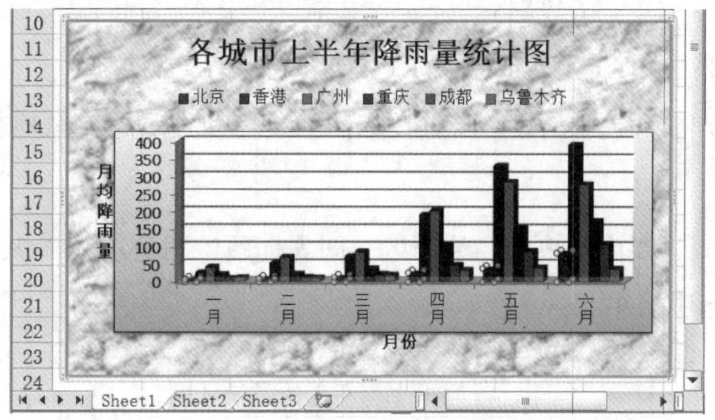

图 5-5-18　选定系列“北京”

格式效果如图 5-5-20 所示。

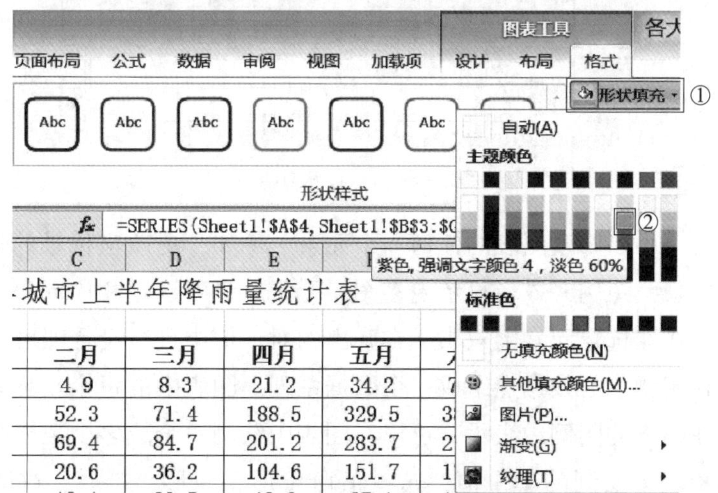

图 5-5-19　设置系列“北京”格式

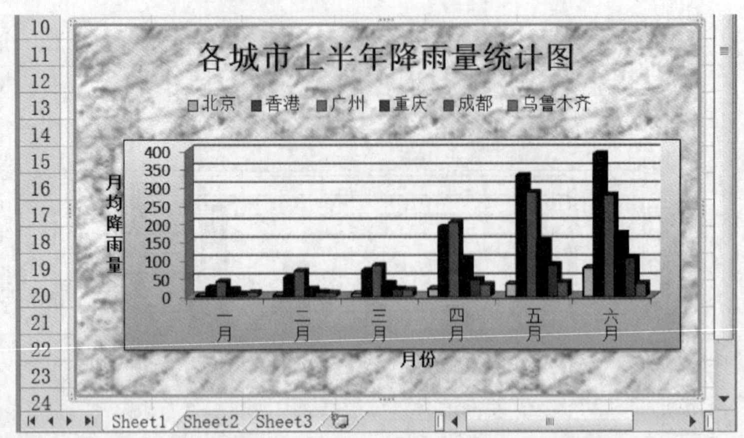

图 5-5-20　Excel 图表设置结果

5. 保存工作簿

完成图标编辑后保存工作簿。

五、相关知识

Excel 图表是指将工作表中的数据用图形表示出来，更加生动、形象地表现数据间的关系。

1. 图表的组成

一份完整的图表主要由图表区、绘图区、图表标题、图例项、横纵坐标轴、数据条例等构成，如图 5-5-21 所示。

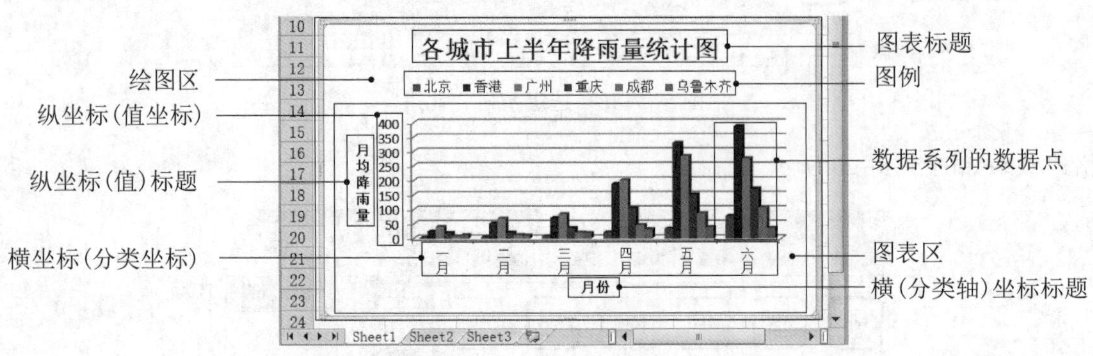

图 5-5-21　图表组成

创建图表以后，可以修改图表的任何一个元素。例如，更改坐标轴的显示方式、添加图表标题、移动或隐藏图例，或者显示更多图表元素。只要选定相应元素，即可在功能区进行设置；或者直接在选定元素上双击，在弹出的对话框中进行设置即可。

数据系列：相同颜色的数据点组成一个数据系列。图表中的每个数据系列具有唯一的颜色或图案并且在图表的图例中表示。可以在图表中绘制一个或多个数据系列。

数据点：在图表中绘制的单个值，这些值由条形、柱形、折线、饼图或圆环图的扇面、圆点表示。

2. 图表类型

Excel 2010 中提供了 11 大类图表类型：柱形图、折线图、饼图、条形图、面积图、XY 散点图、股价图、曲面图、圆环图、气泡图、雷达图。下面介绍几种常用的类型。

（1）柱形图

用于显示一段时间内的数据变化或说明各项之间的比较情况。在柱形图中，通常沿横坐标轴组织类别，沿纵坐标轴组织数据，如图 5-5-22 所示。

（2）折线图

折线图可显示随时间而变化的连续数据，适用于显示在相等时间间隔下数据的趋势。在折线图中，类别数据沿水平轴均匀分布，所有的值数据沿垂直轴均匀分布，如图 5-5-23 所示。

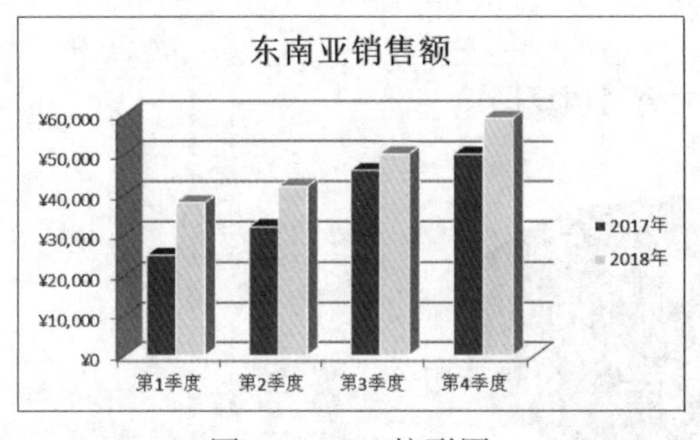

图 5-5-22　柱形图

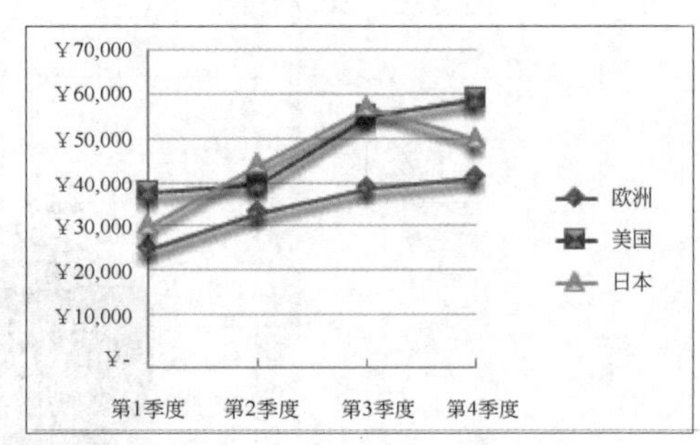

图 5-5-23　折线图

（3）饼图

饼图只有一个数据系列，工作表的一列或一行中的数据可以绘制到饼图中。即饼图显示一个数据系列中各项的大小，与各项总和成比例。饼图中的数据点显示为整个饼图的百分比，如图 5-5-24 所示。

使用饼图时请注意：

①仅有一个要绘制的数据系列。②要绘制的数值没有负值。③要绘制的数值几乎没有零值。④不超过 7 个类别。⑤各类别分别代表整个饼图的一部分。

（4）条形图

条形图显示各项之间的比较情况，如图 5-5-25 所示。

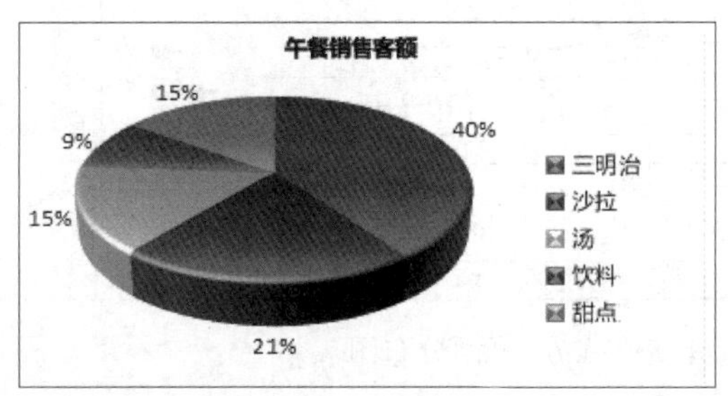

图 5-5-24　饼图

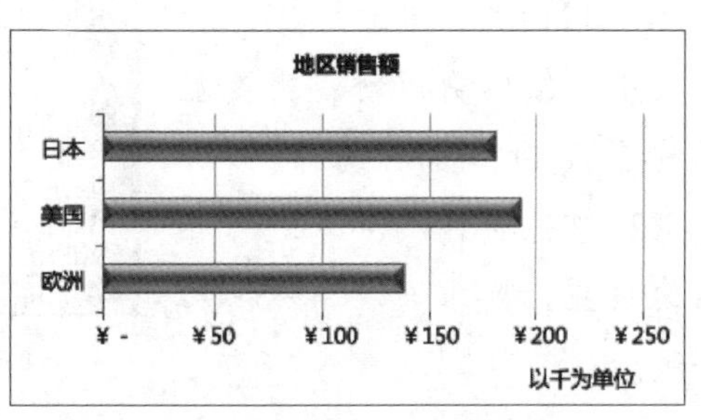

图 5-5-25　条形图

一、基础实训

1. 打开文件：资料库/项目五/任务 4/基础实训/宏大公司预算表 . xlsx。

2. 使用“预计支出”一列中的数据在当前工作表中创建一个三维饼图（应用“Ctrl”键，选定“B5: B11，D5: D11”多个数据范围）。

3. 为图表添加标题，标题为“宏大公司预算支出图”。

4. 添加“数据标签”。

5. 整个图表应用“细微效果-水绿色，强调效果 5”样式。

6. 效果如图 5-5-26 所示。

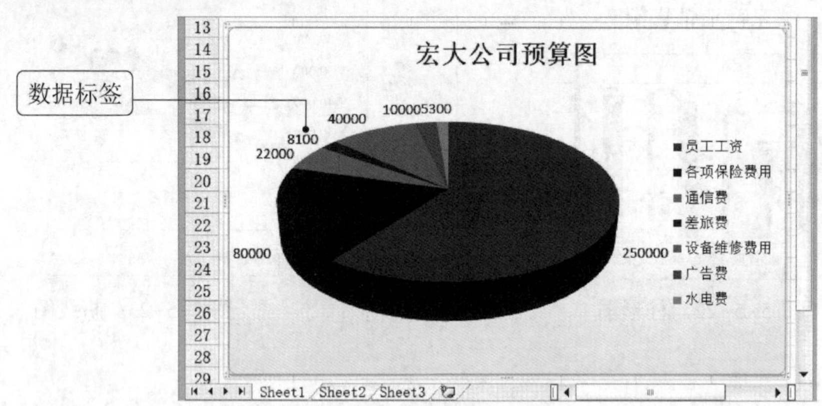

图 5-5-26　宏大公司预算图

二、进阶实训

亲爱的同学，你独立完成基础实训了吗？相信对你来说，基础实训就是小菜一碟，接下来请帮助张新诚同学完成下面较难的任务吧。

打开文件：资料库/项目五/任务 5/进阶实训/全国部分城市降雨量分布表. xlsx。

1. 请仔细看图 5-5-27，分析其中包括的数据源，需要显示的信息。创建降雨分布图。

2. 按照样图的要求进行相应的设置，要求与图 5-5-27 一致。

图 5-5-27　降雨分布图

任务6　打 印 输 出

一、任务要点

1. 在 Excel 中进行打印输出设置。

2. 预览和打印文件。

二、任务描述

文秘专业的刘雨橙在企业人力资源部实习。她需要将制作好的工资表打印出来请部室主管签字。打印前刘雨橙对工资表进行了设置，预览确认美观无误后方执行打印命令。

三、操作思路

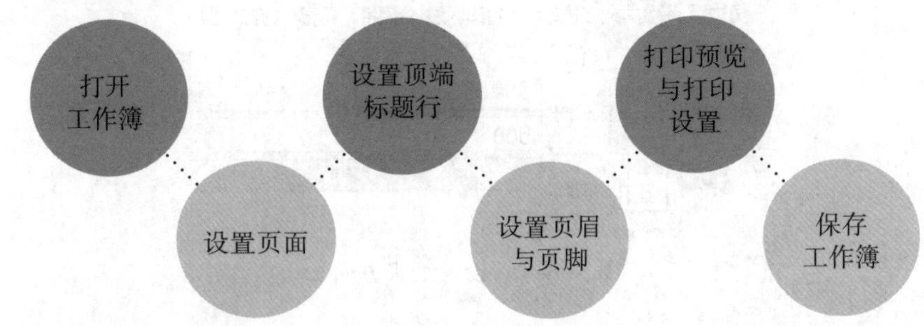

四、操作步骤

1. 打开工作簿

打开文件：资料库/项目五/任务 6/课堂案例/腾飞公司一月份工资表 . xlsx 。

操作演示

2. 设置页面

（1）设置纸张大小

①单击【页面布局】/【页面设置】中的“纸张大小”按钮。②从下拉列表中选择“A4”。操作步骤如图 5-6-1 所示。

（2）设置纸张方向

①单击【页面布局】/【页面设置】中的“纸张方向”按钮。②从下拉列表框中选择“横向”。操作步骤如图 5-6-2 所示。

（3）设置页边距

①单击【页面布局】/【页面设置】中的“页边距”按钮。②在下拉列表中选择“自定义边距”命令。③在弹出的“页面设置”对话框中选择“页边距”选项卡，设置边距、

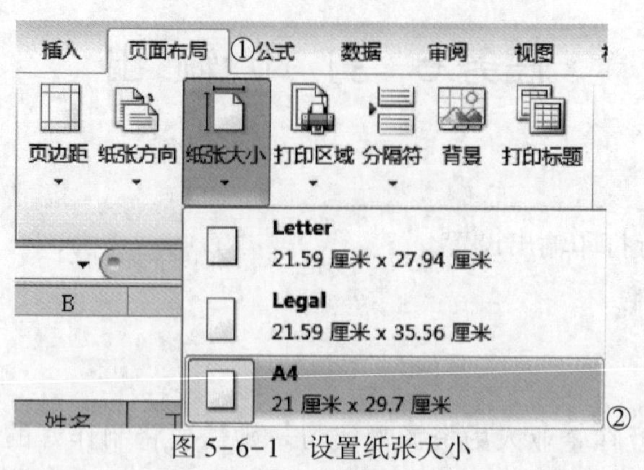

图 5-6-1　设置纸张大小

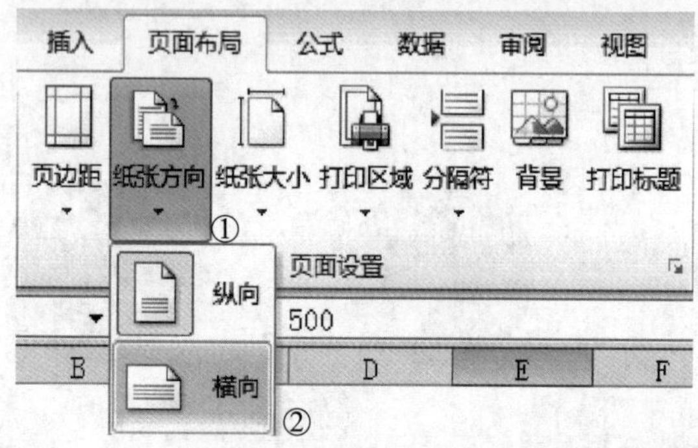

图 5-6-2　设置纸张方向

页眉、页脚数值。④将整张表格的居中方式设为“水平”。操作步骤如图 5-6-3 所示。

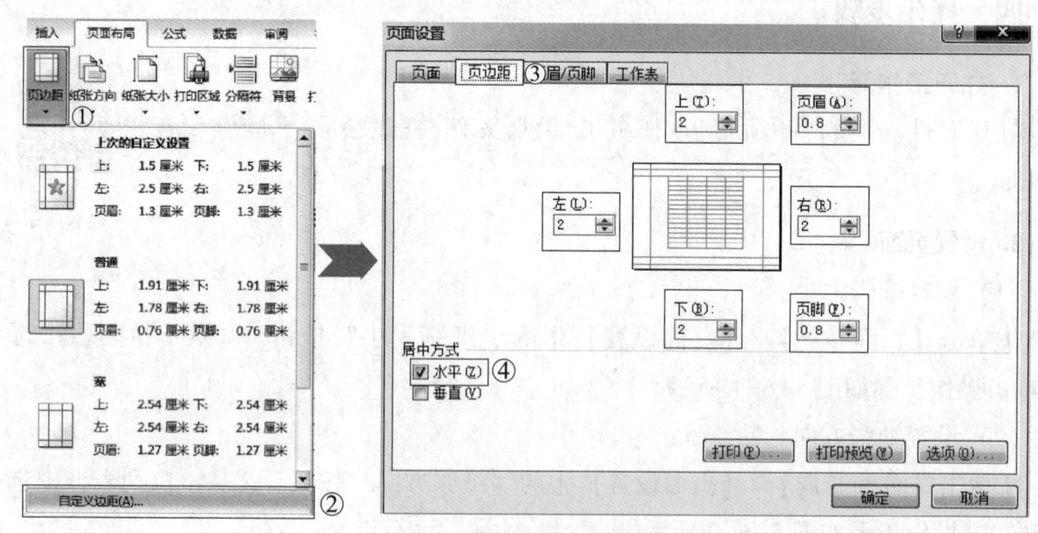

图 5-6-3　设置纸张边距

3. 设置顶端标题行

①单击【页面布局】/【页面设置】中的“打印标题”按钮，弹出“页面设置”

对话框。②在“工作表”选项卡中单击“顶端标题行”右侧的折叠按钮，选择单击第 1～第 2 行的行号，再次单击折叠按钮。③单击“确定”按钮。操作步骤如图 5-6-4 所示。

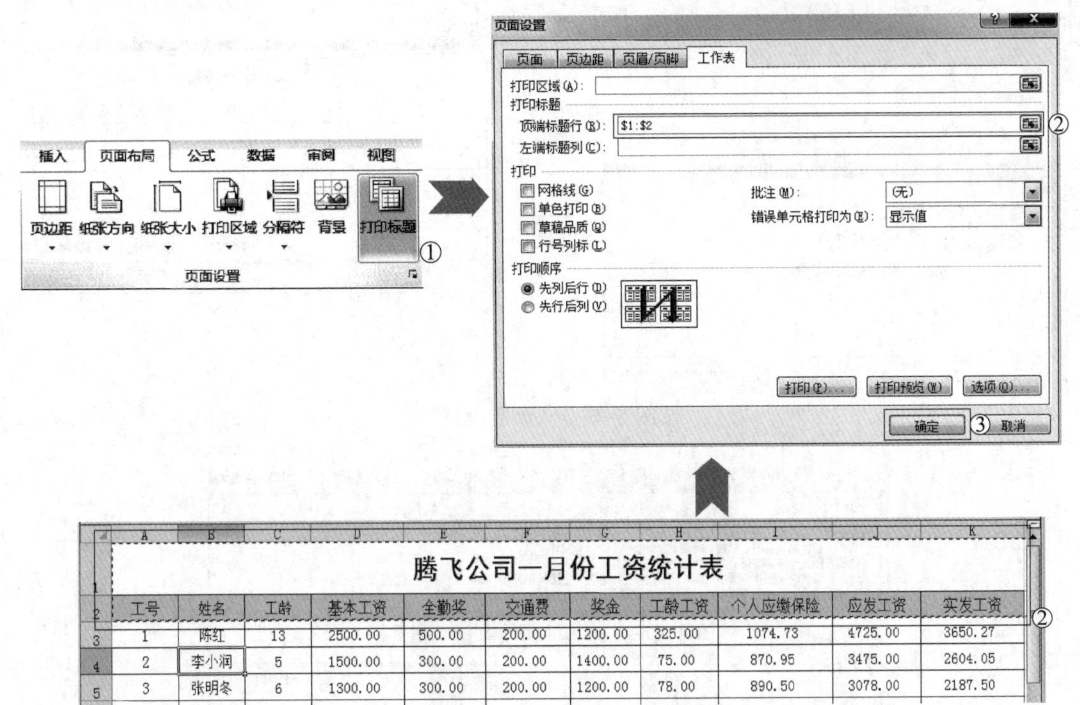

图 5-6-4　设置顶端标题行

4. 设置页眉与页脚

（1）添加页眉

①单击【页面布局】/【页面设置】组右下角的“页面设置”命令。②选择“页眉/页脚”选项卡，单击“自定义页眉”。③在“页眉”对话框“左”中输入“机密”二字。④“右”中输入“一月份工资”五字。⑤“中”中单击“插入时间”按钮，插入当前时间。操作步骤如图 5-6-5 所示。

（2）添加页脚

在“页眉/页脚”选项卡，单击“自定义页脚”，光标定位到“右”中，单击上方“插入页码”按钮，插入页码。操作步骤如图 5-6-6 所示。

5. 打印预览与打印设置

① 选择【文件】/【打印】命令。右侧窗格中出现打印预览界面。②如图 5-6-7 设置参数。③单击“打印”按钮。

6. 保存工作簿

打印完成后保存工作簿。

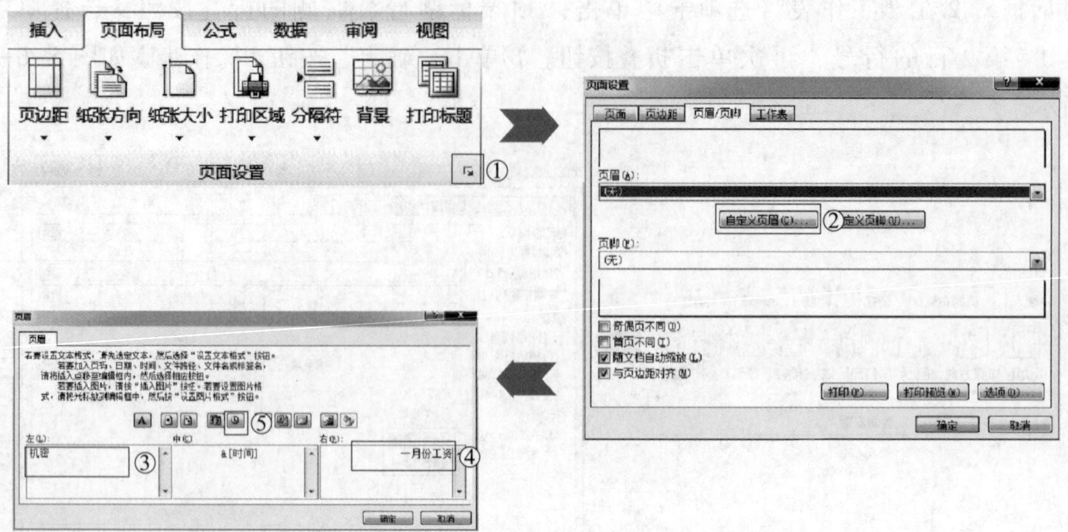

图 5-6-5　页眉设置

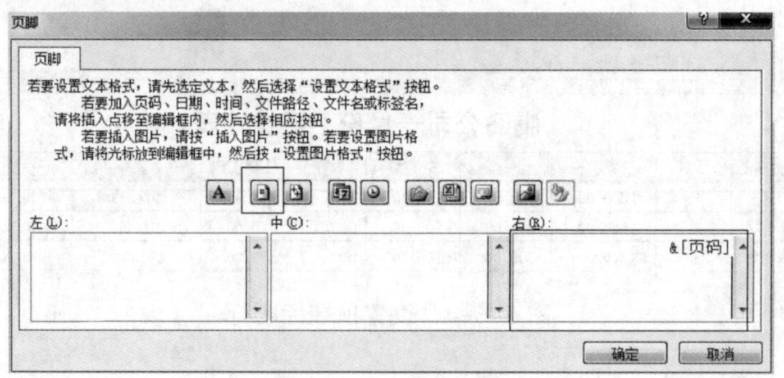

图 5-6-6　页脚设置

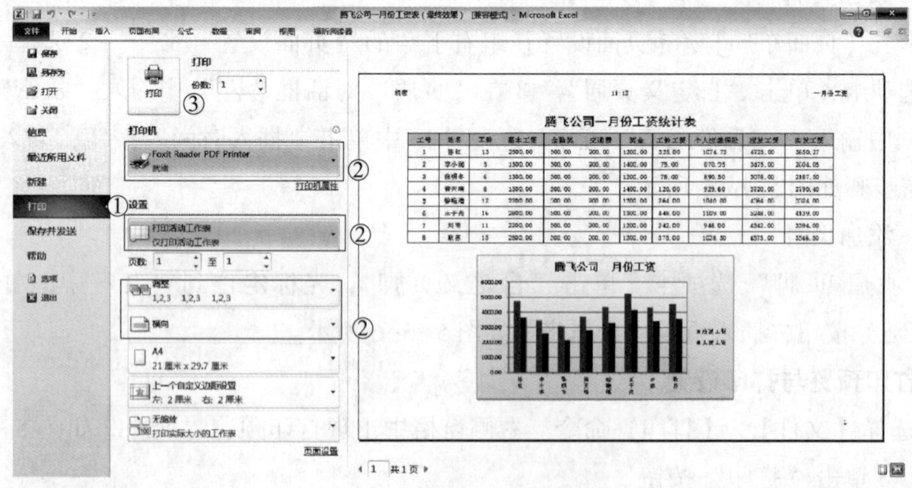

图 5-6-7　打印预览与打印设置

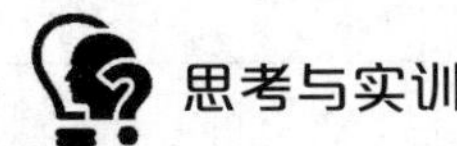

思考与实训

一、基础实训

1. 打开文件：资料库/项目五/任务 5/通用实训/交通干线实测监控表 . xlsx。
2. 设置纸张大小为 A4。
3. 页边距上、下、左、右分别为 2.5 厘米、2.5 厘米、2 厘米、2 厘米。
4. 保证整张表格在页面中水平居中。
5. 页眉添加文字“交通干线实测监控数据”，居于右侧，页脚显示页码，居中。
6. 保证每页表格都会显示表格标题和表头部分（前 3 行）。
7. 对照图 5-6-8 格式添加边框、对齐方式、合并方式。

交通干线实测监控数据

优选的监测交通干线实测数据

优选干线	dB(A)					车流量	路长
	L_{10}	L_{50}	L_{90}	L_{eq}	δ	(辆/h)	(km)
重工街	74	67	61	69.5	5.1	723	3.2
兴工街	73	63	57	71.7	6.1	247	3.9
北二路	76	67	61	73.5	5.1	472	5.7
南十路	72	63	57	69.9	5.6	240	3.8
沈辽中路	76	71	66	72.9	3.8	1363	4.5
崇山西路	75	70	65	72.6	4	1430	4.5
市府大街	77	70	64	73.5	4.7	1079	3.1
三好街	74	66	60	71	5.2	435	3.5
三经街	72	64	58	73.3	6.3	312	1.6
青年大街	77	70	65	73.6	4.9	1252	4.6
易家墩街	74	67	61	69.5	5.1	723	3.2
韩家墩街	73	63	57	71.7	6.1	247	3.9
宗关街	76	64	61	73.5	5.1	472	5.7
汉水桥街	72	65	57	69.9	5.6	240	3.8
宝丰街	73	66	66	72.9	3.8	1363	4.5
荣华街	74	67	65	72.6	4	1430	4.5
崇仁街	75	68	64	73.5	4.7	1079	3.1
汉中街	76	69	60	71	5.2	435	3.5
汉正街街	77	70	61	73.3	6.3	312	1.6
六角亭街	78	71	62	73.6	4.9	1252	4.6
长丰街	79	72	63	69.5	5.1	723	3.2
翠微街	80	73	64	71.7	6.1	247	3.9
建桥街	81	74	65	73.5	5.1	472	5.7
月湖街	82	75	66	69.9	5.6	240	3.8
晴川街	83	76	66	72.9	3.8	1363	4.5
鹦鹉街	84	77	65	72.6	4	1430	4.5
洲头街	85	78	64	73.5	4.7	1079	3.1
五里墩街	86	79	60	71	5.2	435	3.5
琴断口街	72	80	58	73.3	6.3	312	1.6
江汉二桥街	77	81	65	73.6	4.9	1252	4.6
永丰街	74	82	61	69.5	5.1	723	3.2
江堤街	73	63	57	71.7	6.1	247	3.9
杨园街	76	67	61	73.5	5.1	472	5.7
徐家棚街	72	63	57	69.9	5.6	240	3.8
粮道街	76	71	66	72.9	3.8	1363	4.5
中华路街	75	70	65	72.6	4	1430	4.5
黄鹤楼街	77	70	64	73.5	4.7	1079	3.1
紫阳街	74	66	60	71	5.2	435	3.5
白沙洲街	72	64	58	73.3	6.3	312	1.6
首义路街	77	70	59	73.6	4.9	1252	4.6
中南路街	74	67	60	69.5	5.1	723	3.2
水果湖街	73	63	61	71.7	6.1	247	3.9

第 1 页

交通干线实测监控数据

优选的监测交通干线实测数据

优选干线	dB(A)					车流量	路长
	L_{10}	L_{50}	L_{90}	L_{eq}	δ	(辆/h)	(km)
珞珈山街	76	67	62	73.5	5.1	472	5.7
石洞街	72	63	63	69.9	5.6	240	3.8
南湖街	76	71	64	72.9	3.8	1363	4.5
红卫路街	75	70	65	72.6	4	1430	4.5
冶金街	77	70	66	73.5	4.7	1079	3.1
新沟桥街	74	66	67	71	5.2	435	3.5
红钢城街	72	64	58	73.3	6.3	312	1.6
工人村街	77	70	65	73.6	4.9	1252	4.6
青山镇街	74	67	61	69.5	5.1	723	3.2
厂前街	73	63	57	71.7	6.1	247	3.9
武东街	76	67	61	73.5	5.1	472	5.7
白玉山街	72	63	57	69.9	5.6	240	3.8

第 2 页

图 5-6-8　交通干线实测监控数据

二、进阶实训

1. 打开文件：资料库/项目五/任务 6/进阶实训/学生成绩表 . xlsx。

2. 图 5-6-9 为直接打印效果，图 5-6-10 为设置后打印效果，请对照图 5-6-10 更改纸张方向、页边距、表格对齐方式、行高、列宽。

学生成绩统计表

院(系)/部：轻工部　　专业：服装制作与营销

序号	学号	姓名	语文	数学	服装材料	服装结构设计与制图	服装制作工艺	服装市场营销	总成绩	平均成绩
1	FZ-01	李霞红	78.00	81.00	79.00	80.00	81.00	80.00		
2	FZ-02	李海洋	62.00	61.00	66.00	77.00	70.00	49.00		
3	FZ-03	吴思念	57.00	28.00	0.00	49.00	70.00	47.00		
4	FZ-04	杨鹏中	77.00	65.00	84.00	72.00	68.00	74.00		
5	FZ-05	张波	81.00	85.00	76.00	72.00	91.00	80.00		
6	FZ-06	唐雅琴	71.00	63.00	77.00	60.00	56.00	73.00		
7	FZ-07	刘孟超	73.00	77.00	77.00	47.00	70.00	75.00		
8	FZ-08	王德洋	75.00	76.00	75.00	64.00	55.00	55.00		
9	FZ-09	骆鹏飞	74.00	71.00	73.00	77.00	56.00	80.00		
10	FZ-10	朱健伟	64.00	64.00	73.00	45.00	68.00	67.00		
课程平均成绩										

图 5-6-9　设置前

学生成绩统计表

院(系)/部：轻工部　　专业：服装制作与营销

序号	学号	姓名	语文	数学	服装材料	服装结构设计与制图	服装制作工艺	服装市场营销	总成绩	平均成绩
1	FZ-01	李霞红	78.00	81.00	79.00	80.00	81.00	80.00		
2	FZ-02	李海洋	62.00	61.00	66.00	77.00	70.00	49.00		
3	FZ-03	吴思念	57.00	28.00	0.00	49.00	70.00	47.00		
4	FZ-04	杨鹏中	77.00	65.00	84.00	72.00	68.00	74.00		
5	FZ-05	张波	81.00	85.00	76.00	72.00	91.00	80.00		
6	FZ-06	唐雅琴	71.00	63.00	77.00	60.00	56.00	73.00		
7	FZ-07	刘孟超	73.00	77.00	77.00	47.00	70.00	75.00		
8	FZ-08	王德洋	75.00	76.00	75.00	64.00	55.00	55.00		
9	FZ-09	骆鹏飞	74.00	71.00	73.00	77.00	56.00	80.00		
10	FZ-10	朱健伟	64.00	64.00	73.00	45.00	68.00	67.00		
课程平均成绩										

图 5-6-10　设置后

* 任务 7 宏的使用

一、任务要点

1. 录制宏。
2. 编辑宏。
3. 使用宏。

二、任务描述

张老师负责学生报名工作。他需要把每个班交上来的报名表设置成统一的格式。由于班级较多，设置格式的操作非常机械烦琐。张老师想到利用 Excel 的宏命令来帮助自己完成重复性的工作。

三、操作思路

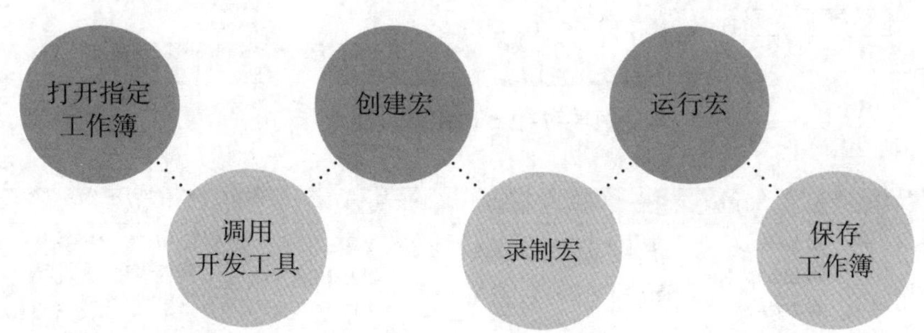

四、操作步骤

操作演示

1. 打开指定工作簿

打开文件：资料库/项目五/任务 7/课堂案例/考试信息表 .xlsx，如图 5-7-1 所示。

2. 调用开发工具

默认状态下，“宏”命令不会显示在功能区中。因此，需要在使用前调用“开发工具”选项卡。

①单击选择【文件】/【选项】，弹出“Excel 选项”对话框。②单击“自定义功能区”选项。③勾选“开发工具”。④单击“确定”。操作步骤如图 5-7-2 所示，开发工具组如图 5-7-3 所示。

	A	B	C	D	E	F	G	H
1	考试信息表							
2	准考证号	姓名	专业	考试课程及代码	考试时间	考点	考场号	座号
3	2701001	董玥	025	语文0251	28日上午	七一路一中	01	28
4	2701002	李丽	045	数学0453	28日下午	七一路一中	03	15
5	2701008	孙芸	069	英语 0696	29日下午	七一路一中	05	20
6	2701156	张苑	075	语文0251	28日上午	七一路一中	08	26

学前教育班 / 平面设计班 / Sheet3　就绪　100%

图 5-7-1　考试信息表

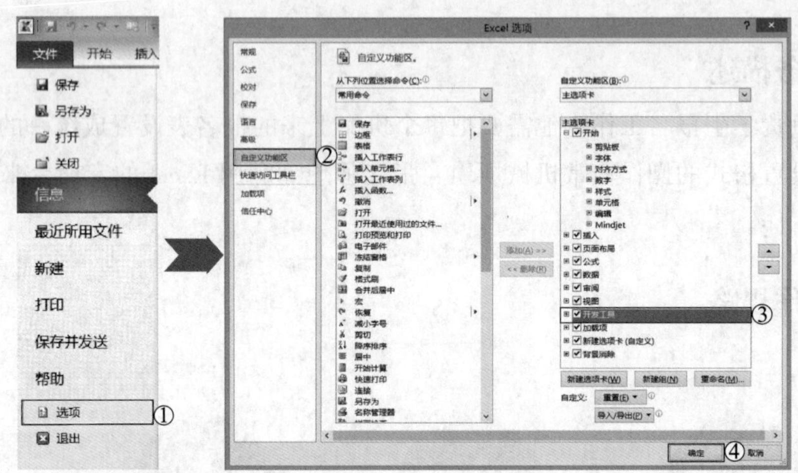

图 5-7-2　调用开发工具

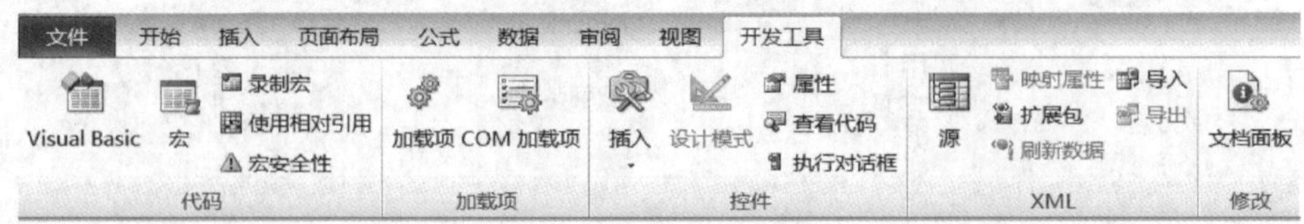

图 5-7-3　开发工具组

3. 创建宏

（1）启动宏

①单击【开发工具】/【代码】组。②单击“录制宏”按钮。操作步骤如图 5-7-4 所示。

图 5-7-4　录制宏按钮

（2）设置宏

在弹出“录制宏”对话框中：①指定宏名为“宏 1”。②快捷键为“Ctrl+Shift+W”。③保存在“当前工作簿”中。④单击“确定”。操作步骤如图 5-7-5 所示。

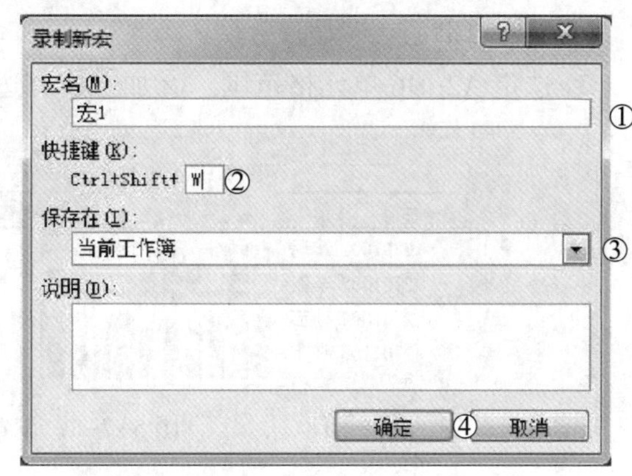

图 5-7-5　录制新宏

4. 录制宏

（1）设置标题格式

①选定“学前教育班”工作表的 A1: H1 单元格。②合并后居中。③单元格水平居中。④垂直居中。操作步骤如图 5-7-6 所示。

（2）设置行高

①选定 2~6 行。②右键菜单中选择“行高”。③弹出“行高”对话框设置值为“20”。④单击“确定”。操作步骤如图 5-7-7 所示。

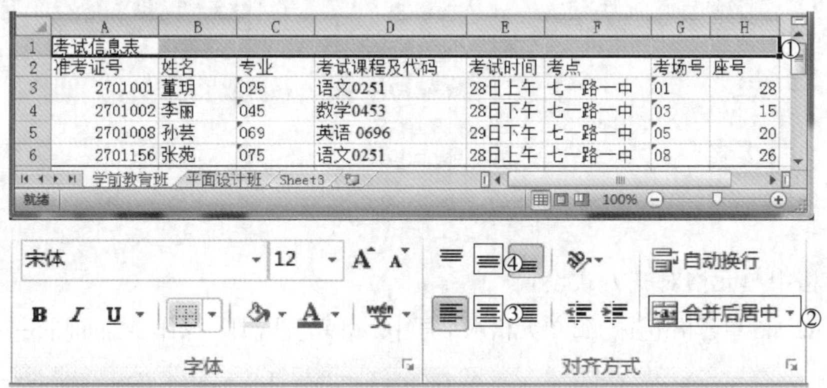

图 5-7-6　标题格式

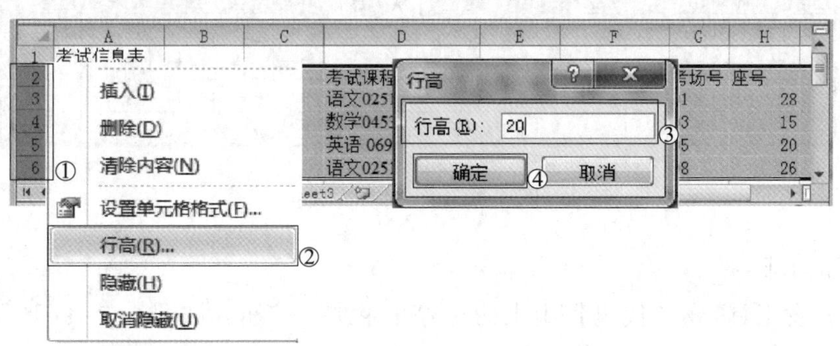

图 5-7-7　设置行高

（3）设置表头底纹

①选定 A2：H2 单元格范围。②加上“白色，背景 1，深色 15%”的底纹。操作步骤如图 5-7-8 所示。

（4）加边框

① 选定 A2: H6 单元格范围。②加上所有边框。操作步骤如图 5-7-9 所示。

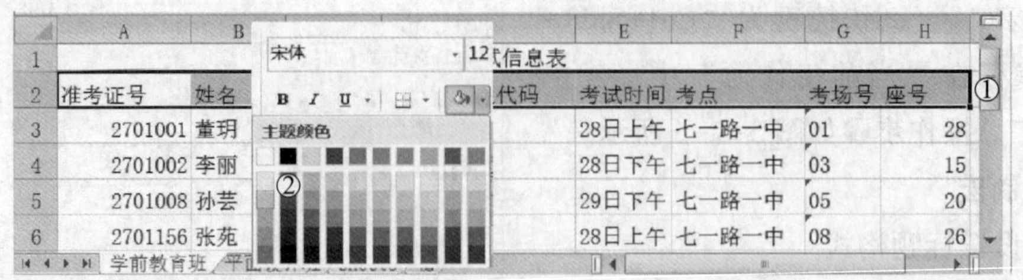

图 5-7-8　设置表头底纹

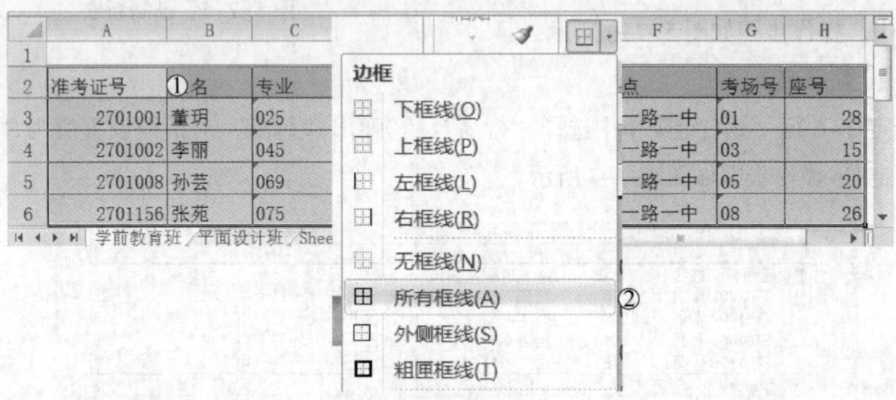

图 5-7-9　加边框

（5）表格中单元格对齐方式设置

①选定 A2: H6 单元格范围。②单元格水平居中。③垂直居中。操作步骤如图 5-7-10 所示。

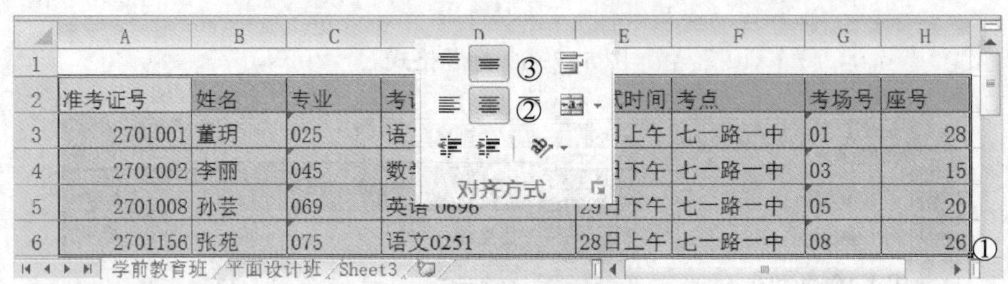

图 5-7-10　对齐方式

（6）停止录制

单击【开发工具】/【代码】组中的“停止录制”按钮，如图 5-7-11 所示。

5. 运行宏

（1）调用宏

①单击“平面设计班”工作表标签。②选定 A1: H6 单元格。③单击【开发工具】/【代码】组中“宏”命令，弹出“宏”对话框。操作步骤如图 5-7-12 所示。

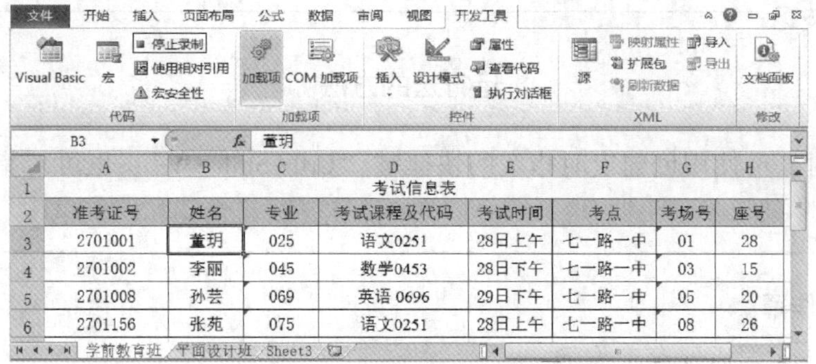

图 5-7-11　录制宏过程

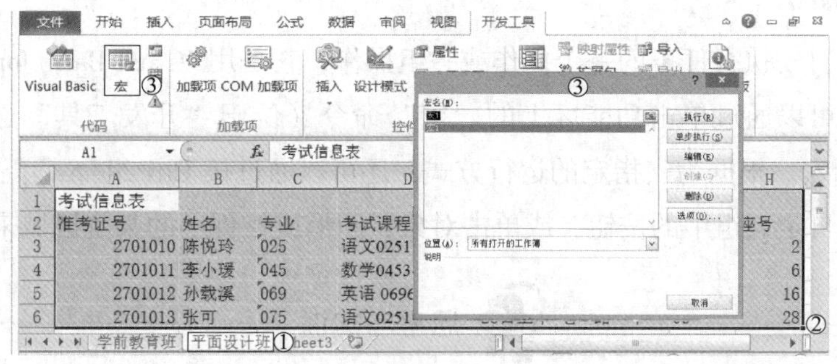

图 5-7-12　调用宏

（2）执行宏

①在对话框中选择录制的“宏 1”。②单击“执行”按钮。操作步骤如图 5-7-13 所示。执行宏后效果如图 5-7-14 所示。

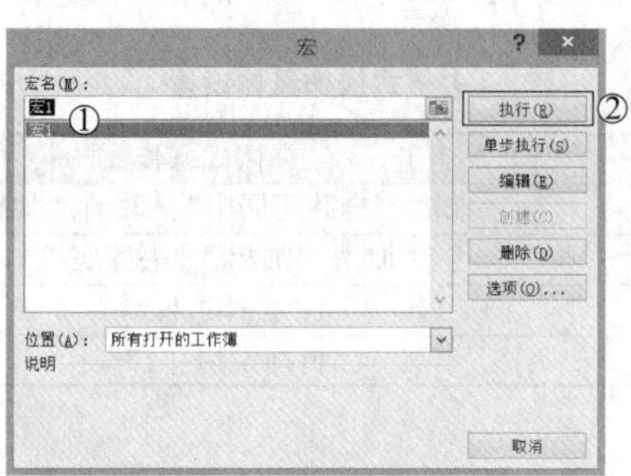

图 5-7-13　执行宏

准考证号	姓名	专业	考试课程及代码	考试时间	考点	考场号	座号
2701010	陈悦玲	025	语文0251	28日上午	七一路一中	01	2
2701011	李小瑗	045	数学0453	28日下午	七一路一中	04	6
2701012	孙载溪	069	英语 0696	29日下午	七一路一中	05	16
2701013	张可	075	语文0251	28日上午	七一路一中	06	28

图 5-7-14　宏命令执行效果

运行宏的方法

运行宏时，可使用创建宏时指定的快捷键“Crtl+Shift+W”，也可对指定对象立即运行宏。

6. 保存工作簿

运行宏确认无误后保存工作簿。

五、相关知识

宏是可用来自动执行任务的一个操作或一组操作，它是用 Visual Basic for Applications 编程语言录制的。可以通过单击功能区上的“宏”命令（位于“开发工具”选项卡上的“代码”组中）运行宏。根据为宏指定的运行方式，还可以通过按 Ctrl 组合、单击快速访问工具栏中或功能区上自定义组中的按钮，或单击对象、图形或控件上的某个区域来运行宏。

一、基础实训

打开文件：资料库/项目五/任务 7/基础实训/蔬菜价格统计表 .xlsx。请应用“星光”工作表的数据，录制一个新宏，将表格中所有格式都去掉，然后再运行宏，去掉“川汇”“中原”“友谊”工作表中的格式。去格式操作具体设置见表 5-7-1。

表 5-7-1　　去格式操作具体设置

单元格范围	去格式操作
A1: G1	取消“合并后居中”，取消“加粗”
A2: G2	取消“加粗”，去掉底纹
A2: G6	去掉边框
1~6 行	行高设为“12”

二、进阶实训

宏的功能很强大，张老师只是用到了它的“冰山一角”，请同学们收集宏的资料并填写以下内容。

1. 宏还能帮你做哪些事？

2. 如果把宏运用到工作中，它能简化哪些内容？

3. 在收集资料的过程中，你还学到了关于宏的哪些操作技巧？

项目六
演示文稿处理

任务1　演示文稿的创建与编辑

一、任务要点

1. 创建、保存及打开演示文稿。
2. 新建、复制和删除幻灯片。
3. 设置幻灯片版式。
4. 在幻灯片中插入文本框、图片、表格、图表和 SmartArt。

二、任务描述

学生会新招了一批干事，为了让新成员迅速了解学生会，部门负责人杨婷打算制作“学生会介绍”演示文稿，在招新会上边讲解边播放。讲解素材包括迎新标题、学生会宗旨、学生会部门结构图、各部门日常工作和特色活动。图6-1-1为杨婷构思并制作的6页演示文稿。她是怎么制作的呢？

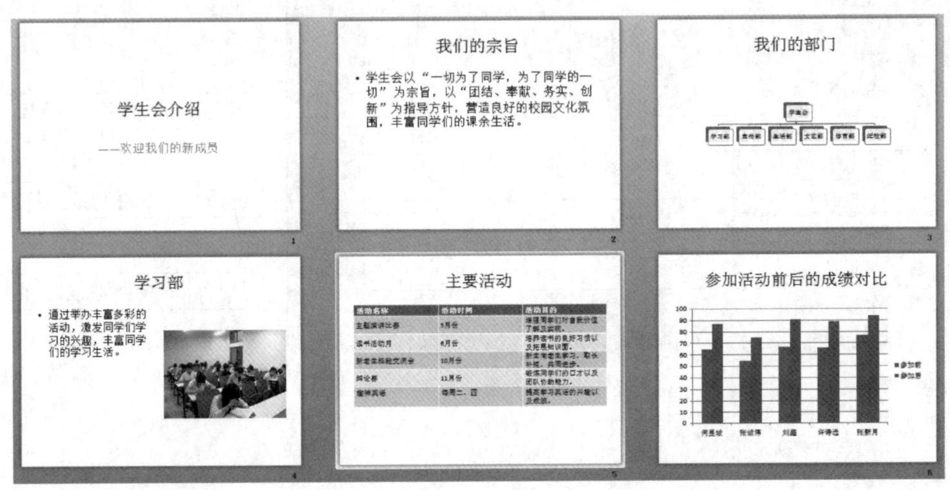

图6-1-1　“学生会介绍”演示文稿

三、操作思路

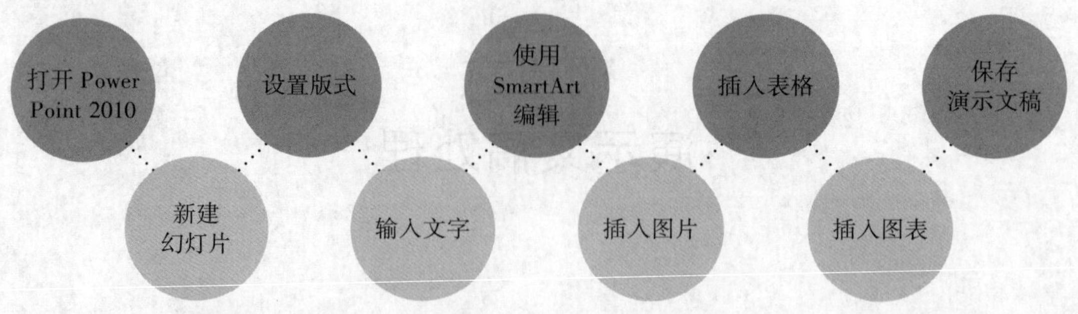

四、操作步骤

1. 打开 PowerPoint 2010

单击“开始”按钮，依次选择【所有程序】/【Microsoft Office】/【Microsoft Office PowerPoint 2010】命令，启动 PowerPoint 2010，创建空白演示文稿。

2. 新建幻灯片

① 一个完整的演示文稿由多张幻灯片组成，演示文稿软件启动后，默认生成 1 张标题幻灯片。② 在幻灯片任务窗格处，右击空白幻灯片，在弹出的快捷菜单中选择“新建幻灯片”命令，插入一张新的空白幻灯片，如图 6-1-2 所示。③ 按上述操作再新建 4 张空白幻灯片。

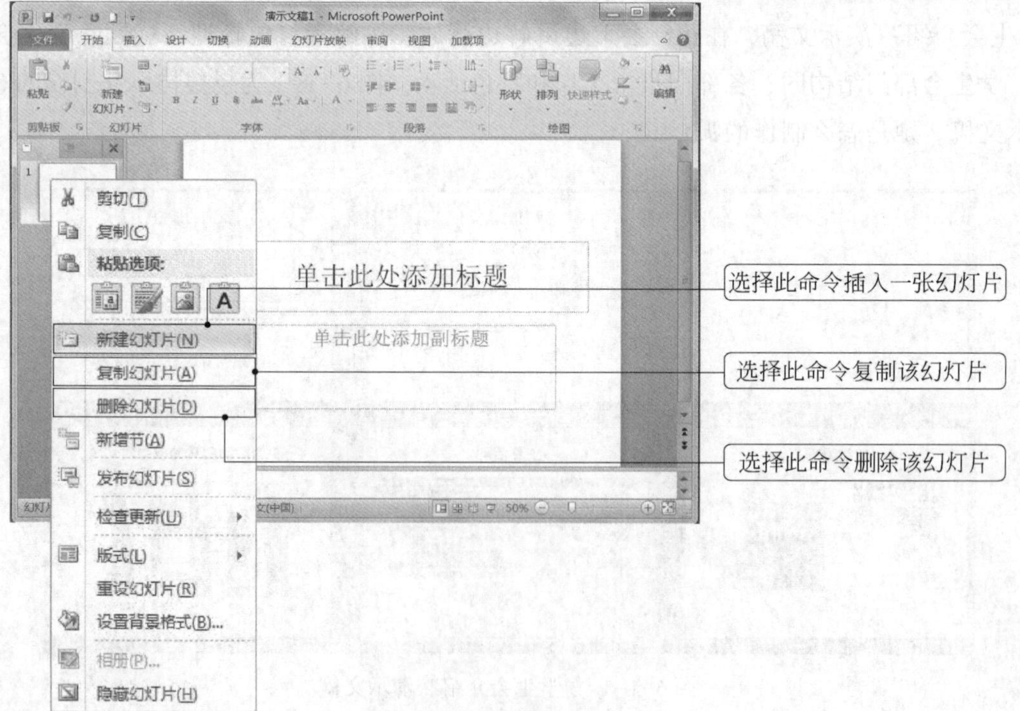

图 6-1-2　新建幻灯片

3. 设置版式

第 1 张和第 2 张幻灯片默认为“标题幻灯片”和“标题和内容”版式，与杨婷所需内容版式相符，无须调整。杨婷制作的演示文稿中第 3~第 6 页内容多样，需要根据设计思路对版式进行调整。

（1）设置幻灯片版式

①在幻灯片窗格处，单击第 3 张幻灯片。②选择【开始】/【幻灯片】组，单击“版式”按钮 版式。③在弹出的快捷菜单中选择“仅标题”命令。操作步骤如图 6-1-3 所示。

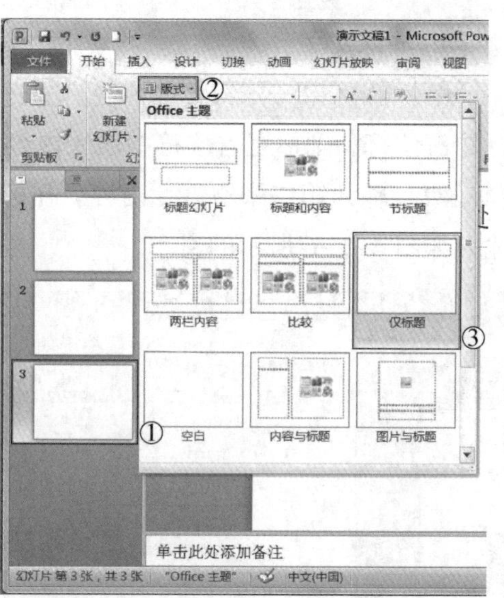

图 6-1-3　设置“标题和内容”版式

使用上述操作方法将第 4、第 5、第 6 张幻灯片设置为“两栏内容”“标题和内容”和“空白”版式。

（2）自定义版式

如果“版式”选项中没有需要的版式，可以通过插入“文本框”来设置版式。

① 在幻灯片窗格处，单击第 6 张幻灯片。② 选择【插入】/【文本】组，单击“文本框”按钮，在弹出的下拉列表中选择“横排文本框”。③ 在幻灯片编辑区按住鼠标左键不放，拖动鼠标向右下角绘制一个文本框。将光标定位在文本框中，设置字号为 44 号。操作步骤如图 6-1-4 所示。

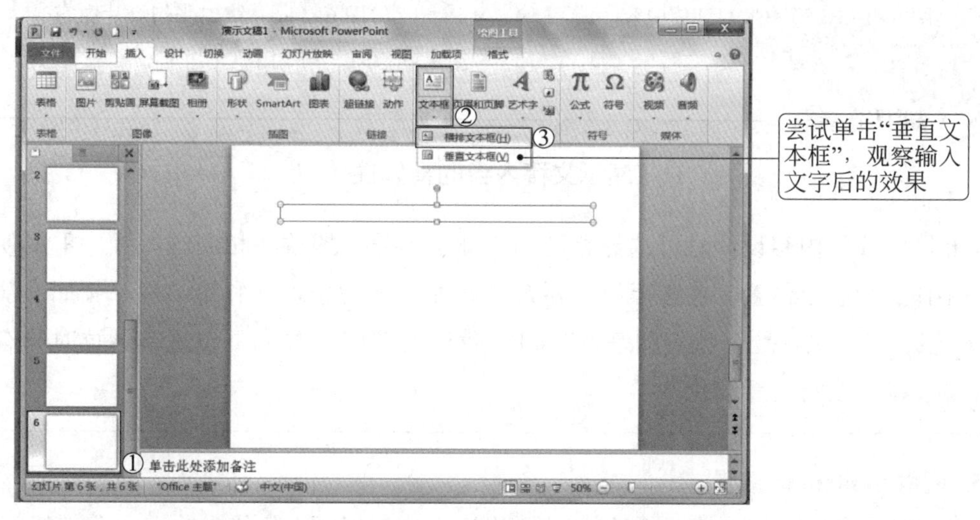

图 6-1-4　插入“文本框”

新建幻灯片的同时设置版式

选择【开始】/【幻灯片】组，单击“新建幻灯片”按钮右侧的下拉按钮，在弹出的下拉列表中选择需要插入的幻灯片版式即可。

4. 输入文字

（1）输入第一张幻灯片内容。①在幻灯片窗格处，单击第一张幻灯片。②光标定位到标题占位符和副标题占位符中输入内容，如图 6-1-5 所示。

（2）输入第二张幻灯片内容。在标题占位符中输入“我们的宗旨”，在文本占位符中输入如图 6-1-6 所示的文字。

图 6-1-5 第一张幻灯片内容

我们的宗旨

- 学生会以“一切为了同学，为了同学的一切”为宗旨，以“团结、奉献、务实、创新”为指导方针，营造良好的校园文化氛围，丰富同学们的课余生活。

图 6-1-6 第二张幻灯片内容

 知识链接

演示文稿内容的整体性

相同性质的内容设计时可选择相同的字体、字号，摆放在相同的位置。重复使用同一字体、形状、位置、色彩等设计要素可增加整体的条理性和统一性。例如，演示文稿第 2、第 3 页标题“我们的宗旨”和“我们的部门”在同一位置，翻页时只有个别字的变动，没有位置变化。

5. 使用 SmartArt 编辑

在幻灯片窗格处，单击第 3 张幻灯片。光标定位到标题占位符中输入“我们的部门”。然后做如下操作：

（1）插入 SmartArt 图形

① 选择【插入】/【插图】组。②单击“SmartArt”按钮 。③在弹出的“选择 SmartArt 图形”对话框选择“层次结构”选项卡。④在列表框中选择“层次结构”选项。⑤单击“确定”按钮。操作步骤如图 6-1-7 所示。

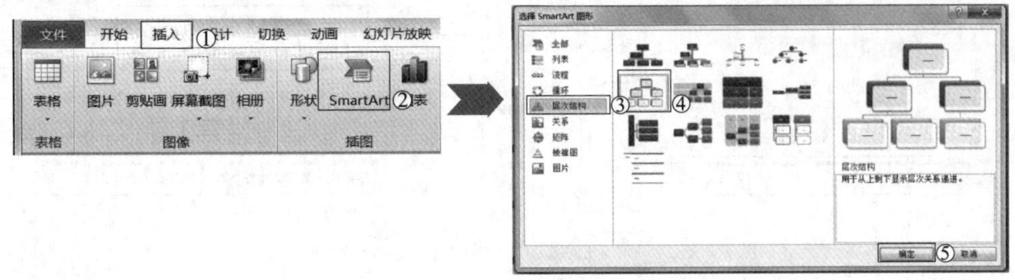

图 6-1-7　插入“SmartArt”图形

知识链接

SmartArt 图形

SmartArt 图形能够清楚明白地表明事物之间的关系。创建 SmartArt 图形时，首先选择一种 SmartArt 图形类型，然后在该类型中选择布局，最后按照你的需要对 SmartArt 图形进行编辑。

（2）删除多余的文本框

插入的层次结构图如图 6-1-8a 所示。单击选中最底层最左边的文本框，按键盘上的 Delete 键删除。用同样的操作方法删除最底层其余两个文本框，效果如图 6-1-8b 所示。

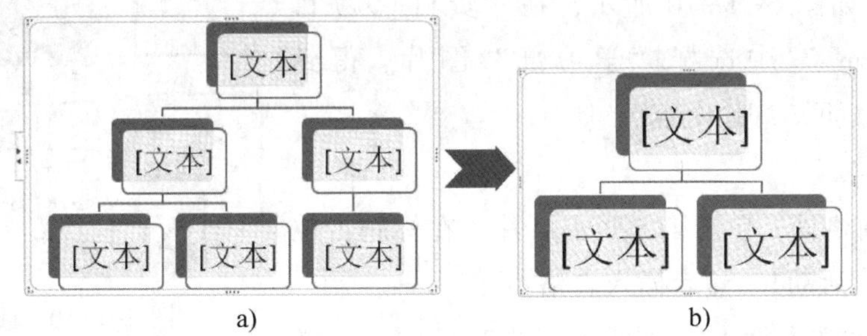

a)　　b)

图 6-1-8　层次结构图

（3）添加形状

①单击右下角的形状，选择【设计】/【创建图形】组。②单击 添加形状按钮右侧的下拉按钮 。③从下拉列表框中选择“在后面添加形状”，如图 6-1-9a 所示，使用同样的方法再添加 3 个文本框，如图 6-1-9b 所示。

依次将插入点定位到每个形状中，输入文本，效果如图 6-1-9c 所示。

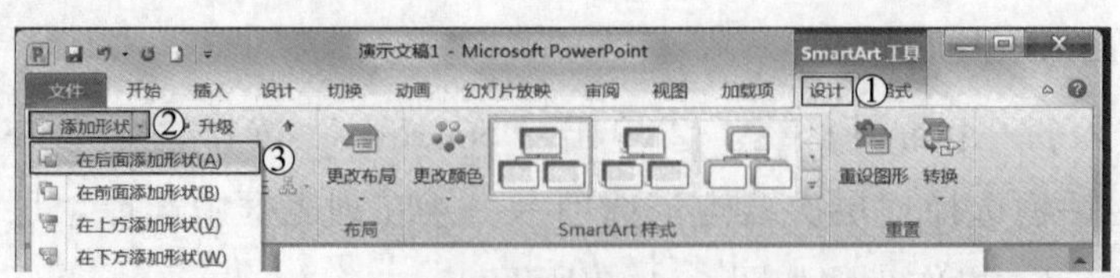

a) 添加步骤

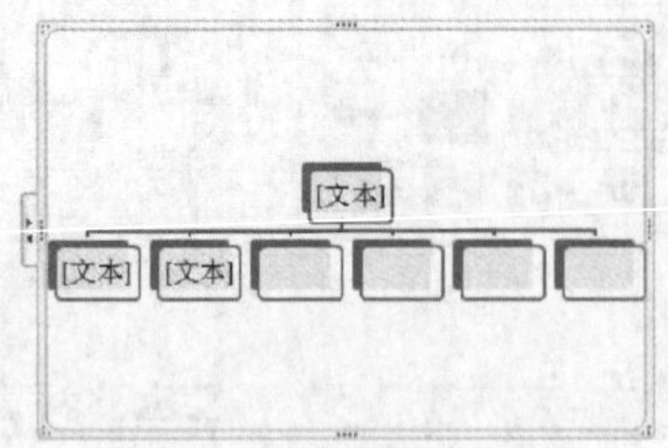

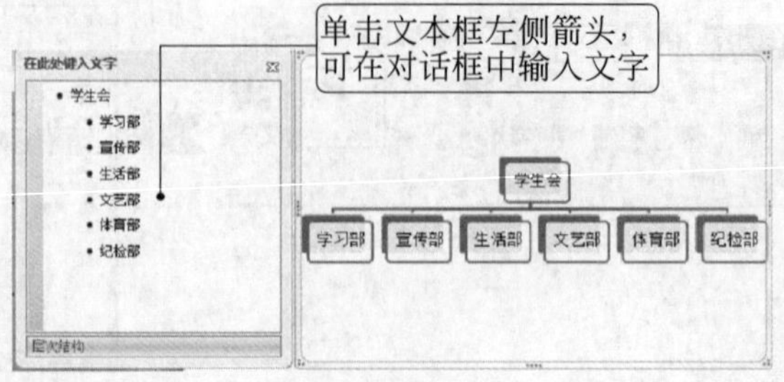

b) 添加文本框后的效果　　　　　　　　c) 输入文字

图 6-1-9　添加文本框

 **实用技巧**

调整“SmartArt” 图形大小

当光标移动到图形的四个角处，鼠标变为形状⤡时，拖动鼠标即可改变“SmartArt”图形大小。

6. 插入图片

①在幻灯片窗格处，单击第 4 张幻灯片。②在左侧文本框中输入图 6-1-1 中第 4 页幻灯片中所示的文字。③在右侧文本框中单击“插入来自文件的图片”，如图 6-1-10 所示，在“资料库/项目六/任务 1/picture”中选择“学习部”图片。得到图 6-1-1 中第 4 页幻灯片内容。

图 6-1-10　插入图片

7. 插入表格

在幻灯片窗格处，单击第 5 张幻灯片。在标题占位符中输入“主要活动”。然后插入表格：

① 单击下方文本框中的“插入表格”按钮。②弹出“插入表格”对话框，输入列数为 3，行数为 6，得到一个 6 行 3 列的表格，如图 6-1-11 所示。③在表格中输入文字内容。完成效果参见图 6-1-1 中第 5 页幻灯片。

8. 插入图表

在幻灯片窗格处，单击第 6 张幻灯片。在标题占位符中输入“参加活动前后的成绩对比”。然后插入图表：①选择【插入】/【插图】组。②单击“图表”按钮，弹出“插入图表”对话框。③左侧选择“柱形图”类型。④右侧选择“簇状柱形图”。⑤单击“确定”按钮。⑥ 在弹

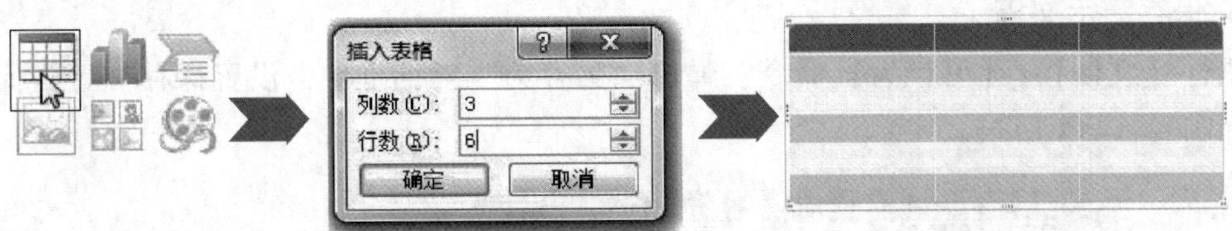

图 6-1-11　插入表格

出的 Excel 表格中输入如图 6-1-12c 所示的内容。操作步骤及效果如图 6-1-12 所示。

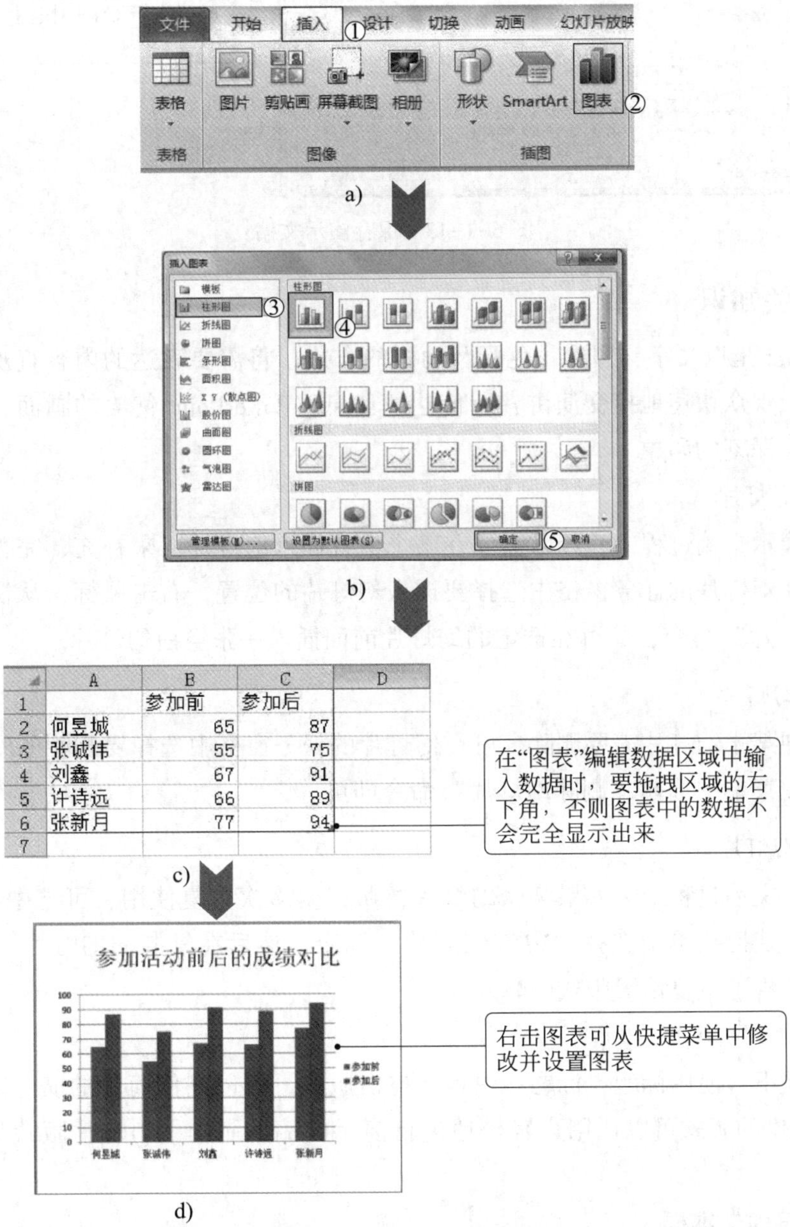

文件　开始　插入①　设计　切换　动画　幻灯片放映
表格　图片　剪贴画　屏幕截图　相册　形状　SmartArt　图表②
表格　图像　插图

a)

插入图表
模板　柱形图③　折线图　饼图　条形图　面积图　X Y(散点图)　股价图　曲面图　圆环图　气泡图　雷达图
柱形图④　折线图　饼图
管理模板(M)...　设置为默认图表(S)　确定⑤　取消

b)

	A	B	C	D
1		参加前	参加后	
2	何昱城	65	87	
3	张诚伟	55	75	
4	刘鑫	67	91	
5	许诗远	66	89	
6	张新月	77	94	
7				

在“图表”编辑数据区域中输入数据时，要拖拽区域的右下角，否则图表中的数据不会完全显示出来

c)

参加活动前后的成绩对比

右击图表可从快捷菜单中修改并设置图表

d)

图 6-1-12　插入图表

9. 保存演示文稿

执行【文件】/【另存为】命令，弹出“另存为”对话框中，设置保存位置与保存名称，如图 6-1-13 所示。

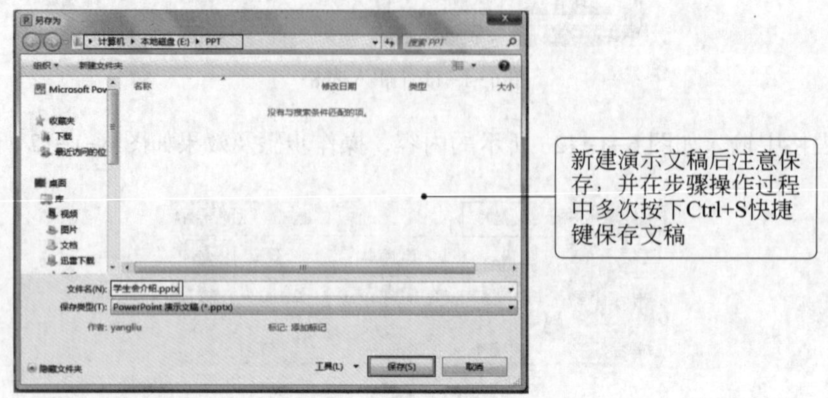

图 6-1-13　保存演示文稿

五、相关知识

PowerPoint 是以文字、图形、色彩及动画的方式，将需要表达的内容直观、形象地展示给观众，让观众快速地接受演讲者所传达的信息。PowerPoint 优美的画面、精炼的文字可给观众留下深刻的印象。

1. 插入幻灯片

在制作演示文稿过程中，经常需要在某个位置插入幻灯片，来补充、完善要演示的内容。这时可在幻灯片的任务窗格中选择要插入幻灯片的位置，右击鼠标，从快捷菜单中选择“新建幻灯片”命令，即可在选定的幻灯片前面插入一张空白幻灯片。

2. 删除幻灯片

如果发现某张幻灯片需要删除，可在幻灯片的任务窗格中选择要删除的幻灯片，右击鼠标，从快捷菜单中选择“删除幻灯片”命令即可。

3. 复制幻灯片

制作演示文稿过程中，如果某张幻灯片的版式要多次重复使用，可选中该张幻灯片，右击鼠标，从快捷菜单中选择“复制幻灯片”命令，然后在复制的幻灯片上修改内容即可，这样就节省了重复设置版式的时间。

4. 版式

一般情况下，使用标题、标题和内容、空白版式，可以制作简单的演示文稿。PowerPoint 2010 提供的版式可以让用户轻松地进行演示文稿的制作，幻灯片版式如图 6-1-14 所示。

5. 占位符和文本框

占位符和文本框在演示文稿中经常使用，但是两者之间很容易混淆，为了让大家能够

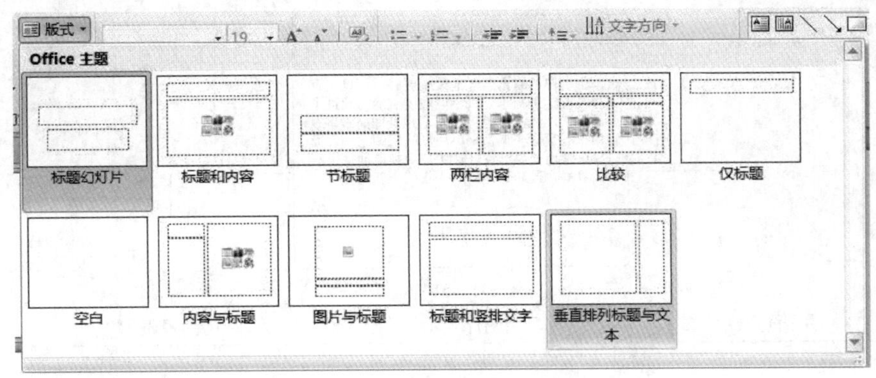

图 6-1-14　幻灯片版式

区分并恰当地使用它们，在表 6-1-1 中对占位符和文本框进行了比较。演示文稿中的占位符和文本框可以改变大小、移动位置、设置格式等操作（见表6-1-2）。单击选中占位符/文本框后可以进行表 6-1-2 中的操作。

表 6-1-1　　占位符和文本框的比较

对象	概念	相同点	不同点
占位符	演示文稿中带虚线的矩形框，在大多数幻灯片版式中都有这种矩形框	均可输入文本和设置格式。进行移动、调整大小、设置边框等操作方法相同	除了输入文本外还可以放置图片、图表、视频等对象
文本框	用户根据需要自行插入的虚线方框，有横排和竖排两种类型		只能输入文本

表 6-1-2　　占位符和文本框的操作

操作	方法	示图
改变大小	将鼠标指针指向对象边缘 8 个控点中任意一个，指针变为双箭头。按住鼠标左键拖动，可改变其大小	学生会介绍
调整位置	移动鼠标指针，当指针变成四箭头时按住鼠标左键拖动，可以改变占位符位置	学生会介绍
设置格式	右击并选中“设置形状格式”，在对话框中可以对线型、颜色以及文字格式进行设置	学生会 另存为图片(S)... 大小和位置(Z)... 设置形状格式(O)...

6. 演示文稿的内容选取

如何在演示文稿中提纲挈领地展示信息？下面以介绍手机电池新特性为例进行讲解。图 6-1-15中的原始素材文字较多，在制作演示文稿时可呈现为简句、图片、图表三种形式。

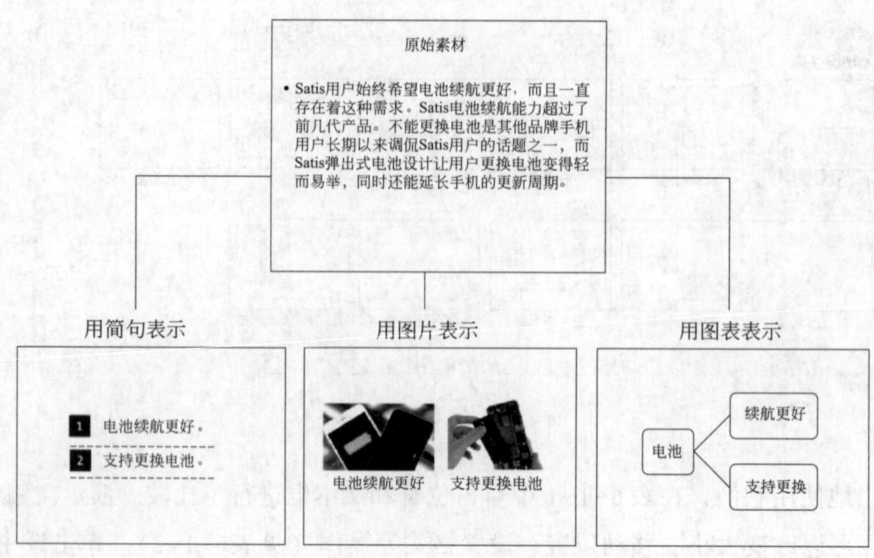

图 6-1-15　整合内容前后效果对比

加工后的内容简洁、清晰、形象，使观众一目了然，如能配合生动地讲解，可给观众留下深刻印象。

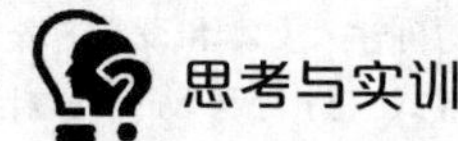

一、基础实训

1. 打开文件：资料库/项目六/任务 1/基础实训/学生会介绍 . pptx。

2. 其中展示了杨婷对“学生会介绍”演示文稿第 7~第 21 页的一些思路和提示，请你根据本课所学，运用所提供的素材进行制作。相信你能做出更实用、更美观的演示文稿。

二、进阶实训

亲爱的同学们，你们现在能够很好地完成演示文稿的创建与编辑，相信你们也一定能够举一反三完成下面的操作。

1. 启动演示文稿软件。

2. 根据“资料库/项目六/任务 1/进阶实训”中提供的样图建立“龟兔赛跑 . pptx”演示文稿。

任务 2　演示文稿的美化

一、任务要点

1. 文字和段落格式化。

2. 设置 SmartArt 图形、图片、表格和图表。

3. 设置幻灯片背景。

二、任务描述

杨婷完成了“学生会介绍”演示文稿的创建与编辑，但是不管从单张幻灯片还是整体效果来看都不够完美，于是她从文本内容、SmartArt 图形、图片、表格、图表以及整体效果等几个方面对演示文稿进行了美化。图 6-2-1 为杨婷构思并制作的演示文稿。下面我们模拟杨婷的制作过程来学习演示文稿的美化。

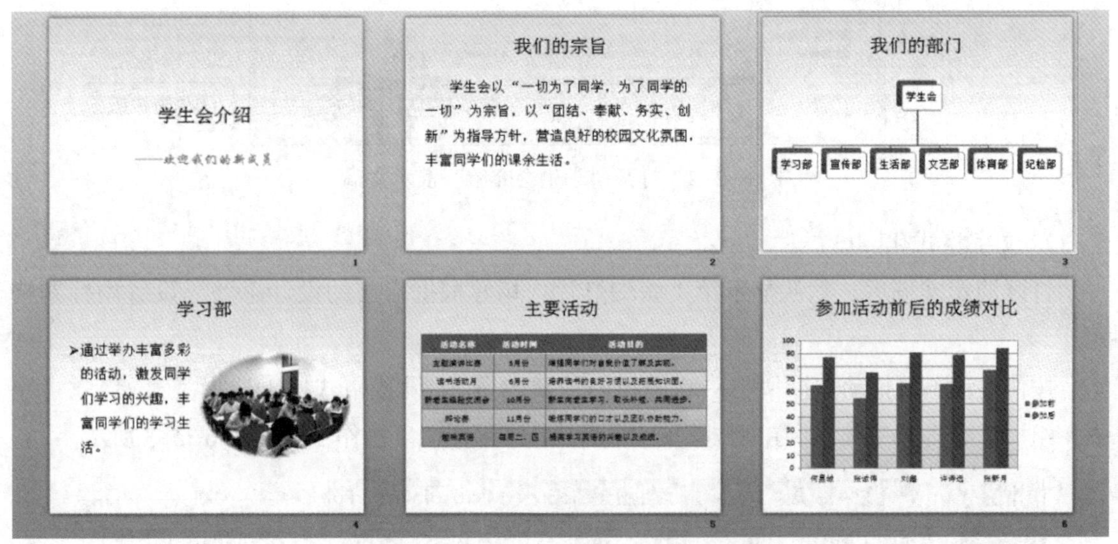

图 6-2-1 “学生会介绍”演示文稿

三、操作思路

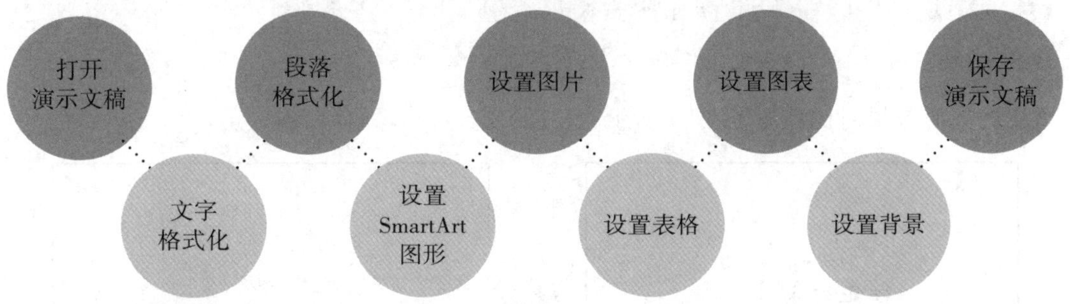

四、操作步骤

1. 打开演示文稿

操作演示

（1）启动 PowerPoint 2010，选择【文件】/【打开】命令。

（2）在对话框中打开任务 1 中完成的“学生会介绍”演示文稿，如

图 6-2-2 所示。

图 6-2-2 打开“学生会介绍”演示文稿

2. 文字格式化

打开演示文稿后，默认显示第 1 张幻灯片，杨婷根据自己的设计思路，设置副标题格式。

按住左键不放拖动选择“——欢迎我们的新成员”。设置格式：①选择【开始】/【字体】组。②单击“字体”，在下拉菜单中选择“华文行楷”。操作步骤如图 6-2-3 所示。

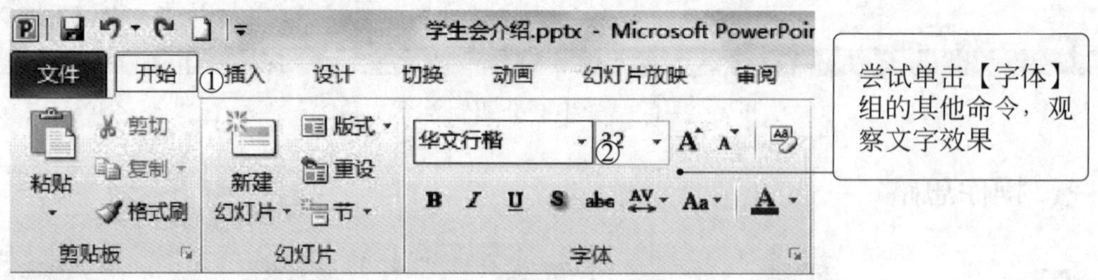

图 6-2-3 设置“文字”格式

更改前后效果对比如图 6-2-4 所示。

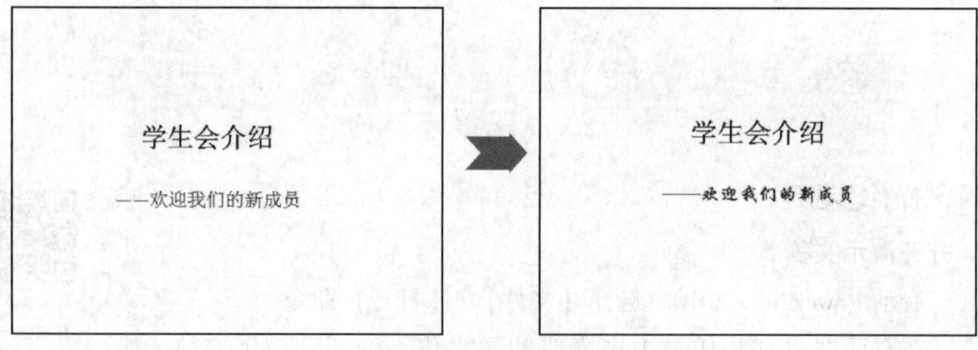

图 6-2-4 文字格式化前后效果对比

破折号的输入

输入长破折号需要切换到中文输入法，在中文标点状态下输入 Shift+“-”，并且设置破折号为除宋体、仿宋外的其他中文字体。

3. 段落格式化

(1) 段落格式化第 2 张幻灯片

在幻灯片任务窗格处，选择第 2 张幻灯片。删除项目符号“•”。选择文本内容“学生会…… 课余生活。”单击【开始】/【段落】中的“项目符号”按钮即可。

①选择【开始】/【段落】组。②单击“行距”按钮，在下拉列表中选择“1.5”。③单击【段落】组右下角的 按钮。④在“段落”对话框中设置特殊格式为“首行缩进”，度量值“2 厘米”。⑤单击“确定”按钮。操作步骤如图 6-2-5 所示。

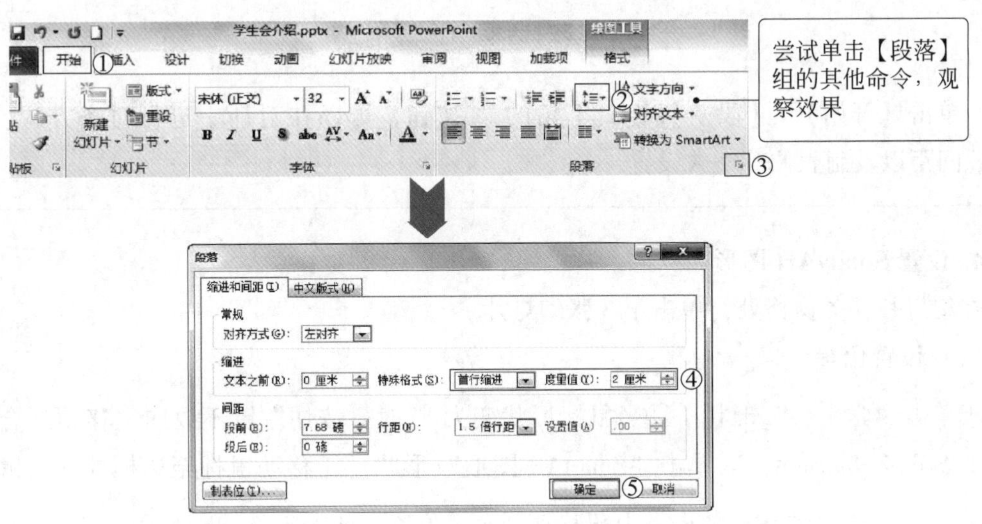

图 6-2-5 设置“段落”格式

更改前后效果对比如图 6-2-6 所示。

我们的宗旨

• 学生会以“一切为了同学，为了同学的一切”为宗旨，以“团结、奉献、务实、创新”为指导方针，营造良好的校园文化氛围，丰富同学们的课余生活。

我们的宗旨

学生会以“一切为了同学，为了同学的一切”为宗旨，以“团结、奉献、务实、创新”为指导方针，营造良好的校园文化氛围，丰富同学们的课余生活。

图 6-2-6 行距设置前后效果对比

（2）段落格式化第 4 张幻灯片

①在幻灯片任务窗格处，单击第 4 张幻灯片。②选择文本内容：“通过举办……学习生活。”③单击【段落】组中“项目符号”按钮，在下拉列表中选择，并设置行距为 1.5 倍。更改前后效果对比如图 6-2-7 所示。

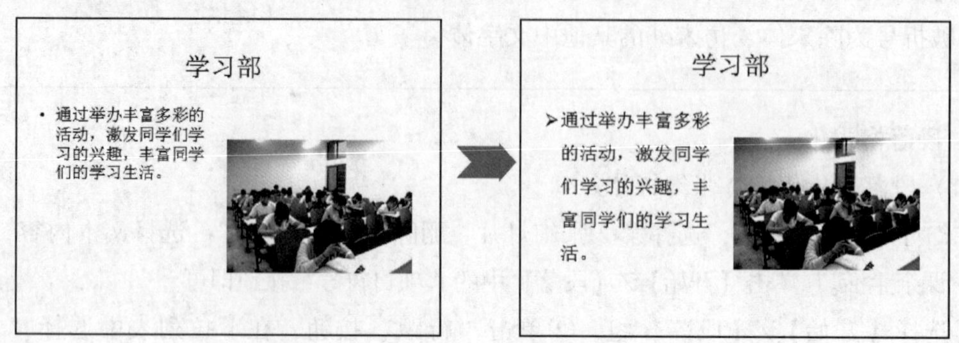

图 6-2-7　项目符号及行距设置前后对比

实用技巧

在段落对话框中设置格式

单击【开始】/【段落】组右下角的按钮，可以在对话中进行对齐方式、缩进、间距以及制表位等格式设置。

4. 设置 SmartArt 图形

在幻灯片任务窗格处，单击第 3 张幻灯片。

（1）设置位置

①单击“学生会”形状。②当鼠标形状变为时，按住左键不放向上移动到合适位置，如图 6-2-8a 所示。③单击“SmartArt 图形”形状。④移动鼠标至边框处，当鼠标形状变为时，按住左键不放向左上角移动到合适位置，如图 6-2-8b 所示。

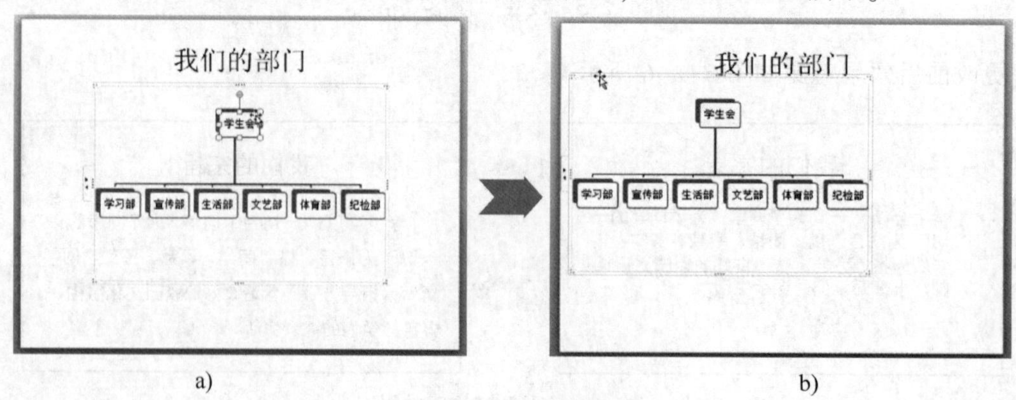

a)　　　　b)

图 6-2-8　设置位置

（2）设置大小

①单击“SmartArt 图形”形状。②移动鼠标至边框右下角处，当鼠标形状变为↘时，按住左键不放向右下角移动到合适位置，如图 6-2-9 所示。

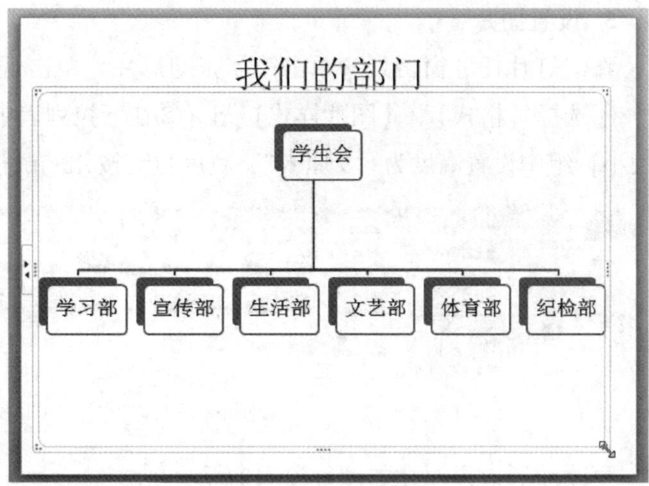

图 6-2-9　设置大小

（3）设置格式

①选择【设计】/【SmartArt 样式】组。②在下拉列表中选择“中等效果”命令。操作步骤如图 6-2-10 所示。

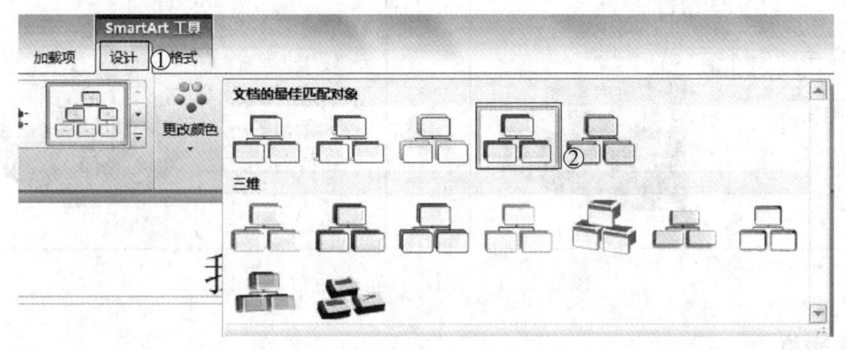

图 6-2-10　设置格式

实用技巧

设置 SmartArt 形状

选择需要设置的 SmartArt 形状，再单击【格式】/【形状样式】组中的填充、轮廓或效果命令，即可根据需要设置多种样式。

更改前后效果对比如图 6-2-11 所示。

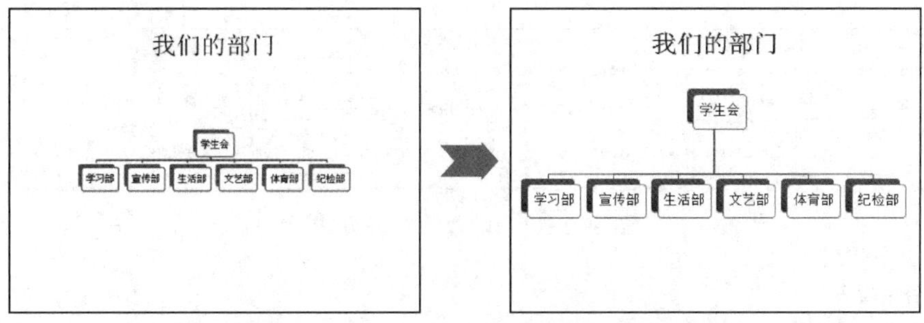

图 6-2-11　SmartArt 样式设置前后对比

5. 设置图片

在幻灯片任务窗格处，单击第 4 张幻灯片。单击选中图片。

①选择【格式】/【图片样式】组。②在下拉列表中选择“柔化边缘椭圆”命令。③在【大小】组中设置高度为“9 厘米”，宽度自动按比例调整。操作步骤如图 6-2-12 所示。

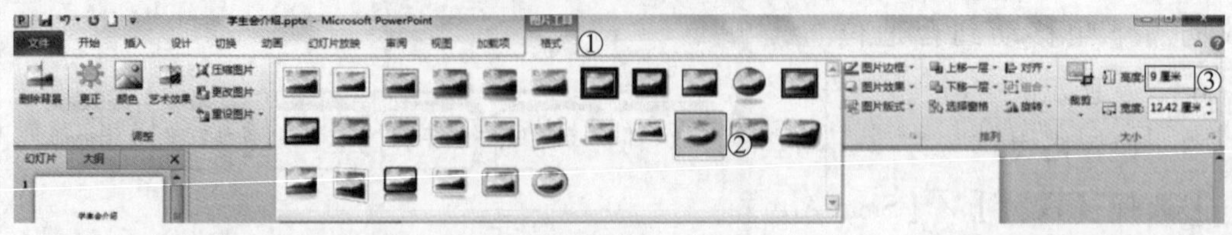

图 6-2-12　设置“图片”

更改前后效果对比如图 6-2-13 所示。

图 6-2-13　图片设置前后对比

6. 设置表格

在幻灯片任务窗格处，单击第 5 张幻灯片。

（1）调整列宽

将光标移至“活动名称”和“活动时间”列之间的分隔线处，当光标变为 时，按住左键不放向左拖动，拖到合适的位置释放左键。使用上述操作方法改变“活动时间”列的宽度。

（2）设置对齐方式

选择表格中全部文字。①选择【表格工具】/【布局】/【对齐方式】组。②单击“水平居中”按钮 。③单击“垂直居中”按钮 。操作步骤如图 6-2-14 所示。

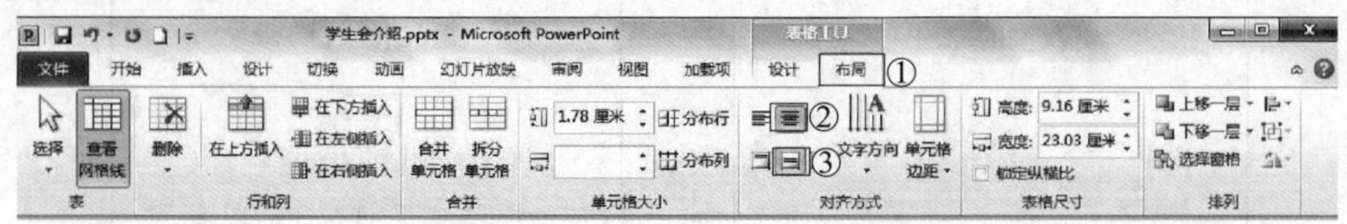

图 6-2-14　设置“对齐方式”

（3）分布行

光标定位到第 1 行任意单元格中，单击【单元格大小】组中 分布行 按钮。

(4) 设置边框和底纹

①选择【表格工具】/【设计】/【表格样式】组。②单击“表格样式”下拉列表中的“主题样式 1-强调 1”。操作步骤如图 6-2-15 所示。

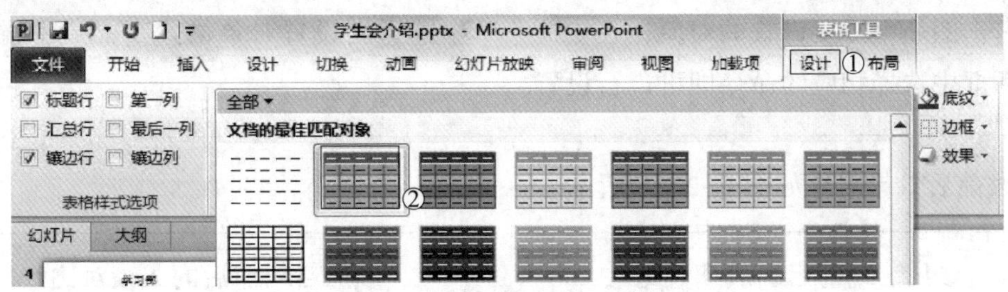

图 6-2-15　设置边框和底纹

设置表格边框和底纹的另一种方法

除了上述套用边框和底纹样式的方法外，还可以在【表格工具】/【设计】/【表格样式】组中单独设置边框或底纹。

更改前后效果对比如图 6-2-16 所示。

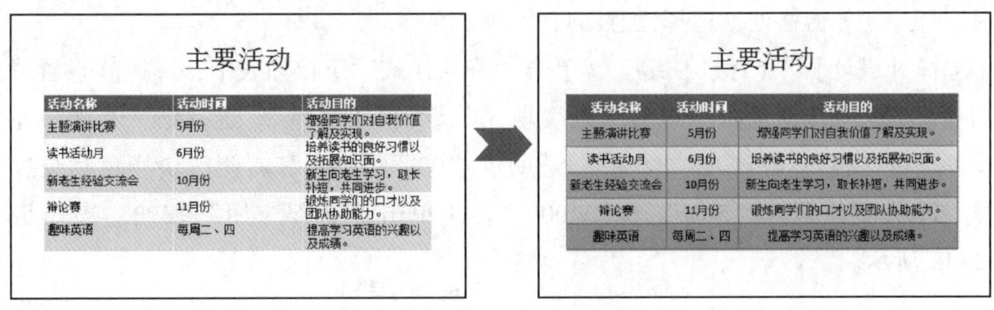

图 6-2-16　表格设置前后对比

7. 设置图表

在幻灯片任务窗格处，单击第 6 张幻灯片。单击图表绘图区。

①选择【图表工具】/【格式】/【形状样式】组。②在形状样式下拉列表中选择“细微效果—水绿色”。操作步骤如图 6-2-17 所示。

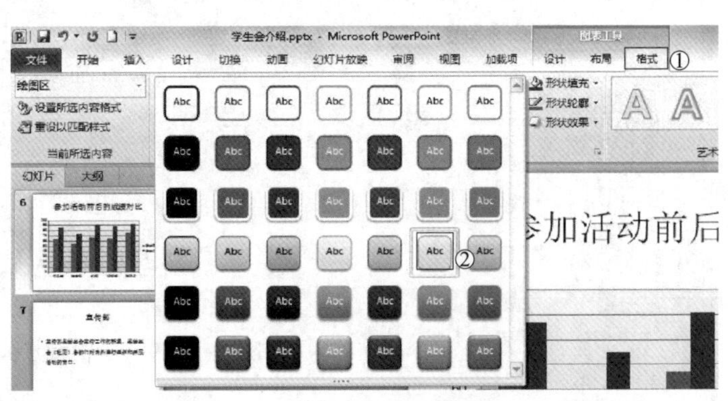

图 6-2-17　设置图表

实用技巧

设置图表中对象格式

右击图表中需要设置的对象，在快捷菜单中选择“设置对象格式”命令，在弹出的对话框中选择相应的命令即可进行设置。

更改前后效果对比如图 6-2-18 所示。

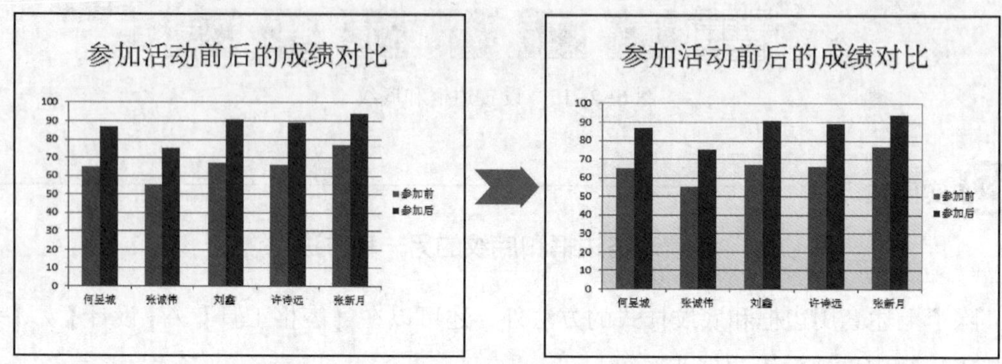

图 6-2-18　图表设置前后对比

8. 设置背景

在幻灯片任务窗格处，选择任意幻灯片。

①选择【设计】/【背景】组。②单击“背景样式”下拉列表中，选择“设置背景格式”命令。③在弹出对话框中选择“渐变填充”。类型“线性”。选择渐变光圈最左侧滑块，设置颜色“橙色”，亮度“60%”，透明度“0%”。中间和右侧滑块颜色和亮度与左侧一样，透明度分别为“50%”和“100%”。④单击“全部应用”按钮。操作步骤如图 6-2-19 所示。

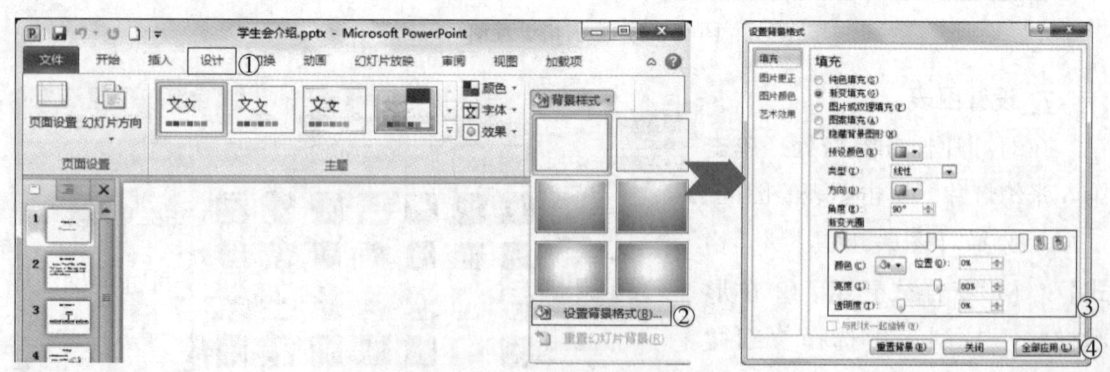

图 6-2-19　设置背景

更改前后效果对比如图 6-2-20 所示。

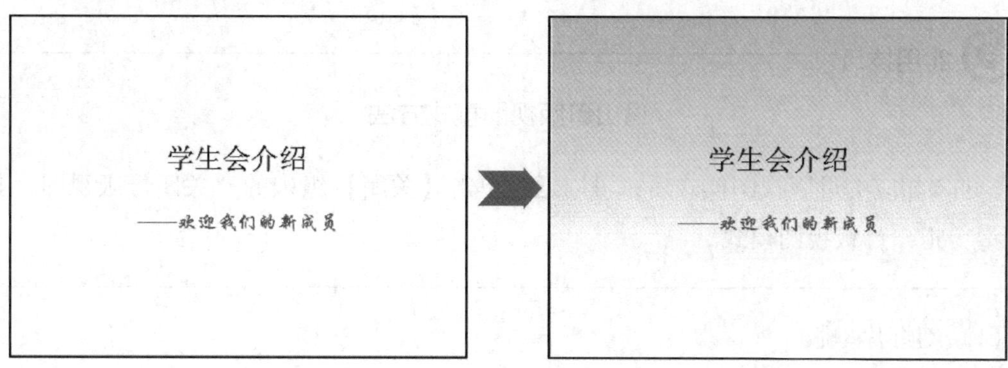

图 6-2-20　背景设置前后对比

9. 保存演示文稿

执行【文件】/【另存为】命令，弹出“另存为”对话框，设置保存位置与保存名称。

五、相关知识

任务中对演示文稿进行了一定程度的美化，实际应用中大家还可以利用 PowerPoint 2010 主题样式、母版以及图片处理技巧对演示文稿进行美化处理。

1. 主题

运用主题可快速制作出具有统一字体格式、背景颜色和图形效果等外观的演示文稿，大家可在【设计】/【主题】下拉列表中选择主题样式，如图 6-2-21 所示。

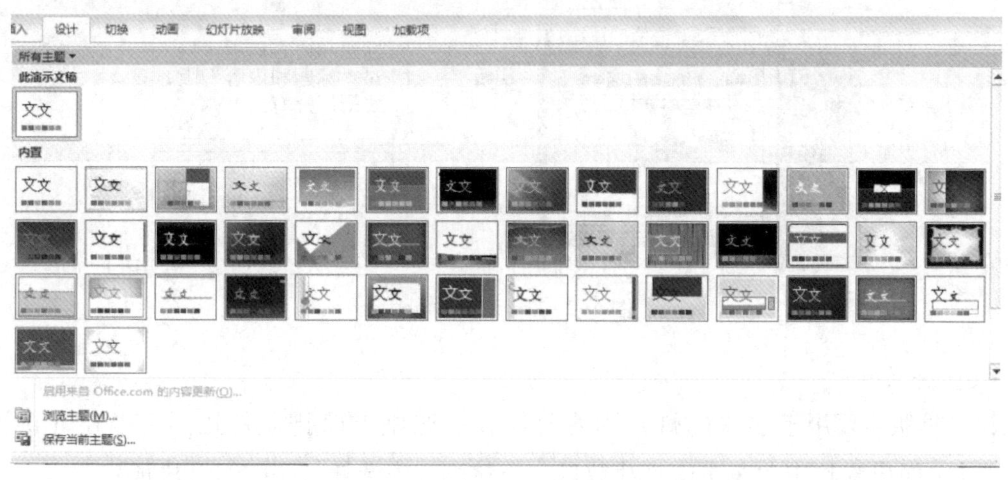

图 6-2-21　主题样式

2. 母版

母版是制作演示文稿时常用的一种版式，运用它可以为所有幻灯片设置统一的版式和格式。PowerPoint 2010 母版有三种类型，如图 6-2-22 所示，大家可以在【视图】/【母版视图】组中选择需要的母版进行设置。

图 6-2-22　母版类型

实用技巧

退出母版视图模式方法

进入相应的母版视图模式后，可以通过单击【关闭】组中的“关闭母版视图”按钮 ，退出母板视图模式。

（1）幻灯片母版

PowerPoint 2010 所有的幻灯片版式都有自己的母版。每一种版式的母版只在对应的版式幻灯片有效，如图 6-2-23 所示。幻灯片母版只能在幻灯片母版视图下才能修改。

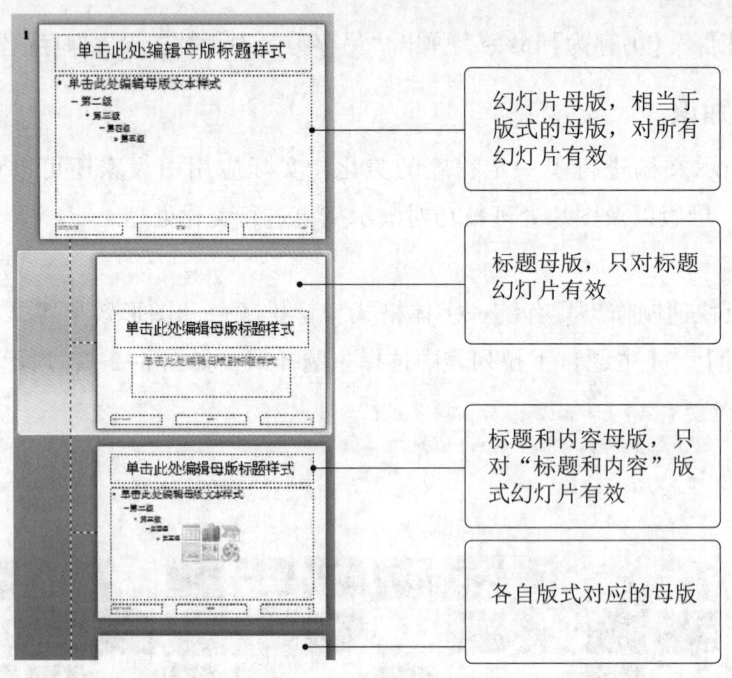

图 6-2-23　幻灯片母版

（2）讲义母版

讲义母版主要用于多张幻灯片内容打印在一张纸上时排版使用。可以在【讲义母版】/【页面设置】中“每页幻灯片数量”下拉列表中选择打印的幻灯片张数。

（3）备注母版

每张幻灯片都可以把不需要展示给观众而需要展示给演讲者的内容写在备注里，大家设置完母版后，可在功能区中单击“关闭母版视图”按钮 退出母版视图模式。这些内容在打印前可以通过“备注母版”视图模式进行格式设置。

3. 删除图片背景

在演示文稿中插入图片后，尽管大家可以在【格式】/【图片样式】中对图片进行简单的美化处理，但是这些仍不能满足用户的需要，如有时我们需要去除图片的背景。对一般人员来说不必学习专业的图形图像处理软件，PowerPoint 2010 中新增加了“删除背景”功能，可轻松删除图片背景，方便使用者制作出图文并茂的演示文稿。

①选择要删除背景的图片。②单击【图片工具】/【格式】中的“删除背景”按钮。③图片中需要删除的部分会变成紫红色，调整方框，改变保留区域的大小。④单击【背景消除】/【优化】组中“标记要删除的区域”按钮。⑤在图片上单击，会出现减号。⑥单击【关闭】组中的“保留更改”按钮完成图片背景的删除。操作方法及效果如图 6-2-24 所示。

图 6-2-24　删除图片背景

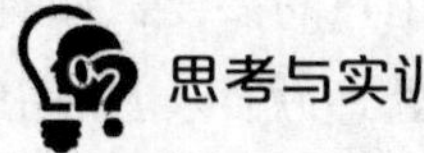

一、基础实训

1. 打开文件：资料库/项目六/任务2/基础实训/学生会介绍.pptx。

2. 其中展示了杨婷对“学生会介绍”演示文稿第7~第21页的一些思路和提示，请你根据本课所学进行美化设置。相信你能做出更实用、更美观的演示文稿。

二、进阶实训

亲爱的同学们，你们现在能够很好地完成演示文稿的整体美化，有信心完成下面的操作吗？

1. 打开文件：资料库/项目六/任务2/进阶实训/龟兔赛跑.pptx。

2. 按照下列要求对演示文稿进行修改：

（1）设置标题：在“幻灯片母版”视图模式下将所有幻灯片标题设置为字号“66”，加粗，字体颜色“白色”。

（2）设置图表：将表格坐标轴中的字体设置为“白色”，华文楷体，X轴字号为“36”，Y轴为“24”。图例中字体设置为“40”，白色，华文楷体。蓝色柱形图更改为浅蓝色填充，红色柱形图更改为橙色填充。

（3）设置图片：删除第5张幻灯片中的图片背景。

任务3　演示文稿的动画设置与播放控制

一、任务要点

1. 在幻灯片中设置动画、动作按钮和超链接。

2. 设置幻灯片页面切换。

3. 播放与输出演示文稿。

二、任务描述

杨婷在演示“学生会介绍”演示文稿时发现幻灯片没有动画效果，只能顺序播放，不能跳转，于是她决定对演示文稿进行动画和链接设置。下面我们跟随杨婷的设置来学习演示文稿的动画设置与播放控制。

三、操作思路

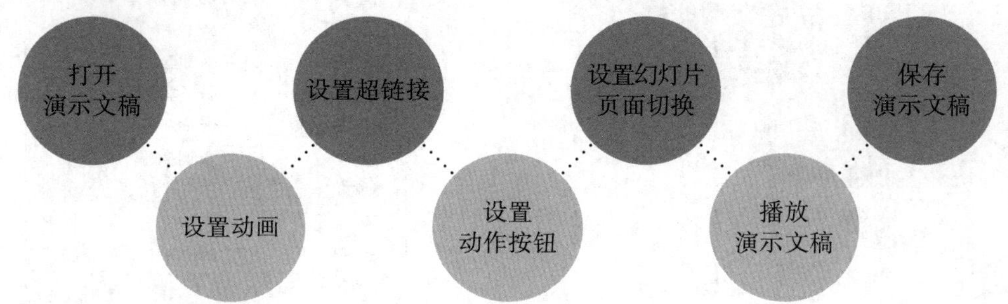

四、操作步骤

操作演示

1. 打开演示文稿

启动 PowerPoint 2010，打开美化后的“学生会介绍”演示文稿。

2. 设置动画

（1）设置第一张幻灯片中的动画效果。

①选中标题“学生会介绍”。

②选择【动画】/【动画】组，在“动画样式”下拉列表框中选择“进入”栏的“飞入”命令，如图 6-3-1 所示。

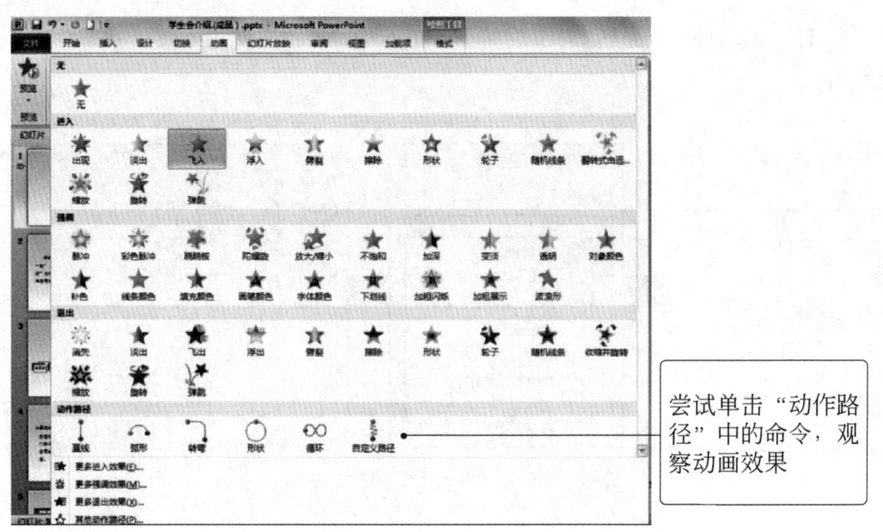

图 6-3-1　“飞入”效果

③单击“效果选项”，在下拉列表中选择“自左侧”命令，如图 6-3-2 所示。

④选中副标题“——欢迎我们的新成员”。

⑤选择【动画】/【动画】组，在“动画样式”下拉列表框中选择“更多进入效果”命令。

⑥在弹出的对话框中选择“温和型”的“基本缩放”命令，如图 6-3-3 所示。

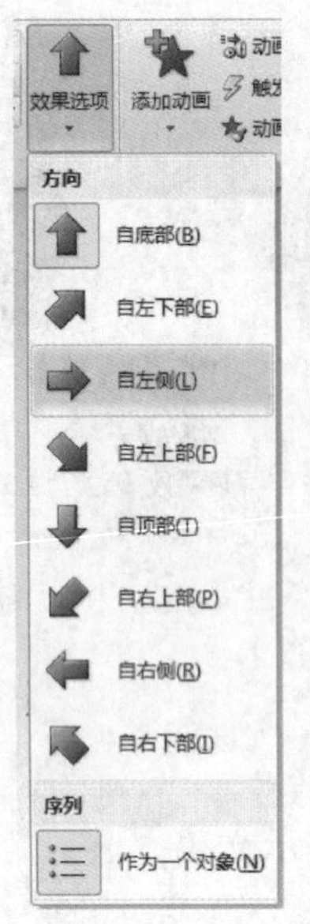

图 6-3-2　“效果”选项

图 6-3-3　更多进入效果

⑦选择【动画】/【高级动画】组，单击 动画窗格 按钮。

⑧在“动画窗格”中选择“标题”对象，单击标题对象右侧的下拉列表，在下拉列表中选择“计时”命令。

⑨在“计时”选项卡中，选择开始为“上一动画之后”，设置延迟时间为 1 秒，如图 6-3-4 所示。

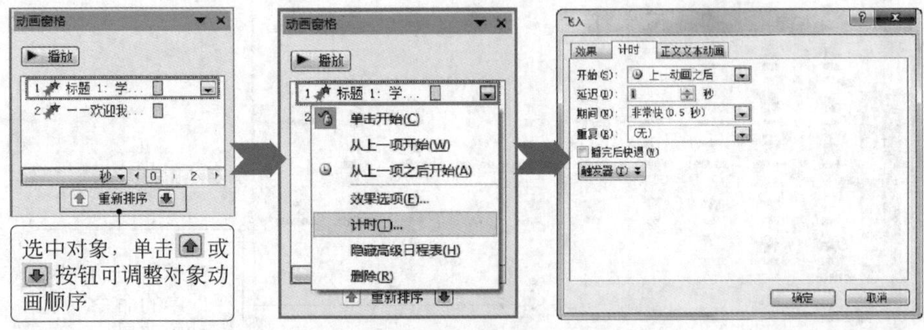

图 6-3-4　设置“计时”命令

⑩使用上述方法将副标题设置为“上一动画之后 1 秒”。

（2）设置第 2 至第 6 张幻灯片中动画效果，动画效果见表 6-3-1。

表 6-3-1　动画效果

幻灯片	对象	效果	计时
第 2 张	我们的宗旨	顶部飞入	上一动画之后 1 秒
	文本内容	浮入	

续表

幻灯片	对象	效果	计时
第 3 张	我们的部门	顶部飞入	
	SmartArt 图形	擦除	
第 4 张	学习部	顶部飞入	
	文本内容	浮入	
	图片	轮子	上一动画之后 1 秒
第 5 张	主要活动	顶部飞入	
	表格	随机线条	
第 6 张	参加活动前后的成绩对比	顶部飞入	
	图表	向内溶解	

实用技巧

自定义动画路径

选中对象，选择【动画】/【动画】组，在“动画样式”下拉列表框“动作路径”栏中选择“自定义路径”命令，当鼠标呈+时，按住左键不放拖动绘制路径，双击左键结束绘制。

3. 设置超链接

在幻灯片任务窗格处，单击第 3 张幻灯片。单击“学习部”形状。

选择【插入】/【链接】组，单击“超链接”按钮。①在“链接到”中选择“本文档中的位置”。②在“请选择文档中的位置”中选择“学习部”。③单击“确定”按钮。操作步骤如图 6-3-5 所示。

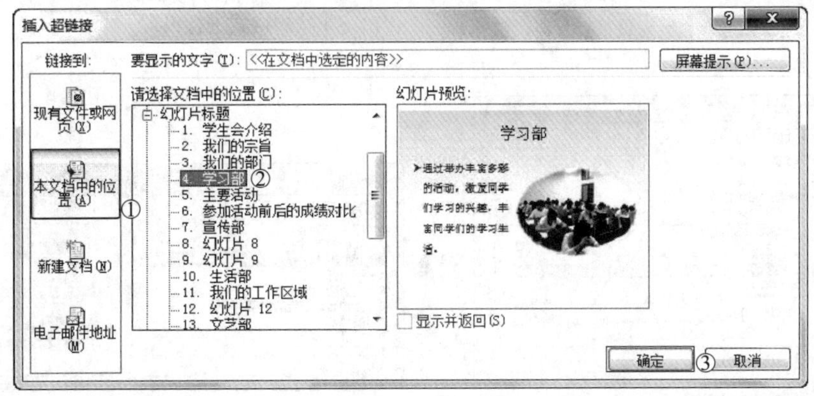

图 6-3-5 设置超链接

超链接可以实现幻灯片之间的跳转，也可以链接到外部文件，请为宣传部、生活部、文艺部、体育部、纪检部分别设置超链接，链接到相应页面。

4. 设置动作按钮

在幻灯片任务窗格处，单击第 6 张幻灯片。设置动作按钮：

①选择【插入】/【插图】组。②单击 形状 按钮。③在下拉列表“动作按钮”中选择 按钮。④待鼠标指针变为+时，移动至幻灯片的右下角拖动绘制动作按钮。⑤在弹出的“动作设置”对话框中选择超链接到“幻灯片…”。⑥在“超链接到幻灯片”对话框中选择“我们的部门”。⑦先后单击“超链接到幻灯片”和“动作设置”对话框中“确定”按钮。操作步骤如图 6-3-6 所示。

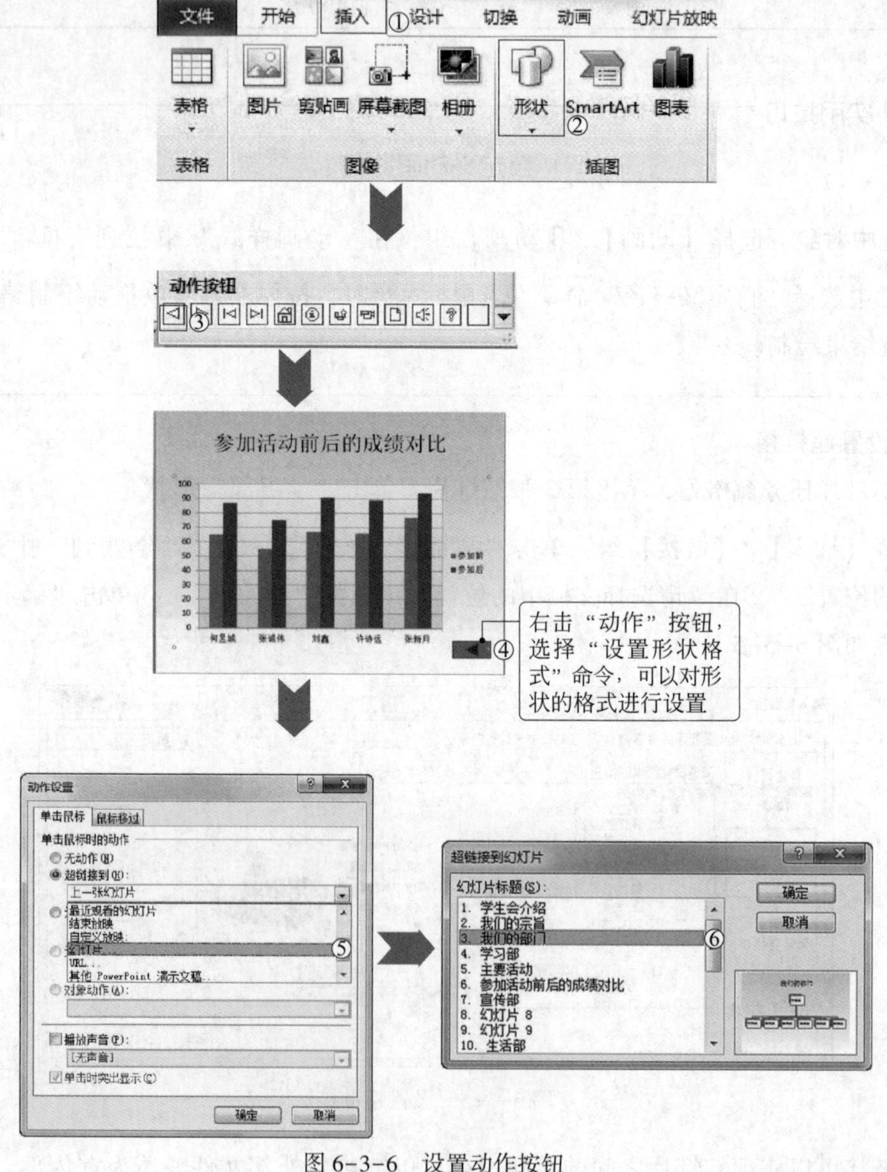

图 6-3-6 设置动作按钮

5. 设置幻灯片页面切换

在幻灯片任务窗格处，单击第 1 张幻灯片。设置幻灯片页面自动切换：

①选择【切换】/【切换到此幻灯片】组。②在下拉列表中选择“细微型”的“擦除”效果。③在【计时】组中勾选 ☑ 设置自动换片时间: 前复选框。④单击 全部应用 按钮。操作步骤如图 6-3-7 所示。

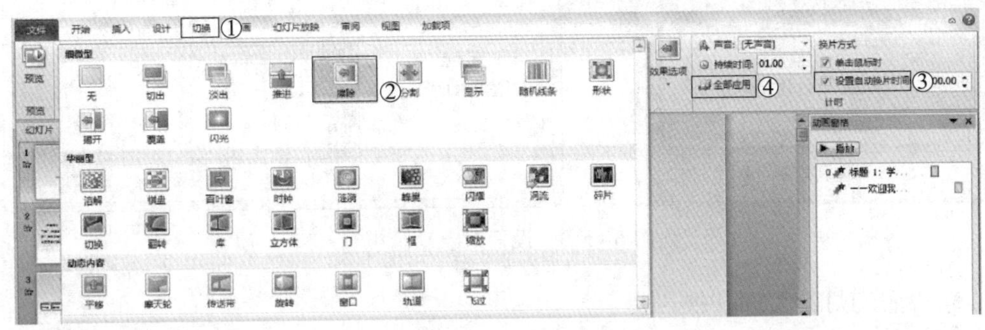

图 6-3-7　设置幻灯片页面切换

6. 播放演示文稿

①选择【幻灯片放映】/【开始放映幻灯片】组。②单击“从头开始”按钮。操作步骤如图 6-3-8 所示。

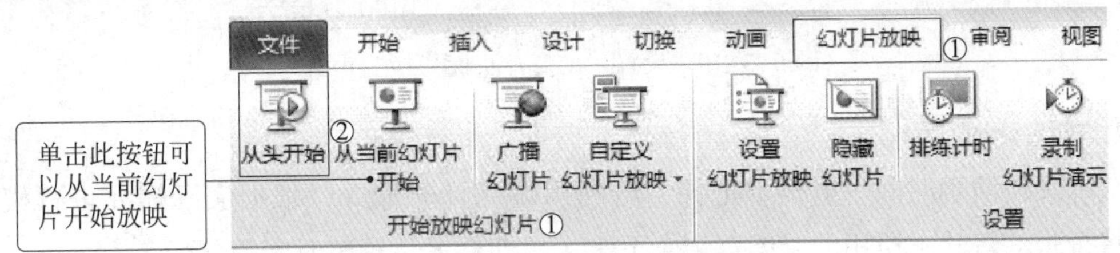

图 6-3-8　播放演示文稿

7. 保存演示文稿

执行【文件】/【保存】命令，保存“学生会介绍”演示文稿。

五、相关知识

本部分介绍声音设置、排练计时和打包演示文稿。

1. 声音设置

在编辑演示文稿时，给动画配上合适的声音，可使文稿在播放过程中更加生动。演示文稿中常用的声音设置包括对象动画和幻灯片页面切换两种。

（1）设置对象动画声音

①在“动画窗格”中单击对象右侧的下拉列表，在下拉列表中选择“效果选项”命令。②在“效果”的“声音”下拉列表中选择声音效果。操作步骤如图 6-3-9 所示。

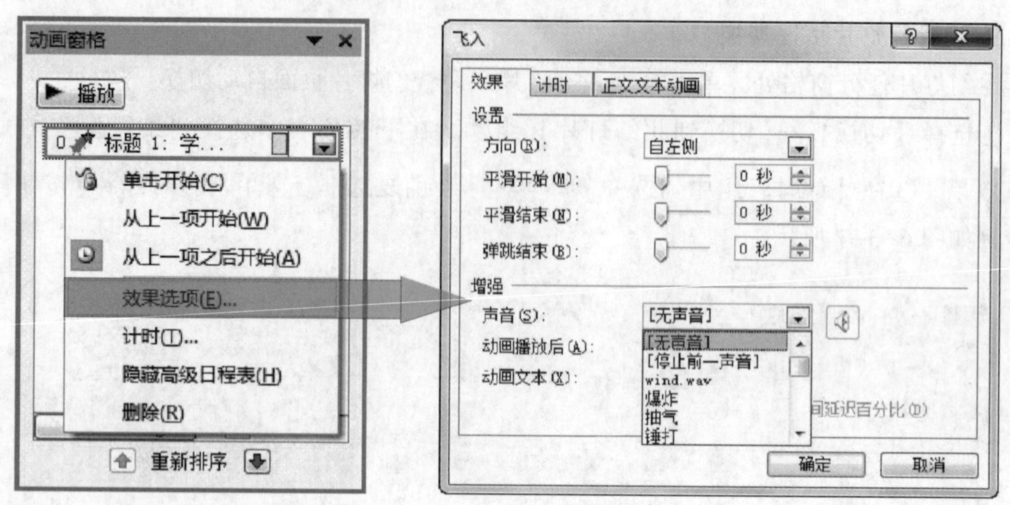

图 6-3-9　设置对象动画声音

（2）设置幻灯片页面切换声音

①选择【切换】/【计时】组。②在 声音: [无声音] 下拉列表中选择声音效果。③单击 全部应用 按钮。操作步骤如图 6-3-10 所示。

图 6-3-10　设置“幻灯片页面切换”声音

2. 排练计时

演示文稿演示时间一般很难把握，可利用排练计时命令，根据实际需要进行模拟讲演，将每张幻灯片上所用的时间都记录下来，后期再灵活调整时间的分配。

①选择【幻灯片放映】/【设置】组。②单击“排练计时”按钮，弹出“录制”工具栏，并自动计时放映，如图 6-3-11 所示。

图 6-3-11　“录制”工具栏

③单击鼠标左键控制下一个动画出现时间。④放映结束后，弹出“提示”对话框，单击 是(Y) 按钮进行保存，如图 6-3-12 所示。

3. 打包演示文稿

为了避免因为其他计算机没有安装 PowerPoint 2010 软件而无法正常播放演示文稿的情况，可将演示文稿进行打包保存。打包演示文稿分为打包成 CD 和文件两种类型。

图 6-3-12　“提示”对话框

(1) 打包成 CD

①选择【文件】/【保存并发送】。②选择“文件类型”栏中“将演示文稿打包成CD”选项，单击“打包成 CD”按钮。③弹出“打包成 CD”对话框，在“将 CD 命名为”文本框中输入演示文稿的名称，再单击 复制到 CD(C) 按钮，如图 6-3-13 所示。④弹出“提示”对话框，单击 是(Y) 按钮。

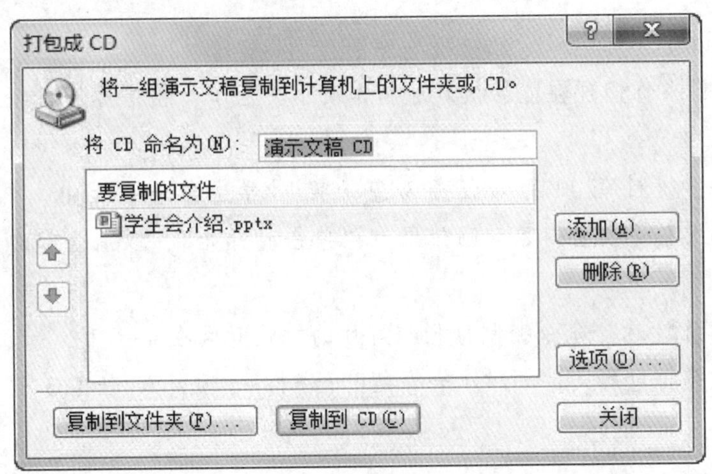

图 6-3-13　“打包成 CD”对话框

演示文稿打包成 CD 的前提是计算机要有刻录光驱，并在光驱中放置光盘。

(2) 打包成文件

在“打包成 CD”对话框中，单击 复制到文件夹(F)... 按钮，在“复制到文件夹”对话框中设置文件保存的名称和位置，再单击 确定 按钮，如图 6-3-14 所示。

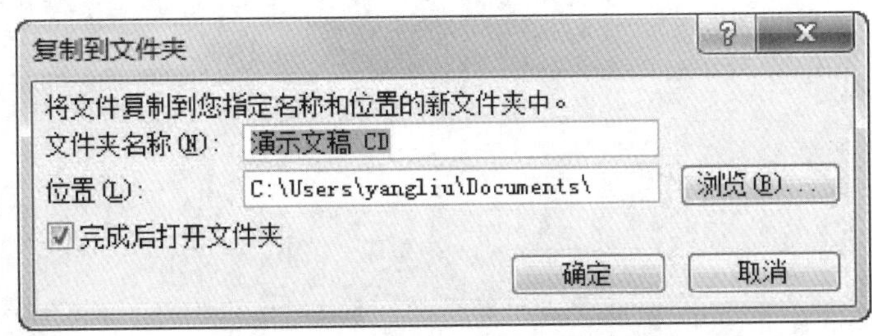

图 6-3-14　“复制到文件夹”对话框

思考与实训

一、基础实训

1. 打开文件：资料库/项目六/任务 3/基础实训/学生会介绍 . pptx。

2. 设置第 3 张幻灯片中“所有部门”对应的超链接。

3. 分别设置第 9、第 12、第 15、第 18 和第 21 张幻灯片返回到第 3 张幻灯片的动作按钮。

4. 自定义第 7 至第 21 张幻灯片中所有对象的动画效果，动画计时均为“上一动画之后 1 秒”。

5. 将第 7 至第 21 张幻灯片的页面切换全部设置为自动播放“擦除”效果。

6. 保存“学生会介绍 . pptx”（资料库/项目六/任务 3/基础实训）。

二、进阶实训

亲爱的同学们，你们现在能够很好地制作演示文档了，相信你们也一定能够举一反三完成下面的操作。

1. 打开文件：资料库/项目六/任务 3/基础实训/学生会介绍 . pptx。

2. 设置演示文稿中所有对象动画效果为“单击时开始”，取消全部幻灯片的自动播放页面切换功能。

3. 利用“排练计时”命令控制每张幻灯片的放映时间在 4~6 秒。

4. 将演示文稿打包成文件“学生会介绍”（资料库/项目六/任务 3/进阶实训）。

项目七
多媒体处理

任务 1　图片制作——抠图处理

一、任务要点

1. 会用光影魔术手裁剪、抠图、替换登记照背景并排版。

2. 会用 Photoshop 软件进行抠图处理。

二、任务描述

杨珊在外资设计公司实习，上班的第一天就接到了处理员工证件照的任务。要求如下：将员工提供的头像照片改为证件照尺寸；使用蓝色作为证件照背景；每位员工制作 8 张 1 寸照片，用 5 寸/3R 相纸打印；尽快送交人事处。

如何又快又好地完成任务？杨珊想到了利用光影魔术手剪裁照片、抠图换背景并排版。

三、操作思路

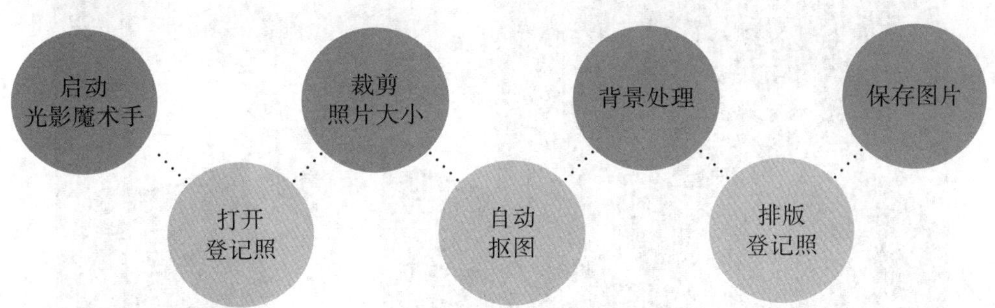

四、操作步骤

操作演示

1. 启动光影魔术手

单击“开始”按钮，选择 启动光影魔术手 命令，启动光影魔术手。

2. 打开登记照

打开文件：资料库/项目七/任务 1/课堂案例/登记照男性 . jpg，如图 7-1-1 所示。

图 7-1-1　光影魔术手界面

3. 裁剪照片大小

①单击工具栏中“裁剪”功能按钮。②在弹出裁剪工具栏的“宽高比下拉框”中选择“标准 1 寸/1R 裁剪”规格。③按住鼠标左键，在图片上拖动出裁剪九宫格，拖动裁剪框到适当位置。④单击“确定”按钮。操作步骤如图 7-1-2 所示。

图 7-1-2　裁剪照片大小操作

4. 自动抠图

（1）进入自动抠图界面

单击工具栏“抠图”功能按钮，在下拉框中选择“自动抠图”，进入自动抠图界面，如图 7-1-3 所示。

（2）抠图

在自动抠图界面中，单击“选中笔”，在左侧图片需要选中的区域上画绿线，用“删除笔”在不需要的区域画红线。这张男性登记照白衬衣颜色与背景相似，需要在西服部分再画出一条绿线，表示该区域需要选中，视图片实际情况可以多次划线，直到人像被完整选中为止，效果如图 7-1-4 所示。

图 7-1-3　自动抠图

图 7-1-4　自动抠图划线

5. 背景处理

（1）替换背景

单击“自动抠图”窗口底部“替换背景”按钮，选择背景为“纯色背景”，在色板中选择“更多颜色”，在“调色板”中输入颜色代码（R：51，G：143，B：178），如图 7-1-5 所示。

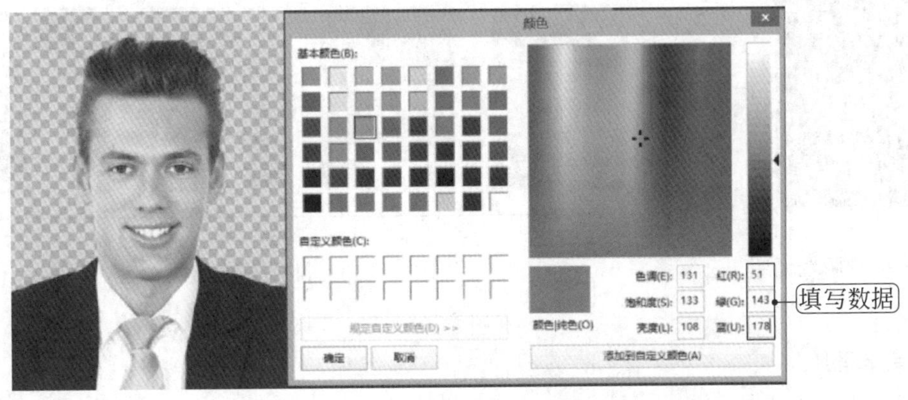

图 7-1-5　自定义背景颜色

（2）羽化边缘

在人像与背景之间，有较明显的白色边缘，用“边缘羽化”命令，调整滑块到适当位置，适当羽化边缘，如图 7-1-6 所示。

图 7-1-6　羽化边缘

（3）退出抠图界面

单击“确定”，退出自动抠图界面。

6. 排版登记照

①单击工具栏中“排版”功能按钮右侧箭头。②在弹出排版下拉框中选择“8 张 1 寸照—5 寸/3R 相纸”。操作步骤如图 7-1-7 所示，排版完成效果如图 7-1-8 所示。

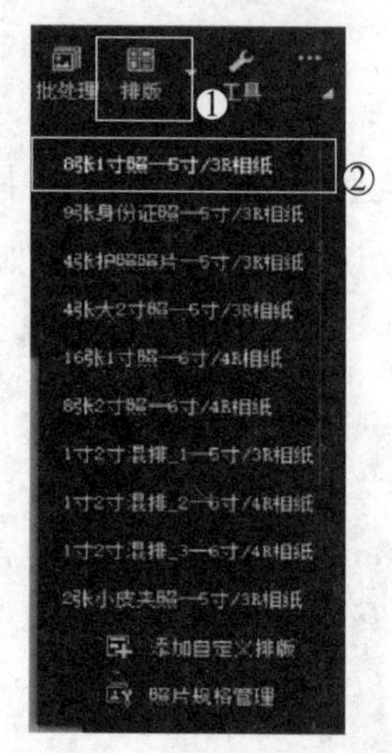

图 7-1-7　排版登记照

图 7-1-8　排版完成效果

7. 保存照片

另存图片，保存修改效果。

五、相关知识

本部分介绍使用 Photoshop 来更换登记照背景。

光影魔术手处理的男性登记照片，在人像与背景交界之处，即使使用了羽化功能，人物与背景的过渡仍然不完美。光影魔术手简便易用，是新手处理图像的上佳选择，但如果想得到更理想的处理效果，就需要用专业的图形图像处理软件 Photoshop。让我们跟着杨珊的操作来一次 Photoshop 之旅吧。

1. 启动 Photoshop

单击“开始”按钮，选择 Adobe Photoshop CS6 命令，启动 Photoshop。

2. 打开登记照

打开文件：资料库/项目七/任务 1/课堂案例/登记照女性 . jpg，如图 7-1-9 所示。

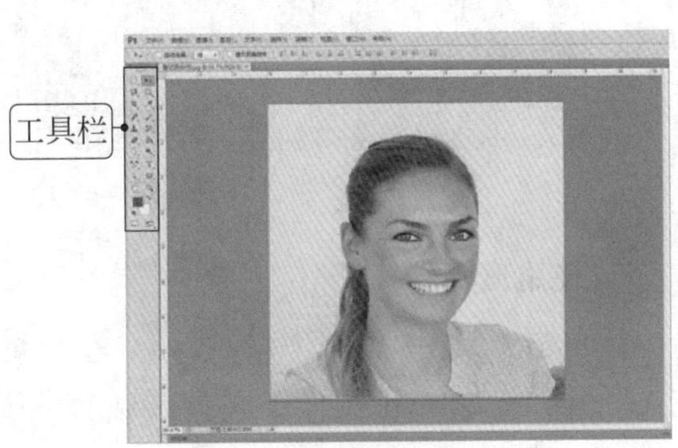

图 7-1-9　登记照女性

3. 裁剪照片大小为 1 寸照片规格

单击工具栏中“裁剪”功能按钮 ，在弹出的裁剪工具栏中选择宽度 2. 5 厘米，高度 3. 5 厘米，然后按住鼠标左键，在图片上拖动出裁剪九宫格，拖动裁剪框到适当位置，再单击“√”按钮即可，如图7-1-10所示，效果如图 7-1-11 所示。

图 7-1-10　裁剪工具栏

图 7-1-11　裁剪三等分

4. 解锁背景图层

①在图层面板中双击背景图层。②弹出“新建图层”对话框，单击“确定”，解锁背景图层。操作步骤如图 7-1-12 所示。

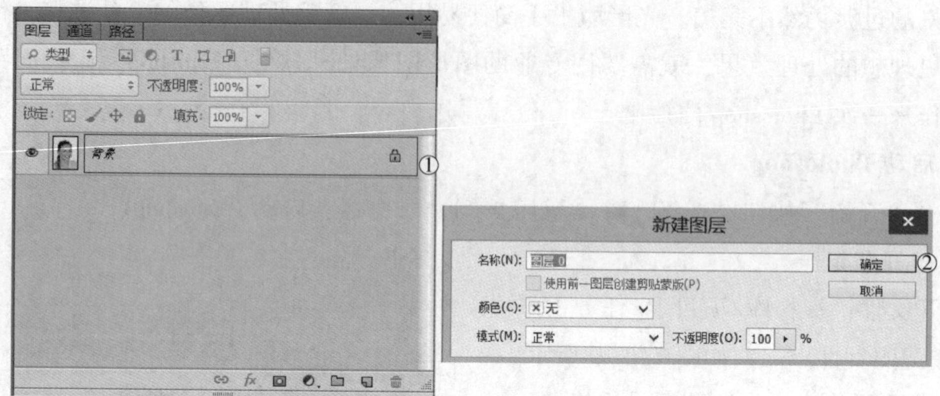

图 7-1-12　解锁背景图层

5. 使用魔棒

①单击工具栏中的魔棒按钮。②在魔棒工具栏中设置容差值为 32，选择“消除锯齿”“连续”。③单击图像中灰色区域的一个点，魔棒自动选择整个灰色区域。操作步骤如图7-1-13所示。

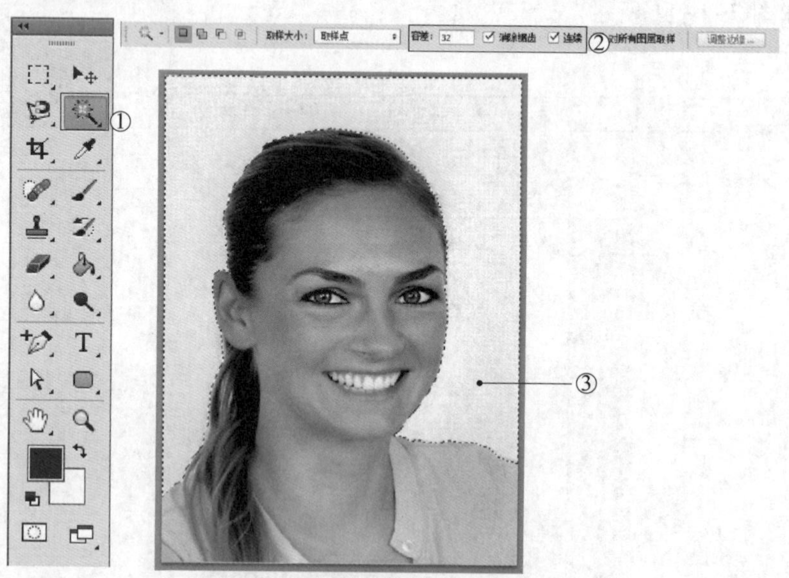

图 7-1-13　魔棒选择工具

6. 反向选择

在图像上单击鼠标右键，在弹出的快捷菜单中选择“选择反向”，得到人物部分的选区，如图 7-1-14 所示。

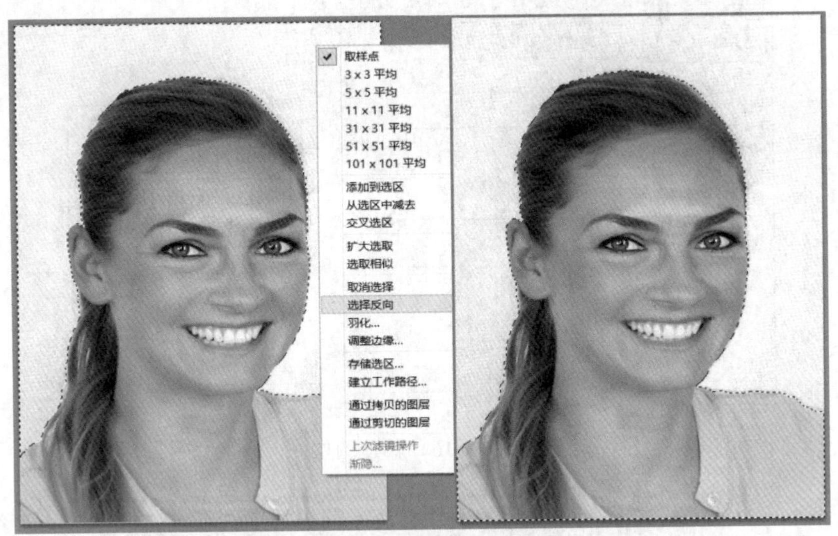

图 7-1-14　选择反向

7. 调整边缘

①单击“调整边缘”按钮。②用这个工具在人物轮廓边缘涂抹。③单击“确定”。操作步骤如图 7-1-15 所示。

图 7-1-15　调整边缘

8. 新建图层

按“Ctrl+J”组合键在“图层”面板中新建一个图层，把抠图部分复制到新建图层中（图层 1），在“图层 0”的上方再新建 1 个图层（图层 2），如图 7-1-16 所示。

9. 填充图层颜色

选择图层 2，设置前景色的颜色为（R：51，G：143，B：178），按“Shift+F5”组合键填充颜色，如图 7-1-17 所示。

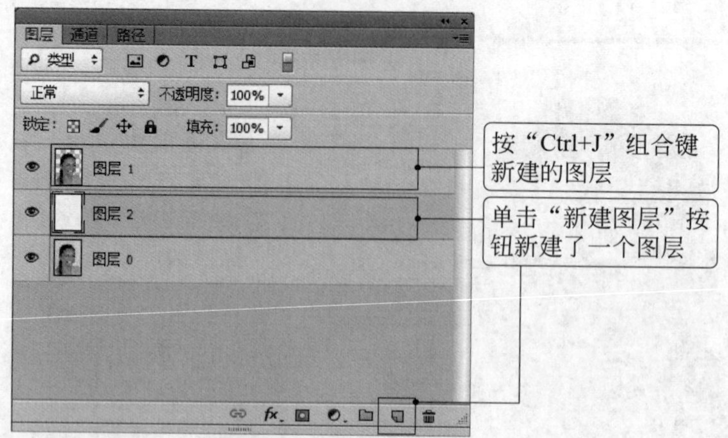

图 7-1-16　新建图层

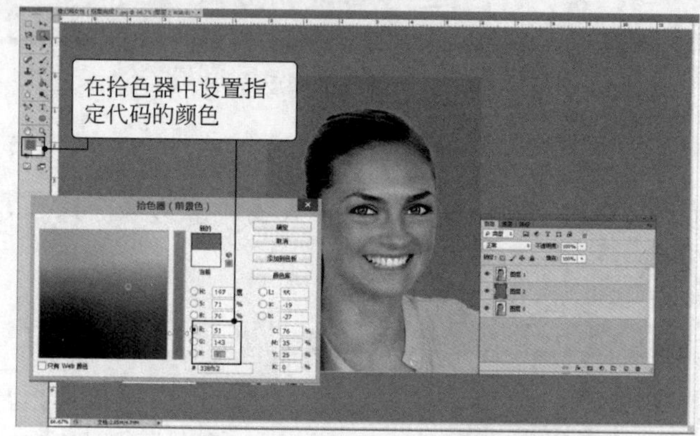

图 7-1-17　设置前景色

10. 去除白色杂边

选中图层 1，执行【图层】/【修边】/【去除白色杂边】命令，处理后效果如图 7-1-18 所示。

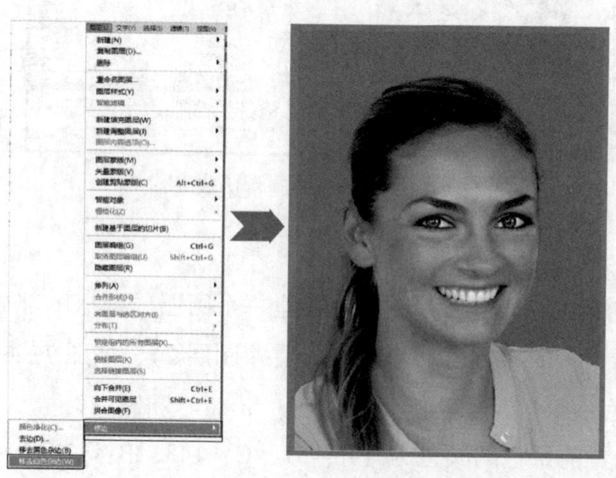

图 7-1-18　最终效果

知识链接

魔棒工具与套索工具组的对比

在抠图过程中可以使用魔棒工具或套索工具组。它们的联系和区别见表 7-1-1。

表 7-1-1　　魔棒工具与套索工具组的功能对比

项目	魔棒工具	套索工具组
图标		
目的	获得选区	获得选区
方式	在要选取的区域单击魔棒，通过分析图像中颜色相似的区域，得到相应选区	操作者自主勾画轮廓，在图像中选取出任意形状的区域
应用范围	颜色近似区域	复杂背景下物体的选择
示例		

11. 保存图片

另存图片，保存修改效果。

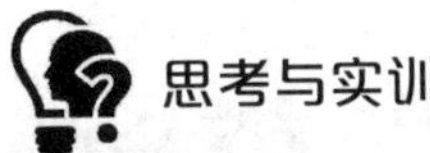

思考与实训

一、基础实训

应用光影魔术手和 Photoshop 两个软件处理“女性登记照 .jpg”，要求如下：

1. 裁剪要求：标准两寸，3. 5 cm×5. 3 cm。
2. 背景要求：红色（R：255，G：0，B：0）。
3. 排版要求：应用光影魔术手排版成“8 张 2 寸照—6 寸/4R 相纸”。

二、进阶实训

将运用两个软件处理后的同一张照片放在一起，对比一下。如果你是杨珊，你更倾向于用哪个软件来完成这次的任务，为什么？

任务 2 图片制作——图片美化处理

一、任务要点

1. 使用光影魔术手进行全局美容。
2. 使用光影魔术手去红眼。

二、任务描述

春节期间，张娜娜用相机记录下了家人的欢聚时刻。整理照片时她发现妹妹们的照片效果不太理想。室内光线暗导致小妹妹原本白皙的小脸变黄；好不容易抢拍到顽皮的大妹妹模仿詹姆斯·邦德，眼睛却是红色的。于是她打算利用光影魔术手美化照片，希望可以弥补不足。

三、操作思路

四、操作步骤

1. 启动光影魔术手

单击“开始”按钮，选择 启动光影魔术手 命令，启动光影魔术手。

2. 人像美容

（1）打开照片

打开照片：资料库/项目七/任务 2/课堂案例/test1. jpg，窗口界面如图 7-2-1 所示。

（2）数码暗房

单击工具栏中的“数码暗房” 。

①单击“人像”选项卡。②单击选择“人像”选项卡中“人像褪黄”命令。③人像褪黄。边调整“数量”边观察，至合适数量 148。④单击“确定”按钮。操作步骤如图 7-2-2 所示。

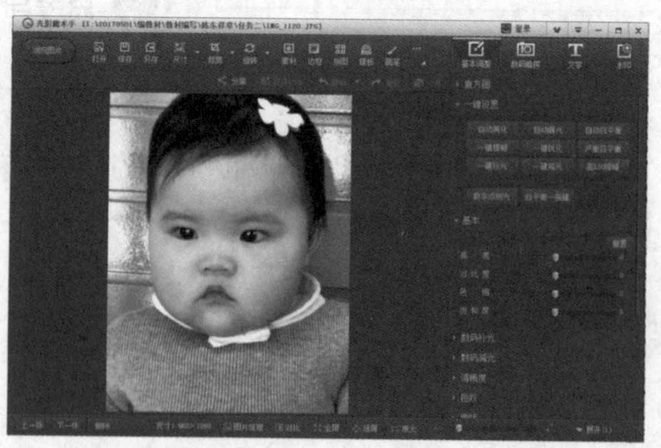

图 7-2-1 光影魔术手界面

（3）局部美白

①单击【人像】/【局部美白】。②视涂抹部位不同，适当设置美白“力度”多次涂抹。③单击“确定”按钮。

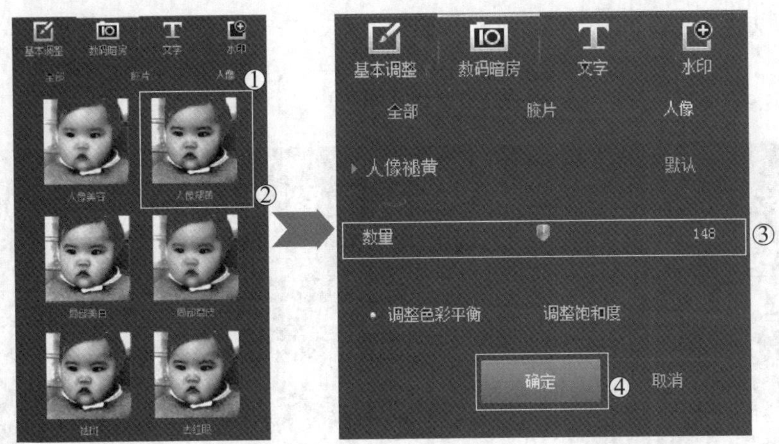

图 7-2-2　人像褪黄界面

操作步骤如图 7-2-3 所示。

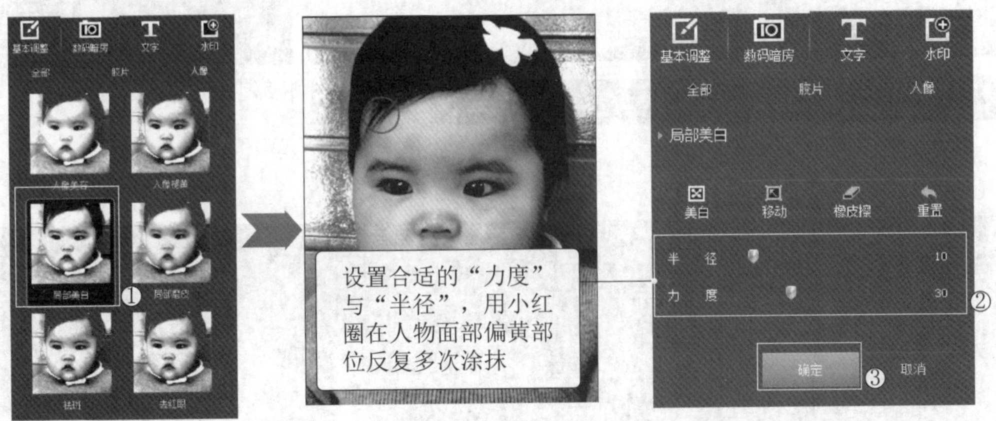

图 7-2-3　局部美白设置

（4）保存文件

单击工具栏中的“另存”命令，将进行人像美容之后的照片另存一份。

3. 去红眼

（1）打开红眼照片

打开照片：资料库/项目七/任务 2/课堂案例/redeyes. jpg，如图 7-2-4 所示。

图 7-2-4　红眼照片

（2）去红眼

①单击【数码暗房】/【人像】。②单击“去红眼”命令。③调整“半径”与“力量”，单击人物眼球。④单击“对比”按钮看效果。⑤调整好后单击“确定”按钮。操作步骤如图 7-2-5 所示，对比效果

如图 7-2-6 所示。

图 7-2-5　去红眼过程

图 7-2-6　查看去红眼效果

（3）保存文件

单击工具栏中的“另存”命令，将去红眼之后的照片另存一份。

五、相关知识

光影魔术手虽然操作简便，但对于高质量要求的修改任务力不从心。这时就需要利用 Photoshop 进行图像处理。

1. 应用“亮度/对比度”命令调整图片

该命令可调整光线不足、画面昏暗的图像。

（1）启动 Photoshop

单击“开始”按钮，选择 Adobe Photoshop CS6 命令，启动 Photoshop。

图 7-2-7　飞鸟图像

（2）打开图片

打开图片：资料库/项目七/任务 2/课堂案例/test2. jpg，如图 7-2-7 所示。

（3）亮度与对比度调整

①单击【图像】/【调整】/【亮度/对比度】命令。

②调节“亮度”与“对比度”。操作步骤如图 7-2-8 所示窗口。

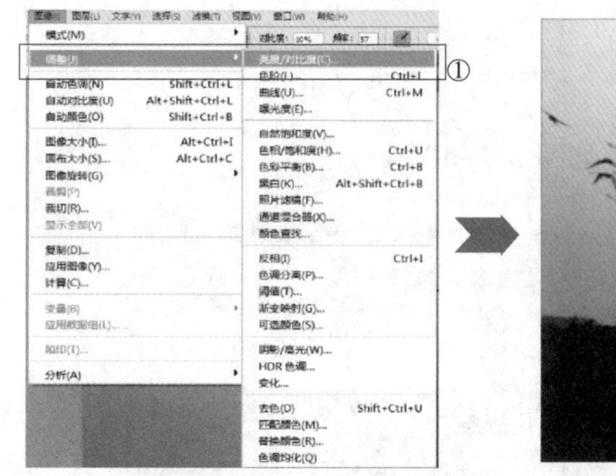

图 7-2-8　调整亮度与对比度

知识链接

亮度和对比度

亮度：人对一幅图像中光的强度的感受。

对比度：对比度指的是一幅图像中，明暗区域中最亮的白色和最暗的黑色之间的差异程度。明暗区域的差异范围越大，说明图像对比度越高。

（4）保存图片

另存图片，保存修改效果。

2. 应用仿制图章工具修图

有时需要复制照片中的一部分区域，这时可以选择“仿制图章”来帮忙。

（1）打开图片

打开图片：资料库/项目七/任务 2/课堂案例/test3. jpg，如图 7-2-9 所示。

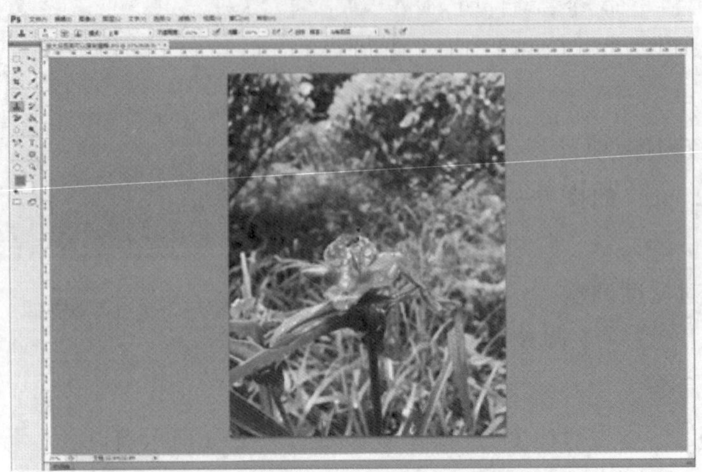

图 7-2-9　鲜花图片

（2）复制对象

使用仿制图章工具复制对象的操作步骤如图 7-2-10 所示。

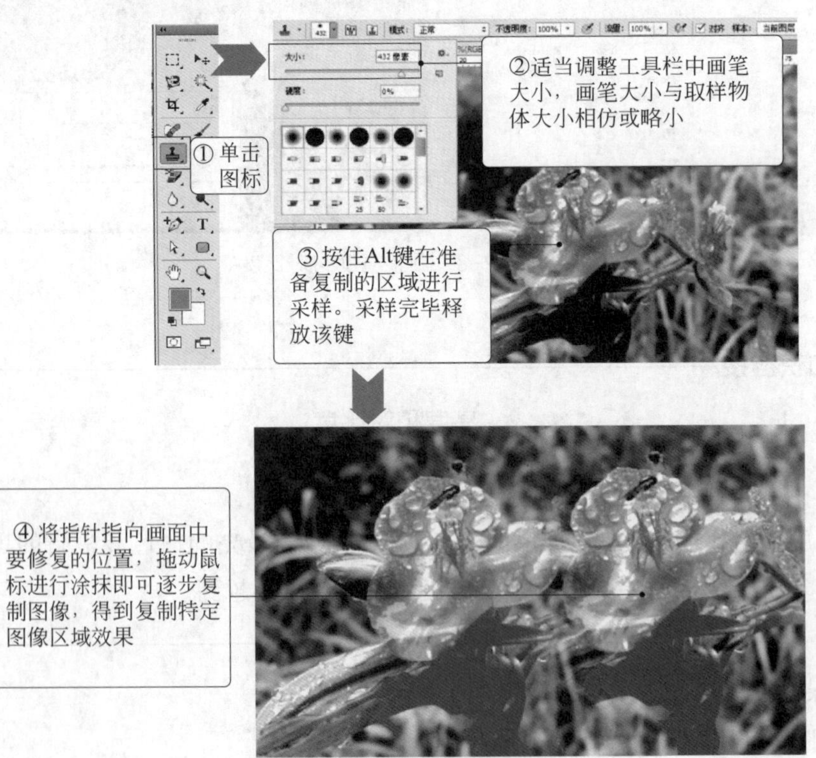

图 7-2-10　仿制图章操作过程

（3）保存图片

另存图片，保存修改效果。

知识链接

仿制图章

仿制图章工具可以将选定的图像区域如盖章一样复制到指定区域。该工具常用于复制对象或去除照片中的缺陷。

思考与实训

一、基础实训

1. 用光影魔术手对图片进行“祛斑”“人像美容”等操作，操作前后对比如图 7-2-11 所示（资料库/项目七/任务 2/基础实训/meirong.jpg）。

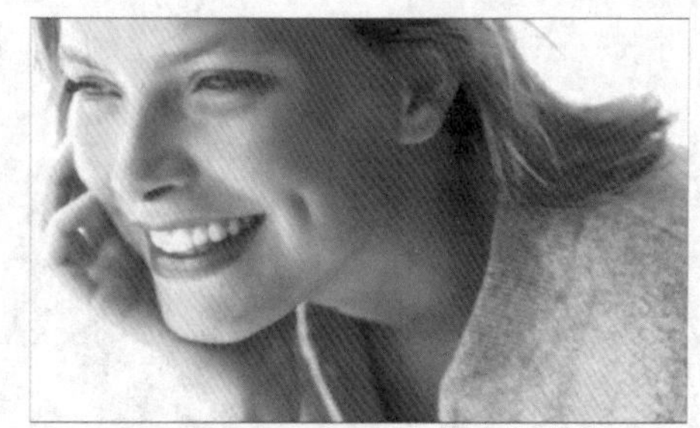

图 7-2-11　祛痣与美白效果

2. 用 Photoshop 对图片进行“亮度/对比度”调整，操作前后对比如图 7-2-12 所示（资料库/项目七/任务 2/基础实训/an.jpg）。

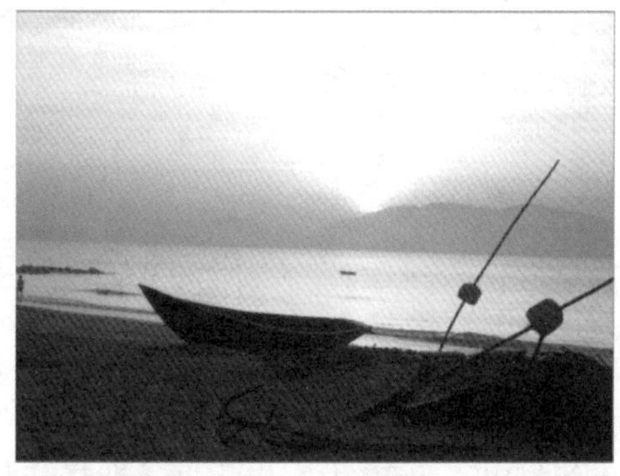

图 7-2-12　“亮度/对比度”调整效果对比

3. 使用 Photoshop 中的“仿制图章”工具，去除图片背景中的人与广告牌，操作前后对比如图 7-2-13 所示（资料库/项目七/任务 2/基础实训/xiaohai. jpg）。

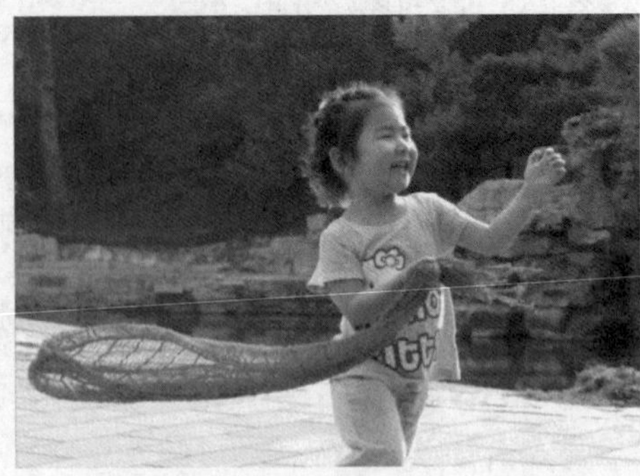

图 7-2-13　使用“仿制图章”工具前后效果对比

二、进阶实训

尝试使用光影魔术手和 Photoshop 两个软件分别对图片进行调整，要求：芦苇细节清晰，对比分明，操作前后对比如图 7-2-14 所示（资料库/项目七/任务 2/进阶实训/xiyang. jpg）。

图 7-2-14　图片调整效果对比

在光影魔术手和 Photoshop 两个软件中，除使用“亮度/对比度”命令调整图像明暗外，还可使用“色阶”“曲线”进行调整，并且这两个命令的可控性更强，请同学们使用这两个命令分别尝试调整。

任务 3　图片设计

一、任务要点

1. 会在 Photoshop 中制作或导入背景素材。
2. 会制作简单的 Logo 标志。
3. 会在 Photoshop 中进行文字录入并设置图层样式。

二、任务描述

宋树来到一家大型购物中心的企业策划部参加笔试。考场里没有笔、没有纸，每人一台计算机、一道题：“请为本购物中心设计一张 55 mm×90 mm 大小的购物卡，限时两小时。各位考生可在桌面素材库中选取 PSD 文件。”

宋树首先在网络上查询了该购物中心的经营理念和企业文化，然后在桌面素材库中找到了与之相符的 PSD 文件，最后打开 Photoshop 胸有成竹地操作起来。

三、操作思路

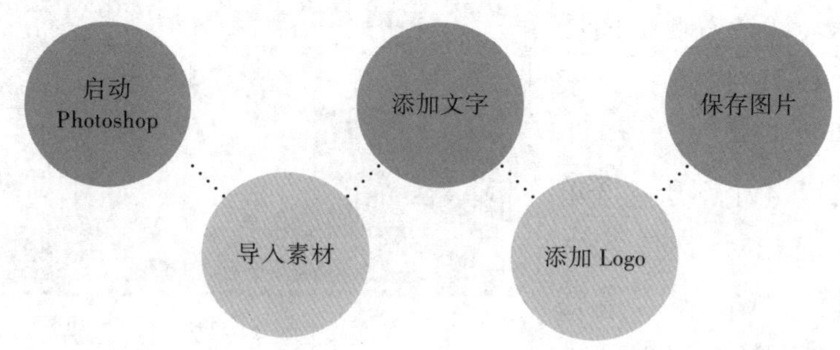

四、操作步骤

1. 启动 Photoshop

单击“开始”按钮，选择 Adobe Photoshop CS6 命令，启动 Photoshop。

2. 导入素材

（1）新建 PSD 文件

①单击“文件”菜单中的“新建”命令。②调整新建文件的参数，见表 7-3-1。③单击“确定”。④在窗口中得到新建文件。操作步骤如图 7-3-1 所示。

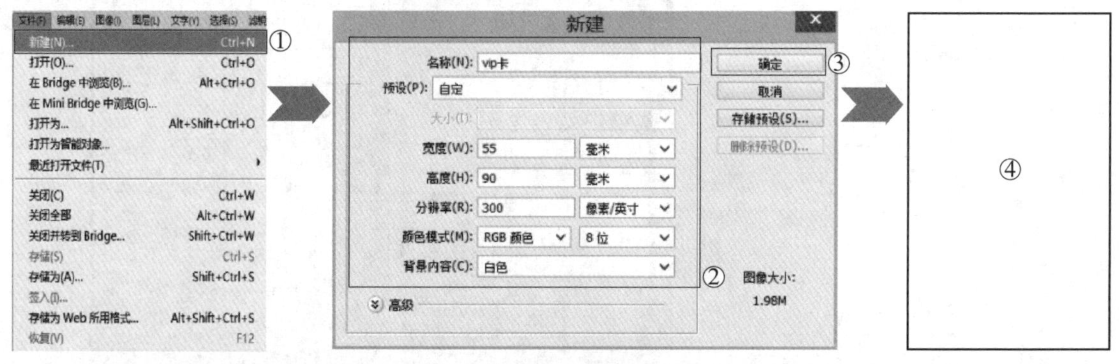

图 7-3-1　新建 vip 文件

表 7-3-1　　参数调整内容

参数名称	内容	参数名称	内容
名称	vip 卡	分辨率	300，像素/英寸
宽度	55 毫米	颜色模式	RGB 颜色，8 位
高度	90 毫米	背景内容	白色

（2）复制图层

①选取素材库文件（资料库/项目七/任务 3/课堂案例/素材 . psd），如图 7-3-2 所示。②在右侧的图层面板中，按住“Ctrl”键选择“素材 . psd”文件的“卡号”“女孩”“vip”“背景图层”4 个图层。③单击“复制图层”，弹出对话框。④选择“目标”文件为“vip 卡”。⑤切换到“vip 卡 . psd”文件，确认成功完成复制 4 个图层操作。操作步骤如图 7-3-3 所示。

图 7-3-2　打开素材

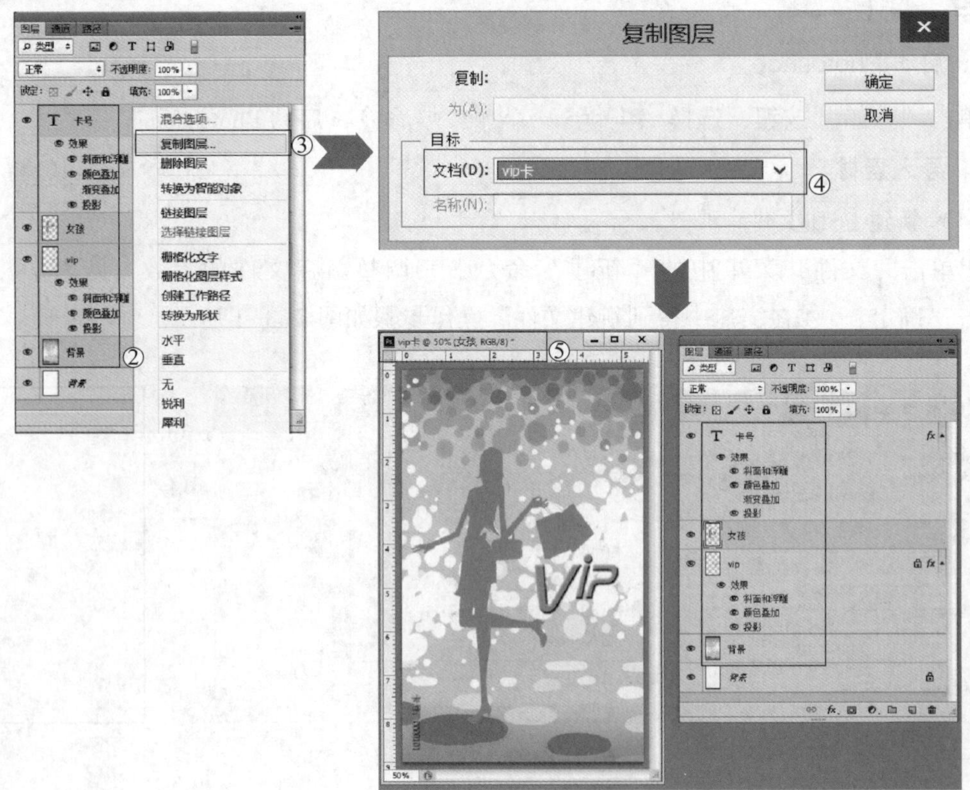

图 7-3-3　复制图层

3. 添加文字

（1）文字格式设置

①单击文字工具中的“横排文字工具” ▪ T 横排文字工具 T 。②在视图中适当位置单击并输入文字“会员卡”。③图层面板出现“会员卡”图层。④在文字工具栏中设置字体为“汉仪中圆简”，字号“14点”，颜色玫红色（R：243，G：117，B：112）。操作步骤如图 7-3-4 所示。

图 7-3-4　文字格式设置

（2）拷贝图层样式

①右击“vip”图层，在弹出快捷菜单中选择“拷贝图层样式”。②“会员卡”图层右击，选择“粘贴图层样式”。操作步骤如图 7-3-5 所示。

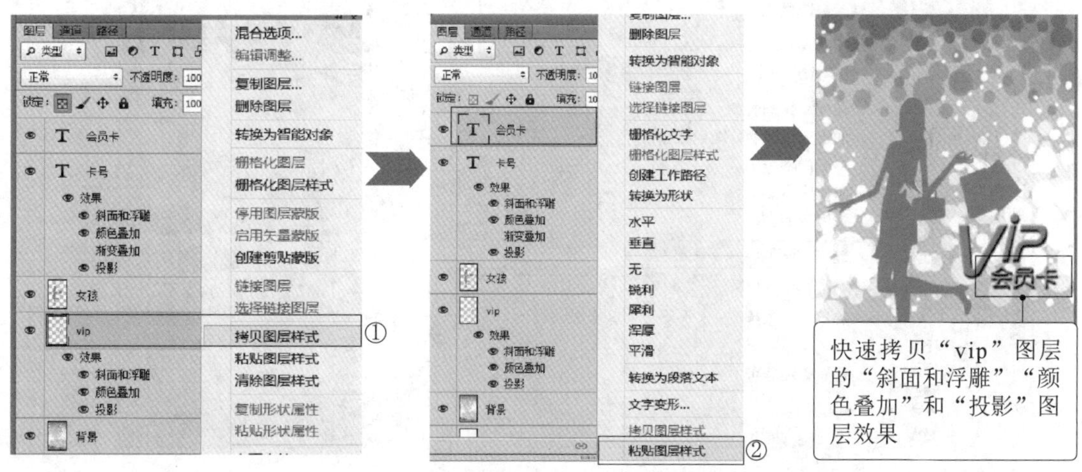

图 7-3-5　拷贝图层样式

4. 添加 Logo

（1）导入 Logo 素材

①将“Logo 素材 . jpg”（资料库/项目七/任务 3/课堂案例/Logo 素材 . jpg）拖入当前窗口。②单击“Enter”键，图层面板自动新建一个图层，放置 Logo 素材。操作步骤如图 7-3-6 所示。

图 7-3-6　导入 Logo 素材

（2）抠去背景

①在 Logo 素材图层上右击选择“栅格化图层”命令，如图 7-3-7 所示。②用任务 1 中学过的 Photoshop 中抠除标准照背景的方法，使用魔棒工具选取白色区域，用“Del”键删除白色背景，按“Ctrl+D”组合键取消选区。③用“移动工具” 移动素材到图片顶部。效果如图 7-3-8 所示。

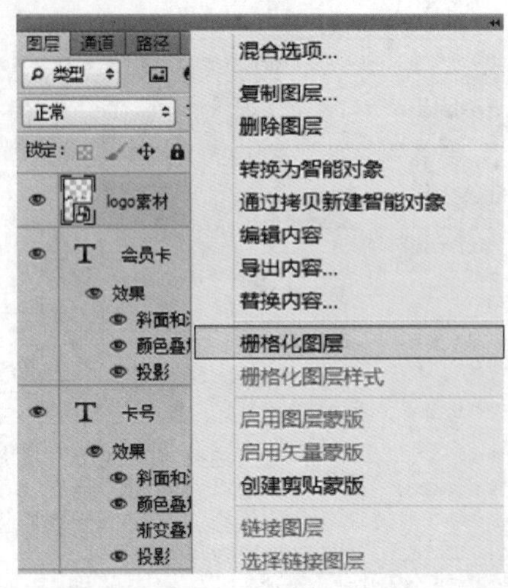

图 7-3-7　栅格化图层

图 7-3-8　移动 Logo 位置

为图层添加图层样式

①在图层面板中单击需添加图层样式的图层。②单击底部 fx 按钮。③在弹出菜单中选择“混合选项”。④在弹出“图层样式”对话框中可选择不同样式，设置参数实现不同效果。⑤单击确定。操作步骤如图 7-3-9 所示。

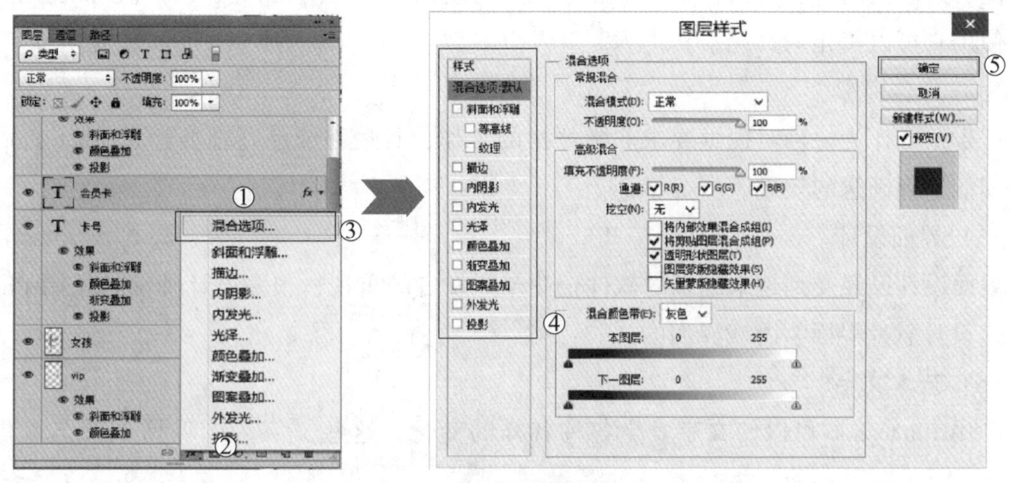

图 7-3-9　添加图层样式

(3) 拷贝图层样式

将“会员卡”图层样式拷贝给“Logo 素材”图层，会员卡最后完成效果如图 7-3-10 所示。

图 7-3-10　会员卡最终效果

5. 保存图片

另存图片，保存修改效果。

五、相关知识

1. 什么是 Photoshop

Adobe Photoshop，简称“PS”，是由 Adobe Systems 开发和发行的图像处理软件。Photoshop 主要处理以像素构成的数字图像。Photoshop 有很多功能，在图像、图形、文字、视频、出版等各方面都有涉及。

Photoshop 是目前公认的最好的通用平面美术设计软件，其功能完善、性能稳定、使用方便。

2. Photoshop 应用领域

(1) 平面设计

平面设计是 Photoshop 应用最为广泛的领域，无论是图书封面，还是广告海报，这些具有丰富图像的平面印刷品，基本上都需要用 Photoshop 软件对其进行处理。

（2）照片处理

Photoshop 具有相当强大的图像修饰功能。利用这些功能，我们可以快速修复数码照片上的瑕疵，同时可以调整照片的色调或为照片添加装饰元素等。

（3）网页制作

随着互联网的普及，人们对网页的审美要求也不断提升，因此，Photoshop 就尤为重要，使用它可以美化网页元素。

（4）广告摄影

广告摄影作为一种对视觉要求非常严格的工作，其最终成品往往要经过 Photoshop 的修改才能得到满意的效果。

（5）界面设计

界面设计已经受到越来越多的软件企业及开发者的重视，很多设计师都是使用 Photoshop 来设计软件界面、游戏界面的。

（6）艺术文字

利用 Photoshop 可以使文字发生各种各样的变化，这些文字为图像增加了艺术化效果。

（7）插画设计

由于 Photoshop 具有良好的绘画与调色功能，许多插画设计制作者往往使用铅笔绘制草稿，然后用 Photoshop 填色的方法来绘制插画。除此之外，近年来流行的像素画也多为设计师使用 Photoshop 创作的作品。

（8）视觉创意

视觉创意是设计艺术的一个分支，此类设计通常没有非常明显的商业目的，但由于它为广大设计爱好者提供了无限的设计空间，越来越多的设计爱好者开始注重视觉创意，并逐渐形成属于自己的一套创作风格。Photoshop 是其创作过程必不可少的工具。

（9）三维设计

Photoshop 在三维设计中主要有两方面的应用：一是对效果图进行后期修饰，包括配景的搭配以及色调的调整等；二是用来绘制精美的贴图，添加渲染效果。

一、基础实训

请将宋树设计的购物卡和你钱包里的购物卡做比较。你认为宋树的设计稿中还应设计哪些内容？哪些内容需要修改？小组讨论后填写表 7-3-2。

表 7-3-2　　　　购物卡设计的更改建议

需要修改或添加的内容	你的设计建设

二、进阶实训

秦晓茜西点专业毕业后开了一家甜品店，经过 2 年的努力生意越来越红火，她准备于第 3 年向顾客出售设计新颖的购物卡。在有了基础实训的经验之后，请帮秦晓茜制作一张美观实用的购物卡。

任务 4　音频文件的制作

一、任务要点

1. 会用 GoldWave 音频编辑工具进行音频剪辑与合成。
2. 会用 GoldWave 音频编辑工具降低环境噪声。

二、任务描述

曲莹莹是校园广播站负责人，她接到将广播内容处理成音频文件的任务。要求如下：将广播站播报音频文件加上片头、片尾，片头、片尾部分背景音乐淡入淡出，尽快送交校团委和学生会。

怎样才能圆满地完成任务呢？她想到了用 GoldWave 音频编辑工具进行音频文件的剪辑与合成，为了呈现清晰的音质，她还很有心地将音频中环境噪声比较明显的区域进行了降噪处理。

三、操作思路

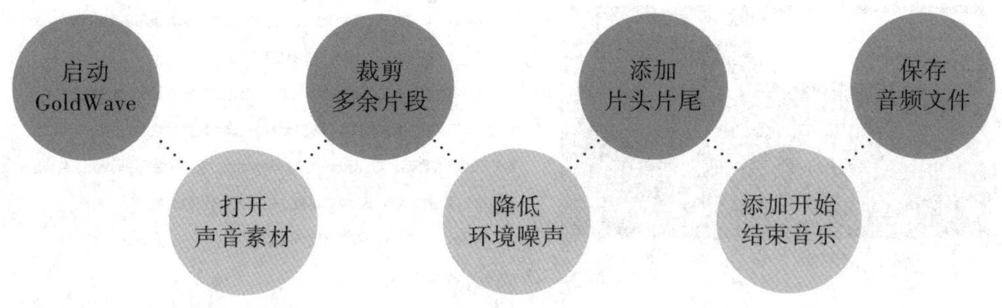

四、操作步骤

1. 启动 GoldWave

安装 GoldWave 软件后，单击桌面上的 GoldWave 图标 运行 GoldWave 音频编辑工具。

2. 打开声音素材

点击“打开”图标 ，打开声音素材：资料库/项目七/任务 4/课堂案例/正文.m4a，如图 7-4-1 所示。

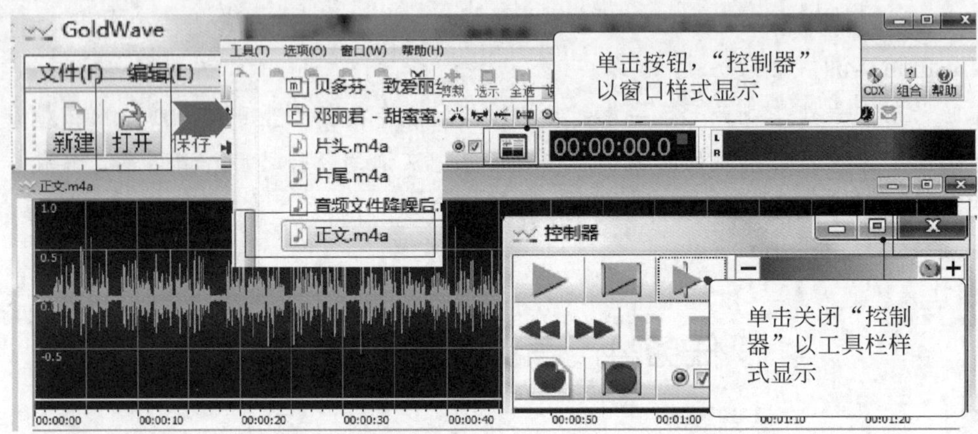

图 7-4-1　GoldWave 界面

3. 裁剪多余片段

（1）确定裁剪区域

单击播放“ ”按钮播放音频，曲莹莹发现播音员读脚本有误，如图 7-4-2 所示。经过对比，她确定裁剪时间区间为 11.5 秒至 18.65 秒。

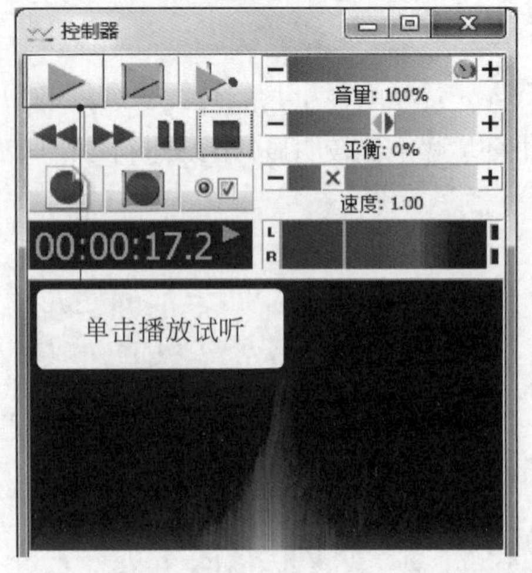

欢迎大家收听校园广播，下面带来一则简讯：

青春飞扬 活力四射

——我校成功举办学生健身操比赛

在这草长莺飞、阳光明媚的春日里，我校学生健身操比赛于 4 月 14 日上午在学校操场举行。来自全校各班的同学们参加了比赛。各相关领导观看了比赛。

参赛同学着装整齐，精神面貌良好。整个比赛过程精彩纷呈，经过两个小时的角逐，2016QD03 班以绝对优势拔得头筹。

本次活动由学生工作部精心组织策划，旨在用“健康第一，奋发向上”的思想理念，积极推进素质教育，引导广大同学们追求健康生活方式。开学以来，全校各班级积极准备此次比赛，特别是春季新生班，克服学生入学时间短、任务重的困难，以高昂的热情投入本次比赛，并取得了良好的成绩。

接下来请大家收听一段非常好听的歌曲。

播音员错读脚本处

图 7-4-2　播放音频对比脚本

 实用技巧

录音小技巧

录音过程中读错脚本时，可停顿一下读一遍正确的脚本，后期再将读错部分裁剪掉。

（2）执行裁剪

①鼠标左键在裁剪区间附近任意位置单击并拖动选择一个范围。②鼠标左键拖动左侧竖线调整开始位置到 11.5 秒。③用同样的方法调整结束位置到 18.65 秒。操作步骤如图 7-4-3 所示。

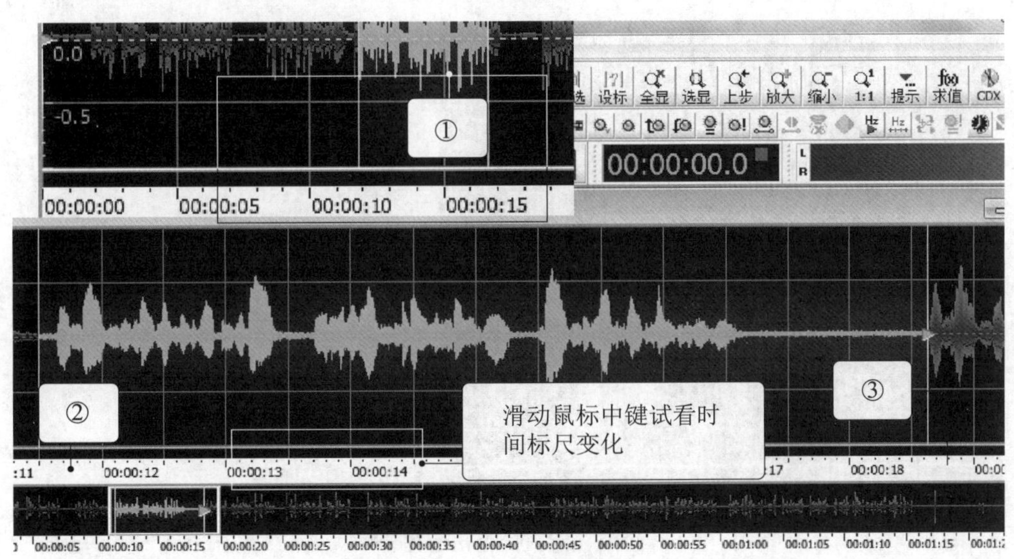

图 7-4-3 选定裁剪区域

 实用技巧

核实裁剪效果

单击▶试听选定区域效果，判断是否完成对裁剪段的精确选定。

④单击工具栏删除按钮 删除 完成裁剪，并以高亮竖线显示，如图 7-4-4 所示。

4. 降低环境噪声

经过对音频文件的选段试听，观察音频波形图对比，曲莹莹确定选择以音频文件开头部分作为噪声样本。

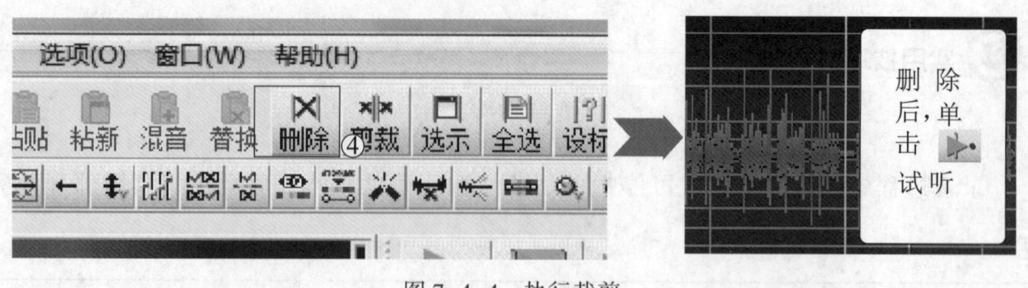

图 7-4-4　执行裁剪

①滑动鼠标中键放大波形图。②鼠标左键拾取噪声样本，时间点为 0 秒至 1.8 秒。③单击按钮，播放查看噪声情况。④单击复制按钮。⑤单击全选按钮。操作步骤如图 7-4-5 所示。

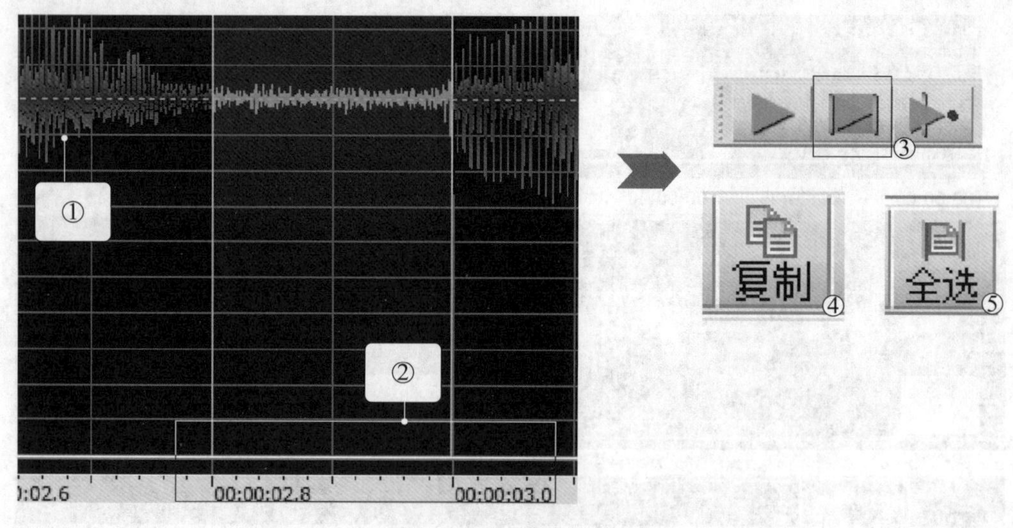

图 7-4-5　噪声取样

⑥单击“效果”。⑦在下拉菜单中单击“滤波器”。⑧单击“降噪”。⑨在弹出的“降噪”对话框中拾取“使用剪贴板”选项，⑩单击按钮试听效果，单击“确定”完成降噪，如图 7-4-6 所示。将文件另存为“正文裁剪降噪后 . m4a”。

实用技巧

逐句降噪

要想获得更好的效果，可以采用逐句降噪的方法。

5. 添加片头片尾

（1）打开文件

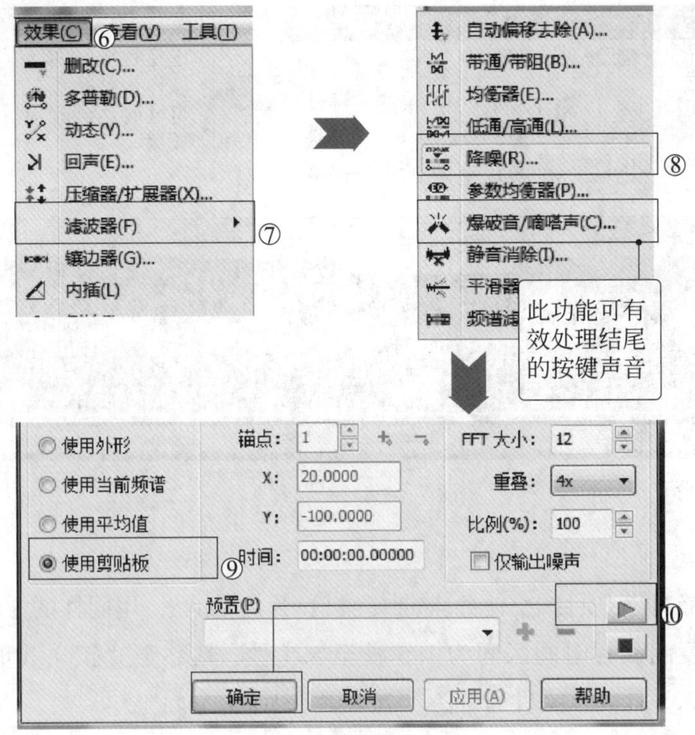

图 7-4-6　降噪及试听

打开文件：资料库/项目七/任务 4/课堂案例/片头 . m4a。

（2）添加片头

①拾取文件 1. 4 秒至 5. 0 秒片段。②单击复制按钮，完成复制操作。操作步骤如图 7-4-7 所示。

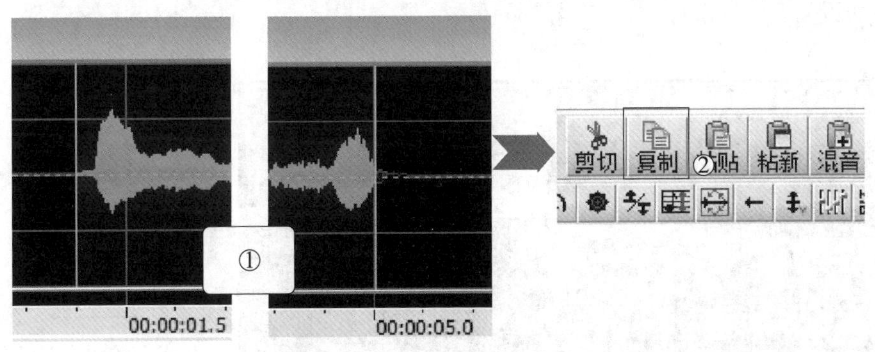

图 7-4-7　复制“片头”

③拾取“正文裁剪降噪后 . m4a”文件 0 秒至 1. 8 秒区间，单击工具栏粘贴按钮，完成片头添加操作，如图 7-4-8 所示。将文件另存为“正文裁剪+降噪+片头降噪 . m4a”。

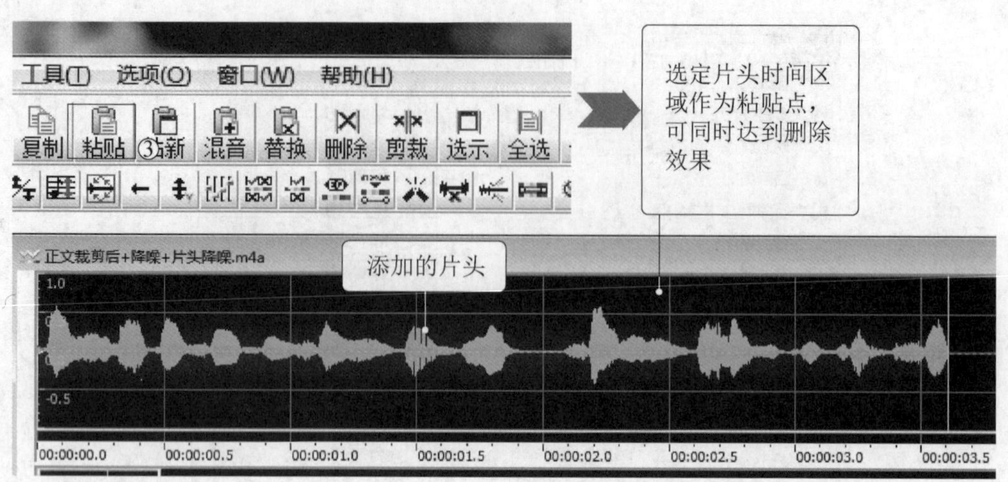

图 7-4-8　粘贴片头

（3）添加片尾

打开文件：资料库/项目七/任务 4/课堂案例/片尾 . m4a，用同样的方法完成片尾的降噪与添加。片尾复制参考时间区间为 1.5 秒至 5.5 秒，粘贴于“正文裁剪+降噪+片头降噪 . m4a” 1 分 12.5 秒处，文件另存为“正文片头片尾 . m4a”。

6. 添加开始结束音乐

（1）添加片头音乐并设置淡入淡出效果

①将资料库/项目七/任务 4/课堂案例中声音素材“片头前音乐 . mp3”添加到“正文片头片尾 . m4a”开始处，效果如图 7-4-9 所示，左侧高亮蓝色区域即为添加的音乐素材。②单击工具栏淡入按钮 。③在“预设”中拾取“默认”选项，并单击“确定”，如图 7-4-10 所示。④以同样的方法设置淡出效果，如图 7-4-11 所示。将文件另存为“片头音乐添加设置后 . m4a”。

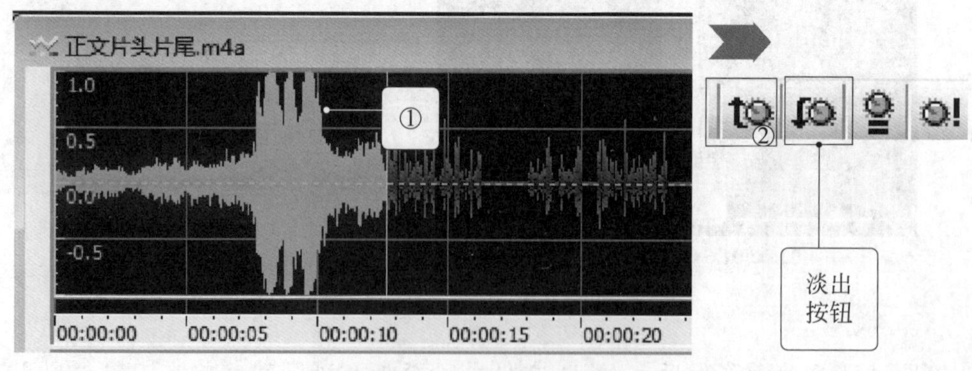

图 7-4-9　添加片头音乐

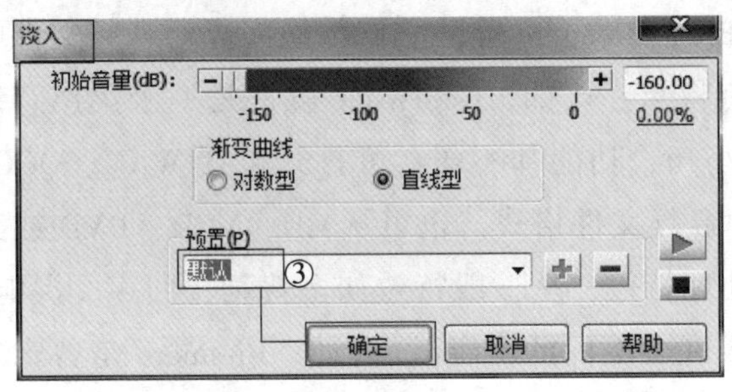
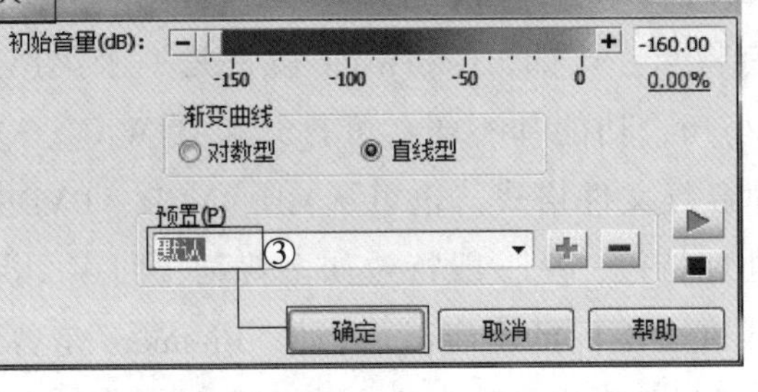

图 7-4-10　“淡入”对话框

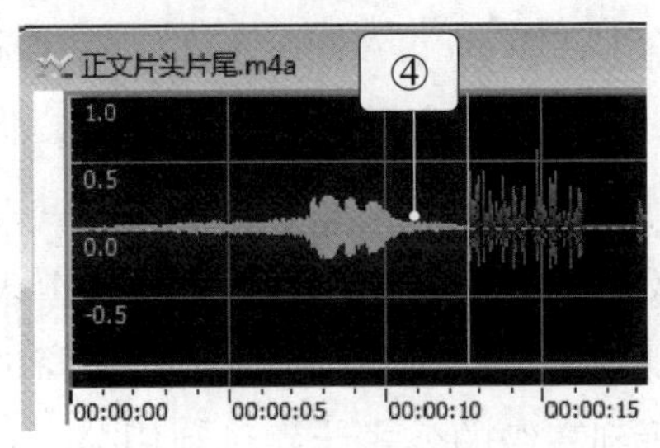

图 7-4-11　淡出设置

（2）添加并设置歌曲

①打开声音素材：资料库/项目七/任务 4/课堂案例/Yesterday Once More. flac，将其添加到“片头音乐添加设置后 . m4a” 1 分 29. 2 秒处。②设置添加音乐“淡入淡出”效果。对 1 分 29. 2 秒至 1 分 32 秒进行淡入设置，“预置”选项为“50%到完全音量，直线型”，如图 7-4-12 所示。

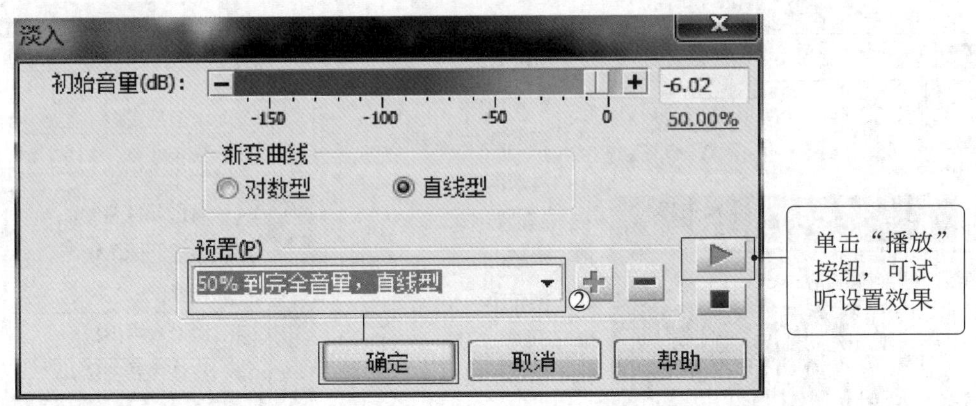

图 7-4-12　歌曲淡入设置

用同样的方法，选定波形文件 5 分 10 秒至 5 分 18 秒区域设置淡出效果为“完全音量到静音，直线型”。然后单击工具栏淡出“ ”按钮，在弹出的对话框中“预设”选项卡中拾取“完全音量到静音，直线型”选项，单击“确定”。裁剪掉 5 分 18 秒以后空白部分。

7. 保存音频文件

将文件另存为“片尾歌曲淡入淡出设置后 . m4a”。

五、相关知识

本部分介绍使用 GoldWave 消除歌曲原声和添加背景音乐的操作方法。

1. 常用音频编辑软件

音频编辑在音乐后期合成、多媒体音效制作、视频声音处理等方面发挥着巨大的作用，它是修饰声音素材的主要途径，能够对声音质量起到显著影响。常用音频编辑软件主要有 GoldWave、Adobe Audition、Cool Edit Pro、Premiere 等，它们都能完成对音频文件的剪辑、拼接、音量调整、降噪等，但又各有特点。比如，GoldWave 软件是一个集声音编辑、播放、录制和转换的音频工具，体积小巧，功能却不弱，可打开包括 WAV、OGG、VOC、IFF、AIF、FLAC、AVI、MP3 等多种音频文件格式，也可从 CD、VCD、DVD 或其他视频文件中提取声音，内含丰富的音频处理特效，从一般特效如多普勒、回声、混响、降噪到高级的公式计算（利用公式可以生成许多不同的声音）。再如，Premiere 是剪辑软件，对声音的处理主要集中在音量增减、声道设置和特效运用上，适合在已有声音上添加特效再处理。

2. 消除歌曲原声

①打开资源库中声音素材“邓丽君-甜蜜蜜 . flac”。②单击主菜单“效果”选项卡，在弹出的下拉列表中单击“立体声”选项。③在“立体声”子菜单中选择“消除人声”功能，弹出的对话框中参数采用默认设置，单击“确定”完成操作。操作步骤如图 7-4-13 所示。将文件另存为“邓丽君-甜蜜蜜无原声 . flac”后退出软件。

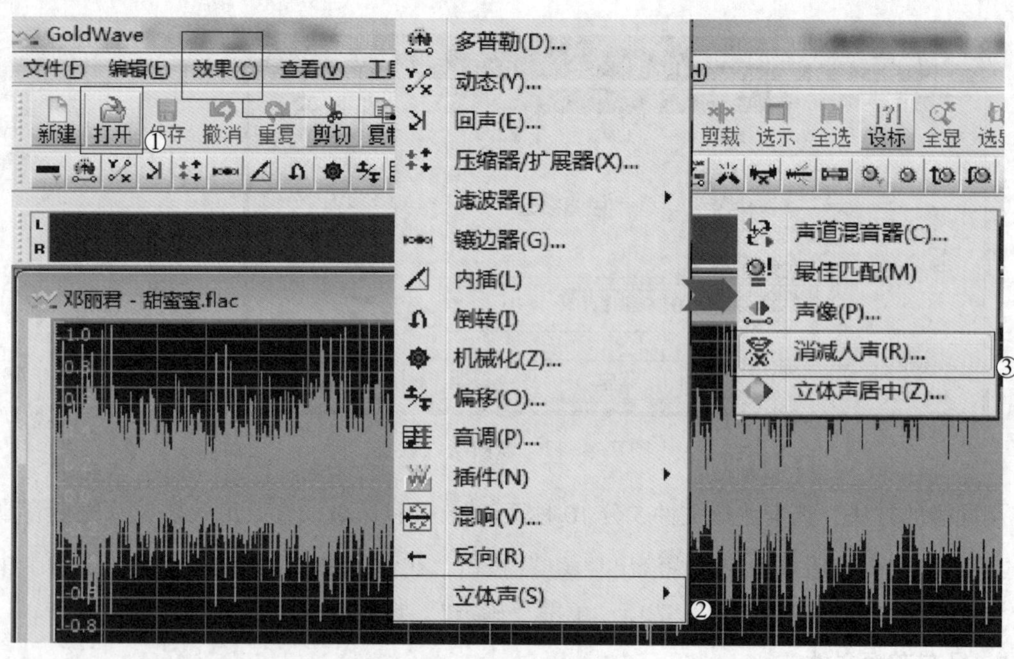

图 7-4-13　消除原声

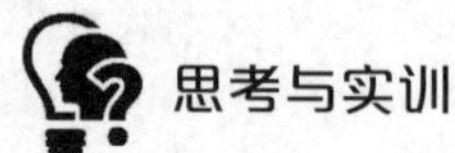

思考与实训

一、基础实训

应用 GoldWave 进行歌曲串烧制作，要求如下：

1. 裁剪要求：每段音频不超过 1 分钟。

2. 合成要求：两个音乐片段过渡自然，设置5秒时长淡入淡出效果。

3. 效果要求：整体和谐，音乐曲风搭配合理。

二、进阶实训

下一个学习任务是视频文件的制作，请大家利用学过的知识，对资料库/项目七/任务4/进阶实训中的“旁白”录音进行处理，为下一个任务准备好音频文件。

任务5 视频文件的制作

一、任务要点

1. 会用视频剪辑工具进行视频剪辑与合成。

2. 会用视频剪辑工具制作微视频。

二、任务描述

本月的主题班会是“校园文明从我做起”。班长唐浩宇组织同学们将校园不文明行为拍摄成微视频在班会上播放并讨论。导演负责统筹，编剧负责提供脚本，演员、摄影、剧务一一就位……

音频素材准备好后，唐浩宇做了如下工作：裁剪并合成视频片段，添加片头、片尾旁白，添加片头、片尾背景音乐，添加片尾字幕。为了提升视觉效果，他还添加了贴图和转场特效。

三、操作思路

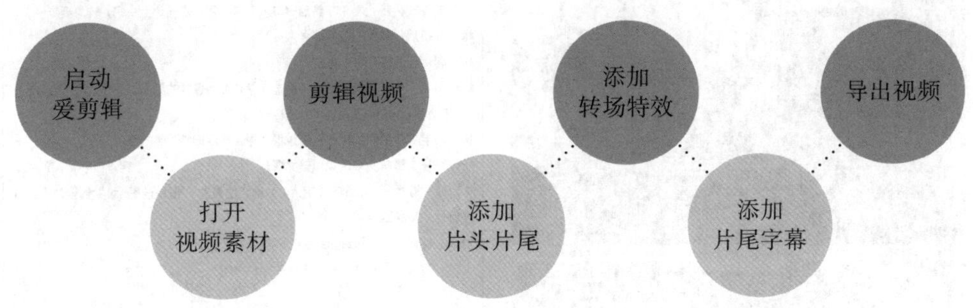

四、操作步骤

1. 启动爱剪辑

安装爱剪辑软件，单击桌面上的爱剪辑图标，运行爱剪辑视频剪辑工具。

2. 打开视频素材

单击“添加视频”按钮，打开视频素材：资料库/项目七/任务5/课堂案例/巡逻.MTS，弹出“预览/截取”对话框，如图7-5-1所示。

图 7-5-1 在爱剪辑界面中打开素材

3. 剪辑视频

①单击播放按钮 观看录制视频后，唐浩宇对比脚本和视频，确定裁剪时间区间为 1.8 秒至 4.8 秒，在播放到 1.8 秒附近时单击“开始时间”栏右侧“时间”按钮，同样方法设置结束时间。②单击 播放截取的片段 观看截取视频的效果。③单击“确定”。操作步骤如图 7-5-2 所示。

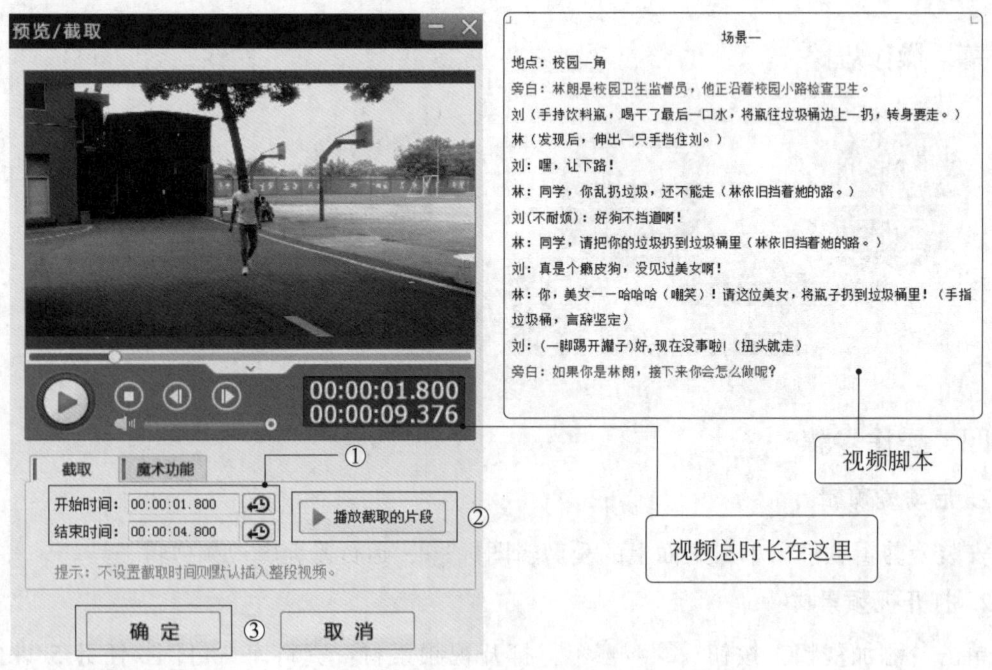

图 7-5-2 剪辑视频

不设置截取时间的效果

不设置截取时间则默认插入整段视频。

用同样的方法，添加、剪辑资源库视频素材“女生进场.MTS”和“对白.MTS”。视频截取开始、结束时间分别为4.50秒和28.50秒、4.00秒和11.00秒，如图7-5-3所示。

图7-5-3　剪辑结果

4. 添加片头片尾

为了做出个性化的效果，唐浩宇在视频开头与最后分别添加白幕视频和黑幕视频。

（1）添加片头旁白

①单击“添加视频”按钮 添加视频 。在安装目录下选择【MediaEditor】/【VideoClip】，如图7-5-4所示。

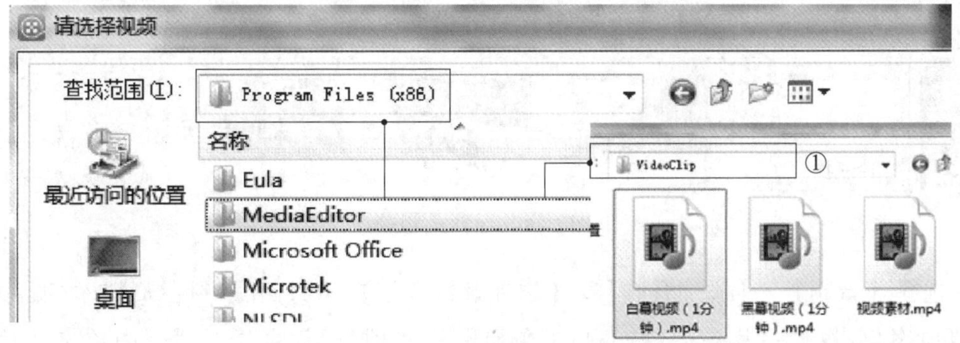

图7-5-4　视频添加路径

②单击“白幕视频（1 分钟）. mp4”。③单击“打开”按钮。操作步骤如图 7-5-5 所示。

图 7-5-5　添加“白幕视频”

④鼠标左键拖动“白幕视频”至片头位置，如图 7-5-6 所示。

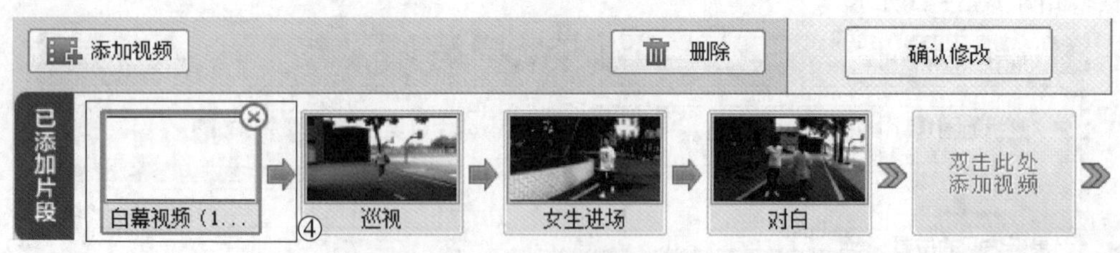

图 7-5-6　移动视频

⑤选择【音频】/【添加音频】/【添加背景音乐】。⑥打开素材：资料库/项目七/任务 5/课堂案例/场景一片头旁白 . m4a，在弹出的“预览/截取”对话框中单击“确定”。操作步骤如图 7-5-7 所示。

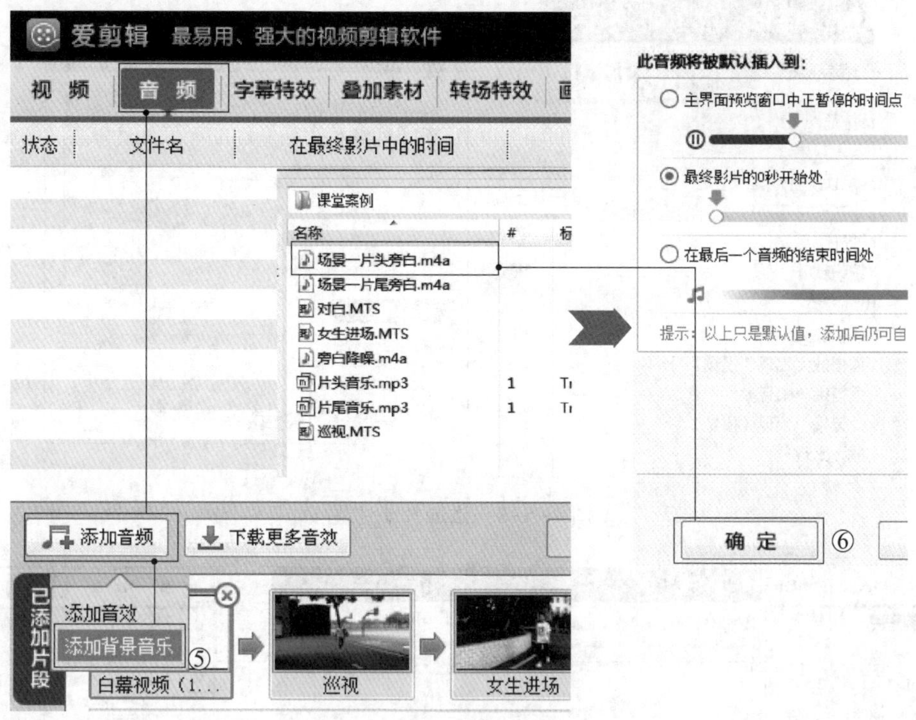

图 7-5-7　添加片头旁白

何时设置音频插入时间点

音频插入时间点可以先不选定，后期可以根据视频具体需要再进行准确设置。

（2）添加片头字幕

①单击“字幕特效”选项卡，在“白幕视频预览”窗口双击鼠标左键，弹出“输入文字”对话框。②输入“校园文明从我做起”，单击“确定”。操作步骤如图 7-5-8 所示。

③设置字体为楷体、42 号、横排、单色。④特效参数为：出现特效时长 2 秒、放大出现。操作步骤如图 7-5-9 所示。同样的方法设置“停留特效”为“紫蓝射光”，时长 2 秒；“消失特效”为“淡出效果”，时长 2 秒。

⑤截取片头白幕时间为 0 秒至 6 秒，单击“确认修改”按钮，如图 7-5-10 所示。

何时截取白幕

字幕特效确定后再截取白幕视频，更方便确定视频时长。

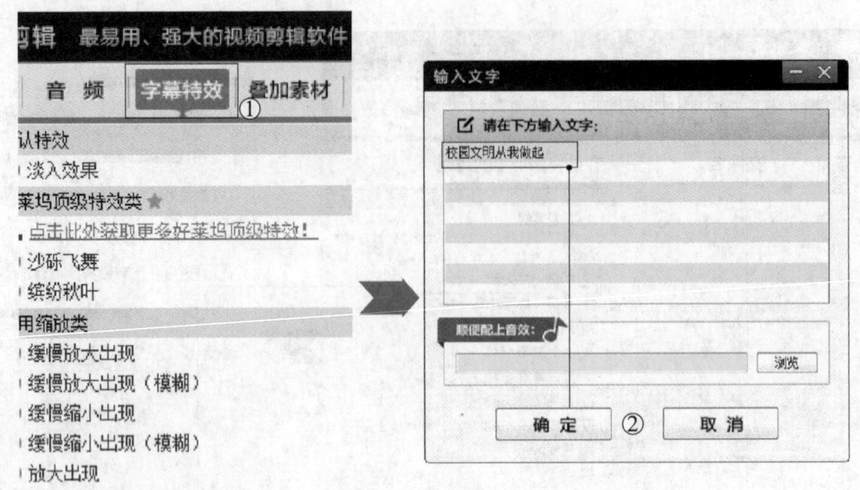

图 7-5-8 添加片头主题

图 7-5-9 设置字幕特效

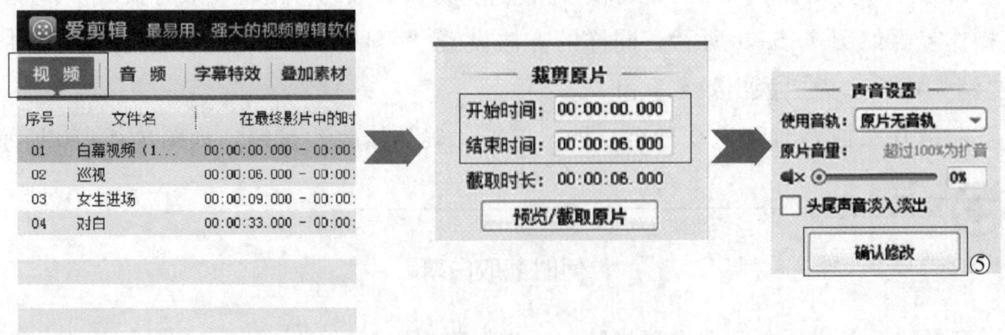

图 7-5-10 截取片头

⑥同样方法，单击“音频”，设置“场景一片头旁白 ”音频在最终影片的开始时间为 5.00 秒。

实用技巧

何时确定片尾旁白和背景音乐开始时间

片尾旁白、背景音乐在最终影片的开始时间可以先不确定，等“转场特效”设定好再设置即可。

（3）制作片尾

①用添加片头、片头旁白及背景音乐方法添加片尾黑幕视频、片尾旁白、背景音乐和片尾音乐，暂定插入点为当前视频结束时间点 1：41：00，如图 7-5-11 所示。

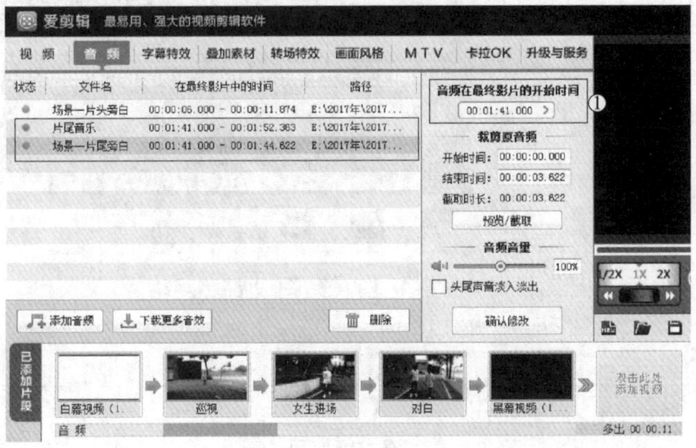

图 7-5-11　片尾制作

②单击黑幕视频为“当前”视频，单击“叠加素材”选项卡。③单击“添加贴图”按钮。④单击“选择贴图”对话框中的“我有一个好主意”贴图素材。⑤单击“确定”。操作步骤如图 7-5-12 所示。

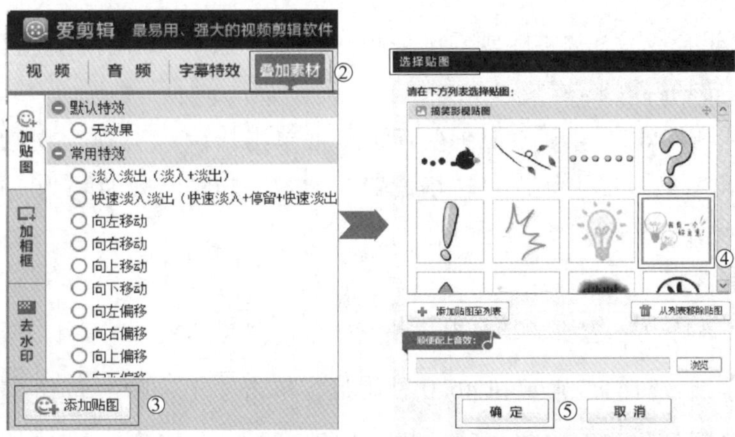

图 7-5-12　加贴图

⑥在“贴图设置”中输入“持续时长”为 5.0 秒，如图 7-5-13 所示。

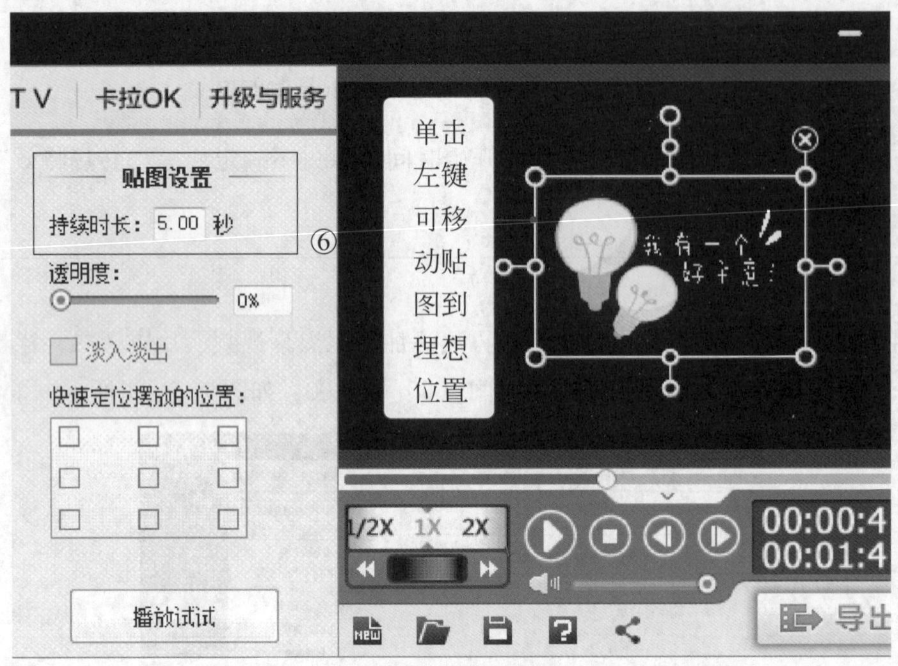

图 7-5-13　贴图设置

实用技巧

添加贴图

为了增加视频动画色彩，可以尝试在对白视频结束处添加贴图并配上音效。

5. 添加转场特效

视频素材剪辑合成后，唐浩宇观看了视频，他发现视频之间的衔接过于突兀，于是他决定为视频添加转场特效来改进。

①单击“转场特效”选项。②在视频预览框单击拾取“巡视”视频素材。③单击“透明式淡入淡出”效果。④修改“转场设置”参数，转场特效时长为 1.00 秒。⑤单击“应用/修改”。操作步骤如图 7-5-14 所示。

6. 添加片尾字幕

①单击“字幕特效”选项。②在视频预览框单击“黑幕视频”素材。③单击“播放”按钮，将字幕插入时间点确定在 46.0 秒附近，单击“上一帧”按钮或“下一帧”按钮，精确定位插入时间为 46.0 秒。操作步骤如图 7-5-15 所示。

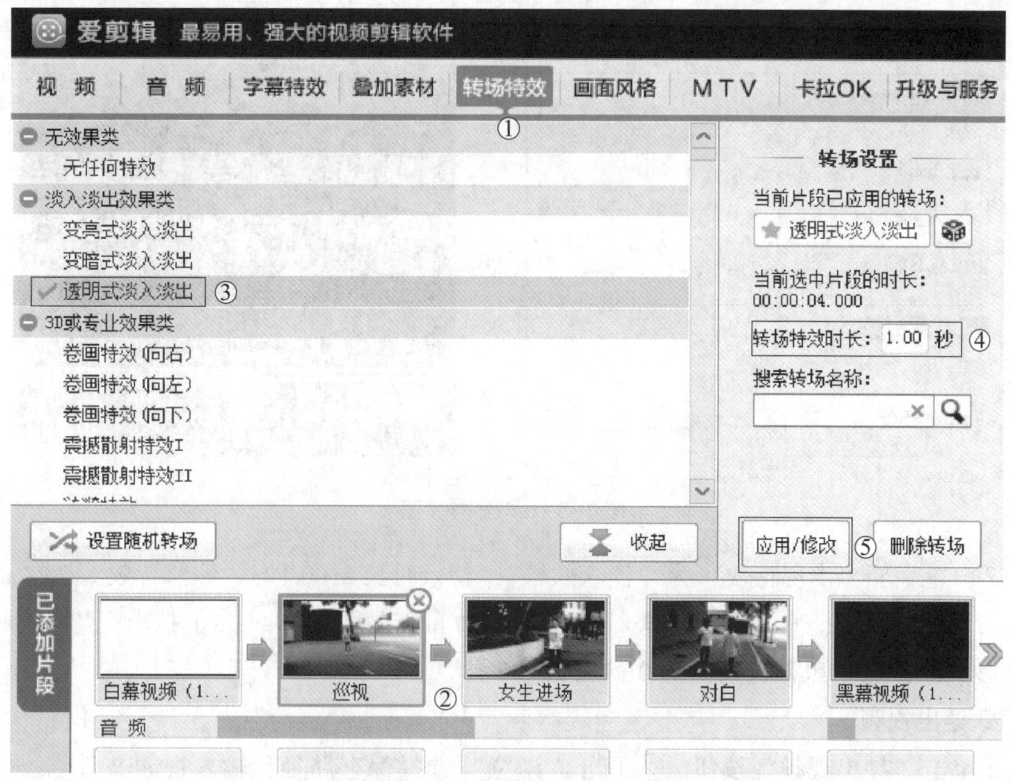

图 7-5-14　添加转场特效

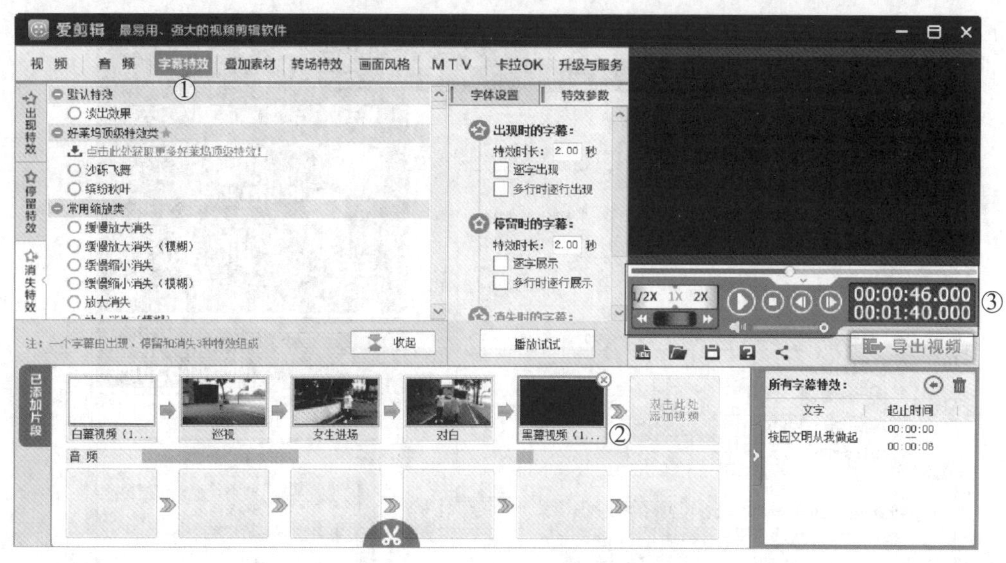

图 7-5-15　设置字幕插入时间点

④双击视频，弹出“输入文字”对话框。⑤打开资源库“片尾字幕 .docx”文档，复制字幕粘贴到“输入文字”对话框。⑥单击“确定”添加字幕，移动调整字幕到视频预览窗口合适位置。操作步骤如图 7-5-16 所示。

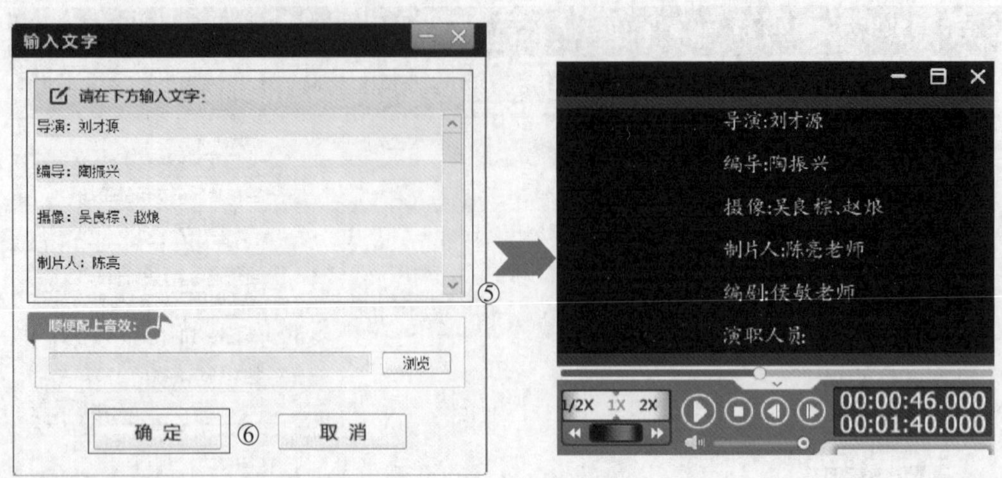

图 7-5-16　添加字幕

⑦设置字幕“出现特效”为“淡入效果”，特效时长 2.00 秒；“停留特效”为“静态展示”，特效时长 2.00 秒；“消失特效”为“拉幕特效类”中“向上拉幕”，特效时长 8.00 秒。⑧截取“黑幕视频”为 0 秒至 16.00 秒。

7. 导出视频

①单击“导出视频”按钮。②单击“浏览”选择保存路径，输入视频文件名。③单击“导出”按钮，保存文件。操作步骤如图 7-5-17 所示。

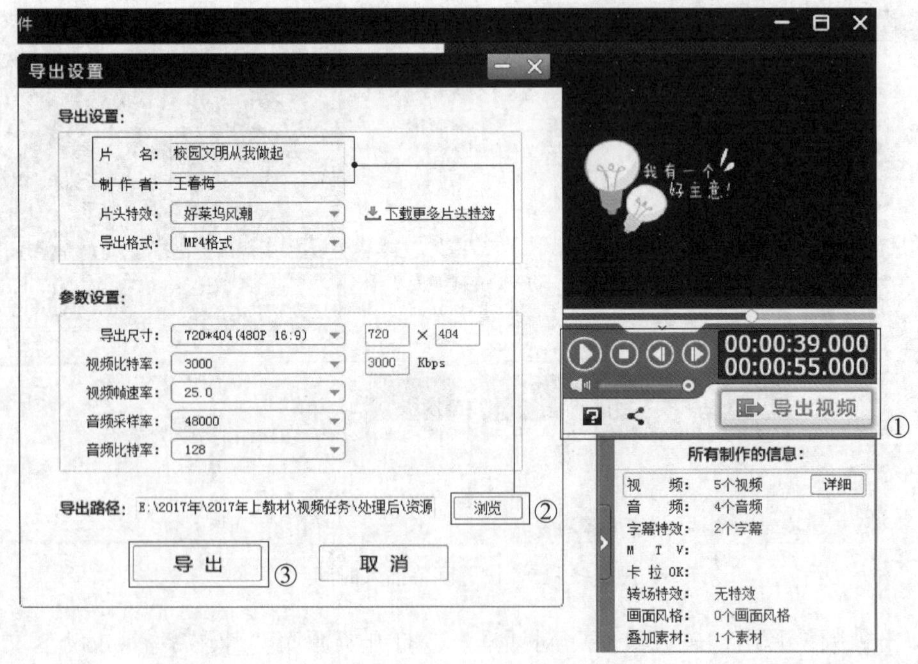

图 7-5-17　保存视频文件

五、相关知识

本部分介绍常用视频剪辑软件、电子相册的制作。

1. 常用视频剪辑软件

视频剪辑软件有很多，包括友立会声会影、Cyberlink 威力导演、索尼 Vegas Adobe Premiere、品尼高 Studio、微软 Movie Maker、爱剪辑等，它们各有优势，功能有相似之处。

2. 电子相册制作

在爱剪辑中，可以使用“叠加素材”的“加贴图”功能，将视频预览框定位到需加照片的时间点，双击视频预览框，在弹出的“选择贴图”对话框中单击“添加贴图至列表”按钮即可。也可以使用“自由缩放”功能加照片，只需切换到“画面风格”面板，选择“自由缩放”，在列表右侧单击“给视频添加背景图”，并在缩放处将滑竿拉到最左。制作效果见：资源库/项目七/任务 5/课堂案例/电子相册照片及作品/爱剪辑-九寨风光 . mp4。

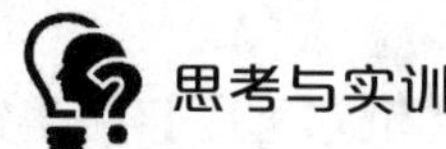

一、基础实训

根据“资料库/项目七/任务 5/基础实训”提供的脚本及场景视频素材，选择其中一个场景，剪辑合成一部微视频。

1. 拍摄要求：画面稳定、声音清晰。
2. 剪辑要求：围绕脚本，恰当截取各段拍摄的视频。
3. 效果要求：转场效果设置合理，视频整体层次清晰。

二、进阶实训

自选主题拍摄、剪辑合成一部微视频。

1. 选题要求：积极向上，能展示学校学生的风采。
2. 拍摄要求：画面稳定，声音清晰。
3. 剪辑要求：围绕脚本，恰当截取各段拍摄的视频。
4. 效果要求：转场效果设置合理，视频整体层次清晰。

任务 6　工具软件的使用——转换文件格式

一、任务要点

会使用格式工厂转换视频文件格式。

二、任务描述

陈小明制作了一段 MOV 格式的视频准备发布到网上。为了快速上传，他需要将 MOV

格式的视频转换为体积较小的 WMA 格式。文件的格式转换需要用到格式工厂或类似软件。

三、操作思路

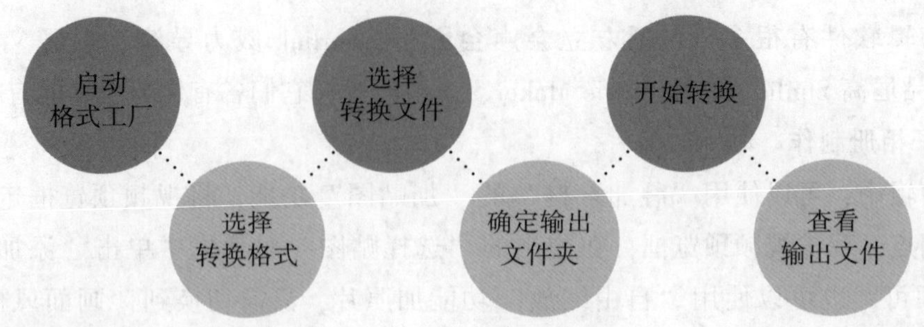

四、操作步骤

1. 启动格式工厂

选择【开始】/【所有程序】/【格式工厂】菜单命令，启动格式工厂，进入操作界面，如图 7-6-1 所示。

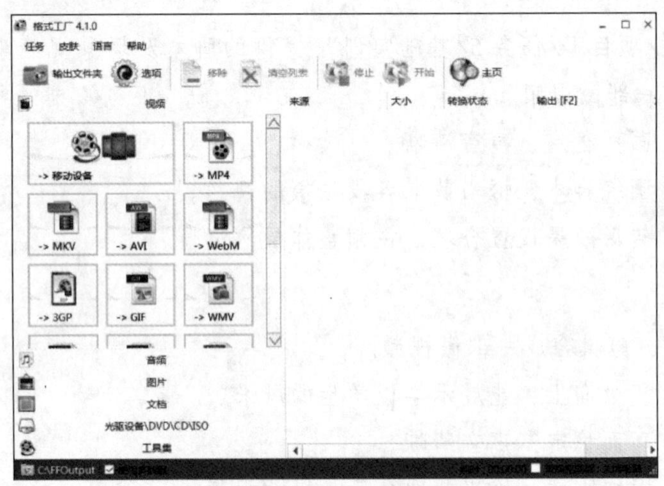

图 7-6-1　格式工厂软件界面

2. 选择转换格式

①在操作界面左侧的功能切换区中单击“视频”按钮 。②在展开的“视频”选项卡中单击转到 WMV 按钮 。③弹出“->WMV”对话框。操作步骤如图 7-6-2 所示。

3. 选择转换文件

①单击“添加文件”按钮 。②选择资源库中视频文件“video1. mov”“video2. mov”“video3. mov”（资料库/项目七/任务 6/课堂案例/video1. mov 至 video3. mov），将三个文件添加到列表框中。操作步骤如图 7-6-3 所示。

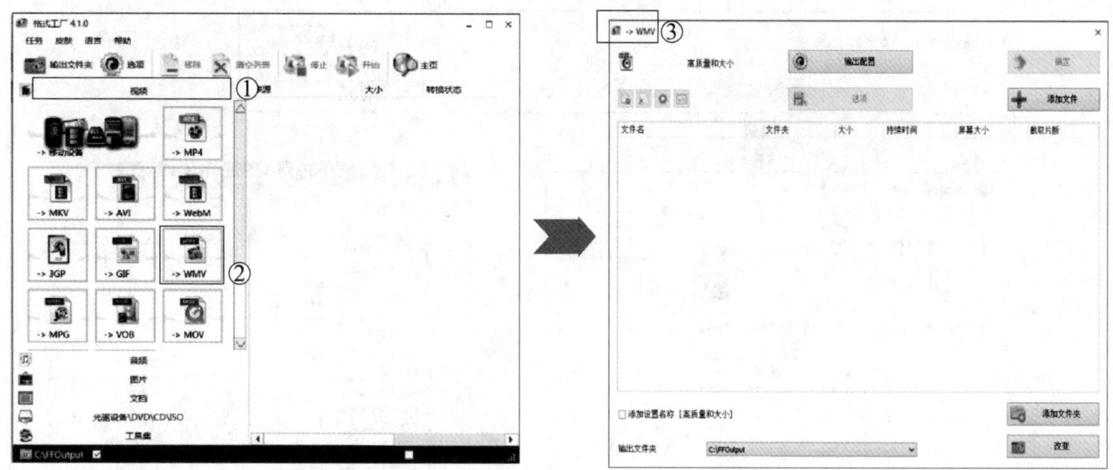

图 7-6-2　选择待转换文件格式

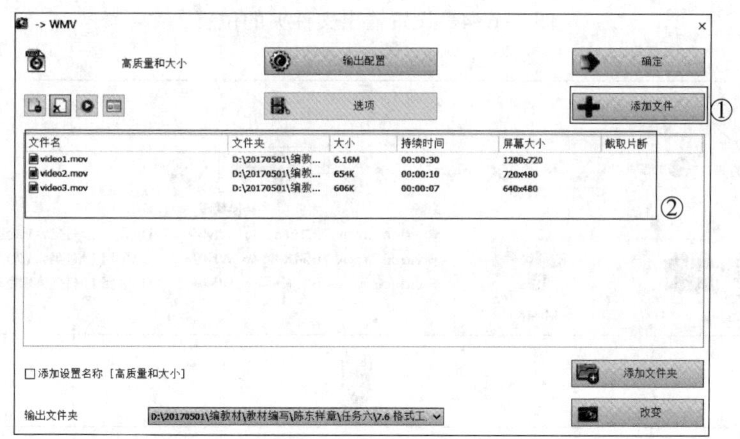

图 7-6-3　添加文件

4. 确定输出文件夹

返回“->WMV”对话框，此时所添加的文件夹中的所有视频文件将显示在文件列表框中。①单击“改变” 按钮，打开“浏览文件夹”对话框。②单击“浏览”按钮。③设置输出文件时保存的位置为“资料库/项目七/任务 6/课堂案例”。④单击“确定”按钮。操作步骤如图 7-6-4 所示。

5. 开始转换

此时在格式工厂主界面的“文件列表区”中将自动显示所添加的视频文件。单击工具栏中的“开始”按钮，即可执行转换操作并显示转换进度，如图 7-6-5 所示。

6. 查看输出文件

成功完成转换后，单击主界面工具栏中的“输出文件夹”按钮，打开保存输出文件的文件夹，可查看转换后文件的详细信息。

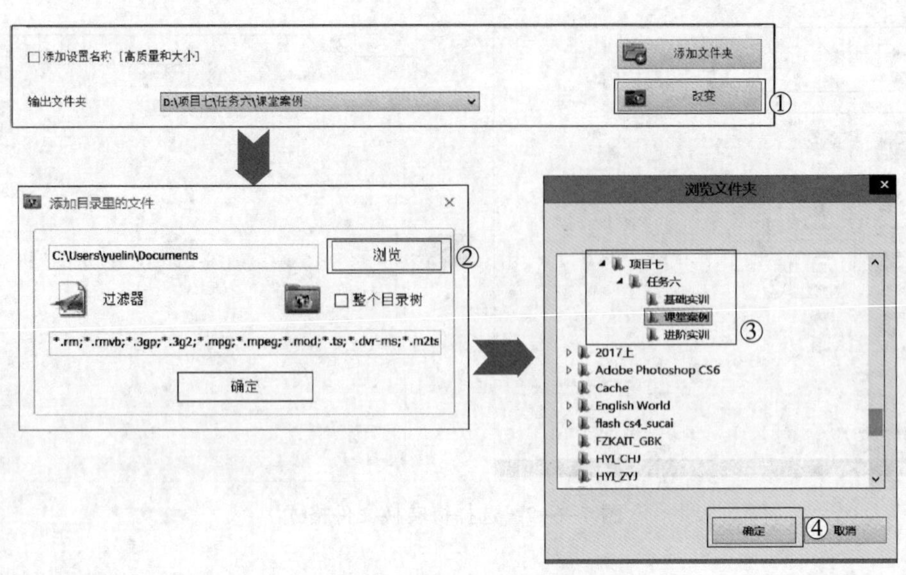

图 7-6-4　设置输出文件夹的位置

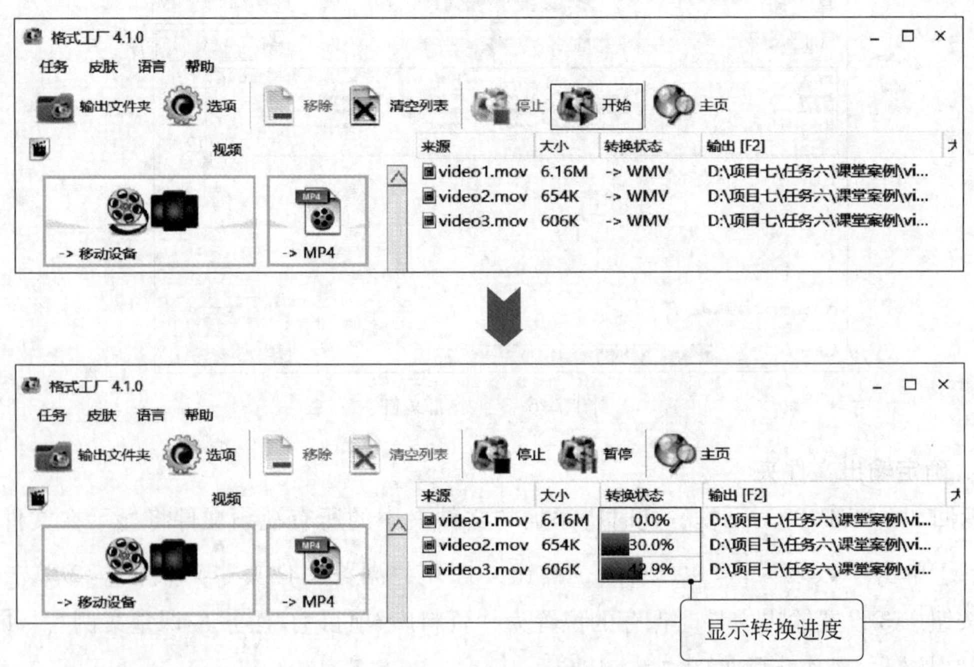

图 7-6-5　转换过程

五、相关知识

本部分介绍格式工厂及常见的视频音频格式。

1. 格式工厂

格式工厂（Format Factory）是一款多媒体格式转换软件，它几乎支持将所有类型的多媒体格式转换为常用的音频、视频、图片格式，在转换过程中可以修复某些损坏的文件。

2. 常见视频文件格式

阅读表 7-6-1 后，尝试回答陈小明为什么要将 MOV 格式转成 WMV。

表 7-6-1　　常见视频文件格式

视频格式/标准	扩展名	主要用途	文件大小	图像质量
MPEG-2	. mpg，. mpe，. mpeg，. m2v，. vob，. tp，. ts	计算机视频、影碟	大	较好
MPEG-4	. avi，. mov，. asf，. mp4	计算机视频、多媒体终端	较小	较好
AVI	. avi	计算机	大	好
WMV	. wmv	计算机视频、网络流媒体	较小	一般
RealMedia	. rm，. ra，. ram	计算机视频、网络流媒体	较小	一般
RMVB	. rmvb，. rm	压缩影碟	小	较好
Flash	. swf，. flv	计算机视频、网络流媒体	小	较好
MOV	. qt，. mov	计算机视频、网络流媒体	较大	好
ASF	. asf	计算机视频、网络流媒体	较小	较好
H. 264	. 3gp	手机	小	好

3. 常见音频文件格式

常见音频文件格式见表 7-6-2。

表 7-6-2　　常见音频文件格式

音频格式/标准	扩展名	主要用途	文件大小	音频质量
WAV 格式	. wav	计算机音频	大	好
WMA 格式	. wma	计算机音频	较小	较好
MP3 格式	. mp3	计算机音频、手机、多媒体终端	小	一般

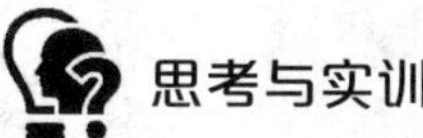

一、基础实训

应用格式工厂将三个音频文件“music1. mp3”“music2. mp3”“music3. mp3”（资料库/项目七/任务 6/基础实训/music1. mp3 至 music3. mp3）的格式转换成 WMA。

二、进阶实训

请同学们查看计算机、网络、手机上视频文件的格式，并应用学到的知识，将你常用的视频文件特点总结在表 7-6-3 中。

表 7-6-3　生活中常见视频文件格式及特点

视频格式/标准	扩展名	主要用途	文件大小	图像质量

任务 7　工具软件的使用——压缩文件

一、任务要点

1. 使用 WinRAR 压缩文件。
2. 使用 WinRAR 解压缩文件。

二、任务描述

童薇薇需要在 QQ 上将两份考试要点文件夹发给同学李丹。如果直接将文件夹发给她，需要她在线即时接收。童薇薇认为不如压缩好发离线文件，等李丹有空时再下载。童薇薇如何压缩文件，李丹如何解压缩文件呢？

三、操作思路

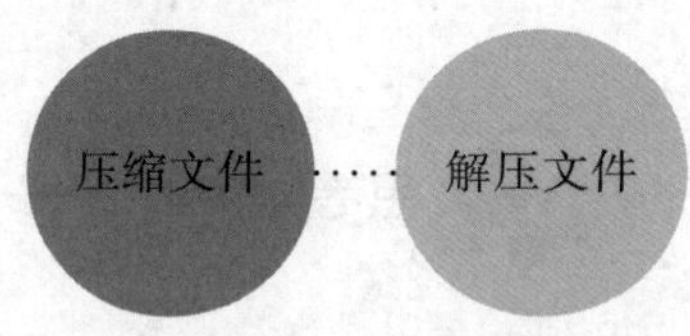

四、操作步骤

1. 压缩文件

（1）压缩文件

①选择需压缩的文件夹“复习文件夹（一）”“复习文件夹（二）”（资料库/项目七/任务 7/课堂案例/复习文件夹（一）、复习文件夹（二））。②单击鼠标右键，在弹出的快捷菜单中选择“添加到‘课堂案例 . rar’（T）”。操作步骤如图 7-7-1 所示。

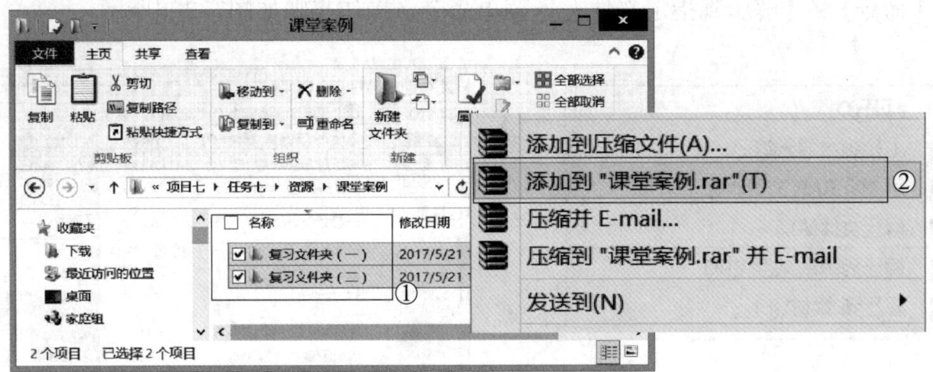

图 7-7-1　压缩文件

（2）压缩并生成压缩包

WinRAR 开始压缩文件，同时显示压缩过程，完成压缩后将在当前目录下创建名为“课堂案例”的压缩文件，如图 7-7-2 和图 7-7-3 所示。

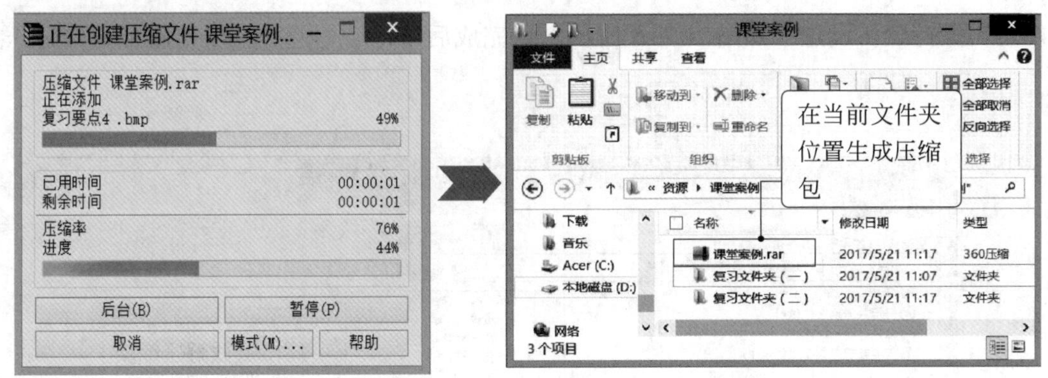

图 7-7-2　压缩过程与结果

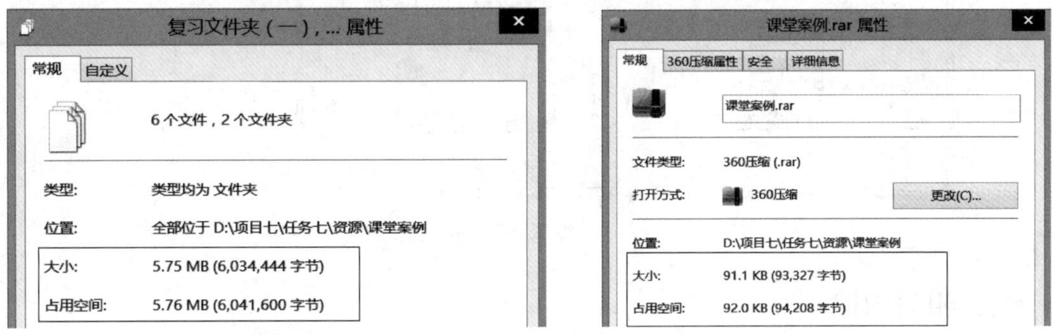

图 7-7-3　压缩前后文件大小比较

2. 解压文件

李丹晚上回到家，登录 QQ，下载名为“课堂案例”的压缩包，进行以下操作：①在需解压的“素材 . rar”文件上右击，弹出的快捷菜单中选择“解压文件(A)”，启动 WinRAR。

②单击【命令】/【解压到指定文件夹】菜单命令。操作步骤如图7-7-4所示。

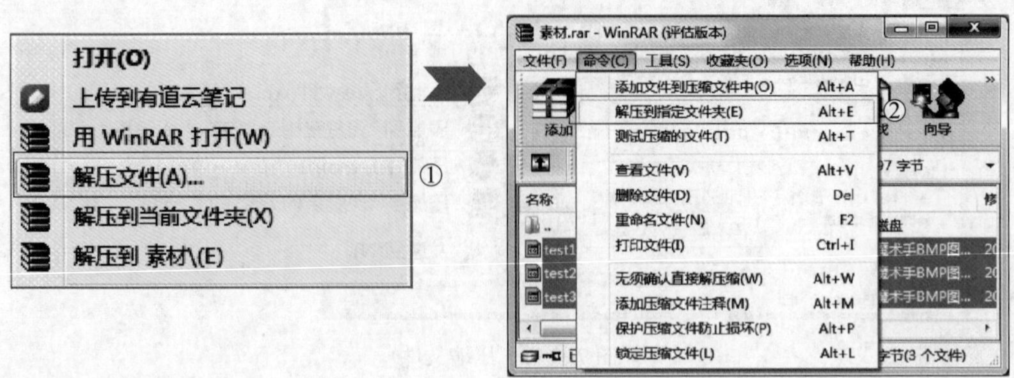

图 7-7-4　选择解压命令

③打开“解压路径和选项”对话框的“常规”选项卡，更改“目标路径”存放解压文件的位置为：资料库/项目七/任务 7/课堂案例/效果文件夹，“文件更新方式”和“覆盖方式”保持默认设置，如图 7-7-5 所示。④完成后单击 确定 按钮即可开始解压文件。

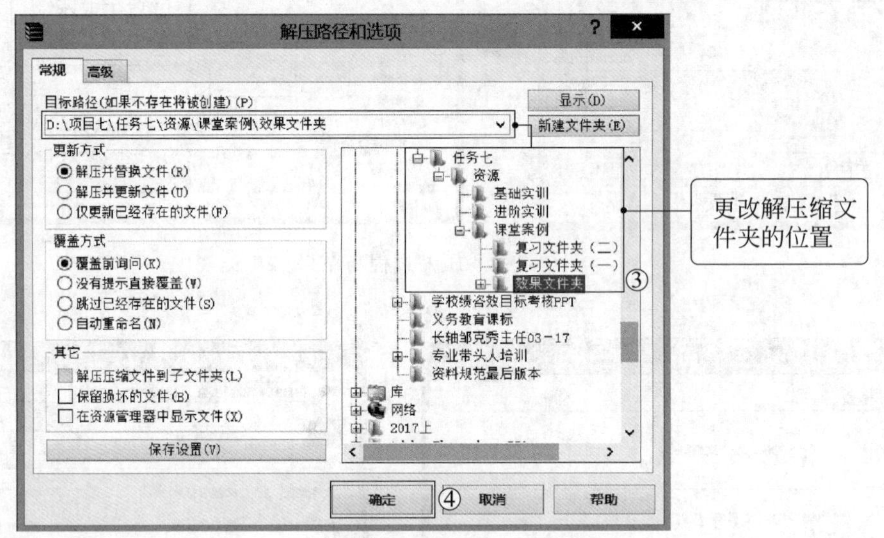

图 7-7-5　设置解压路径和选项

五、相关知识

1. 文件压缩

一个较大容量的文件经压缩后，产生一个较小容量的文件，这个较小容量的文件是这个较大容量文件的压缩文件（较大容量的文件也可以是一个或一个以上的文件或文件夹）。压缩此文件的过程称为文件压缩。

2. 分卷压缩

分卷压缩是指将大文件在压缩时拆分成若干等份的系列压缩文件。通常分卷压缩使用在将大型的压缩文件保存到可移动存储设备或上传网站中。

一、基础实训

应用 WinRAR 软件将资料库/项目七/任务 6/课堂案例/video1. mov 至 video3. mov 三个文件，在当前文件夹位置生成一个名为“测试视频 . rar”的压缩包。

二、进阶实训

应用 WinRAR 软件尝试将 test1. wmv 采用分卷压缩的方式，定义每个压缩包的大小为 2M，压缩成 13 个压缩包，如图 7-7-6 所示。

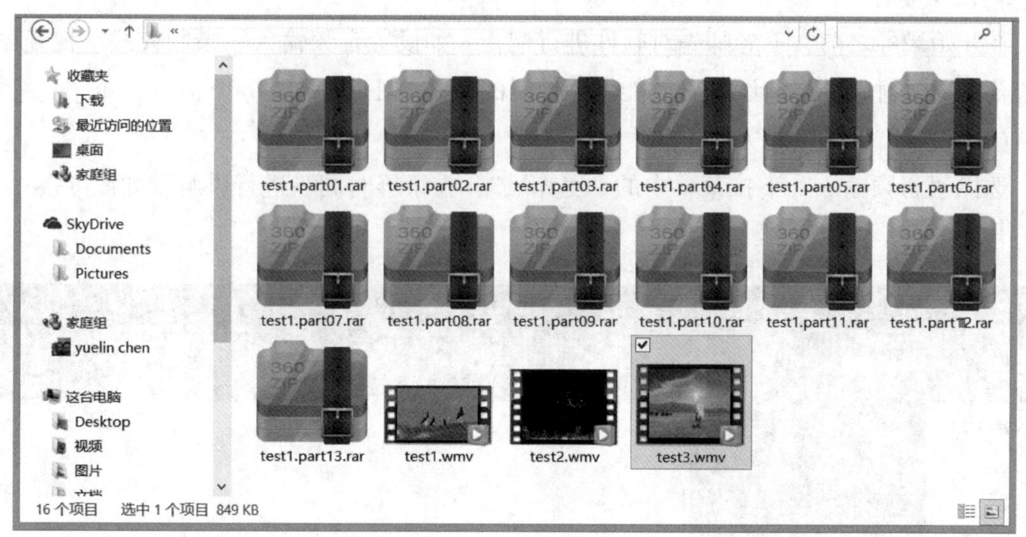

图 7-7-6 分卷压缩

任务 8 工具软件的使用——录制屏幕

一、任务要点

使用录屏软件录制视频。

二、任务描述

王老师在准备计算机公开课，需要录制一段如何使用格式工厂软件的微课，下面我们跟着王老师来学习怎样录制微课。

三、操作思路

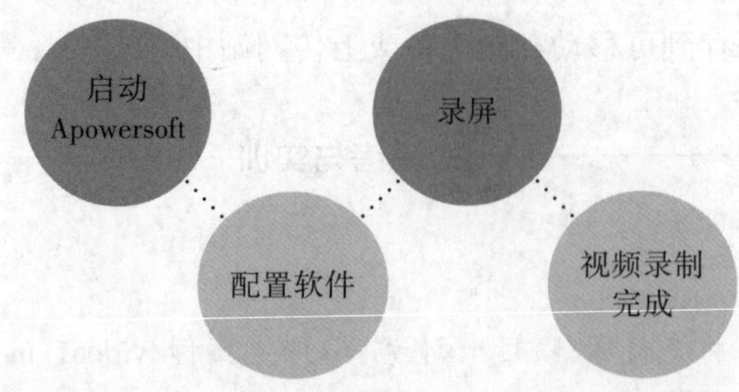

四、操作步骤

1. 启动 Apowersoft

下载并安装 Apowersoft 录屏软件，单击桌面软件图标启动软件。

2. 配置软件

在开始录屏之前，王老师先对软件进行配置，如设置音频输入、录制模式、视频输出位置等。通过对软件提前设置，就能确保使用的时候得心应手。

（1）设置音频的输入方式

选择“音频输入”下拉菜单中的“麦克风”，在录屏时同步进行讲解，如图 7-8-1 所示。

图 7-8-1　设置音频输入方式

（2）设置输出目录

在“设置选项”下拉菜单中单击“选项”命令，在弹出对话框中选择“通用”设置选项卡，设置录制视频的输出目录为“D: \ videos”，如图 7-8-2 所示。

（3）设置录屏时鼠标光标大小与颜色

王老师录制的是一段微课，需要记录下鼠标的一些动作演示。首先在“录屏”设置中勾选上“包含鼠标”，然后在“高级”设置菜单下点击“鼠标样式设置”，在这里可以设定鼠标点击动画效果的颜色、鼠标热点颜色以及大小，如图 7-8-3 所示。

图 7-8-2　设置输出目录

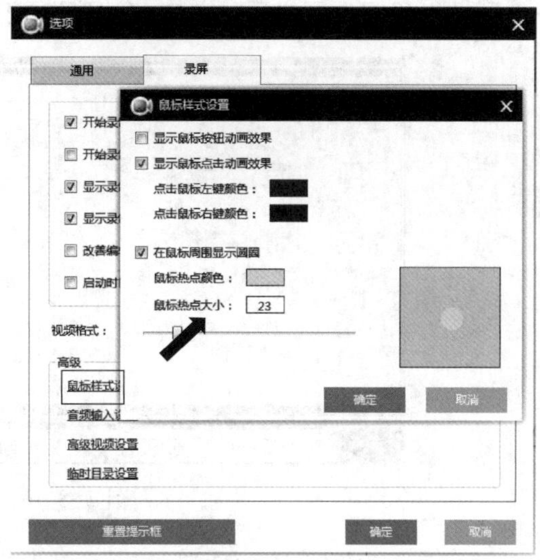

图 7-8-3　设置光标

（4）更改视频输出格式

录制的视频格式默认是 WMV，王老师将视频格式更改为 MOV，如图 7-8-4 所示。

3. 录屏

（1）选择一种录制模式

在“开始”下拉菜单中选择“自定义区域”录制模式，如图 7-8-5 所示。

图 7-8-4　更改视频输出格式

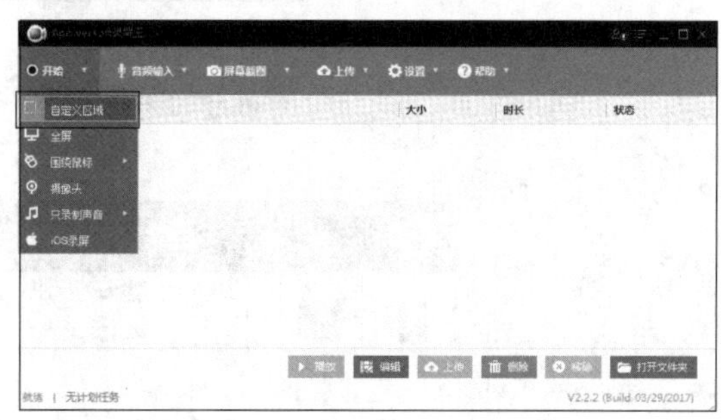

图 7-8-5　选择一种录制模式

（2）开启录屏

在选择了“自定义区域”的模式后，只需要按住鼠标左键拖拽出一个区域，该区域即为录屏区域。王老师录制的是格式工厂软件的使用过程，因此拖拽出的是格式工厂窗口大小的一个区域。确定选区之后，单击“确定”按钮，程序开始录制，如图 7-8-6 所示。

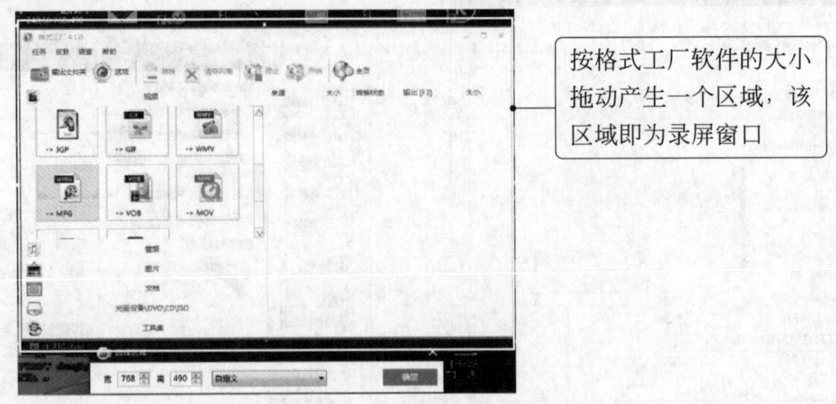

图 7-8-6　自定义录屏区域

（3）录制过程中添加注释

录制窗口的底端有一条工具条，可以在录制过程中添加直线、箭头、圆圈、矩形以及文本等。单击工具栏中铅笔形状的图标，就会弹出如图 7-8-7 所示工具栏。另外，也可单击摄像头图标，在录制时加入讲解人的摄像头画面一起录制，如图 7-8-7 所示。

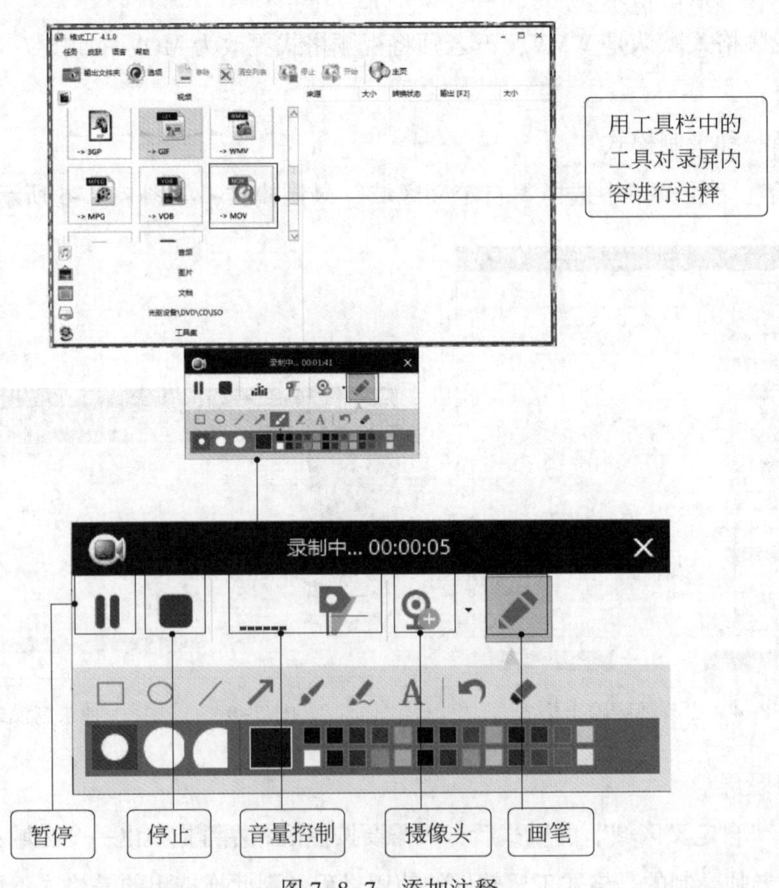

图 7-8-7　添加注释

4. 视频录制完成

当内容录制完毕后，点击红色的停止按钮，录制就会结束，稍等片刻待程序处理完视频后，在文件列表中看到这个视频文件，点击鼠标右键，对视频进行如下操作：播放、重命名、移除、删除或者是上传等，如图 7-8-8 所示。

图 7-8-8　视频录制完成

五、相关知识

Apowersoft 录屏王是一款多功能录屏软件。使用该软件，可以录制屏幕中的演示过程，包括系统声音或麦克风声音，录制的视频格式有 WMV，MP4，VOB，AVI，FLV，GIF 等。

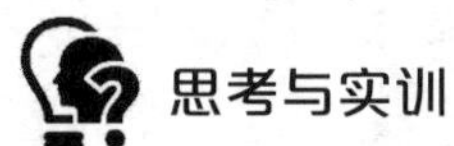

思考与实训

一、基础实训

应用 Apowersoft 录制一段演讲视频，视频文件格式为 WMV。

二、进阶实训

应用 Apowersoft 录制一段微视频，内容为讲解压缩软件的使用，在视频录制窗口的右下角添加讲解人的头像，视频文件格式为 MP4。